Microsoft

SQL
Server
2016
設計實務
Developer's Guide

感謝您購買旗標書,
記得到旗標網站
www.flag.com.tw
更多的加值內容等著您…

● FB 官方粉絲專頁:旗標知識講堂

● 旗標「線上購買」專區:您不用出門就可選購旗標書!

● 如您對本書內容有不明瞭或建議改進之處,請連上
　旗標網站,點選首頁的 聯絡我們 專區。

　若需線上即時詢問問題,可點選旗標官方粉絲專頁
　留言詢問,小編客服隨時待命,盡速回覆。

　若是寄信聯絡旗標客服 email,我們收到您的訊息
　後,將由專業客服人員為您解答。

　我們所提供的售後服務範圍僅限於書籍本身或內
　容表達不清楚的地方,至於軟硬體的問題,請直接
　連絡廠商。

學生團體　訂購專線:(02)2396-3257 轉 362
　　　　　傳真專線:(02)2321-2545

經銷商　　服務專線:(02)2396-3257 轉 331
　　　　　將派專人拜訪
　　　　　傳真專線:(02)2321-2545

國家圖書館出版品預行編目資料

Microsoft SQL Server 2016 設計實務 / 施威銘研究室
作. -- 臺北市:旗標, 2017 . 1　面; 公分

ISBN 978-986-312-403-0 (平裝附光碟片)

1. 資料庫管理系統　　2. SQL (電腦程式語言)

312.7565　　　　　　　　　　　　　105024456

作　　者/施威銘研究室

發 行 所/旗標科技股份有限公司
　　　　　台北市杭州南路一段15-1號19樓

電　　話/(02)2396-3257(代表號)

傳　　真/(02)2321-2545

劃撥帳號/1332727-9

帳　　戶/旗標科技股份有限公司

執行企劃/陳彥發

執行編輯/鄭秀珠

美術編輯/林美麗

封面設計/古鴻杰

校　　對/鄭秀珠

新台幣售價: 680 元

西元 2023 年 7 月 初版 9 刷

行政院新聞局核准登記-局版台業字第 4512 號

ISBN 978-986-312-403-0

版權所有‧翻印必究

序
Preface

　　在現今這個資訊爆炸的時代，如何找出一個有系統、有效率的方法，來整合及管理我們每天接收的資訊，不啻是現代人重要而急迫課題。放眼望去，資料庫似乎是目前最好的解決方案了。

　　每個人或多或少都擁有一些屬於自己的資料庫，而且無可避免地也成為別人資料庫的一部份。小到您手機裏的通訊錄，大到健保局裏所有人的病歷資料，資料庫其實早已深入我們的生活之中，讓我們在不自覺的情形下，享受著資料庫帶給我們的便利。資料庫的應用是那麼地廣泛，您是否也希望能成為資料庫的幕後推手呢？就從 SQL Server 2016 開始著手吧！

　　SQL Server 2016 無疑是資料庫領域裏的重量級產品，不論是大型企業或是個人需求，SQL Server 2016 都可以提供適合的解決方案。隨著大數據時代的崛起，微軟也持續強化在商業智慧、機器學習、預測分析等領域的發展，而這些應用幾乎都以 SQL Server 做為基礎。最新的 SQL Server 2016 強化了資料庫安全性，提升執行效率，可以協助用戶整合前後端的資料存取需求，並能延伸到雲端應用，創建穩定、安全、可靠的資料庫系統。

　　本書針對初次學習資料庫與 SQL 語法的讀者規劃，並以最新的 Microsoft SQL Server 2016 資料庫系統為學習平台，先介紹資料庫的基本概念與關聯式資料庫的規劃技巧，再針對資料庫的建構及 SQL 語法循序漸進解說示範。從資料庫基礎理論到學習各項實務技術與進階技巧，以及 SQL Server 2016 新功能，引領讀者逐步架構出自己的資料庫系統，以輕鬆簡單的方式完成繁雜的資料庫設計與管理的工作。

施威銘研究室

書附檔案下載

目前多數電腦、筆電已經不具備光碟機，為方便讀者學習，請自行輸入以下網址下載書附檔案，**書中內文若有提到光碟內容，即是以下檔案：**

https://www.flag.com.tw/DL.asp?FS112

下載後解開壓縮後會有以下 3 個資料夾：

◉ **範例資料庫**

此資料夾中包含各章練習所需用到的範例資料庫，例如**練習07.mdf** 和**練習07_log.ldf** 即為第 7 章會用到的**練習07** 資料庫。另外，我們還將各章操作完成後的資料庫檔存放到**完成檔**子資料夾中，並在資料庫名稱後加 e (例如**練習07e**)，以方便讀者有需要時也可參考。

在使用前請先取消檔案的唯讀屬性 (在檔案或資料夾上按滑鼠右鈕執行『**內容**』命令，然後取消勾選**唯讀屬性**)，接著再參照 6-4 節附加資料庫的方法，將需用到的範例資料庫附加到 SQL Server 上，便可以依書中的教學逐步操作學習。

◉ **SQL 程式檔**

此資料夾中包含我們替第 6~18 章，以及附錄 B~D 各準備的一個 SQL 檔 (以 CHxx.sql 命名，xx 為章的編號，例如第 6 章的 SQL 檔為 CH06.sql)，內含該章所有的 SQL 範例程式。在檔案中會標註各段程式在書中出現的頁碼，以方便您查找、執行。

要使用某章的 SQL 程式檔，只要直接開啟該檔，然後在檔案中先選取要執行的程式片斷，再按 F5 鍵或**執行**鈕來執行。關於如何使用 SQL 程式檔的方法，可以參考 3-5 節的說明。

◉ **電子書**

本書為免遺珠之憾，特將一些實用的補充資料製作成 PDF 電子書，放在**電子書**資料夾中。這些電子書以附錄 A~G 為名，相關內容請參閱本書目錄最後面的部份。讀者可使用 Adobe Reader 程式來閱讀，若無此程式可至 Adobe 網站的 http://get.adobe.com/tw/reader/ 免費下載來安裝。

目錄

PART 1
基礎概念篇

CHAPTER **1**
認識資料庫系統

1-1	系統簡介	1-2
1-2	資料庫的類型	1-3
1-3	關聯式資料庫的內部結構	1-8
1-4	資料庫系統的網路架構	1-9
1-5	資料庫管理系統的基本功能	1-11
1-6	結構化查詢語言 SQL	1-12
1-7	資料庫系統的使用者	1-13

CHAPTER **2**
規劃關聯式資料庫

2-1	簡易的規劃流程	2-2
2-2	如何設計一個完善的資料庫	2-2
2-3	收集資料項並轉換成欄位	2-6
2-4	認識關聯、Primary Key 與 Foreign Key	2-7
2-5	資料的完整性	2-13
2-6	資料表的關聯種類	2-14
2-7	資料庫的正規化分析	2-16
2-8	資料庫規劃實戰	2-26

PART 2

準備篇

CHAPTER **3**

熟悉 SQL Server 的工作平台

3-1	SQL Server 的管理架構類型	3-2
3-2	瀏覽 SQL Server 的各項工具程式	3-3
3-3	使用 SQL Server Configuration Manager 管理伺服器端相關服務	3-4
3-4	SQL Server Management Studio (SSMS) 環境介紹	3-7
3-5	在 SQL Server Management Studio 執行 SQL 敘述	3-10
3-6	登入帳戶與使用權限的設定	3-22
3-7	從用戶端連接遠端或多部 SQL Server	3-36
3-8	檢查連線的通訊協定	3-42

CHAPTER **4**

認識 SQL 語言與資料型別

4-1	SQL 語言的興起與語法標準	4-2
4-2	SQL 語言與傳統程式語言的差別	4-2
4-3	關鍵字、子句與敘述	4-3
4-4	SQL 語言的功能分類	4-4
4-5	資料型別	4-6
4-6	欄位的 NULL 值與 DEFAULT 值	4-16
4-7	識別名稱 (Identifier)	4-19

目錄

CHAPTER **5**

檢視 SQL Server 的資料庫物件

5-1　SQL Server 的內建資料庫......................................5-2

5-2　解讀資料庫的相關資訊..5-3

5-3　檢視資料庫的各類物件..5-8

5-4　使用『物件總管詳細資料』窗格檢視物件..............5-17

PART 3
入門篇

CHAPTER **6**

建立資料庫

6-1　使用 SQL Server Management Studio
　　　建立資料庫..6-2

6-2　用 CREATE DATABASE 敘述建立資料庫...............6-6

6-3　建立包含 FILESTREAM 結構的資料庫.................6-15

6-4　卸離與附加資料庫...6-20

6-5　使用 SQL Server Management Studio
　　　修改資料庫設定...6-26

6-6　用 ALTER DATABASE 敘述修改資料庫...............6-31

6-7　刪除資料庫..6-37

CHAPTER **7**

建立資料表與資料庫圖表

7-1　使用 SQL Server Management Studio
　　　建立資料表..7-2

7-2 使用 SQL Server Management Studio
修改資料表 7-8

7-3 使用 SQL Server Management Studio
建立資料表間的關聯 7-14

7-4 設定條件約束維護資料完整性 7-19

7-5 使用 SQL Server Management Studio
刪除資料表 7-25

7-6 資料庫圖表與圖表物件 7-27

7-7 用 CREATE TABLE 敘述建立資料表 7-37

7-8 用 ALTER TABLE 敘述修改資料表 7-49

7-9 用 DROP TABLE 敘述刪除資料表 7-56

7-10 暫存資料表 7-57

7-11 自動紀錄資料異動 — Temporal 資料表 7-59

CHAPTER **8**

資料的新增、修改與刪除

8-1 使用 SQL Server Management Studio 編輯資料 8-2

8-2 新增記錄 — INSERT 敘述 8-11

8-3 簡易查詢 — SELECT 敘述初體驗 8-18

8-4 用查詢結果建立新資料表 — SELECT INTO 8-20

8-5 更新記錄 — UPDATE 敘述 8-23

8-6 刪除記錄 — DELETE 與 TRUNCATE TABLE 8-26

8-7 輸出更動的資料 — OUTPUT 子句 8-29

8-8 關於資料匯入與匯出 8-32

8-9 使用精靈匯入及匯出資料 8-34

8-10 使用 bcp 工具與 T-SQL 敘述
進行大量資料複製 8-45

目錄

CHAPTER **9**

查詢資料－善用 SELECT 敘述

9-1　　SELECT 敘述的基本結構 9-2

9-2　　SELECT 子句 9-2

9-3　　FROM 子句 9-11

9-4　　WHERE 子句 9-17

9-5　　GROUP BY 子句 9-18

9-6　　HAVING 子句 9-22

9-7　　ORDER BY 子句 9-24

PART 4
實務篇

CHAPTER **10**

更多的查詢技巧

10-1　　用 UNION 合併多個查詢結果 10-2

10-2　　子查詢 Subquery 10-6

10-3　　使用 SQL Server Management Studio
　　　　設計 SQL 查詢 10-13

10-4　　T-SQL 的常數 10-26

10-5　　隱含式型別轉換 10-33

10-6　　T-SQL 的運算子 10-35

10-7　　運算子的優先順序 10-42

10-8　　處理欄位中的 NULL 值 10-43

10-9　　邏輯函數：IIF( )、CHOOSE ( ) 10-46

10-10　　排序函數：ROW_NUMBER( )、
　　　　 RANK( ) 與 DENSE_RANK( ) 10-48

CHAPTER **11**

建立檢視表

11-1 檢視表的用途 11-2

11-2 使用 SQL Server Management
Studio 建立檢視表 11-6

11-3 用 CREATE VIEW 敍述建立檢視表 11-10

11-4 用 ALTER VIEW 敍述修改檢視表 11-16

11-5 運用 UNION 設計檢視表 11-17

11-6 編輯檢視表中的記錄 11-18

11-7 刪除檢視表 11-20

CHAPTER **12**

善用索引加快查詢效率

12-1 索引簡介 12-2

12-2 叢集索引與非叢集索引 12-3

12-3 Unique 與 Composite 索引 12-4

12-4 由系統自動建立的索引 12-6

12-5 建立索引的注意事項 12-11

12-6 使用 SQL Server Management Studio 的
物件總管來建立與管理索引 12-12

12-7 使用 SQL Server Management Studio 的
資料表設計工具來建立與管理索引 12-18

12-8 用 SQL 語法處理索引 12-21

12-9 檢視查詢的執行計劃 12-27

12-10 設定計算欄位的索引 12-29

12-11 設定檢視表的索引 12-35

12-12 篩選的索引 12-45

目錄

PART 5
進階篇

CHAPTER **13**
T-SQL 程式設計

13-1	批次執行	13-2
13-2	使用註解 (Comment)	13-4
13-3	區域變數與全域變數	13-6
13-4	table 型別的變數	13-9
13-5	條件判斷與流程控制	13-11
13-6	特殊的程式控制	13-22
13-7	錯誤處理	13-26
13-8	偵錯：找出程式錯誤的地方	13-37
13-9	使用 CTE 進行遞迴查詢	13-46
13-10	使用 MERGE 來合併資料	13-53
13-11	SQL Script	13-57
13-12	自動產生 SQL Script	13-62
13-13	使用不同資料庫或不同 Server 中的物件	13-65

CHAPTER **14**
預存程序

14-1	預存程序簡介	14-2
14-2	預存程序的建立、使用與修改	14-7
14-3	設計預存程序的技巧	14-19
14-4	使用 table 型別的參數	14-33

CHAPTER **15**

自訂函數與順序物件

15-1 自訂函數的特色 15-2

15-2 自訂函數的建立、使用與修改 15-4

15-3 自訂函數的使用技巧 15-17

15-4 使用順序物件 15-25

CHAPTER **16**

觸發程序

16-1 觸發程序的用途 16-2

16-2 觸發程序的種類與觸發時機 16-4

16-3 觸發程序的建立、修改、與停用 16-5

16-4 設計觸發程序的技巧 16-14

16-5 建立 AFTER 觸發程序 16-23

16-6 建立 INSTEAD OF 觸發程序 16-32

CHAPTER **17**

使用資料指標 (Cursor)

17-1 Cursor 簡介 17-2

17-2 Cursor 的宣告、開啟、關閉與移除 17-5

17-3 使用 FETCH 讀取 Cursor 中的記錄 17-11

17-4 透過 Cursor 修改或刪除資料 17-16

17-5 使用 Cursor 變數 17-17

17-6 使用預存程序的 Cursor 參數 17-19

17-7 Cursor 的使用技巧 17-20

目錄

CHAPTER **18**

交易與鎖定

18-1　交易簡介..18-2

18-2　進行交易的 3 種模式...18-7

18-3　巢狀交易與 @@TRANCOUNT.......................................18-10

18-4　交易儲存點的設定與回復...18-15

18-5　分散式交易..18-17

18-6　交易的隔離等級..18-23

18-7　資料鎖定..18-27

18-8　鎖定的死結問題..18-33

附錄 A~G 為 PDF 電子書

APPENDIX **A**

安裝 SQL Server 2016

A-1　SQL Server 2016 的軟硬體需求.......................................A-2

A-2　安裝 SQL Server 2016 ....A-4

APPENDIX **B**

規則物件、預設值物件與
使用者定義資料類型物件

B-1　規則物件 (Rule) B-2

B-2　預設值物件 (Default) B-8

B-3　使用者定義資料類型 (UDTs) 物件..................................B-12

APPENDIX **C**

全文檢索索引與搜尋

C-1　全文檢索的架構 C-2

C-2　全文檢索目錄 C-3

C-3　建立全文檢索索引 C-6

C-4　擴展全文檢索目錄與索引 C-12

C-5　使用全文檢索索引搜尋資料 C-16

C-6　varbinary、image 型別欄位的
　　　全文檢索搜尋 C-24

APPENDIX **D**

資料型別補充說明

D-1　timestamp (rowversion) 資料型別 D-2

D-2　uniqueidentifier 資料型別 D-3

D-3　sql_variant 資料型別 D-5

D-4　hierarchyid 資料型別 D-7

D-5　Text in Row D-14

APPENDIX **E**

叢集索引與非叢集索引的結構

E-1　叢集索引的結構 E-2

E-2　非叢集索引的結構 E-3

目錄

APPENDIX **F**
SQL Server 的常見錯誤訊息

F-1　一般性錯誤..F-2

F-2　伺服器設定錯誤..F-3

F-3　資料表與索引的錯誤...F-4

APPENDIX **G**
增加 SQL Server 的效能

G-1　升級硬體設備...G-2

G-2　改善軟體設定...G-3

G-3　其他影響效能的因素...G-5

SQL Server

Chapter

01

認識資料庫系統

想要學習設計資料庫系統，背後是需要一些資料庫概念與理論來支撐的。假如您早已具備這些基礎知識，那麼可以略過 1、2 章，直接從第 2 篇下手。但如果您是資料庫設計的新手，或是以前所學的理論已經淡忘得差不多了，沒關係，先進來本章 "惡補" 一下吧！

1-1 系統簡介

資料庫系統 (Database System) 是電腦化的資料儲存系統, 使用者則透過各種應用程式來存取其中的資料。資料庫系統又可分為兩個部份:**資料庫** (Database) 與**資料庫管理系統** (DataBase Management System, DBMS)。

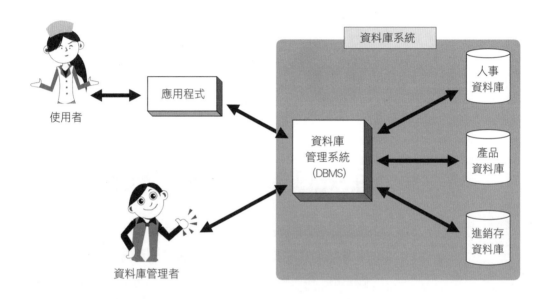

資料庫是儲存資料的地方。一個**資料庫系統**中可以有多個**資料庫**, 每個**資料庫**都是一組經過整理好的資料集合。一般, 我們會將**資料庫**想像成是一個存放資料的容器, 但**資料庫**的真實型態其實是一個個的電子檔案 (file)。

資料庫管理系統則是指管理資料庫的軟體, 它們負責使用者與資料庫之間的溝通, 如存取資料庫中的資料、以及管理資料庫的各項事務等。Microsoft 的 Access, 還有許多用在大型資料庫系統上的 Microsoft SQL Server、Oracle、SyBase、Informix、MySQL、PostgreSQL ... 等皆是**資料庫管理系統**。稍後, 我們會再對**資料庫管理系統**所具備的基本功能做較詳細的介紹。

1-2 資料庫的類型

就資料庫中資料的儲存架構來看，資料庫又可分為多種類型，較常見的有**階層式**、**網狀式**、**關聯式**以及**物件導向式**等 4 種。底下我們就針對這 4 種資料庫類型做個簡單的介紹。

階層式資料庫 (Hierarchical Database)

階層式資料庫採用樹狀結構，將資料分門別類儲存在不同的階層之下。此類型的優點是資料結構很類似金字塔，不同層次間的資料關聯性直接且簡單；缺點則因資料以縱向發展，橫向關聯難以建立，所以資料可能會重複出現，造成管理維護上的不便。IBM 的 IMS 即是屬於此類的資料庫管理系統。

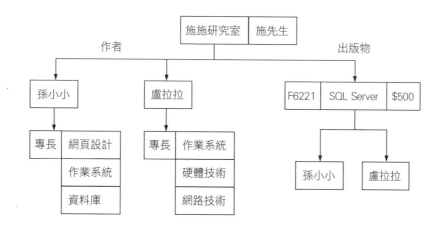

網狀式資料庫 (Network Database)

網狀式資料庫是將每筆記錄當成一個節點，節點與節點之間可以建立關聯 (也就是建立記錄與記錄間的關聯)，形成一個複雜的網狀架構。優點是避免了資料的重複性，缺點是關聯性比較複雜，尤其是當資料庫的內容愈來愈多的時候，關聯性的維護會變得非常麻煩。Computer Associates 公司曾經推出的 IDMS 即是屬於此類的資料庫管理系統。

上圖表示從作者姓名可以查到他寫過的書, 以及這些書是由哪些出版公司所出版的關係。當記錄的數量一多的時候, 關聯就容易變得牽扯不清。

關聯式資料庫 (Relational Database)

關聯式資料庫是以 2 維的矩陣來儲存資料 (可以說是將資料儲存在表格的欄、列之中), 而儲存在欄、列裡的資料必會有所 "關聯", 所以這種儲存資料的方式才會稱為關聯式資料庫, 而儲存資料的表格則稱為 "資料表"。舉例來說, 通訊錄資料表的每一欄可以劃分為『姓名』、『地址』、『電話』:

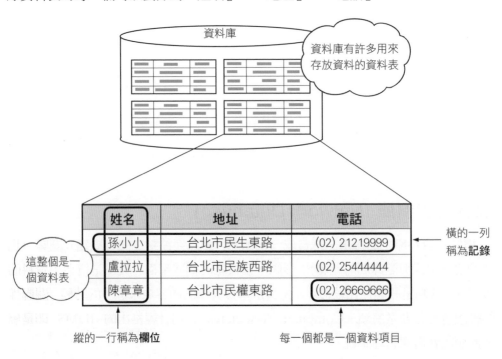

假如我們要從以上的資料表尋找 "盧拉拉" 的地址，則是由橫向的『盧拉拉』與縱向的『地址』，交相關聯而得來：

姓名	地址	電話
孫小小	台北市民生東路	(02)21219999
盧拉拉	台北市民族西路	(02)25444444
陳章章	台北市民權東路	(02)26669666

除了儲存在資料表中的行與列會有所關聯，關聯式資料庫裡面的資料表之間通常也會互有關聯。這種方式的優點是可以從一個資料表中的欄位，透過資料表的關聯，而找到另一個資料表中的資料：

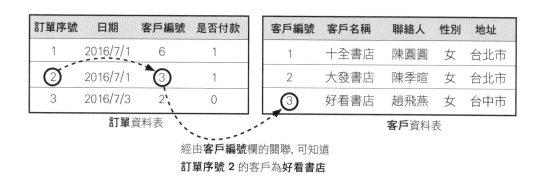

經由**客戶編號**欄的關聯, 可知道
訂單序號 2 的客戶為**好看書店**

目前市場上是以關聯式資料庫使用最廣泛，像 Microsoft SQL Server、SyBase、Informix、MySQL、PostgreSQL、Access...等，都是屬於關聯式資料庫管理系統 (Relational DBMS, RDBMS)。

物件導向式資料庫 (Object-Oriented Database)

物件導向資料庫是以物件導向的方式來設計資料庫，其中包含了物件的屬性、方法、類別、繼承等特性。屬於這類的資料庫管理系統有 Computer Associates 公司的 Jasmine、Eastman Kodak 公司的 Alltalk、Servio 公司的 GemStone、O2 Technology 的 O2 ...等資料庫管理系統。

此外也有關聯式資料庫為主，再於其上架設物件導向概念的資料庫，如 PostgreSQL。

底下是一個**物件導向式資料庫**的結構示意圖：

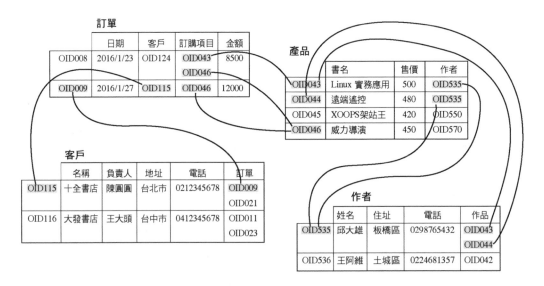

上列的示意圖中有幾個重點，說明如下：

◉ 每一個橫列即為一個**物件**：

以**訂單**為例，每一個物件包含了**日期、客戶、訂購項目、金額**等屬性 (OID 是產生物件時的 ID，不是物件的屬性，說明如後)，這些屬性可以是文字 資料、數值資料，甚至是另一個物件，而且一個屬性不必是唯一的值，如上 圖的**訂單**資料庫中，OID008 的物件，其**訂購項目**屬性就包含 OID043 及 OID046 兩個物件。

◉ 每個物件擁有**唯一**的 Object IDentity (OID)：

同樣以訂單為例，每個物件的第一欄就是物件的 OID。OID 並不是資料庫 設計者賦予的，而是該物件成立時，便自動產生一個 OID；要特別注意的是， OID 並不是物件的屬性，實際上我們是看不到 OID 的。當物件內有包含其 他物件時，就能透過這個獨一無二的 OID 來快速找到對應的物件。

　　若以關聯式資料庫和物件導向式資料庫來做比較，關聯式資料庫必須由資料庫設計者來設計、建立及管理關聯。但物件導向式資料庫中，物件和物件之間的連繫，是因其**屬性**而必然發生的。

　　我們先看下面這張關聯式資料庫的資料表：

訂單序號	日期	客戶編號	是否付款
1	2016/7/1	6	1
2	2016/7/1	③	1
3	2016/7/3	2	0

訂單資料表

客戶編號	客戶名稱	聯絡人	性別	地址
1	十全書店	陳圓圓	女	台北市
2	大發書店	陳季暄	女	台北市
③	好看書店	趙飛燕	女	台中市

客戶資料表

經由**客戶編號**欄的關聯，可知道
訂單序號 2 的客戶為**好看書店**

　　由上圖可知，兩個資料表是藉由**客戶編號**來達成關聯的，而這個關聯性在關聯式資料庫中，必須由設計者自行建立才會真正產生關聯。接著看下面的物件導向式資料庫：

	日期	客戶	是否付款
OID 1	2016/7/1	OID 10	1
OID 2	2016/7/1	OID 11	1
OID 3	2016/7/3	OID 12	0

訂單

	客戶名稱	聯絡人	性別	地址
OID 9	十全書店	陳圓圓	女	台北市
OID 10	大發書店	陳季暄	女	台北市
OID 11	好看書店	趙飛燕	女	台中市

客戶

　　上圖中，兩個物件是透過 OID 來連繫起來的。簡單地說，在關聯式資料庫中資料表間的關係必須靠設計者自行建立來產生**關聯**，而物件導向式資料庫中，各物件之間的關係則是在物件建立之時，便會自行連繫起來。

　　本書的主角 Microsoft SQL Server，是屬於關聯式資料庫管理系統，所以稍後我們會再對關聯式資料庫的內部結構做介紹，若讀者對另外三種資料庫類型有興趣，請自行參考相關書籍。

1-3 關聯式資料庫的內部結構

關聯式資料庫是由資料表 (Table) 所組成，其最大的特色便是將資料分類儲存在**資料表**中。

如下面的**客戶資料表**專門用來存放客戶的資料。其中第一列的項目，如**客戶編號、客戶名稱、聯絡人...**，是客戶資料中所具備的各項屬性 (attribute)，資料庫的用語稱為**欄位** (Field) 或**資料行** (Column)；從第二列起則存放各欄位實際的值，例如**十全書店**便是客戶編號 1 的**客戶名稱**。將同一列各欄位的實際值集合起來，就稱為一筆**記錄** (Record) 或**資料列** (Row)：

客戶編號	客戶名稱	聯絡人	地　　　　址	電　　話
1	十全書店	陳圓圓	台北市仁愛路二段 56 號	02-23219845
2	大發書店	陳季暄	台北市敦化南路一段 1 號	02-23334444
3	好看書店	趙飛燕	台北市忠孝東路四段 4 號	02-25984333
4	英雄書店	孟庭亭	台北市南京東路三段 3 號	02-27225652
5	娛人書店	劉金城	台北市北平東路 24 號	02-25786666
6	新新書店	黎國明	台北市中山北路六段 88 號	02-25557444

客戶資料表

這是一筆紀錄

資料表的內部結構，說穿了就是**欄位**和**記錄**。在設計關聯式資料庫時，最重要的工作就是妥善規劃資料的配置，以避免產生資料重複儲存、資料不一致或資料表間的關聯不完整... 等等問題。這一部份我們將在下一章討論。

1-4 資料庫系統的網路架構

"網路架構" 要談的是資料庫系統要如何佈署的問題。通常，我們會依組織的規模、資料量的多寡、使用的人數、軟/硬體設備等條件來考量，常見的有下列 4 種網路架構：

單機架構

單機架構是由同一部電腦包辦所有資料庫系統的工作，包括保存資料、處理資料、管理及使用資料庫系統... 等等。適合使用者少、資料量也不多的資料庫系統使用，如小公司或個人使用者所建立的資料庫系統。通常，用 Access、FoxPro 所設計的資料庫系統多採用這種架構。

大型主機 / 終端機架構

大型主機/終端機架構是由一部大型主機負責儲存及處理龐大的資料，使用者則透過終端機與大型主機連線，以存取資料庫的內容。這種架構的缺點在於，當多人同時使用時，由於所有的工作都要由大型主機來處理，因此會非常忙碌，易造成回應緩慢的問題。目前除了一些大型機構外，已比較少使用這一類的架構了，而且此類的大型主機價格都相當昂貴，一般中小企業可能負擔不起。

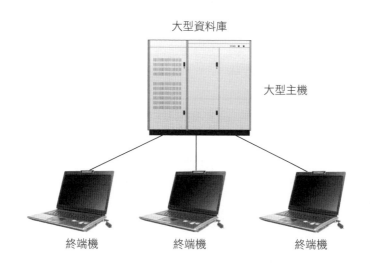

大型資料庫

大型主機

終端機　　　終端機　　　終端機

主從式架構

　　由於個人電腦的價格低廉，運算速度也不錯，利用網路互相連接之後，作為**用戶端** (Client) 的各台電腦只要連結到做為**資料庫伺服器端** (Server) 的電腦，就可以存取資料庫，而且部份的工作可由用戶端電腦來處理，分散資料庫伺服器的負荷，這就是**主從式架構**的佈署方式，同時也是目前一般公司中最普遍採用的方式。若採用**主從式架構**，通常還會另外撰寫用戶端程式，以提供使用者易學易用的操作介面。

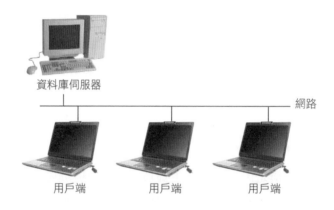

分散式架構

　　分散式架構是由數台資料庫伺服器所組成，使用者在存取資料時，資料可以來自於不同的伺服器中，如此在存取的效率上會比較好。**分散式架構**的資料存取方式和**主從式架構**類似，只不過是多了幾台資料庫伺服器而已：

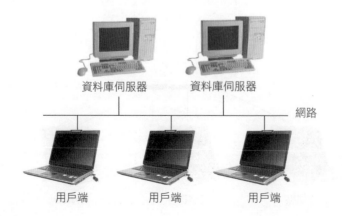

看過上述的網路架構介紹後，您可能會問 Microsoft SQL Server 適合用在哪一種網路架構上？原則上來說，Microsoft SQL Server 是適用在**主從式架構**的環境，但其實除了**大型主機/終端機架構**之外，其他 3 種架構都可以。我們可以視組織的規模及需要來選擇，例如在 5-10 人的小公司中，用**單機架構**或許就綽綽有餘了；而在規模龐大的大型企業中，則可建立多台 SQL Server (資料庫伺服器)，以建構出大容量、高效率的分散式工作平台。

1-5 資料庫管理系統的基本功能

在第 1 節我們已經提過，**資料庫管理系統**其實就是管理資料庫的軟體系統，它們要負責整個資料庫的建立、資料存取、權限設定、資料備份、操作的監督與記錄... 等等工作。底下我們就再進一步詳述**資料庫管理系統 (DataBase ManagementSystem, DBMS)** 所應具備的基本功能。

◎ **資料定義**：DBMS 必須能夠充份定義並管理各種類型的資料項目，例如關聯式資料庫管理系統必須具備建立資料庫、資料表、定義各欄位的資料型別，以及資料表之間的關聯... 等等的能力才行。

◎ **資料處理**：DBMS 必須提供使用者對資料庫的存取能力，包括新增、修改、查詢、與刪除等基本功能。有時 DBMS 提供的功能雖然完善，但是並不是很適合一般的使用者操作，這時就需要程式設計師另外再撰寫用戶端的應用程式，以供一般使用者操作。

◎ **資料安全**：DBMS 應該具備設定使用者帳戶、密碼、及權限的功能，讓每一個使用者只能存取授權範圍內的資料，以防止機密資料外洩，或資料庫遭受任何有意或無意的破壞。

◎ **資料備份**：DBMS 必須提供方便的資料備份功能，如此在資料庫不幸意外毀損時，還可以還原到備份資料時的狀況，以減少損失。

此外，維護資料庫的**效率**也是非常重要，尤其是在資料量很大或使用者很多的時候，資料庫若因效率不佳而導致存取速度變慢，亦會嚴重影響到操作人員的工作效率。

也許有人會認為，上述的說明可能有以偏蓋全之嫌。因為資料庫管理系統可分為多種類型，而且各家廠商出產的資料庫管理系統的詳細功能也不盡相同啊！話是沒錯，可是每種資料庫管理系統所應具備的基本功能其實是差不多的，而且只要各位把握住這些基本功能，學習資料庫管理系統的過程就很容易了。

1-6 結構化查詢語言 SQL

SQL (Structured Query Language, 一般習慣唸成 "sequel"，但正確的唸法應該是"S-Q-L") 中文譯為**結構化查詢語言**，它是目前關聯式資料庫管理系統所使用的查詢語言，也就是說，大部份的關聯式資料庫管理系統都支援 SQL，所以使用者可以利用 SQL 語法直接對關聯式資料庫進行存取與管理的操作。

SQL 的基本語法是由一些簡單的英文句子所構成，相當簡單易學，底下我們就來看個例子。假設要在**訂單資料庫**中建立一個**客戶資料表**，那麼可以執行以下的 SQL 敘述：

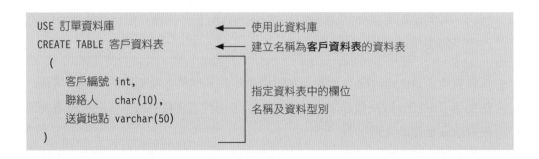

```
USE 訂單資料庫                        ◀── 使用此資料庫
CREATE TABLE 客戶資料表                ◀── 建立名稱為客戶資料表的資料表
   (
      客戶編號 int,                          指定資料表中的欄位
      聯絡人    char(10),                     名稱及資料型別
      送貨地點 varchar(50)
   )
```

在 SQL Server 中執行上面那組 SQL 敘述, 就可以建立如下型式的資料表:

客戶編號	聯絡人	送貨地點

有關 SQL 語法及使用技巧, 請各位先不要著急, 以後我們會陸續詳細介紹。

1-7 資料庫系統的使用者

最後, 讓我們來看看, 從資料庫系統的設計、建立、操作、到管理階段, 需要哪些使用者的參與, 各位並可試著從這些使用者類型中找出自己的定位。

◉ **資料庫設計者** (Database Designer)

資料庫設計者負責整個資料庫的設計, 依據使用者的需求設計適當的格式來存放資料;同時對於整個資料庫的使用者存取權限也需要做規劃。設計完成後就可交由**資料庫管理者**負責管理維護的工作。在一般中小型企業中, 資料庫的**設計者**與**管理者**有可能就是同一個人;若是大型企業, 則可能**設計者**是一組人, 而**管理者**又是另外一組人。

◉ **資料庫管理者** (DataBase Administrator, DBA)

資料庫建好之後, 便可以交給**資料庫管理者**來負責管理及維護。DBA 最主要的任務, 就是要維護資料庫的有效運作, 並監督、記錄資料庫的操作狀況, 必要時還得修改資料庫的資料結構或各項設定, 以符合實際需求或提升運作效率。

由於資料庫中的資料對企業非常重要, 而資料庫系統難免會碰到人為疏失、硬體或作業系統的問題而損壞, 所以 DBA 必須設定資料庫備份的方法和時機, 並且在資料庫受損時儘速讓資料庫回復原狀。

除此之外，DBA 也要負責資料庫的帳戶管理，決定哪些人有權利登入資料庫，哪些人有權執行哪些動作。例如最基本的使用者可能只有查詢功能，需要輸入資料的使用者則具有寫入資料的功能，資料備份人員必須具有備份資料的權限... 等等。

◉ **應用程式設計者** (Application Designer)

應用程式設計者負責撰寫存取資料庫的用戶端應用程式，讓使用者用方便的操作介面來使用資料庫。可用來開發應用程式的工具很多，早期的程式設計師可能用 C 或 PASCAL 等語言，現今的程式設計師則多採用 Visual Basic、C#、JAVA、Delphi、C++、或 PowerBuilder ... 等開發工具。

◉ **一般使用者** (End user)

一般使用者就是真正經常在存取資料庫的使用者，他們只需要學會用戶端的應用程式，不需要擔心資料庫的維護或管理方面的任何問題。若遇到問題，只要請 **DBA** 處理即可。

Chapter

02

規劃關聯式資料庫

規劃資料庫是相當重要的一件事, 好的規劃可以節省資料庫的儲存空間、減少資料輸入錯誤的機會、加快資料庫的運作效率... 等等。這一章我們就來看看要如何做好關聯式資料庫的規劃工作。

2-1 簡易的規劃流程

資料庫的規劃，說起來是一門大學問，市面上常可看到一本本厚達上千頁的原文書，內容就只在介紹資料庫的原理及規劃而已。當然，本書沒有那麼多的篇幅為各位講述資料庫理論，因此經過一番的去蕪存菁，以下將以比較輕鬆、簡單、實用、並且不偏離資料庫理論的觀點，來為各位介紹規劃資料庫的工作。首先，我們將關聯式資料庫的規劃工作概略分為兩個階段：

◉ **第一階段**：收集完整且必要的資料項，並轉換成資料表的欄位形式。

◉ **第二階段**：將收集的欄位做適當分類後，歸入不同的資料表中，並建立資料表間的關聯。

從上面兩個階段的敘述，各位應該不難看出，關聯式資料庫的規劃工作，主要就是在找出資料庫所需的資料表，以及各資料表之間的關聯。

2-2 如何設計一個完善的資料庫

資料庫設計包含兩大部分：一是操作介面設計；另一則是結構設計。

◉ **操作介面設計**：就 SQL Server 而言，操作介面就是表單的設計，或是以程式語言(例如 Visual Basic) 所撰寫的操作介面，讓使用者不必接觸資料庫的結構，就能操作資料庫，如新增、刪除資料... 等等工作。

◉ **結構設計**：結構設計是指設計出適當且最佳化的資料表。一個結構良好的資料庫可提升其整體的存取效率及儲存效率。

資料庫的設計流程

資料庫發展初期，資料規劃的完善與否，通常依設計者的經驗、方法及知識水準不同而有所差別，且最後的成果未必能符合使用者的需求。

近年來，隨著電腦普及，加上使用者對資料庫的需求愈來愈高，使得資料庫的應用範圍愈來愈廣、愈來愈複雜。為了避免設計者閉門造車，直到規劃後期才發現錯誤，所以在規劃的過程中，應分為數階段分別執行，並隨時與使用者溝通，方可設計出既完善又符合需求的資料庫。

資料庫的規劃過程大致可分為 4 個階段：

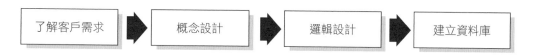

以下我們就分別說明各個階段的工作。

了解客戶需求

在此階段，設計者最主要的工作是收集建立資料庫所需的資訊，做為後續設計的基礎。本階段的主要工作包含以下兩項：

◉ **針對客戶需求，確定設計範圍**

在規劃資料庫之前，當然要先拜訪客戶，了解他們實際的工作流程、各部門執掌範圍及資料的處理方式，以確定資料庫設計的範圍及應具備的功能。

◉ **收集和分析資料**

在調查過程中，除了要明確而具體地找出客戶需求外，還要盡量收集他們平時使用的各類表單、報表、檔案...，這些都是規劃資料庫的重要依據。

此外，進行電腦化後可能會產生一些新的需求，例如每個月各產品的銷售分析；或改變部分現行的作業流程，這些都要事先和客戶討論，看看是否有此需求。

 除了和各部門主管討論資料庫規劃的整體方向外，還要了解實際工作者的工作流程及工作狀況，才不會有任何遺漏。

概念設計階段

在此階段，設計者不需考慮資料的儲存及處理等與電腦有關的問題。主要工作是分析及整理收集到的資料，產生一個能符合使用者需求的資料庫模型，並以簡單的形式表現出來。主要流程如右：

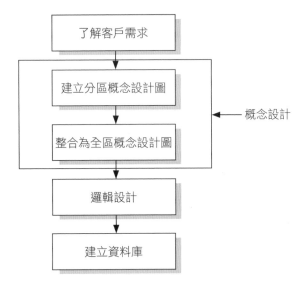

通常我們將概念設計分為兩個階段：第一個階段是建立分區的概念設計；其次是將分區設計整合為一個全區的概念設計。

概念設計的第一個步驟要分別針對不同需求的使用者，確定使用範圍。例如公司的資料庫系統必須面對業務部、財務部、產品部… 等不同部門的使用者，這些使用者牽涉到資料庫中的資料及處理的方式各不相同，所以應針對不同的需求，設計不同的概念模型。

整合為全區概念設計圖

完成分區的概念模型後，便要將它們整合為一個全區概念模型。整合過程必須注意下列幾點：

◉ 解決各分區概念設計之間不一致的情形：由於分區概念設計所面對的使用者不同，所以對於共用資料看法及重要性有時會出現差異，而此步驟最主要的工作就是消弭各分區模型之間的不一致。

◉ 刪除概念設計中重複或多餘的物件，以免造成後續設計時的困擾。

邏輯設計階段

邏輯設計階段的主要工作，是將概念設計階設產生的結果，轉換為實際使用的資料表。主要的流程如右：

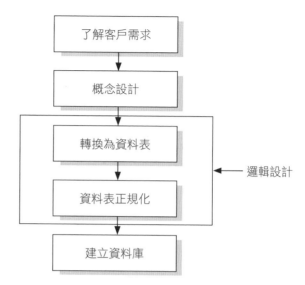

以實際的操作來說，此階段的工作可分為**轉換為資料表**及**資料表正規化**兩項：

◉ **轉換為資料表**

完成概念設計階段後，我們還必須遵循規則，將原本的資料轉換為實際使用的資料表，才能為資料庫所使用 (我們將在稍後來做介紹)。

◉ **資料表正規化**

為了達到資料庫最佳化的目的，在轉換資料表後，能依照正規化的步驟重新檢驗一次，最好讓每一個資料表都能符合 Boyce-Codd 正規化(Boyce-Codd NormalForm，簡稱為 BCNF) 的規範 (我們將在後文為您介紹資料表的正規化步驟)。

建立資料庫

經過邏輯設計階段之後，紙上的分析工作即已完成。接著要將結果建立到資料庫 (如本書使用的 SQL Server) 中。

2-3 收集資料項並轉換成欄位

收集必要且完整的資料項

在設計資料庫之前, 我們應該先 "收集" 所有需要存入資料庫的資料, 以建立一個完整的**資料集** (Complete Data Set)。假若資料庫中的資料不完整, 那麼就無法對使用者提供充份的資訊了;例如在一個訂單系統中, 假如沒有產品的**訂價**或**訂購數量**等資料項目, 那就無法算出該筆訂單中的**銷貨總價**了。

收集了完整的資料項之後, 我們還要再加以 "過濾", 目的在移除多餘的資料項目, 例如在客戶資料中, **嗜好**項目若永遠都用不到, 便可將之移除, 以節省儲存空間。總而言之, 資料庫設計的先決條件是— **讓完整而且必要的資料**可以存入資料庫中!

收集資料項目的方法很多, 例如可以約談相關的工作人員、查閱歷史資料、觀摩實際運作情況... 等等, 不過若是從現有的各種手寫表單來尋找, 倒也不失為一種快又有效率的方法, 因為通常這些表單中的項目即是我們所需要的資料項目。

```
                      訂    購    單            ┌─────────────┐
                                                │ 從現有表單來收 │
            下單日期: 2016/4/10                 │ 集資料項目, 是快 │
                                                │ 又有效率的方法  │
                                                └─────────────┘
  項目編號   書籍名稱            出版公司          價格      數量

  1         Linux 實務應用      旗旗出版公司       620      150
  2         BIOS 玩家實戰       旗旗出版公司       299      100
  3         Windows 系統秘笈    旗旗出版公司       490       80

            應付總價: 162100

            送貨地址: 台北市忠孝東路九段 10 號
            聯絡人:   吳明士
```

轉換成資料表的欄位

收集好資料項目之後，可以先替它們稍做分類並為資料項目加上一些簡單的描述，例如屬於什麼樣的資料型別 (整數、文字或者是日期)、有沒有什麼特殊限制... 等。這樣便算是完成資料表欄位的初步雛型了：

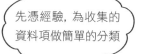

訂單資料表

欄位名稱	資料型別	特性
訂單編號	整數	不可空白, 不可重複
下單日期	日期	
應付總價	貨幣	必須大於 0
客戶編號	文字	

客戶資料表

欄位名稱	資料型別	特性
客戶編號	文字	不可空白, 不可重複
聯絡人	文字	
送貨地址	文字	

這裏我們只是先概略描述一下資料項是屬於什麼性質的資料型別，等到要用 SQL Server 建立資料表時，再用實際的資料型別名稱來代換。資料型別的進一步說明請參閱第 4 章。

2-4 認識關聯、Primary Key 與 Foreign Key

規劃資料庫的第二階段— 將收集的欄位做適當分類後，歸入不同的資料表中，並建立資料表間的關聯。這個階段需要比較多的觀念與技術，接下來我們將逐一介紹。

關聯

如上一章所述, 關聯式資料庫是由一個或多個資料表 (Table) 所構成, 每個資料表與其他的資料表之間, 因為某些欄位的相關性而產生**關聯** (Relationship)。例如下圖的**訂單資料表**與**客戶資料表**, 便因為**客戶編號**欄位而產生關聯:

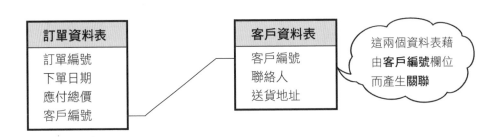

或許您會覺得, 上述兩個資料表的**關聯**來得不費吹灰之力, 這當然是因為我們事先設計過。在實際分析資料表的關聯時, 一般都是使用**分割資料表**的方式: 先將所有需要的欄位大略歸類, 然後再透過**正規化分析**將重複的資料一一挑出來, 另外產生新的資料表, 並建立與原資料表的關聯。關於**正規化分析**, 我們將在 2-7 節與各位實際演練。

分割資料表並建立關聯的優點

『好好的一個資料表幹嘛要分割呢?將所有的資料項都存放在一個資料表中, 資料庫還是可以運作的嘛!』話雖如此, 不過這就喪失了關聯式資料庫的優點了。至於關聯式資料庫的優點在哪裡?就請您看看下面的說明。

節省儲存空間

因為資料庫中有相當多的資料會產生重複的情況, 如果每一次都要輸入相同的資料, 則容易浪費磁碟儲存的空間, 例如:

書籍名稱	作者姓名	分　類	價格
Windows 實用秘笈	施施研究室	Windows	450
Windows 網路通訊秘笈	施施研究室	Windows	480
Windows 系統秘笈	施施研究室	Windows	490
PhotoShop 特效魔術師	施施研究室	影像處理	490
抓住你的 PhotoShop	施施研究室	影像處理	580

很明顯地，在**作者姓名**欄位與**分類**欄位中，有相當多的資料是重複的，例如 "施施研究室" 輸入 5 次、"Windows" 輸入 3 次，而 "影像處理" 則輸入 2 次。如果一個資料庫中有數千或上萬筆記錄，這些重複輸入的資料所造成的磁碟空間浪費就很可觀了。

若是我們將**作者姓名**與**分類**欄位抽離，另外獨立成**作者資料表**與**分類資料表**，並建立這 3 個資料表間的**關聯**，那麼在**作者資料表**中，各作者名稱只需記錄一次，而在**分類資料表**中每種分類也只需記錄一次即可。當**書籍資料表**需要使用到作者名稱或分類時，則可以經由**關聯**，到**作者資料表**與**分類資料表**中選取：

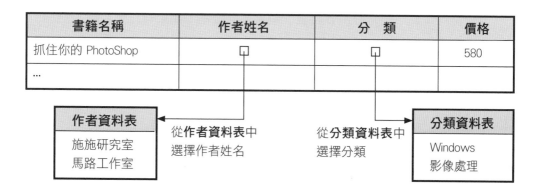

想想看，若是原本有 500 本書的作者姓名是 "施施研究室"，那就要在資料表中記錄 500 次的 "施施研究室"。而分割資料表並建立關聯之後，只要在**作者資料表**中記錄一次 "施施研究室" 就好了，這對於空間的節省不可謂不大呀！

減少輸入錯誤

同樣的資料經常重複輸入時，難免會漏打或是打錯字，使得原本應該是相同的資料，卻變成 2 筆不同的資料：

書籍名稱	作者姓名	分　類	價格
Windows 實用秘笈	施施研究室	Windows	450
Windows 網路通訊秘笈	施施研究室	Windows	480
Windows 系統秘笈	施施研究示	Windows	490
...			

以後當用 "施施研究室" 字串來查詢資料時，**Windows 系統秘笈**這一本恐怕就查不到了。然而若是使用關聯式資料庫，則**作者姓名**這一欄的資料實際上是來自於**作者資料表**，因此只要確定**作者資料表**中的 "施施研究室" 這筆記錄是正確的，就不需要重複輸入 "施施研究室"，自然就減少輸入錯誤的機會。

方便資料修改

"方便資料修改" 也是分割資料表一個重要的優點！如果有一天要將 "施施研究室" 改為 "旗旗研究室"，在沒有分割資料表的狀況下需要一筆一筆記錄去修改，相當耗費時間與精力。若有適當的分割資料表，則只要將**作者資料表**的 "施施研究室" 改為 "旗旗研究室"，則**書籍資料表**中所有關聯到**作者姓名**欄位的值，便都會改為 "旗旗研究室" 了。

資料表的 Primary key 與 Foreign key

資料表之間的關聯是由所謂的**鍵 (Key)** 來建立的。Key 可分為兩種：一種是 Primary key，另一種是 Foreign key，以下分別說明。

Primary key

Primary key 是用來辨識記錄的欄位，具有唯一性，且不允許重複。例如在**書籍資料表**中加入**書籍編號**欄位，給每本書一個唯一的編號，那麼這個**書籍編號**欄位就可用來當作 Primary key，使用者即可依據此 Primary key 找到某特定書籍的詳細記錄。

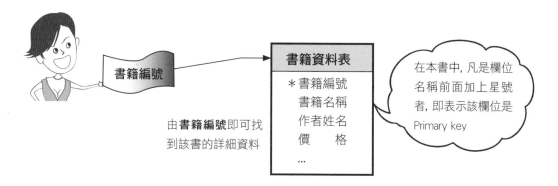

由**書籍編號**即可找到該書的詳細資料

雖然資料表不一定要有 Primary key，但一般都建議最好要有。不過資料表中並不是每一個欄位都適合當做 Primary key，例如**書籍資料表**的**作者姓名**，因為可能會遇到同名同姓的人，所以就不具有唯一性了。

通常每個資料表只選一個欄位設定為 Primary key，但有時候可能沒有一個欄位具有唯一性，此時可以考慮使用兩個或多個欄位組合起來做為 Primary key。請看下面的範例：

訂購者編號	訂單編號	書籍名稱	數量	單價
105011	1	COOL3D 使用手冊	100	390
105011	2	抓住你的 PhotoImpact	200	390
105011	3	Linux 實務應用	150	620
105200	1	Windows Server 架站實務	80	450
105200	2	BIOS 玩家實戰	80	299

上例中好幾筆記錄具有相同的**訂購者編號**或**訂單編號**，使得沒有一個欄位具有唯一性，因此找不到一個單獨的欄位來當 Primary key。其實這可說是資料表設計的問題，若我們在設計欄位時，不管由哪一個訂購者所下的每一筆訂單，都給一個唯一的編號時，就可以用**訂單編號**欄位來做 Primary key 了。

但在不修改資料表的設計的狀況下，我們發現，其實將**訂購者編號**與**訂單編號**這兩個欄位組合起來也具有唯一性— 因為同一個訂購者不會有 2 個相同的訂單號碼。因此我們可以將這 2 個欄位同時設為 Primary key，那麼就具有辨識唯一一筆記錄的特性了。

Foreign key

在關聯式資料庫中，資料表之間的關係是藉由 Foreign key 來建立的，例如：

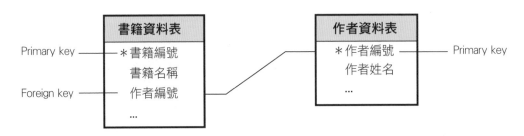

書籍編號與**作者編號**欄位，分別是**書籍資料表**與**作者資料表**的 Primary key。為了建立兩資料表之間的關聯，則在**書籍資料表**需要有一個欄位參考或對應到**作者資料表**的 Primary key，所以便在**書籍資料表**中設置了**作者編號**欄位，此欄位便是 Foreign key。

Primary Key 和 Foreign Key 的名稱一定要相同嗎？

前文所述**書籍資料表**與**作者資料表**中的**作者編號**欄位，前者是 Foreign key，後者是 Primary key。這兩個欄位的資料型別、寬度等屬性必須相同，但名稱不一定要一樣，只是我們習慣上都會取相同的名稱。另外，Foreign keym 中的資料可以重複（例如多本書作者可能是同一人），這點和 Primary key 不同。

2-5 資料的完整性

關於**關聯**，還有一項重要的觀念是**資料的完整性**。所謂**資料的完整性** (Data Integrity) 是用來確保資料庫中資料的正確性與可靠性。例如在某一資料表中更新了一筆資料，則所有使用到此資料的地方也都要更新。尤其是在多人使用的系統中，許多資料是共用的，倘若資料不正確或不一致，那就麻煩了。

SQL Server 具有強制達成**資料的完整性**的功能，以避免資料的錯誤，我們會在第 7 章說明。現在先來看看**資料的完整性**可分為哪幾種類型：

◉ **實體完整性**(Entity Integrity)：

實體完整性是為了確保資料表中的記錄是 "唯一" 的，我們設定 Primary key 就是為了達成**實體完整性**例如每本書都有一個書籍編號，不同的書若使用相同的書籍編號是不被允許的，會被 SQL Server 拒絕。

◉ **區域完整性**(Domain Integrity)：

區域完整性是為了確保資料在允許的範圍中。例如限制某一個整數值欄位的資料範圍在 100 ~ 999 之間，若是輸入的內容不在此範圍內，便不符合**區域完整性**，會被 SQL Server 拒絕。

◉ **參考完整性**(Referential Integrity)：

參考完整性是用於確保相關聯資料表間的資料一致，避免因一個資料表的記錄改變時，造成另一個資料表的內容變成無效的值。以上一節的**書籍資料表**和**作者資料表**為例，假設要在**作者資料表**中刪除一筆記錄，若是在**書籍資料表**中的 Foreignkey 已經參考到這一筆記錄時，則刪除的動作會失敗，以避免**書籍資料表**中的資料失去連結。

◉ **使用者定義的完整性**(User-defined Integrity)：

顧名思義，這是由使用者自行定義，而又不屬於前面 3 種的完整性。例如若某客戶欠款超過六個月，則下次他再下訂單就不賣他，這就是由使用者自訂的完整性限制。

2-6 資料表的關聯種類

前面我們已經初步瞭解什麼是關聯、Primary key 以及 Foreign key,現在則要再進一步介紹關聯的種類,以利下一節正規化分析的進行。

關聯還可分為**一對一關聯**、**一對多關聯**與**多對多關聯**等 3 種對應方式。您可能還聽過**多對一關聯**,其實**多對一關聯**與**一對多關聯**是一樣的,只是角色調換一下而已。下面就分別說明這三種關聯種類。

一對一關聯 (one-to-one)

當兩個資料表之間是**一對一關聯**時,表示甲資料表的一筆記錄只能對應到乙資料表中的一筆記錄;而乙資料表的一筆記錄也只能對應到甲資料表中的一筆記錄。例如:

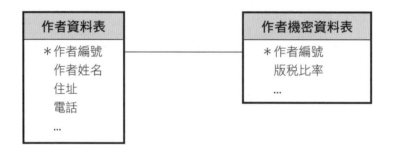

在上圖的**一對一關聯**中,每個作者所抽版稅的比率只與該作者有關,且皆以**作者編號**欄位做為 Primary key。實際上既然 Primary key 都相同,我們也可以考慮乾脆將這兩個資料表合併成一個資料表:

作者資料表

＊作者編號
　作者姓名
　住址
　電話
　版稅比率
　...

但若有其他安全性的特殊考量，一定要用兩個資料表來儲存資料時，則可建立**一對一關聯**，然後設定**作者機密資料表**只允許某些人查閱，其他資料庫的使用者都看不到內容。一般來說，**一對一關聯**比較少用到。

一對多關聯 (one-to-many)

當兩個資料表之間是**一對多關聯**時，表示甲資料表的一筆記錄可以對應到乙資料表中的多筆記錄；而乙資料表的一筆記錄只能對應到甲資料表中的一筆記錄，這是最常見的關聯方式。例如：

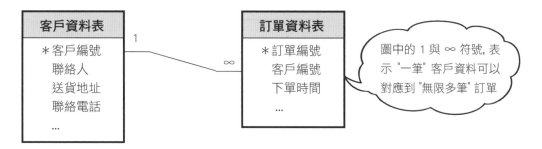

圖中的 1 與 ∞ 符號，表示 "一筆" 客戶資料可以對應到 "無限多筆" 訂單

客戶資料表與**訂單資料表**是**一對多關聯**，表示一筆**客戶資料表**的記錄可以對應到**訂單資料表**中的多筆記錄；而一筆**訂單資料表**的記錄，只能夠對應到**客戶資料表**中的一筆記錄。

多對多關聯 (many-to-many)

當兩個資料表之間是**多對多關聯**時，表示甲資料表的一筆記錄能夠對應到乙資料表中的多筆記錄；而乙資料表的一筆記錄也能對應到甲資料表中的多筆記錄。例如一位作者可以寫好幾本書，而一本書也可以由好幾個作者來寫，若要將兩者建立關聯，那就是**多對多關聯**了。例如：

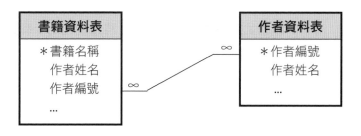

　　多對多關聯在處理資料時因為彼此間的關係太複雜，較容易有問題，因此通常會將這 2 個資料表重新設計，或是在 2 個資料表之間再加上一個資料表，使兩兩之間成為**一對多關聯**，以避免**多對多關聯**的情況，例如：

　　左邊的 2 個資料表的關聯為：一本書可以有多份合約書，而每份合約書只代表一本書。右邊的 2 個資料表的關聯則為：每份合約書只簽一位作者，但每位作者可以簽好幾本書的合約書。如此就避免掉多對多的問題了。

2-7 資料庫的正規化分析

　　關聯式資料庫不管設計得好壞，都可以儲存資料，但是存取效率上可能會有很大的差別。想提升關聯式資料庫的效率，在設計資料庫的時候，可以利用正規化 (Normalization)的方法來協助我們修改資料表的結構。

何謂正規化

　　正規化到底在做什麼？其實簡單的說，**正規化**就是要讓資料庫中重複的資料減到最少，讓我們能夠快速地找到所要的資料，以提高關聯式資料庫的效能。

　　E.F. Codd 博士的關聯式資料庫正規化理論，將正規化的步驟歸納成幾個階段，讓我們有具體可循的方法來建全資料表的結構。

 E.F.Codd 博士是關連式資料庫理論之父，正規化分析即是由他所發展出來的方法。

資料庫的正規化共可分為**第一階正規化** (1st Normal Form, 1NF)、**第二階正規化** (2NF)、**第三階正規化** (3NF)、**BCNF** (Boyce-Codd Normal Form)、**第四階正規化** (4NF)、**第五階正規化** (5NF) 等多個階段,不過對於一般資料庫設計來說,通常只要執行到 **BCNF** 即可,其他更高階的正規化只有在特殊的情況下才用得到。因此本章也只介紹到 BCNF 的正規化。

第一階正規化

正規化的過程是循序漸進的,資料表必須在滿足第一階正規化的條件之下,才能進行第二階正規化。也就是說,第二階正規化必須建立在符合第一階正規化的資料表上,依此類推。因此,第一階正規化是所有正規化的基礎。

第一階正規化的規則

第一階正規化 (1st Normal Form, 以下簡稱 1NF) 有以下幾個規則:

1. 資料表中必須有 Primary Key,而其他所有的欄位都『相依』於 Primary Key。

   『相依』是指一個資料表中,若欄位 B 的值必須搭配欄位 A 才有意義,就是「 B 欄位相依於 A 欄位」。舉例來說,某一**員工**資料表如下:

*員工編號	姓名	地址
1032	孟庭訶	台北市杭州南路一段 15-1 號 19 樓
1039	楊咩咩	台北市杭州南路一段 15-1 號 19 樓

上表的**員工編號**欄為 Primary Key,做為唯一辨識該筆記錄的欄位。對此資料表來說, **地址**欄必須要相依於**員工編號**欄才有意義。否則 "孟庭訶" 和 "楊咩咩" 的地址都相同,若是以**地址**做為 Primary Key,就無法從地址來區別是哪一個人了!同樣地,**姓名**欄也必須相依於**員工編號**欄。

2. 每個欄位中都只儲存單一值, 例如同一筆記錄的**姓名**欄位中不能存放 2 個人的姓名。

3. 資料表中沒有意義相同的多個欄位, 例如**姓名 1**、**姓名 2**... 等重複的欄位。

反之, 若資料表的欄位不符合以上規則, 則稱為『非正規化』的資料表。

不符合 1NF 資料表的缺點

首先我們來看一個非正規化的**訂單**資料表:

訂單編號	客戶名稱	員工編號	負責業務員	書號	書籍名稱	數量
OD101	十全書店	1032	孟庭訶	F5301 F5120 F5662	Linux 實務應用 XOOPS 架站王 威力導演	20 60 30
OD103	愛潤福量販店	1039	楊咩咩	F5662	威力導演	80

這個資料表乍看之下清楚明瞭, 但卻有以下兩個缺點:

1. 『**書號**』、『**書籍名稱**』及『**數量**』欄的長度無法確定:由於訂購的書籍種類可多可少, 不同的客戶訂購的種類也不相同, 所以必須預留很大的空間給這些欄位, 如此反而造成儲存空間的浪費。

2. **降低存取資料的效率**:例如要找出 "威力導演" 的訂購數量, 必須先在**書籍名稱**欄中找出 "威力導演" 所在的位置, 然後才能從**數量**欄中擷取出對應的數量資料, 這不僅減緩了資料處理的速度, 而且也增加了程式出錯的機會。

顯然的, 此資料表違反了 1NF 的第 2 個規則。另外, 兩家客戶同時購買了『威力導演』這本書, 也可能同一家客戶在不同訂單中購買同一本書, 因此這個資料表缺少具有唯一性的 Primary Key, 也違反了 1NF 的第 1 個條件。

接著再看一個不符合 1NF 第 3 個規則的例子：

訂購客戶	書籍 1	書籍 2	書籍 3	數量 1	數量 2	數量 3
十全書店	Linux 實務應用	XOOPS 架站王	威力導演	20	60	30
愛潤福量販店	威力導演			80		

像**書籍 1**、**書籍 2**、**書籍 3** 這樣一群意義相同的欄位，其問題同樣是無法確定要有多少個重複的欄位，而且存取效率低落。例如要找 "Linux 實務應用" 的數量，必須在書籍群組的每一個欄位中搜尋，找到後還得要到數量群組中的相同位置欄位中讀取，相當麻煩。

建構 1NF 資料表的方法

對於不具 1NF 形式的**訂單**資料表，我們可將重複的資料項分別儲存到不同的記錄中，並加上適當的 Primary Key (標示* 符號者為 Primary Key)，產生如下的**訂單**資料表：

*訂單編號	*書號	員工編號	負責業務員	客戶名稱	書籍名稱	數量
OD101	F5301	1032	孟庭訶	十全書店	Linux 實務應用	20
OD101	F5120	1032	孟庭訶	十全書店	XOOPS 架站王	60
OD101	F5662	1032	孟庭訶	十全書店	威力導演	30
OD103	F5662	1039	楊咩咩	愛潤福量販店	威力導演	80

如此一來，雖然增加了許多筆記錄，但每一個欄位的長度及數目都可以固定，而且我們可用**訂單編號**欄加上**書號**欄做為 Primary Key，那麼在查詢某家客戶訂購某本書的數量時，就非常地方便快速了。

第二階正規化

將上述**訂單**資料表執行 1NF 之後，應該很容易察覺：我們輸入了許多重複的資料。如此，不但浪費儲存的空間，更容易造成新增、刪除或更新資料時的異常狀況。所以，我們必須接著進行第二階正規化，來消除這些問題。

第二階正規化的規則

第二階正規化(2nd Normal Form, 以下簡稱 2NF) 有以下幾個規則：

1. 必須符合 1NF 的格式。

2. 各欄位與 Primary Key 間沒有『部分相依』的關係。

『部分相依』只有在 Primary Key 是由多個欄位組成時才會發生，它是指某些欄位只與 Primary Key 中的部分欄位有相依性，而與另一部分的欄位沒有相依性。

以前例的**訂單**資料表來說，其 Primary Key 為**訂單編號+書號**欄位，但**客戶名稱**欄只和**訂單編號**欄有相依性 (一筆訂單只對應一家客戶)，而**書籍名稱**欄只和**書號**欄有相依性 (一個書號只對應一本書)：

書籍名稱只和書號有相依性

訂單資料表

*訂單編號	*書號	員工編號	負責業務員	客戶名稱	書籍名稱	數量
OD101	F5301	1032	孟庭訶	十全書店	Linux 實務應用	20
OD101	F5120	1039	孟庭訶	十全書店	XOOPS 架站王	60
OD101	F5662	1039	孟庭訶	十全書店	威力導演	30
OD103	F5662	1039	楊咩咩	愛潤福量販店	威力導演	80

客戶名稱只和訂單編號有相依性

部分相依會造成下列問題：

◉ **新增資料時可能會無法輸入**：若有一新出的書籍 "Linux 架站實務"，但還沒有任何客戶訂購，那麼它的資料將無法輸入 (因為 Primary Key 中的欄位值不允許 NULL 值，但此時根本沒有訂單編號可輸入)。

◉ **更改資料時沒有效率**：當客戶名稱 "十全書店" 更改為 "大補書店" 時，必須搜尋整個資料庫並一一更改，非常沒有效率。

◉ **刪除資料時可能會同時刪除仍有用的資料**：由於 "XOOPS 架站王" 僅在 "OD101" 這筆訂單中被訂購，如果將該筆記錄刪除，那麼 "XOOPS 架站王" 的資料也就跟著消失了。

另外，部分相依也會造成資料重複出現的問題，例如**客戶名稱**及**書籍名稱**，每次都必須重複輸入，不但浪費時間及儲存空間，而且也容易因疏忽而造成資料不一致的錯誤。

建構 2NF 資料表的方法

要除去資料表中的部分相依性，只需將部份相依的欄位分割成另外的資料表即可。例如我們將**訂單**資料表分割成 3 個較小的資料表 (標示 "*" 號的欄位為 Primary Key)：

訂單細目資料表

*訂單編號	*書號	數量
OD101	F5301	20
OD101	F5120	60
OD101	F5662	30
OD103	F5662	80

書籍資料表

*書號	書籍名稱
F5301	Linux 實務應用
F5120	XOOPS 架站王
F5662	威力導演

訂單資料表

*訂單編號	客戶名稱	員工編號	負責業務員
OD101	十全書店	1032	孟庭訶
OD103	愛潤福量販店	1039	楊咩咩

分成 3 個資料表後, 便去除了原本資料表的 "部份相依性", 我們來看看關聯式資料表可以更容易明白:

第三階正規化

經過 2NF 後的資料表, 其實還存在一些問題:

- 在**訂單**資料表中, 如果有新進業務同仁 "陳圓圓", 在該員尚未安排負責客戶之前, 我們無法輸入該員的資料。

- 若刪除了業務員**孟庭訶**負責的所有訂單, 勢必會將 "孟庭訶" 也一併刪除。

- 若要更改業務員的姓名, 則必須同時更改多筆記錄 (同一業務員, 會有多筆訂單), 造成不便。

基於上述理由, 我們必須再執行第三階正規化。

第三階正規化的規則

第三階正規化(3rd Normal Form, 以下簡稱 3NF) 有以下幾個要件:

1. 符合 2NF 的格式

2. 各欄位與 Primary Key 間沒有 "間接相依" 的關係

"間接相依" 是指二個欄位間並非直接相依, 而是借助第三個欄位來達成資料相依的關係, 例如 A 相依於 B; 而 B 又相依於 C, 如此 A 與 C 之間就是間接相依的關係。

要找出各欄位與 Primary Key 間的間接相依性，最簡單的方式就是看看資料表中有沒有 "與 Primary Key 無關的相依性" 存在。例如在**訂單**資料表中：

訂單資料表

*訂單編號	客戶編號	客戶名稱	員工編號	負責業務員
OD101	C002	十全書店	1032	孟庭訶
OD103	C005	愛潤福量販店	1039	楊咩咩

(前面為了簡化欄位, 所以沒有將此欄位列出來)

由於每筆訂單都會有一位業務員負責，所以**員工編號**欄和**負責業務員**欄都相依於**訂單編號**欄；但**負責業務員**又同時相依於**員工編號**欄，而這個相依性是與 PrimaryKey 完全無關的。另外，**客戶編號**欄與**客戶名稱**欄也有同樣的狀況：

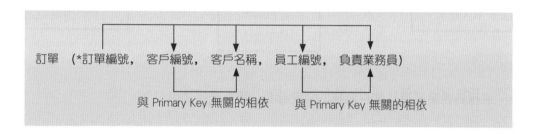

事實上, 它們之間的相依關係為：

由此可知，**負責業務員**及**客戶名稱**二個欄位，與 Primary Key 都存在著無關的相依性，也就是有 "間接相依" 的關係存在。

建構 3NF 資料表的方法

要除去資料表中的 "間接相依性", 其方法和除去 "部分相依性" 完全相同。例如訂單資料表可再分割成 3 個資料表:

訂單資料表

*訂單編號	客戶編號	員工編號
OD101	C002	1032
OD103	C005	1039

客戶資料表

*客戶編號	客戶姓名
C002	十全書店
C005	愛潤福量販店

員工資料表

*員工編號	員工姓名
1032	孟庭訶
1039	楊咩咩

我們來看看這 3 個資料表的關聯:

這樣**負責業務員**及**客戶名稱**的 "間接相依性" 便被去除了。

與直覺式的分割技巧做比較

當您設計資料庫一段時間, 累積了經驗及技術後, 您便可依照自己的經驗, 以直覺的方式對資料表執行最佳化, 底下是兩種方法在功能上的對照:

正規化	功能相同的直覺式分割法
1NF: 有主鍵 欄位中只有一個單一值 沒有意義相同的重複欄位	無
2NF: 除去 "部分相依性"	分割 "欄位值一再重複" 的欄位
3NF: 除去 "間接相依性"	分割 "與主鍵無關" 的欄位

Boyce-Codd 正規化

對於大部分資料庫來說，通常只需要執行到 3NF 即足夠了。但如果資料表的 Primary Key 是由多個欄位組成的，則可以 Boyce-Codd 正規化(Boyce-Codd NormalForm, 以下簡稱 BCNF) 繼續做檢查。

 BCNF 亦稱為『廣義的 3NF』。較 3NF 多規範了 Primary Key 由多個欄位組成的資料表。

若資料表的 Primary Key 由多個欄位組成，則資料表只要符合下列規則，那麼這個資料表便符合『BCNF』：

1. 符合 2NF 的格式

2. 各欄位與 Primary Key 沒有『間接相依』的關係

3. Primary Key 中的各欄位不可以相依於其他非 Primary Key 的欄位

我們利用 Boyce-Codd 正規化的條件，來檢驗 Primary Key 由多個欄位組成的**訂單細目**資料表：

訂單細目

*訂單編號	*書號	數量
OD101	F5301	20
OD101	F5120	60
OD101	F5662	30
OD103	F5662	80

數量欄相依於**訂單編號**及**書號**欄，對**訂單編號**而言，並無相依於**數量**欄；對**書號**欄而言，也無相依於**數量**欄。所以**訂單細目**資料表是符合 BCNF 的資料表。

2-8 資料庫規劃實戰

看完了前面幾節的介紹，相信您已經對關聯式資料庫有了相當的概念。現在我們要利用一個範例，將前幾節的觀念連貫起來，並透過將資料記錄轉換為資料表的過程，讓您對資料庫規劃有更完整的概念。

在這一節，我們要從一份訂購單開始著手，試著將訂購單轉換成資料表，並執行正規化分析，讓訂購單成為實際可用的資料表。以下是我們要進行轉換的訂購單：

訂　購　單

下單日期: 2016/11/10

項目編號	書籍名稱	出版公司	價格	數量
1	Linux 實務應用	旗旗出版公司	620	150
2	BIOS 玩家實戰	旗旗出版公司	299	100
3	Windows 系統秘笈	旗旗出版公司	490	80

應付總價: 162100
送貨地址: 台北市忠孝東路九段 10 號
聯絡人：　吳明士

接著，我們將列出的資料項目整理成
如右的資料表欄位：

現在我們得到了第一份資料表，但其
中還有許多的問題。所以接著要利用正
規化分析來檢查及改造這份資料表。

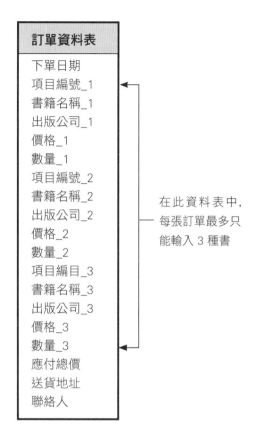

訂單資料表

下單日期
項目編號_1
書籍名稱_1
出版公司_1
價格_1
數量_1
項目編號_2
書籍名稱_2
出版公司_2
價格_2
數量_2
項目編目_3
書籍名稱_3
出版公司_3
價格_3
數量_3
應付總價
送貨地址
聯絡人

在此資料表中，
每張訂單最多只
能輸入 3 種書

第一階正規化

我們再來看一次第一階正規化的規則：

1. 資料表中必須有 Primary Key，而其他所有的欄位都『相依』於 Primary Key。

2. 每個欄位中都只儲存單一值。

3. 資料表中沒有意義相同的多個欄位。

接著我們要跟著規則逐一做調整。首先我們要在的**訂單資料表**中找出一個具有 "唯一性" 的欄位，作為 Primary Key。可是就上表而言，並沒有這樣的欄位，因此我們增加一個**訂單編號**欄位來作為 Primary Key：

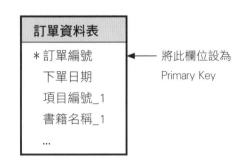

再來我們要將資料表中意義相同的欄位去除掉。由**訂單資料表**可以看出訂購的書籍、價格與數量，會因為同一張訂單中訂購了多本不同的書籍，而重複出現**書籍名稱_1、書籍名稱_2** 與**書籍名稱_3**... 等，造成同類型的欄位重複出現，而且還不確定一個資料表中需要多少個欄位才夠儲存一筆訂單。

因此，要讓**訂單資料表**符合『第一階正規化』，則可將**項目編號、書籍名稱、價格、數量**與**出版公司**等 5 個欄位獨立成另一個資料表：

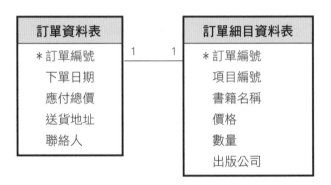

現在我們還要回頭看看，分割後的資料表是不是仍然滿足第一階正規化的規則。在**訂單細目資料表**中，我們發現到**訂單編號**欄位並不足以代表唯一性，因為同一個訂單編號還是會有不同的項目編號與書籍名稱。因此我們將**訂單編號**與**項目編號**欄位組合成**訂單細目資料表**的 Primary Key，這樣就可明確找到某一筆訂單細目的記錄了：

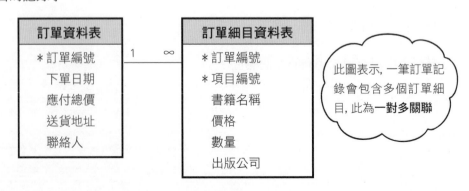

第二階正規化

我們先來複習一下第二階正規化的規則：

1. 必須符合 1NF 的格式。

2. 各欄位與 Primary Key 間沒有 "部分相依" 的關係。

再來看看我們剛才所得到的**訂單細目資料表**, 若輸入資料後應該如下：

訂單編號	項目編號	書籍名稱	價格	數量	出版公司
1	1	Linux 實務應用	620	150	旗旗
1	2	BIOS 玩家實戰	299	100	旗旗
1	3	Windows 系統祕笈	490	80	旗旗
2	1	Windows 系統祕笈	490	120	旗旗
2	2	Linux 實務應用	620	90	旗旗

在此資料表中, **書籍名稱、價格**與**出版公司**等 3 個欄位與**項目編號**並沒有必然的關係存在一亦即**項目編號**改變了, 也不會影響這 3 個欄位的值。因此, 根據『第二階正規化』, 我們可以將這 3 個欄位另外獨立成一個**書籍資料表**, 然後在**訂單細目資料表**中增加一個**書籍編號**欄位與新資料表建立關聯：

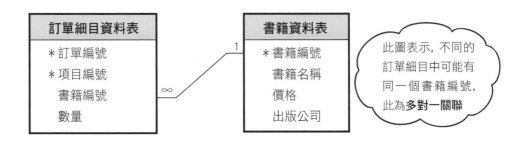

TIP 每一階正規化都必須先滿足前面各階的規則, 例如滿足『第二階正規化』之後, 還要再回頭檢查是否同樣也滿足『第一階正規化』。

第三階正規化

同樣地，我們先來看一下第三階正規化的規則：

1. 符合 2NF 的格式

2. 各欄位與 Primary Key 間沒有『間接相依』的關係

我們再回頭看看**訂單資料表**：

訂單資料表
＊訂單編號
下單日期
應付總價
送貨地址
聯絡人

從上圖我們看出，實際上**送貨地址**欄位是由**聯絡人**欄位所決定的，與**訂單編號**欄位並無直接關係，即不符合『3NF』。因此我們將**聯絡人**與**送貨地址**欄位另外產生一個**客戶資料表**，並藉由新增的**客戶編號**欄位來建立關聯：

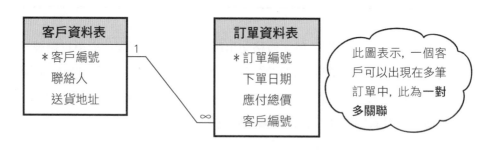

步驟進行到此，我們已經完成第三階正規化了。將前面的結果整理一下，我們可得到如下的資料表與關聯：

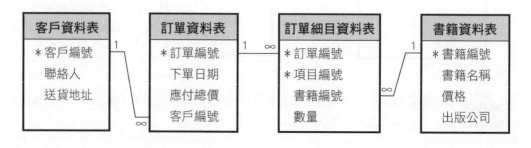

完成第三階正規化後，資料表大致已經完成了。最後我們要利用『Boyce-Codd 正規化』做最後一次檢查。先來回憶一下『Boyce-Codd 正規化』的規則是什麼：

若資料表的 Primary Key 由多個欄位組成，則資料表要符合下列規則，才是符合『Boyce-Codd 正規化』的資料表：

1. 符合 2NF 的格式

2. 各欄位與 Primary Key 沒有 "間接相依" 的關係

3. Primary Key 中的各欄位不可以相依於其他非 Primary Key 的欄位

我們完成的資料表中，只有**訂單細目資料表**是由多個欄位組成 Primary Key。在**訂單細目資料表**中，**書籍編號**和**數量**欄均相依於**訂單編號**及**項目編號**欄；而反過來看，**訂單編號**和**項目編號**欄則無相依於**書籍編號**或**數量**欄。所以**訂單項目資料表**是符合 BCNF 的資料表。

步驟到此，我們已經將這個範例操作完成了。建議您不妨多做練習，試著將手上的表單轉換成資料表，熟悉正規化的操作。爾後在規劃和建立資料庫時就能得心應手。

正規化的另類思考

正規化固然是設計資料庫的好方法，但它只是一個基本原則而已，在原則之外，我們還是可以依照系統的需求自行做一些變化，例如下面二種狀況：

不必要的分割

正規化的工作有時不必做得非常徹底，我們拿右邊的**地址資料表**來看：

地址資料表
＊姓名
縣市
區
街牌號碼
郵遞區號

　　按照正規化原理，**郵遞區號**與**縣市**、**區**有從屬關係，因此這個資料表必須再進行分割才能符合第 3 階正規化的要求；但是在實際的作業上，我們每次都一定會查詢全部的欄位，如果將它們分割了，那麼每次在查詢時就都要多一道還原的手續，這樣做實非明智之舉。

人工的分割

　　有時為了增加資料處理的效率，我們會將已經符合第三階正規化的資料表再做分割。例如一個資料表擁有非常多的欄位，而其中又有許多欄位根本很少用到，那麼就可以將那些少用的欄位分離出來，存放到另外一個資料表之中。在下面的例子中，第一個資料表存放的是常用的資料，而另一個資料表則用來存放罕用的資料：

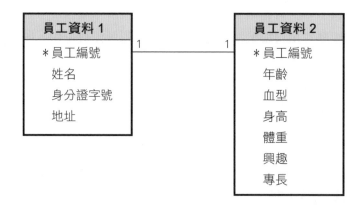

　　在分割後，由於**員工資料** 1 的欄位變少了，因此可以有效地提升存取效率。

　　經過**正規化分析**的洗禮，我們應該可以得到結構不錯的資料表，以及資料表之間的關聯，而資料庫的規劃也到此告一段落。接下來我們要開始來看，如何利用 SQLServer 來實現我們規劃出來的資料庫系統。

Chapter

03

熟悉 SQL Server 的工作平台

俗語說『工欲善其事，必先利其器』。在正式動手設計資料庫之前，這一章我們先來將 SQL Server 2016 的工作平台瀏覽一遍，包括：認識 SQL Server 的管理架構類型、一些管理工具的操作技巧、如何登入 SQL Server 、登入帳戶與使用權限的設定、如何從 Client 端管理遠端的 SQL Server... 等等。

各位要儘快在這一章打好操作 SQL Server 的基礎，以後設計資料庫時才能夠得心應手、揮灑自如。

3-1 SQL Server 的管理架構類型

在第 1 章我們曾經提到，SQL Server 可適用在**單機架構**、**主從式架構** (Client/Server)、以及**分散式架構**這 3 種網路型態中。對應這 3 種網路型態，SQL Server 的管理架構也可分為 3 種類型：

◉ **單機管理架構**：就是在架設 SQL Server 的主機中，直接進行管理與維護 SQL Server 的工作，亦即**伺服器端** (Server 端，指架設 SQL Server 的那部主機) 和**用戶端** (Client 端，指安裝管理工具的那部主機) 都是在同一部機器中。

◉ **主從式管理架構**：在一部主機上架設 SQL Server (伺服器端)，而在另一部主機上安裝相關的管理程式 (用戶端)，然後在用戶端透過網路來操作及管理 Server 端。

◉ **分散式管理架構**：若公司組織的規模較為龐大，可在網路上架設多部 SQL Server 來使用，用戶端當然也可以視情況增加。在此架構中，您可自由選擇要將伺服器端和用戶端分開在不同主機、集中於同一部主機、或是兩者混用都可以。

各位在動手安裝 SQL Server 之前，應先決定要採用的管理架構類型，因為這會影響到您在各主機中所要安裝的元件。例如某主機僅做用戶端使用，那麼該主機只需安裝用戶端工具的部份即可。又如某主機既要架設 SQL Server 又要能夠進行管理，那伺服器和用戶端的元件都不可少。

除了管理架構類型之外，SQL Server 2016 的版本以及各版本適用的 Windows 系統，也會影響您安裝 SQL Server 。例如要架設**企業版**的 SQL Server，該主機的作業系統必須是 Windows Server 2012 以上版本。有關 Windows 適用版本的的資訊，『附錄 A』有完整的介紹，如果還沒安裝，就請各位翻到『附錄 A』去查閱相關資訊並進行安裝。

TIP　有關如何從用戶端透過網路來連接並管理遠端的 SQL Server，我們將在 3-8 節說明。

3-2 瀏覽 SQL Server 的各項工具程式

假設各位都已經安裝好 SQL Server, 這一節我們要帶您瀏覽 SQL Server 各項工具程式, 讓您瞭解一下 SQL Server 的功能。

SQL Server 提供的主要工具都已經放在『**開始/所有應用程式/Microsoft SQL Server 2016**』功能表中：

其中各項目與工具的簡要說明如下：

⊙ **SQL Server Data Tools (SSDT)**：這是一個將 SQL Server 資料庫功能整合到 Visual Studio 開發環境中的工具, 讓熟悉 Visual Studio 的開發人員可以在熟悉環境中開發各種資料庫專案。其功能也包含了舊版的 Business Intelligence Development Studio 工具, 因此也是一個商業智慧 (Business Intelligence) 整合開發工具, 可以將資料加以分析, 增進資訊整合能力, 大幅提升決策效率, 做為決策者的情報依據。

⊙ **SQL Server Management Studio (SSMS)**：此為 SQL Server 2016 最重要的整合工具, 幾乎所有資料庫的管理與操作都必須藉由此工具進行, 本書其它各章也都會使用這個工具。隨後會在 3-4 節介紹 SQL Server Management Studio 的環境與基本操作。

⊙ **匯入和匯出資料**：匯入和匯出資料精靈可以從 Execl、Access、Oracle、文字檔... 等各種來源, 將資料轉移到 SQL Server。

⊙ **Analysis Services**：Analysis Services 是微軟的資料倉儲解決方案, 可以讓使用者以方便親和的介面, 從各種維度取得資料, 達成決策支援的功用。

- **Data Quality Services (DQS)**：這是一個分析與調校資料品質的工具，可讓您先建立一個知識庫，然後使用該知識庫執行各種資料品質的調校工作，包括修正問題、強化內容、標準化、刪除重複資料、以及分析資料的完整性等。

- **Integration Services**：Integration Services 為各種異質資料庫轉移到 SQL Server 以建立資料倉儲的主要工具。

- **文件集和社群**：這個項目內是 SQL Server 的輔助說明功能與社群網站連結，以方便您查閱 SQL Server 所有的功能、操作、管理等說明資料，或是連到 SQL Server 的社群網站尋求支援。請注意，預設會使用線上版的說明文件(線上叢書)，而不會將說明文件安裝到本機中，您可執行**文件集和社群/管理說明設定**命令來變更設定，或下載/更新本機中的說明文件。

- **效能工具**：這個項目內包含效能監視與調校工具。

- **組態工具**：此項目內包含數個 SQL Server 設定與組態工具，其中 SQL Server 組態管理員(SQL Server Configuration Manager) 可以用來啟動或關閉相關服務，以及設定 SQL Server 的通訊協定。隨後 3-3 與 3-9 節會為您介紹這個工具。

3-3 使用 SQL Server Configuration Manager 管理伺服器端相關服務

SQL Server Configuration Manager 的用途是管理 SQL Server 伺服器端的相關服務，同時可讓我們得知服務的執行狀態。

開啟與使用 SQL Server Configuration Manager

請執行『**開始/ 所有應用程式/Microsoft SQL Server 2016/ 組態工具/ SQL Server 2016 組態管理員**』命令即可開啟 SQL Server Configuration Manager：

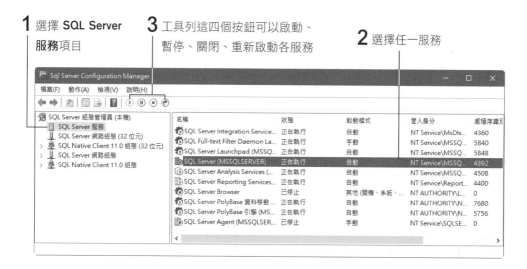

其中重要的服務介紹如下：

◉ **SQL Full-text Filter Daemon Launcher**：此服務提供 SQL Server 全文檢索的搜尋功能，關於全文檢索的說明，請參考本書附錄 C。

◉ **SQL Server**：這項服務管理所有組成資料庫的檔案、處理 T-SQL 敘述與執行預存程序等功能。必須啟動 SQL Server 服務，用戶端才能存取 SQL Server 內的資料。

◉ **SQL Server Analysis Services**：Analysis Services 提供線上分析處理 (OLAP) 和資料探勘功能，是使用資料倉儲的重要服務。

◉ **SQL Server Agent**：SQL Server 代理程式服務，啟動這項服務讓 SQL Server 可以對週期性的事件做排程，並且在**作業** (jobs) 發生問題或產生預設的**警示** (alerts) 狀況時，主動提醒系統管理者或操作者。

設定開機是否自動啟動服務

如果想要設定某項服務在開機後是否自行啟動, 或是要停用某項服務, 請如下操作:

1 在想要設定的服務按滑鼠右鈕, 執行『**內容**』命令

2 切換到**服務**頁次

3 在此項目設定是否自動啟動 (如果未來不再使用此服務, 可以選擇**已停用**, 停用此服務)

4 按**確定**鈕完成設定

3-4 SQL Server Management Studio (SSMS) 環境介紹

SQL Server Management Studio (SSMS) 是 SQL Server 最主要的管理工具, 幾乎所有對 SQL Server 的管理工作、資料查詢, 以及 T-SQL 敘述的執行, 都會透過這個工具來完成。往後 SQL Server Management Studio 將是我們設計資料庫不可或缺的重要伙伴, 這一節就先讓我們來瞧一瞧它的工作環境, 同時學習一些基本的操作技巧。

請先以 SQL Server 安裝時已賦予 SQL Server 管理權限的帳號 (參見 A-14 頁)登入 Windows, 這樣才能針對 SQL Server 進行管理工作。然後請執行『**開始/所有程式/Microsoft SQL Server 2016/SQL Server Management Studio**』命令即可開啟 SQL Server Management Studio：

此處可選擇要登入的 SQL Server。一般情況下, 此處預設會自動填上本機的電腦名稱, 所以不需另外修改。如果想要連線遠端 S Q L Server, 請參考 3-7 節的說明

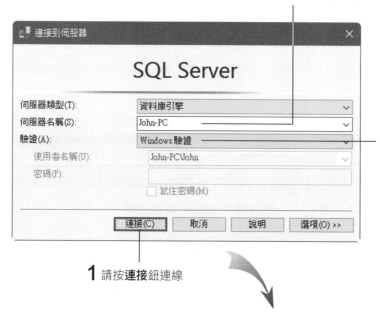

採用 Windows 驗證時, 不需輸入帳戶與密碼, 會自動以目前的使用者登入；若採用 SQL Server 驗證, 則需於下方輸入帳號與密碼 (有關驗證方式的詳細說明請參考 A-14 頁)

1 請按**連接**鈕連線

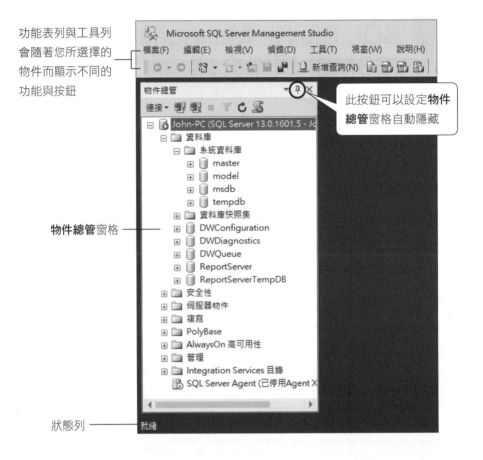

功能表列與工具列
會隨著您所選擇的
物件而顯示不同的
功能與按鈕

此按鈕可以設定**物件
總管**窗格自動隱藏

物件總管窗格

狀態列

SQL Server Management Studio 的操作介面和 Windows 檔案總管非常相似，左邊的**物件總管**窗格以樹狀結構來顯示 SQL Server 中的各個物件，按一下 "+" 號可以展開物件的內容，按一下 "-" 號則可收合，在物件的名稱上按一下即可切換到該物件。

當您在**物件總管**對物件進行操作時，其右方窗格亦會新增與該操作相關的頁次；另外，如果需要的話，還會同時開啟**屬性**窗格讓您設定屬性。例如下面是修改資料表設定時的畫面：

出現了**資料表**頁次　　　如果關閉了右方**屬性**窗格，　　　右方出現**屬性**窗格，
　　　　　　　　　　　　　按 F4 鈕即可再次顯示　　　可以設定資料表屬性

資料表頁次下方
出現**資料行屬性**
窗格，可供修改
資料行屬性

如果您同時進行多項操作，中間窗格可能會出現許多頁次，此時可以如下在各
個頁次間切換：

按此鈕可關閉此頁次　　　**1** 按此鈕

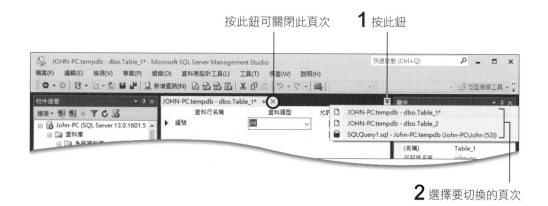

2 選擇要切換的頁次

　　SQL Server Management Studio 的基本操作就介紹到這兒，後面的章節還
會陸續為您介紹 SQL Server Management Studio 的各項功能與操作方法。

3-5 在 SQL Server Management Studio 執行 SQL 敘述

　　設計資料庫少不了要撰寫 SQL 敘述，為了讓讀者以後能夠專注在 SQL 敘述的語法上，這一節我們先帶您摸清楚 SQL 敘述的執行環境以及一些基本操作方式。

SQL 敘述的執行操作方法

　　請依照 3-4 節的說明開啟 SQL Server Management Studio，如下操作即可執行 SQL 敘述：

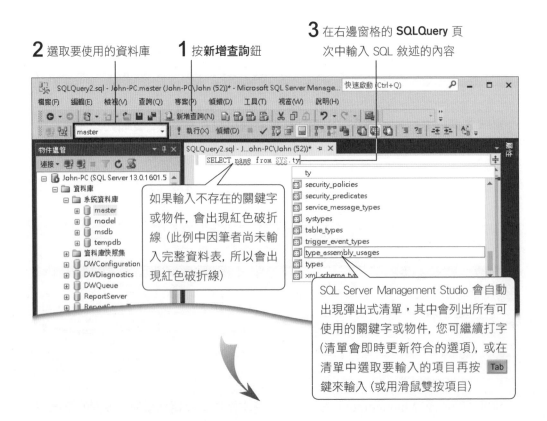

4 按**執行**鈕或是鍵盤上的 F5 ，即可執行 SQL 敘述

若切換到**訊息**頁次則可
查閱執行時出現的訊息

在 **SQLQuery** 頁次下方的窗格會
出現**結果**頁次顯示執行的結果

使用 USE 敘述來選取資料庫

前面步驟 2 使用工具列上的 master 列示窗選取要使用的
資料庫，其實也可以利用 USE 敘述併入步驟 3 一起輸入。USE 敘述的語法如
下：

例如將上例的步驟 2 與步驟 3 合併，就要變成下面的敘述：

```
USE master
SELECT * FROM sys.types
```

USE 敘述只要一開始時執行過一次，後續的 SQL 敘述就會作用在 USE 所指
定的資料庫中。如果之後要改用其它資料庫，則可再次執行 USE 敘述來變更。

選取執行

在 SQLQuery 頁次中可以同時輸入好幾個 SQL 敘述, 若只想執行其中一個(或一段) 敘述, 可先用滑鼠選取要執行的部分, 然後再按**執行**鈕或是鍵盤上的 F5 鍵執行:

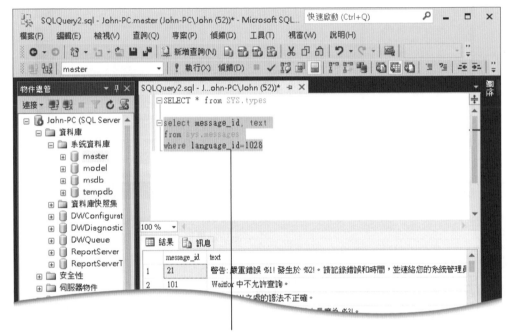

選取之後就只會執行這一段

變更結果頁次的顯示模式

結果頁次有多種顯示模式, 預設的模式為**以方格顯示結果**, 使用這種模式時, **結果**頁次會以試算表的格式顯示執行結果的資料部分, 另外還會有一個**訊息**頁次顯示執行成功或是發生錯誤時的相關訊息。

結果頁次還有**以文字顯示結果**與**將結果存檔**兩種顯示模式, 我們可以在工具列切換顯示模式:

2 變更顯示模式後, 請按**執 行**鈕重新執行 SQL 敘述   **1** 按此鈕改用以**文字顯示結果**   這兩個鈕分別是**以方格顯 示結果**與**將結果存檔**模式

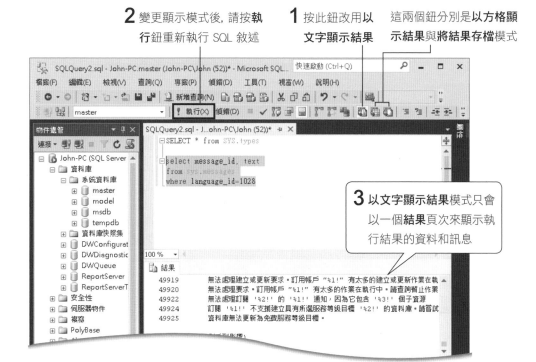

3 以**文字顯示結果**模式只會 以一個**結果**頁次來顯示執 行結果的資料和訊息

若選擇**將結果存檔**模式, 則重新執行 SQL 敘述後, 會出現如下的交談窗讓您 將執行結果存檔:

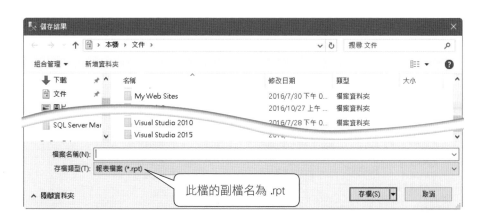

此檔的副檔名為 .rpt

如果您想要變更**結果**頁次的預設顯示模式, 請執行『**工具/選項**』命令, 如下設 定:

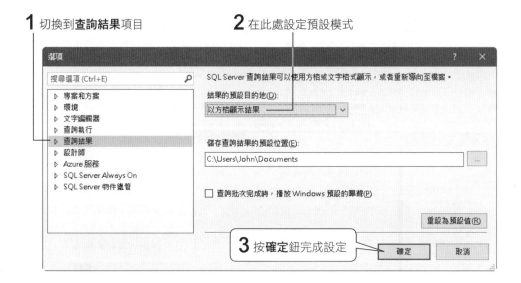

1 切換到**查詢結果**項目

2 在此處設定預設模式

設定字型與顏色

在輸入 SQL 敘述時，您應該會發現有些字會變成藍色或綠色，另外執行結果以黑色顯示，錯誤結果則以紅色顯示。如果您想要變更這些顏色或是顯示的字型，請執行『**工具/選項**』命令，如下設定：

1 展開**環境**

3 在此選取欲設定的項目

4 更改字型、大小、顏色

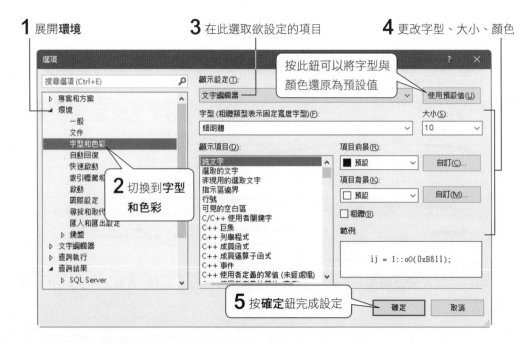

開啟新的 SQLQuery 查詢頁次

如果想要開啟新的 **SQLQuery** 頁次，以便執行其它 SQL 敘述，可以如下操作：

1 按**新增查詢**鈕　　**2** 產生新的 SQL Query 頁次

這裡的編號會自動往上加

可在此處切換到其他頁次

儲存 SQL 敘述

您可將輸入的 SQL 敘述存檔，以便重複使用。儲存時，請將插入點保持在 **SQLQuery** 頁次，然後按下**儲存鈕** 💾 (或執行『**檔案/儲存 xxx.sql**』命令)，若是第一次存檔則會出現下面的交談窗讓您設定路徑與檔名：

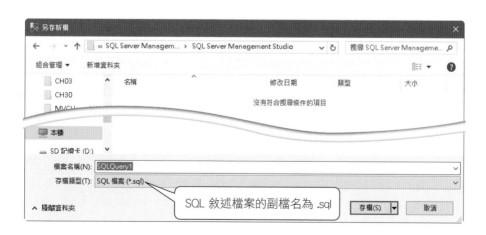

SQL 敘述檔案的副檔名為 .sql

　　經過這次存檔之後, 以後再次儲存時, 便不會再出現上述的交談窗了。

　　如果開啟了多個 **SQLQuery** 頁次, 而且每個頁次中的 SQL 敘述都要儲存, 可以按**全部儲存**鈕 , 或是執行『**檔案/全部儲存**』命令, 如此只需一個動作就可儲存所有 SQL 敘述。

儲存執行結果

　　前面 3-13 頁提過, 若將**結果**窗格設定為**將結果存檔**模式, 則執行 SQL 敘述後, 會出現交談窗讓您將執行結果存檔。不過如果**結果**窗格設定為其他顯示模式, 而您想要將某一次執行結果存檔, 請將插入點放在**結果**頁次, 然後執行『**檔案/儲存結果**』命令, 也能夠手動將結果儲存成檔案:

副檔名為 .csv

開啟 SQL 敘述檔或結果檔案

若要開啟已儲存的 SQL 敘述檔或是結果檔案，請按**開啟檔案**鈕 ![icon]，或是執行『**檔案/開啟/檔案**』命令，然後選取要開啟的檔案再按**開啟**鈕即可。

從物件總管拉曳物件到 SQL 敘述

撰寫 SQL 敘述時，必須經常輸入資料表或欄位名稱，除非您有超強的記憶力，否則應該需要常常去查資料表或欄位到底叫什麼名稱。不過其實只要搭配**物件總管**一起使用，就可以快速輸入各物件的名稱，讓這些名稱不會成為您最頭痛的事情了。

假設要在 master 資料庫內，查詢 INFORMATION_SCHEMA.CHECK_CONSTRAINTS 檢視表內的 ONSTRAINT_CATALOG、CONSTRAINT_SCHEMA、CONSTRAINT_NAME 與 CHECK_CLAUSE 等欄位，此時便需要輸入下面 SQL 敘述：

```
USE master
SELECTCONSTRAINT_CATALOG, CONSTRAINT_SCHEMA, CONSTRAINT_NAME, CHECK_CLAUSE
FROMINFORMATION_SCHEMA.CHECK_CONSTRAINTS
```

這些名稱真是又臭又長，就算查到了，手動輸入每個名稱時，也難保不會多打或少打某個字母。其實您只需要先在 **SQL Query** 頁次中輸入 USE、SELECT、FROM 三個關鍵字，剩下的就從**物件總管**拉曳就可以了。以下將分別為您說明搭配**物件總管**輸入各物件名稱的方法。

拉曳單一物件

下面是如何從**物件總管**拉曳 "master" 資料庫到 SQL 敘述的方法，要填入 "INFORMATION_SCHEMA.CHECK_CONSTRAINTS" 等檢視表名稱或欄位名稱的地方也可使用相同的方式操作：

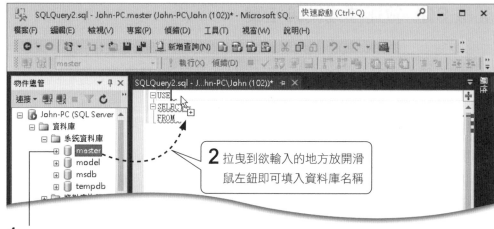

1 在 master 上面按住滑鼠左鈕

拉曳整個資料夾, 輸入資料夾中的所有物件

上述 CONSTRAINT_CATALOG、CONSTRAINT_SCHEMA 等欄位是 INFORMATION_SCHEMA.CHECK_CONSTRAINTS 檢視表中所有的欄位名稱, 我們當然可以一個欄位一個欄位拉曳, 不過這樣似乎麻煩了點;其實將 INFORMATION_SCHEMA.CHECK_CONSTRAINTS 中的**資料行**資料夾整個拉曳過去, 就可以自動輸入所有的欄位名稱了:

1 展開資料庫, 找到要選取的物件

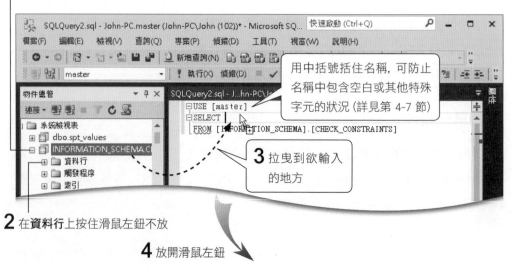

2 在**資料行**上按住滑鼠左鈕不放

4 放開滑鼠左鈕

所有的欄位名稱都填入了

使用範本建立 SQL 敘述

　　SQL Server 2016 提供了許多 SQL 敘述的範本，當您使用 SQL 敘述建立資料庫 (CREATE DATABASE) 或資料庫的物件 (如 CREATE TABLE 資料表、CREATE VIEW 檢視表...) 時，可以先找找看有沒有合適的範本。幸運的話，可以替您省下不少時間喔！

　　下面以建立一個基本資料庫為例，為您說明如何操作範本。

Step1 首先是插入範本，請先按  鈕開啟一個空白的 **SQLQuery** 頁次，然後執行『**檢視/範本總管**』命令，便會出現**範本總管**窗格，裡面分門別類放置了各種不同的範本。請如下操作：

1 展開 **Database** 項目

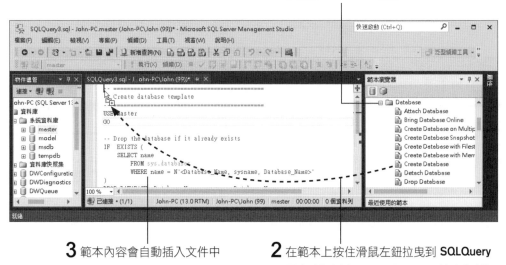

3 範本內容會自動插入文件中　　　　**2** 在範本上按住滑鼠左鈕拉曳到 **SQLQuery** 頁次 (此處以 **create database** 範本為例)

Step2 再來是設定範本的參數值，請執行『**查詢/指定範本參數的值**』命令
開啟**指定範本參數的值**交談窗，這個交談窗會提示我們輸入各參數
的值：

筆者使用的範本只
需輸入一個參數，
就是資料庫名稱 ——

在此輸入想要使用 ——
的資料庫名稱

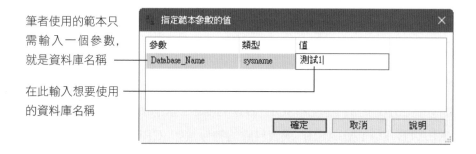

Step3 上圖中的參數值設定完成後，請按**確定**鈕，SQL 敘述就會自動建立
完成：

這就是使用範本建立的 SQL 敘述

接下來就可以執行這個 SQL 敘述了。

快速插入 SQL 程式碼片段

對於一些常用的 SQL 敘述, 我們也可以在要插入敘述的地方按右鈕執行『**插入程式碼片段**』命令:

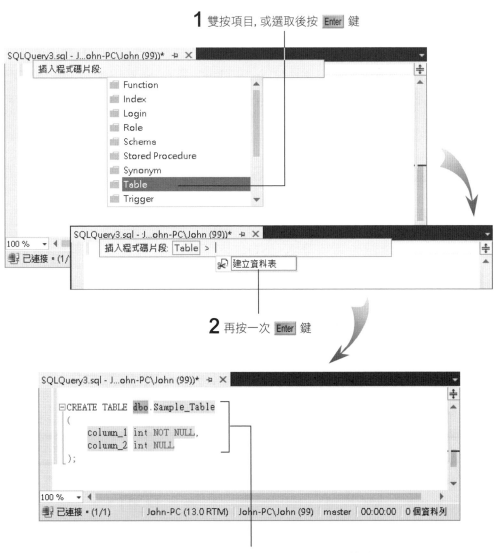

1 雙按項目, 或選取後按 Enter 鍵

2 再按一次 Enter 鍵

已插入所選的程式碼了, 接下來只要更改取代點 (反白區) 的文字即可 (可按 Tab 鍵跳到下一個取代點)

3-6 登入帳戶與使用權限的設定

為了保障 SQL Server 的安全, 使用者在登入 SQL Server 時必須有正確的帳戶及密碼才行。

另外, SQL Server 中可以存放多個資料庫, 這些資料庫可能是由不同的人建立, 也可能會提供給不同的人使用, 所以每個登入帳戶在不同的資料庫中還可以設定不同的存取權限。例如某業務員以 "Walter" 登入 SQL Server 後, 對**客戶**資料庫可以有完整的存取權, 但對**產品**資料庫只有讀取權, 而對**人事**資料庫則無法存取。

帳戶驗證模式與登入 SQL Server

系統預設的登入帳戶

要使用資料庫首先需要登入 SQL Server, 在安裝之後, SQL Server 預設會建立 2 個與使用者登入有關的帳戶, 分別是**主機名稱\安裝時加入的管理帳號**與 sa。我們可以從 SQLServer Management Studio 的**安全性\登入**項目中看到:

◉ **主機名稱\安裝時加入的管理帳號**: 安裝時指定為 SQL Server 管理者的 Windows 帳戶 (詳見附錄 A), 皆允許登入並且管理 SQL Server 的資料庫。

◉ **sa**: 此為 SQL Server 預設的系統管理者。請注意, SQL Server 的管理者不一定是 Windows 作業系統的管理者 (但通常都是)。

登入帳戶的驗證模式

SQL Server 可使用的登入帳戶分成兩種類型：

◉ **Windows 驗證**：只要您登入 Windows 作業系統的帳戶在 SQL Server 中有
給予權限，即可直接登入 SQL Server 而不用再次輸入帳戶及密碼。

◉ **SQL Server 驗證**：由 SQL Server 自己來管理登入帳戶，此帳戶與作業系統
無關，每次登入 SQL Server 時都必須輸入帳戶及密碼，例如前述的 sa 帳戶
就是屬於這類帳戶。

安裝 SQL Server 時會設定**驗證模式**，其目的是在設定使用者可以用哪種帳
戶登入 SQL Server。**驗證模式**有兩種選擇：若選擇 **Windows 驗證模式**，則表示
只能用 **Windows 驗證**登入 SQL Server；若選擇**混合模式**，則 **Windows 驗證**及
SQLServer 驗證皆可登入 SQL Server (詳細說明請參考附錄 A)。

登入 SQL Server

使用 SQL Server Management Studio 登入 SQL Server 時，會出現如下
的交談窗讓您輸入登入帳戶的資訊：

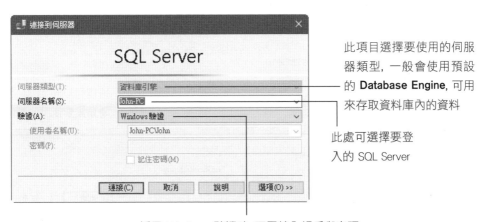

此項目選擇要使用的伺服
器類型，一般會使用預設
的 **Database Engine**，可用
來存取資料庫內的資料

此處可選擇要登
入的 SQL Server

採用 Windows 驗證時，不需輸入帳戶與密碼，
會自動以目前的使用者登入；若改選 SQL
Server 驗證，則需於下方輸入帳號與密碼

檢視登入帳戶的內容與權限設定

接著，我們要檢視一下登入帳戶的設定內容，為稍後的新增帳戶做一下準備。請在 SQL Server Management Studio 的**安全性/登入**項目中雙按 sa 物件，開啟該帳戶的屬性設定交談窗。

一般頁次

在**一般**頁次可設定帳戶的密碼 (限 SQL Server 的帳戶)、預設使用的資料庫及語系：

如果剛才檢視的是 Windows 的帳戶，則**密碼**欄位將無法輸入。

伺服器角色頁次

接著切換到**伺服器角色**頁次，在此頁次中，我們可指定帳戶要扮演哪些**伺服器角色**，亦即設定登入帳戶對 SQL Server 的操作權限：

伺服器角色(S):
- ☐ bulkadmin
- ☐ dbcreator
- ☐ diskadmin
- ☐ processadmin
- ☑ public
- ☐ securityadmin
- ☐ serveradmin
- ☐ setupadmin
- ☑ sysadmin ← 將要扮演的角色打勾

SQL Server 共有以下 9 種伺服器角色：

別名欄內容	說　　明
bulkadmin	可以執行大量插入作業
dbcreator	可建立與修改資料庫
diskadmin	管理磁碟中的檔案
processadmin	管理 SQL Server 中執行的程序
public	觀看系統中有哪些資料庫
securityadmin	管理 SQL Server 登入相關事項
serveradmin	調整與設定 SQL Server
setupadmin	可新增、移除本機之外所聯結的 SQL Server
sysadmin	可處理 SQL Server 中的任何事情

TIP 安裝時指定為 SQL Server 管理員的帳戶, 在 SQL Server 中會自動設為 sysadmin 伺服器角色, 因此擁有最高的伺服器管理權限。

使用者對應頁次

再來切換到**使用者對應**頁次，這裏可設定登入帳戶對各資料庫的操作權限以及所扮演的**資料庫角色**：

sa 帳戶可存取這些資料庫, 若要取消某
資料庫的存取權, 可將前面的 ✓ 取消

在上面選取一個資料庫, 下面就會出現
該資料庫現有的**資料庫角色**供您勾選

資料庫角色用於設定帳戶對資料庫的使用權限，每個資料庫都預設有下列 11 種資料庫角色：

資料庫角色	說明
db_accessadmin	可以新增或移除資料庫的登入帳戶
db_backupoperator	可備份資料庫
db_datareader	觀看資料庫中的資料表內容 (可使用 SELECT 敘述)
db_datawriter	修改、新增或刪除資料庫中資料表的內容（可使用 INSERT、UPDATE、DELETE 等敘述)
db_ddladmin	此角色可以新增、修改或刪除資料庫中的物件
db_denydatareader	不允許觀看資料庫中資料表的內容
db_denydatawriter	不允許改變資料庫中資料表的內容
db_owner	擁有維護與設定資料庫的權限, 包括資料庫的所有權限
db_securityadmin	可管理資料庫物件的擁有者、資料庫角色、角色的成員, 以及權限
public	資料庫的使用者都屬於 public 角色, 擁有預設的資料庫權限。public 的預設權限包括對大部份的系統資料表與檢視表具有 SELECT 權限, 而對預設的程式 (系統預存程序) 具有執行的權限。
RSExecRole	Reporting Services 所使用的資料庫角色, 讓報表伺服器可以存取報表資料庫

伺服器角色與**資料庫角色**的差異在於：**伺服器角色**的權限對象是伺服器, 預設的角色有 9 種；而**資料庫角色**的權限對象是資料庫, 預設的角色有 11 種。這些角色若不夠用, 還可由管理者自行新增。

狀態頁次

最後切換到**狀態**頁次, 此頁次用來設定此帳號是否具備連線或登入 SQL Server 的權限：

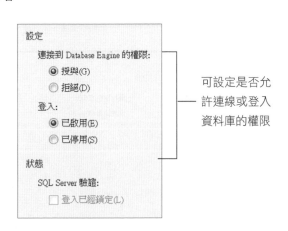

可設定是否允許連線或登入資料庫的權限

新增登入帳戶

了解登入帳戶的屬性內容，現在我們來看如何為 SQL Server 新增登入帳戶吧！

新增 SQL Server 驗證帳戶

首先示範如何新增 SQL Server 的登入帳戶。請先在 SQL Server Management Studio 切換到**安全性/登入**項目，然後在**登入**項目上按滑鼠右鈕，執行『**新增登入**』命令：

2 選擇此項, 並輸入帳戶的密碼　　　　　　**1** 輸入帳戶的名稱

3 設定預設資料庫及語言

一般頁次設好後, 接著切換到**伺服器角色**頁次去設定此帳戶對 SQL Server 的操作權限, 然後再切換到**使用者對應**頁次去設定此帳戶可存取的資料庫, 以及在各資料庫中所扮演的**資料庫角色**, 最後切換至**狀態**頁次設定連線與登入權限。完成後請按**確定**鈕, 這個登入帳戶就建好了。

新增 Windows 驗證帳戶

接著說明, 如何讓 Windows 的使用者帳戶能夠登入 SQL Server。同樣從**安全性/登入**項目中開啟**新增登入**交談窗:

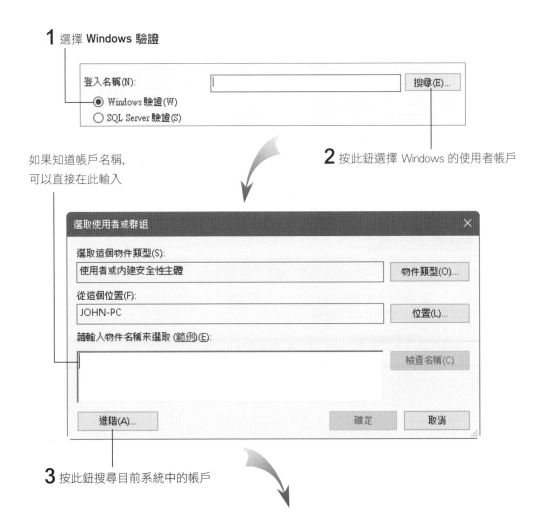

1 選擇 Windows 驗證

如果知道帳戶名稱,
可以直接在此輸入

2 按此鈕選擇 Windows 的使用者帳戶

3 按此鈕搜尋目前系統中的帳戶

4 按此鈕開始尋找

選取使用者或群組

選取這個物件類型(S):

使用者或內建安全性主體　　　　　　　　　　　物件類型(O)...

從這個位置(F):

JOHN-PC　　　　　　　　　　　　　　　　　位置(L)...

公用查詢

名稱(A):　　開頭含有　∨

描述(D):　　開頭含有　∨

☐ 已停用的帳戶(B)

☐ 密碼不會到期(X)

上次登入至今的天數(I):　　　　∨

欄位(C)...

立即尋找(N)

停止(T)

確定　　　　取消

6 按確定鈕

搜尋結果(U):

名稱　　　　在資料夾

👥 SYSTEM
👥 TERMINAL ...
👥 This Organi...
👤 Tony　　　JOHN-PC
👥 本機帳戶
👥 本機帳戶與 ...

5 選取使用者帳戶

選取使用者或群組

選取這個物件類型(S):

使用者或內建安全性主體　　　　　　　　　　　物件類型(O)...

從這個位置(F):

JOHN-PC　　　　　　　　　　　　　　　　　位置(L)...

請輸入物件名稱來選取 (範例)(E):

JOHN-PC\Tony　　　　　　　　　　　　　　檢查名稱(C)

進階(A)...　　　　　　　　　　　　確定　　　　取消

7 按確定鈕即可加入此帳戶的名稱

後續還有預設資料庫、語言、伺服器角色、資料庫存取以及連線登入權限要設定，都設定好後，就可以按**確定**鈕結束了。

若要刪除登入帳戶，只要在**安全性/登入**項目中選取要刪除的登入帳戶，然後按下 `Delete` 鍵，或是按滑鼠右鈕執行『**刪除**』命令即可。

剛才新增的兩個登入帳戶 ──

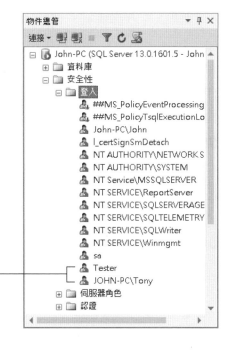

資料庫的使用者物件

登入帳戶若對某資料庫擁有存取權限，那麼它在該資料庫中就必須擁有一個**使用者名稱** (此名稱不一定要與登入帳戶名稱相同)。事實上，每個資料庫都有一組自己的**使用者**物件，其中記錄了每位使用者的名稱、對應的登入帳戶名稱、以及所擁有的資料庫存取權限。

預設的使用者物件

dbo 與 guest 是每個資料庫預設就會有的使用者，請切換到資料庫中的**安全性/使用者**項目 (如果您還未建立任何資料庫，可以使用系統資料庫中的 tempdb)，即可查閱該資料庫中有哪些使用者：

guest 使用者的圖示右下角預設會有一個箭頭，表示存取權限被關閉

3-31

　　每個資料庫都會有一個 dbo 使用者，它固定是代表該資料庫的擁有者 (database owner)，通常就是建立資料庫的人。至於 guest 帳戶也是每個資料庫預設會有的使用者，不過其權限預設是關閉的，當 guest 帳戶的權限開啟之後，任何一個使用者便都可以藉由 guest 帳戶連線該資料庫。所以如果您想要開放某個資料庫給所有使用者，則必須先開啟該資料庫 guest 帳戶的權限，才能讓其他使用者存取。

　　如果想要開啟或關閉資料庫中 guest 帳戶存取權限，請使用下面 SQL 語法：

```
USE 資料庫名稱
GRANTCONNECTTOGUEST        ◀── 開啟 guest 帳號的存取權限
REVOKECONNECTFROMGUEST     ◀── 關閉 guest 帳號的存取權限
```

　　若您不想讓其他使用者藉由 guest 帳戶存取某個資料庫，只要將該資料庫內的 guest 帳號刪除即可。

　　除了 master 與 tempdb 資料庫中的 guest 帳戶不可被刪除之外，其它資料庫中的 guest 帳戶皆可刪除，以拒絕非資料庫的使用者存取。tempdb 因為是暫存用的資料庫，所有與伺服器連線的暫存資料都會儲存在該處，因此必須提供 guest 帳戶。

建立資料庫使用者物件

　　除了預設的使用者之外，我們也可以自行為資料庫建立使用者— 即設定哪些登入帳戶可以使用這個資料庫。請先切換到某資料庫 (如果您還未建立任何資料庫，可以使用系統資料庫內的 tempdb，不過這是暫存資料庫，因此重開機後所有設定會回復至預設值) 的**安全性/使用者**項目，然後在**使用者**項目上按滑鼠右鈕執行『**新增使用者**』命令：

1 按此鈕選取登入帳戶的名稱

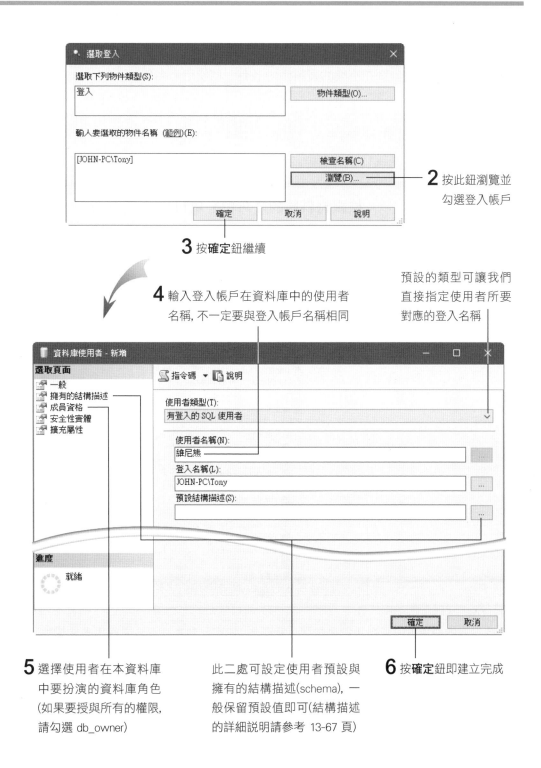

2 按此鈕瀏覽並
勾選登入帳戶

3 按**確定**鈕繼續

4 輸入登入帳戶在資料庫中的使用者
名稱, 不一定要與登入帳戶名稱相同

預設的類型可讓我們
直接指定使用者所要
對應的登入名稱

5 選擇使用者在本資料庫
中要扮演的資料庫角色
(如果要授與所有的權限,
請勾選 db_owner)

此二處可設定使用者預設與
擁有的結構描述(schema), 一
般保留預設值即可(結構描述
的詳細說明請參考 13-67 頁)

6 按**確定**鈕即建立完成

　有件事要提醒您，每個登入帳戶在同一個資料庫中只能有一個使用者名稱，但
每個登入帳戶可以分別在不同的資料庫中各有一個使用者名稱。

 TIP 若要刪除資料庫的使用者，只要從**安全性/使用者**項目中選取要刪除的使用者，然
後按下 Delete 鍵，或是按滑鼠右鈕執行『**刪除**』命令即可。

檢視資料庫的『角色』項目

每個資料庫都有一組自己的**資料庫角色**，我們可切換到資料庫中的**安全性/角色/資
料庫角色**項目去檢視：

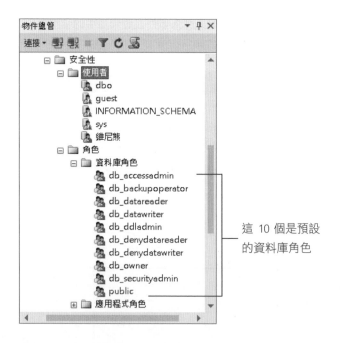

這 10 個是預設
的資料庫角色

資料庫的使用者與資料庫角色是互有關聯的，剛剛我們是在資料庫使用者的屬性
交談窗中設定使用者要扮演哪些資料庫角色；而在資料庫角色的屬性交談窗中，
也可看到（或更改）有哪些使用者正在扮演此角色。例如請您雙按上圖中的 **db_
owner** 資料庫角色，開啟其屬性交談窗：

最後我們做個結論, 必須要有**登入帳戶**才能登入 SQL Server, 但是登入後並不一定具有存取資料庫的權限, 管理者必須在各個資料庫中為**登入帳戶**建立**使用者**, **登入帳戶**才能有資料庫的存取權限。此外, **登入帳戶**與**伺服器角色**必須搭配使用, 以決定哪些帳戶可以登入 SOL Server, 以及對 SQL Server 具有哪些管理權限。而每個資料庫中的**使用者**與**資料庫角色**也必須搭配使用, 以決定哪些登入帳戶可以使用該資料庫, 以及對該資料庫有哪些存取權限。

3-7 從用戶端連接遠端或多部 SQL Server

本節將為您說明如何使用 SQL Server Management Studio 連線遠端 SQL Server, 甚至還可以同時連線多部 SQL Server, 方便進行管理工作。

設定伺服器與防火牆開放 SQL Server 遠端連線

SQL Server 預設即已開啟遠端連線的功能, 不過仍請您在遠端主機如下進行檢查, 確認 SQL Server 允許遠端連線:

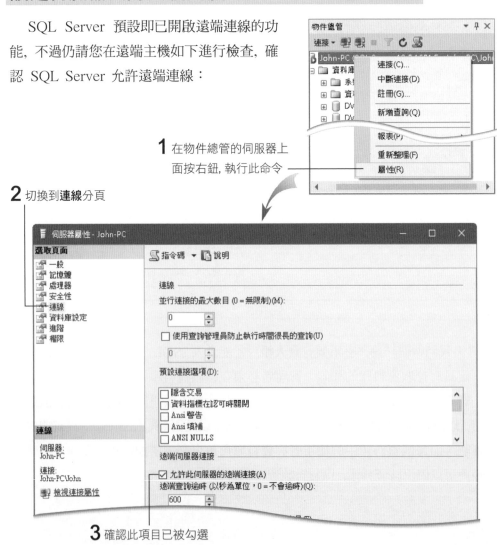

1 在物件總管的伺服器上面按右鈕, 執行此命令

2 切換到**連線**分頁

3 確認此項目已被勾選

如果變更過設定, 請參考 3-3 節的說明, 重新啟動遠端主機的 SQL Server, 讓新設定生效。

 除了以上設定外, 請參考 3-8 節, 檢查遠端主機上 SQL Server 是否已經啟用 TCP/IP 通訊協定。

 如果您需要執行遠端主機上的預存程序, 除了上述步驟外, 還必須開啟其他設定, 詳細說明請參考 14-30 頁。

除了 SQL Server 必須開啟遠端連線的功能外, 遠端主機上的防火牆也必須開啟埠號 1433 的 TCP 連接埠, 才能讓其他主機的連線進入。由於不同作業系統的防火牆設定方式並不相同, 若是 Windows 10 請參閱第 13-70 頁的說明, 其他系統則請讀者自行設定 (開啟的連接埠要選 TCP, 埠號填入 1433), 若不會設定請自行參閱作業系統的線上說明 (以 "防火牆連接埠" 搜尋說明項目), 或參考 SQL Server 線上叢書(以 "Database Engine 防火牆" 搜尋)。

在開啟 SQL Server 的遠端連線功能, 以及新增防火牆的連結埠設定後, 其他主機便可以遠端連線到這台主機的 SQL Server 了。

連線遠端 SQL Server

如果您將 SQL Server 的伺服器工具和用戶端工具裝在同一部主機, 當開啟 SQL Server Management Studio 時, 登入視窗預設的連線即為本機伺服器:

預設連線本機伺服器

不過如果您的主機上只有安裝用戶端工具，或是您想要遠端連線其他主機上的
SQL Server，只要在上圖中的**伺服器名稱**中輸入或選取其他電腦即可：

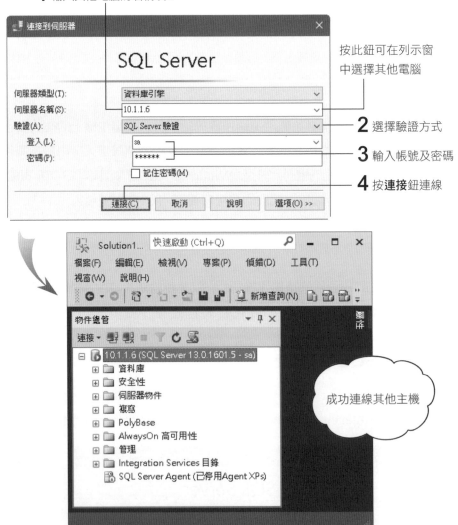

1 輸入其他電腦的名稱或 IP

按此鈕可在列示窗
中選擇其他電腦

2 選擇驗證方式

3 輸入帳號及密碼

4 按**連接**鈕連線

成功連線其他主機

如果使用 **Windows 驗證**，則遠端主機必須具有與目前本機登入帳號相同名稱與
密碼的 Windows 帳號，並且該帳號也要具有登入 SQL Server 的權限；或者兩台
主機必須位於同一 Windows 網域內，然後以網域帳號登入 Windows 之後，再連
線遠端主機的 SQL Server (該網域帳號也要具有登入 SQL Server 的權限)。

同時連線多部 SQL Server

您也可以在 SQL Server Management Studio 中如下同時連線多部主機:

1 按**連接**鈕, 選取 **Database Engine**

2 輸入連線所需的資料

3 按**連接**鈕連線

同時連線多部 SQL Server

註冊常用的伺服器

當您經常需要登入特定主機上的 SQL Server 時, 不想要每次連線都必須使用上面程序, 則可以將特定伺服器註冊在 SQL Server Management Studio 中, 如同書籤一樣, 這樣以後需要連線時只要輕鬆點選就可以了。

如果想要註冊伺服器, 請在 SQL Server Management Studio 中執行『**檢視/已註冊的伺服器**』命令, 然後如下操作:

1 在**本機伺服器群組**項目上按滑鼠右鈕, 執行『**新增伺服器註冊**』命令

2 輸入連線所需的資料

3 在此輸入任意名稱, 以方便您日後辨識此主機

若按此鈕可以先測試伺服器是否可正常連線

4 按此鈕儲存設定

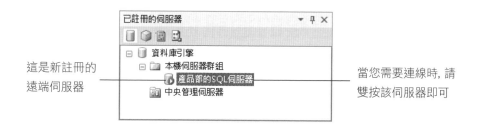

這是新註冊的
遠端伺服器

當您需要連線時, 請
雙按該伺服器即可

如果想要修改已註冊伺服器的屬性 (如名稱、帳號或密碼等), 請在伺服器上按滑鼠右鈕執行『**屬性**』命令, 便會再次開啟該伺服器的**註冊屬性**交談窗供您修改。

若要讓某部伺服器功成身退, 則在該伺服器上按滑鼠右鈕執行『**刪除**』命令, 此時會出現一個訊息讓您再次確認, 按是鈕就可以刪除該伺服器了。

中斷伺服器連線

當您想要中斷某伺服器的連線, 請在伺服器上按滑鼠右鈕, 執行『**中斷連接**』命令:

中斷此伺服器的連線

3-8 檢查連線的通訊協定

如果在連接 SQL Server 時出現問題, 此時請先檢查該 SQL Server 是否處於啟動狀態, 以及伺服器的各屬性是否都設定正確。如果都沒有問題, 那可能要去檢查用戶端與伺服器端的通訊協定了。

檢查伺服器端可用的通訊協定

在用戶端設定連結前, 必須先知道伺服器端究竟支援哪些通訊協定。請在伺服器端執行『**開始/ 所有程式/Microsoft SQL Server 2016/ 組態工具/SQLServer 組態管理員**』, 如下查閱:

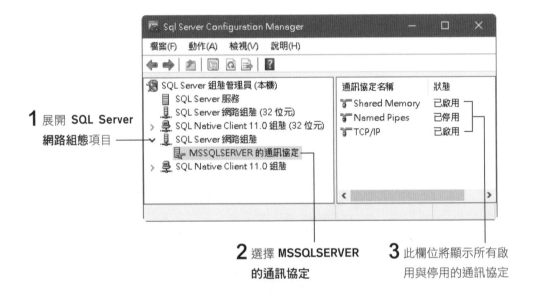

1 展開 **SQL Server 網路組態**項目

2 選擇 **MSSQLSERVER 的通訊協定**

3 此欄位將顯示所有啟用與停用的通訊協定

 TIP **Shared Memory** (共用記憶體) 協定只適用於本機內的連線, 也就是用戶端與 SQL Server 必須在同一台電腦中才能使用此協定。**具名管道**協定比較適用於區域網路, 而 **TCP/IP** 協定則可通用於區域網路及 Internet。

　　若要啟用或停用某個通訊協定，請使用滑鼠雙按該協定，然後在對話窗中的**已
啟用**項目選擇**是**，即可啟用該通訊協定，或選擇**否**則停用該協定。更改過設定後，
請參考 3-3 節的說明，重新啟動 SQL Server，讓新設定生效。

用戶端的網路通訊

　　接著我們來看用戶端方面的通訊協定。請在用戶端執行『**開始/ 所有程式/
Microsoft SQL Server 2016/ 組態工具/SQL Server 組態管理員**』，如下查閱：

1 展開 SQL Native Client 11.0 組態項目

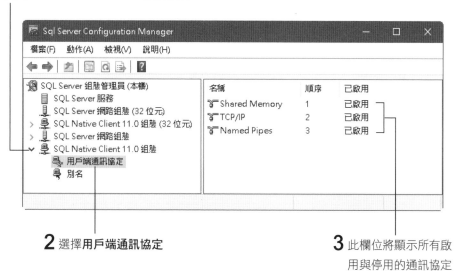

2 選擇**用戶端通訊協定**

3 此欄位將顯示所有啟
用與停用的通訊協定

　　若要啟用或停用某個通訊協定，請使用滑鼠雙按該協定，然後在對話窗中的**已
啟用**項目選擇**是**，即可啟用該通訊協定，或選擇**否**則停用該協定。更改過設定後，
請參考 3-3 節的說明，重新啟動 SQL Server，讓新設定生效。

為伺服器建立別名

假若有某個 SQL Server 很難連上, 我們可為它建立**伺服器別名**, 指定該伺服器所要使用的通訊協定, 説不定可獲得一些改善。要為伺服器建立別名, 請切換到上圖中的**別名**項目, 按滑鼠右鈕執行『**新增別名**』命令:

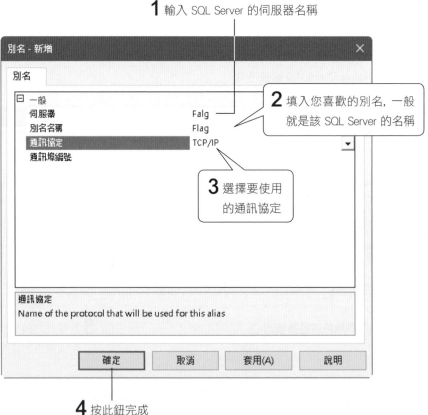

1 輸入 SQL Server 的伺服器名稱

2 填入您喜歡的別名, 一般就是該 SQL Server 的名稱

3 選擇要使用的通訊協定

4 按此鈕完成

現在別名項目中應該會多一組伺服器別名的設定。而當我們依照 3-7 節的説明連線遠端伺服器時, 就可以直接輸入別名連線伺服器了。

 雖然別名可以任意取, 甚至同一個伺服器可以建立多個別名, 但我們一般都會以 SQLServer 的主機名稱做為伺服器別名, 以免造成混淆。

Chapter

04

認識 SQL 語言
與資料型別

雖然 SQL Server 已經提供了 SQL Server
Management Studio 這樣強而有力、圖形介面的
資料庫管理工具, 但是依然不能取代 SQL 語言。
因為 SQL 語言在查詢上的彈性、在語法上的簡
潔、以及在執行上快又有效率的特性, 使它一直
是資料庫設計者的最愛, 無可取代。

想成為一名專業的資料庫設計者, SQL 語言是您
必備的技能。這一章我們將深入介紹 SQL 語言,
包括發展的歷史、語法標準、功能分類、以及支
援的資料型別... 等等。相信紮穩 SQL 語言的基
礎後, 各位的資料庫設計之路將會跨近一大步!

4-1 SQL 語言的興起與語法標準

SQL 語言是在 1970 年代晚期，由 IBM 公司在美國加州聖荷西(San Jose) 的研究單位所發展出來的一套程式語言，當時是使用於 DB2 關聯式資料庫系統中。直到 1981 年，IBM 推出第一套商業用途的 SQL/DS 關聯式資料庫，再加上 Oracle 與其它業者也陸續推出許多種關聯式資料庫管理系統，才使得 SQL 語言被廣泛使用。

SQL 的語法標準有「**業界標準**」與「**ANSI SQL 標準**」之分。關聯式資料庫百家爭鳴，各家公司都可能有各自的 SQL 語法或是定義不同的資料型別，例如 Sybase 與 Microsoft 公司使用 Transact-SQL (簡稱 T-SQL)，而 Oracle 公司則使用 PL/SQL(Procedural Language extension to SQL)，將原來 "非程序性" 的 SQL 語法改為 "程序性" (procedural) 的語法。

為了避免各產品之間的 SQL 語法不相容，形成多頭馬車的狀況，因此由 ANSI (American National Standards Institute, 美國國家標準局) 制定出 ANSI SQL-92，以定義出 SQL 的關鍵字與語法標準。其後更陸續發展出 SQL-99，及目前最新版的 SQL-2003。大體而言，業界的產品都是在包含 ANSI SQL 的基礎下，再擴充自家產品的功能，以求能展現出本身的特色。

4-2 SQL 語言與傳統程式語言的差別

用 SQL 語言寫成的程式必須應用在資料庫管理系統中，本身並不能獨立執行，而且其為 "非程序性" (non-procedural) 語言，與我們一般所熟悉的 C、PASCAL、BASIC ... 等程式語言可說是大不相同。

　　一般的程式語言要存取資料庫時，必須先了解資料庫存放資料的結構，而且每個存取動作都要寫得清清楚楚，程式顯得相當繁雜。但使用 SQL 語言，我們只要告訴資料庫管理系統：『我現在需要這些資料，請將結果給我』，其餘就全部交由資料庫管理系統自行處理了。例如，我們要從一個**書籍資料表**中找出**價格高於 400 元**的書籍，並列出所有的欄位資料，用 SQL 語言來寫，只要下面幾行就可以了：

```
SELECT *          ◀──── 挑選出資料表中的所有欄位 ( * 表示所有的欄位)
FROM   書籍資料表   ◀──── 指定資料表
WHERE  價格 > 400   ◀──── 挑選的條件
```

 在本章中的 SQL 語法範例, 純屬示範說明性質, 是要讓您對 SQL 語法有個基本概念, 各位還不必跟著操作。

　　我們只需指出自己所要的資料、來源、條件，根本不必知道 SQL Server 是怎麼找到或整理資料的，這實在是相當省事。不過，為了加強 SQL 語言的能力，SQL Server 在其使用的 T-SQL 中也增加了許多流程控制及存取單筆記錄的指令，例如 IF...ELSE...、WHILE、GOTO、CURSOR、FETCH ... 等，這些在本書的『進階篇』中會陸續為您介紹。

4-3　關鍵字、子句與敘述

　　SQL 語法的基礎是**子句** (clause)，子句中會包括一些**關鍵字** (keyword)。**關鍵字**是對 SQL Server 有特別意義的字，例如 "SELECT"、"FROM" 與 "WHERE"... 等。至於**敘述** (statement) 則是指一組可產生存取資料庫結果的子句集合。例如：

```
SELECT *          ◀──── 這是一個 SELECT 子句, 使用到 SELECT 關鍵字
FROM   書籍資料表   ◀──── 這是一個 FROM 子句, 使用到 FROM 關鍵字
WHERE  價格 > 400   ◀──── 這是一個 WHERE 子句, 使用到 WHERE 關鍵字
```

前面 3 行子句組合起來便成為一組敘述，其作用是：**從(FROM) 書籍資料表**中，找出**符合條件(WHERE)**，即**價格**欄位超過 400 元的記錄，並將這些記錄的所有欄位都**挑選(SELECT)** 出來。但是，敘述不一定要由多個子句組成！如果一個子句就能獨立完成一件事，該子句就是一個敘述。例如：

```
CREATE DATABASE MyDatabase ◄─── 這個子句使用了 CREATE 與 DATABASE 這兩個關鍵字
```

此例中，一個子句就可以完成**建立新資料庫**的動作，所以這個子句也是一個敘述。

另外，在敘述的最後也可加上一個; (分號) 表示敘述結束了，例如『CREATE DATABASE MyDb ;』。目前除了少數的敘述在特定狀況一定要加分號外 (例如第 13 章的 THROW、CTE、MERGE 等，在介紹時會特別提醒)，並不強制要求加分號。

 在敘述結尾加分號是 SQL-92 的語法，但在 SQL Server 的 T-SQL 中並未強制要求，因此一般都不會特別去加分號。SQL Server 宣稱未來會要求每個敘述都加分號，但至少在下一版的 SQL Server 中不會強制要求。

4-4 SQL 語言的功能分類

SQL 語法中的敘述，依用途的不同，可分為 **DDL (Data Definition Language, 資料定義語言)**、**DML (Data Manipulation Language, 資料處理語言)**與 **DCL (Data Control Language, 資料控制語言)**3 大類。每一類的用途各是什麼呢？請看底下的說明。

DDL (Data Definition Language)

在 SQL Server 中, 每一個資料庫、資料庫中的資料表(Table)、檢視表 (View)、索引(Index)... 等等都視為**物件**。凡用來定義 (或建立) 資料庫物件, 以 及修改資料庫物件結構的 SQL 敘述, 都屬於 **DDL (資料定義語言)**。例如下面 的 CREATE DATABASE 敘述以及 CREATE TABLE 敘述：

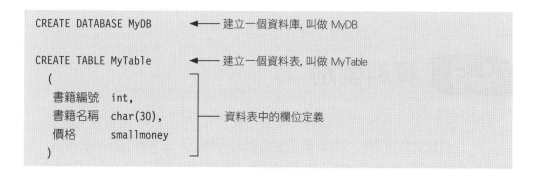

```
CREATE DATABASE MyDB          ◄──── 建立一個資料庫, 叫做 MyDB

CREATE TABLE MyTable          ◄──── 建立一個資料表, 叫做 MyTable
  (
    書籍編號   int,
    書籍名稱   char(30),      ─── 資料表中的欄位定義
    價格       smallmoney
  )
```

DML (Data Manipulation Language)

SQL 語法中用來做資料處理的敘述則屬於 **DML (資料處理語言)**這一類, 例 如用 SELECT 敘述挑選出 (查詢) 資料表欄位, 用 INSERT、DELETE、 UPDATE 敘述在資料表中新增、刪除、更改記錄, 這些敘述都是屬於 DML。

```
INSERT MyTable                          ◄──── 在資料表中新增一筆記錄
       (書籍編號, 書籍名稱, 價格)
VALUES
       (101, 'Windows 使用手冊', 500)

SELECT  書籍編號, 書籍名稱, 價格         ◄──── 從 MyTable 資料表顯示指定欄位的資料
FROM  MyTable

UPDATE  MyTable                         ◄──── 更改記錄的內容
SET     價格 = 499
WHERE   書籍名稱 = 'Windows 使用手冊'

DELETE  FROM MyTable                    ◄──── 將符合條件的記錄刪除
WHERE   書籍名稱 = 'Windows 使用手冊'
```

DCL (Data Control Language)

DCL (資料控制語言) 一般是指專門用來設定資料庫物件 (如資料表、檢視表、預存程序等) 使用權限的敘述，包括 GRANT (允許使用)、DENY (拒絕使用)、REVOKE (取消權限設定) 等 3 種。但若以廣義的角度來看，還可包括控制執行流程的 IF ... ELSE、WHILE，以及控制交易進行的 BEGIN TRAN、COMMIT TRAN、ROLLBACK TRAN ... 等等敘述。

4-5 資料型別

對於 SQL 語法有初步的認識之後，接著我們來介紹 SQL 的**資料型別** (Data type)。什麼是**資料型別**呢？當我們定義資料表的欄位、宣告程式中的變數時，都需要為它們設定一個**資料型別**，用意是指定該欄位或變數所存放的資料是整數、字串、貨幣、日期或是其它型別的資料，以及會用多少空間來儲存資料。

TIP Data type 因翻譯不同的緣故，而有**資料型別**或**資料類型**這兩種名稱，若您在本書或 SQL Server 的操作介面上見到這兩種名稱，其實指的都是 Data type。

TIP T-SQL 的資料型別可分為**系統內建資料類型**與**使用者自訂資料類型**兩種，底下我們先分類介紹系統內建的資料型別，至於使用者自訂資料型別則留待附錄 B 介紹。

ANSI SQL 與各家資料庫管理系統所使用的資料型別名稱可能會有差異，為求一致起見，本書所使用的資料型別名稱皆以 SQL Server 的 T-SQL 為準。

整數

此類資料型別可用來定義存放整數資料 (如：123、8000) 的欄位或變數，有 bigint、int、smallint、tinyint、bit 五種。其中 bit 雖歸為**整數**類，但它只能儲存 1、0 及 NULL 這 3 種值 (NULL 值會在 4-6 節介紹)。

資料型別	資料範圍	使用的位元數(長度)
bigint	$-2^{63} \sim 2^{63} -1$ (-9,223,372,036,854,775,808~ 9,223,372,036,854,776,807)	8 bytes
int	$-2^{31} \sim 2^{31} -1$ (-2,147,483,648 ~ 2,147,483,647)	4 bytes
smallint	$-2^{15} \sim 2^{15} -1$ (-32,768 ~ 32,767)	2 bytes
tinyint	$0 \sim 2^8 -1(0 \sim 255)$	1 byte
bit	0、1、NULL	實際使用 1 bit, 但會佔用 1 byte。若資料表中有數個 bit 欄位, 則會共用 1 byte。例如, 若有 1~8 個 bit 欄位便佔 1 byte, 9 ~16 個 bit 欄位便佔 2 bytes, 以此類推

精確位數

可用來定義帶有小數部份的數值, 如：123.0、8000.56。此類的資料型別有 numeric 與 decimal 兩種, 這兩種型別完全相同。在 ANSI SQL-92 的標準中, numeric 會完全依指定保留精確度, 但 decimal 保留的精確度則會略高於指定的值, 在實務上兩種資料型別的用法則完全一樣。因此在 SQL Server 將兩種資料型別改為完全相同, 至於仍維持兩種資料型別則是基於相容 ANSI SQL 的原則。

使用 numeric 或 decimal 時, 須指明精確度 (即全部有效位數) 與小數點位數, 例如 numeric (5, 2), 表示精確度為 5, 亦即總共為 5 位數, 其中有 3 位整數及 2 位小數；若不指定, 則預設為 numeric (18, 0)。精確度可指定的範圍為 1 ~ 38, 小數點位數可指定的範圍最少為 0, 最多不可超過精確度。

資料型別	資料範圍	使用的位元數(長度)
numeric	$-10^{38} + 1 \sim 10^{38} -1$	視精確度 (即全部有效位數) 而定 1 ~ 9 位數使用 5 bytes 10 ~ 19 位數使用 9 bytes 20 ~ 28 位數使用 13 bytes 29 ~ 38 位數使用 17 bytes
decimal	$-10^{38} + 1 \sim 10^{38} -1$	與 numeric 相同

近似浮點數值

當數值非常大或非常小時, 可用**近似浮點數值**類的資料型別來取其 "近似值", 例如：23456646677799 變成 2.35E+13, 此類的資料型別有 float 和 real 兩種。需注意的是, 使用 float 和 real 型別時, 若數值的位數超過其有效位數的限制時, 則所儲存的數值會因四捨五入而產生誤差。

資料型別	資料範圍	使用的位元數(長度)
float	$-1.79E + 308 \sim 1.79E + 308$ 最多可表示 15 位數	8 bytes
real	$-3.40E + 38 \sim 3.40E + 38$ 最多可表示 7 位數	4 bytes

在上表所述的資料範圍, 其中 E 為科學記號, E+308 代表 10 的 308 次方。使用 float 資料型別, 以科學記號表示數值時, 如：NE+100, 則 N 最多可表示 15 位數, 若超過 15 位數則會出現誤差；使用 real 資料型別最多可表示到 7 位數。

日期時間

用來儲存日期與時間資料, 如：'2008-04-30 12:20:30', 其資料型別依可儲存的範圍與精確程度分為 datetime、datetime2、smalldatetime、date、time、datetimeoffset 六種。

資料型別	資料範圍	使用的位元數(長度)
datetime	1753/1/1 ~ 9999/12/31, 時間可精確到 "3.33 毫秒" (即 3.33/1000 秒), 輸入格式為 yyyy-mm-dd hh:mm:ss, 如：2006-1-23 15:43:26.799	8 bytes 前 4 個 bytes 儲存日期 後 4 個 bytes 儲存時間
datetime2	0001-01-01 00:00:00.0000000 ~ 9999-12-31 23:59:59.9999999, 時間可精確到 "100 奈秒" (即 100×10^{-9} 秒), 輸入格式為 yyyy-mm-dd hh:mm:ss(.nnnnnnn), 如 2008-10-25 17:28:19.53	6 ~ 8 個 bytes
smalldatetime	1900/1/1 ~ 2079/6/6, 時間可精確到 "分", 輸入格式為 yyyy-mm-dd hh:mm 如：2006- 1-23 15:43	4 bytes 前 2 個 bytes 儲存日期 後 2 個 bytes 儲存時間
date	0001:01:01 ~ 9999:12:31, 時間可精確到 "天", 輸入格式為 yyyy-mm-dd, 如 2008-11-07	3 個 bytes
time	00:00:00.0000000 ~ 23:59:59.9999999, 時間可精確到 "100 奈秒" (即 100×10^{-9} 秒), 輸入格式為 hh:mm:ss(.nnnnnnn), 如 22:15:33.681	3~5 個 bytes
datetimeoffset	0001-01-01 00:00:00.0000000 ~ 9999-12-31 23:59:59.9999999 ± 14:00, 時間可精確到 "100 奈秒" (即 100×10^{-9} 秒), 輸入格式為 yyyy-mm-dd hh:mm:ss(.nnnnnnn) ({+|-}hh:mm), 如 2008-11-07 22:15:33 ＋08:00	8~10 個 bytes

使用 datetime 資料型別時，精確度雖然可以接受到 3.33 毫秒 (如：2008/10/23 15:43:26.799) 的精確度，但 SQL Server 的資料表上只會表示到 "秒" (如：2008/10/23 15:43:26)。而 smalldatetime 雖然在資料表上會表示出 "秒" (如：2008/11/18 18:46:00)，但實際輸入的秒數會自動進位 (大於等於 30 秒時) 到 "分" 或自動捨棄 (小於 "30" 秒時)。

 關於日期時間輸入格式的詳細說明, 請參見本書 10-4 節。

字串

用來存放字串資料, 如:'旗標'、'JOHN'。此類有四種資料型別:char(n)、varchar(n)、varchar(max) 與 text。其中 varchar(n)、varchar(max) 及 text 的實際儲存長度會依資料量而調整, 例如 varchar(10) 表示最多可儲存 10 bytes, 但若只填入 5 個字元, 那麼只會佔用 5 bytes。char(n) 與 varchar(n) 最多只能儲存 8000 個字元, 若資料會超過此長度, 請改用 varchar(max) 或 text 型別。

資料型別	資料範圍	使用的位元數(長度)
char(n)	1 ~ 8000 個字元	1 個字元 1 byte, 為固定長度, 未填滿資料的部份會自動補上空白字元
varchar(n)	1 ~ 8000 個字元	1 個字元 1 byte, 儲存多少字元即佔多少空間
varchar(max)	1 ~ 2^{31} -1 個字元	為變動長度, 輸入多少字元即佔用多少空間, 最大可達 2GB
text	1 ~ 2^{31} -1 個字元	變動長度, 輸入多少字元即佔用多少空間, 最大可達 2GB

在使用 char(n) 及 varchar(n) 時須指定字元長度(n), 例如 char(50)、varchar(50);若未指定, 則預設為 1;varchar(max) 及 text 型別都不必指定長度。varchar(max) 是從 SQL Server 2005 開始新增加的**大數值資料類型**, 若以舊版 SQL Server 讀取含有 varchar(max) 型別的資料表, 則會被辦識為 text 型別。**微軟**建議在 SQL Server 中使用 varchar(max) , 而不要使用 text。

Unicode 字串

Unicode 是雙位元文字編碼標準, 可用來儲存世界各國的文字, 如果資料中可能同時包含多國的語言 (例如繁、簡體中文), 則應使用 Unicode 字串。**Unicode 字串**類的資料型別與**字串**類相當類似, 但 Unicode 字串的一個字元是用 2 bytes 儲存, 而一般字串則是一個字元用 1 byte 儲存。此類的資料型別有 nchar(n)、nvarchar(n)、nvarchar(max) 與 ntext 四種。

資料型別	資料範圍	使用的位元數(長度)
nchar(n)	1 ~ 4000 個字元	1 個字元 2 byte, 為固定長度, 未填滿資料的部份會自動補上空白字元
nvarchar(n)	1 ~ 4000 個字元	1 個字元 2 byte, 儲存多少字元即佔多少空間
nvarchar(max)	1 ~ 2^{30} -1 個字元	1 個字元 2 byte, 為變動長度, 輸入多少字元即佔用多少空間, 最大可達 2GB
ntext	1 ~ 2^{30} -1 個字元	1 個字元 2 byte, 為變動長度, 輸入多少字元即佔用多少空間, 最大可達 2GB

在使用 nchar(n) 及 nvarchar(n) 時須指定字元長度(n), 例如 nchar(50)、nvarchar(50)；若未指定, 則預設為 1；nvarchar(max) 及 ntext 型別都不必指定長度。

nvarchar(max) 是從 SQL Server 2005 開始新增加的**大數值資料類型**, 若以舊版 SQL Server 讀取含有 nvarchar(max) 型別的資料表, 則會被辨識為 ntext 型別(SQL Server 6.5 不支援 ntext 資料型別, 將會無法辨識)。**微軟**建議在 SQL Server 中使用 nvarchar(max) , 而不要使用 ntext。

二元碼字串

用來定義二元碼(binary) 資料, 如 0x5F (二元碼資料多用 16 進位表示, 且要加上 0x 字頭)。此類的資料型別有 binary(n)、varbinary(n)、varbinary(max) 與 image, 其特性分別相當於**字串**類的 char(n)、varchar(n)、varchar(max) 及 text。varbinary(max) 及 image 型別還可用來儲存 Word 文件、Excel 試算表、以及點陣圖、GIF、JPEG 等影像檔。

資料型別	資料範圍	使用的位元數(長度)
binary(n)	1 ~ 8000 個 bytes	固定長度, 輸入的資料若未達 8000 個 bytes, 不足的部份則自動補上 0x00
varbinary(n)	1 ~ 8000 個 bytes	變動長度, 輸入多少資料即佔用多少空間
varbinary(max)	1 ~ 2^{31} -1 個 bytes	為變動長度, 輸入多少資料即佔用多少空間, 最大可達 2GB
image	1 ~ 2^{31} -1 個 bytes	變動長度, 輸入多大資料即佔用多少空間, 最大可達 2GB

使用 binary(n) 及 varbinary(n) 時須指定資料長度(n), 例如 binary (50)、varbinary(30), 若未指定, 則預設為 1；varbinary(max) 及 image 型別都不必指定長度。varbinary(max) 是從 SQL Server 2005 開始新增加的**大數值資料類型**, 若以舊版 SQL Server 讀取含有 varbinary(max) 型別的資料表, 則會被辨識為 image 型別。**微軟**建議在 SQL Server 中使用 varbinary(max) , 而不要使用 image。

 從 SQL Server 2008 開始新增了 FILESTREAM 功能, 可以將 varbinary(max) 型別的資料儲存於檔案系統中, 詳細說明請參見 6-3 節與 7-7 節。

貨幣

用來定義貨幣資料, 此類有 money 與 smallmoney 兩種資料型別：

資料型別	資料範圍	使用的位元數(長度)
money	-2^{63} ~ 2^{63} -1 (-922,337,203,685,477.5808~922,337,203,685, 477.5807) 可精確到小數第 4 位	8 bytes
smallmoney	-2^{31} ~ 2^{31} -1 (-214,748.3648 ~ 214,748.3647) 可精確到小數第 4 位	4 bytes

在使用習慣上, 我們常會將金額以每 3 個位數加上一個逗號隔開, 以便於閱讀。若以這樣的形式輸入金額 (如：123, 456) 會被接受, 但資料表並不會將逗號表示出來。

標記

此類資料型別包括 rowversion (又稱 timestamp) 與 uniqueidentifier 兩種。rowversion (timestamp) 是記錄資料更新的時間戳記, 當某筆記錄有變動時, 該筆記錄的 rowversion 欄位便會自動產生新值, 此值會是整個資料庫的唯一值。uniqueidentifier 則是全域 (全世界) 唯一識別碼, 可用來識別每一筆記錄的唯一性, 這 2 種型別在附錄 D 中會有進一步說明。

資料型別	資料範圍	使用的位元數(長度)
timestamp	8 bytes 的 16 進位值 如　0x0000000000000130	8 bytes
uniqueidentifier	16 bytes 的 16 進位值 如 4C047CB3-B007-11D2-9C59-0080C846994D	16 bytes

XML

XML 資料型別可以讓我們在 SQL Server 中儲存 XML 格式的欄位, 內容是符合 XML 格式的文件。

資料型別	資料範圍	使用的位元數(長度)
xml	符合 xml 格式的任何資料	最大可儲存 2GB

舉例來說, 如果我們在**廠商資料表**中, 建立一個使用 XML 資料型別的訂單欄位, 那麼這個欄位即可將該廠商所有的訂單資料放入這個欄位中, 甚至不同的廠商, 也可以有著不一樣的訂單格式。底下我們以圖表來說明會更加清楚：

國內訂單

下單日期：2016/2/10

項目編號	書籍名稱	出版公司	價格	數量
1	Linux 實務應用	旗旗出版公司	620	150
2	BIOS 玩家實戰	旗旗出版公司	299	100
3	Windows 系統秘笈	旗旗出版公司	490	80

應付總價：162100

送貨地址：台北市忠孝東路九段 10 號

聯絡人：吳明士

廠商編號	廠商名稱	地址	電話	聯絡人	訂單
001	十全書店	台北市	0212345678	陳圓圓	
002	Bear Education	Boston	(617)555-0701	Bear Gray	

國際訂單

下單日期：2016/2/10　　　　出口報單號碼　AC20251355

項目編號	書籍名稱	出版公司	價格	數量
1	XOOPS 架站王	旗旗出版公司	620	150
2	Linux 指令詳解辭典	旗旗出版公司	299	100
	小計			122,900
	出口關稅			1,570
	海運費用			2,580
	應付總價：			127,050

送貨地址：Bear Education, INC
Rights and Contracts Department, 45 Arlington Street,
Suite 310 Boston, MA 02116

聯絡人：Bear Gray

由上頁圖中我們可以看出，**訂單**欄位使用 XML 資料型別，其可以儲存的資料不必是單一的值，可以是多筆資料、甚至一整張訂單、或任何資料 (只要符合 XML 格式即可)。而資料的內容也可以利用 XML Schema 和 XML Query 來規範及查詢。

從使用 XML 資料型別的好處在於存放資料的彈性和擴充性更高，對於資料庫設計者和管理者而言，這樣的存放方式更加直覺、便利。在上圖中，若不使用 XML 資料型別，就必須依正規化分析 (參閱第 2 章)，將**訂單**獨立成另一張資料表，接著再分成**國內訂單**和**國際訂單**兩種，最後再設法建立關聯... 等。相較於關聯式資料庫的正規化分析，XML 資料型別可以說提供了資料庫設計者一個更為直覺的設計方式，也似乎帶有物件導向式資料庫的意味。

空間資料

從 SQL Server 2008 開始新增了可以儲存空間資料的資料型別，並且可以進行空間的距離、面積或是否交錯等計算與判斷。

空間資料共有兩種資料型別：geometry 與 geography。geometry 可以儲存平面資料，支援開放式地理空間協會(Open Geospatial Consortium, 簡稱 OGC) 的 SQL 簡單特徵規格 1.1.0 版；geography 則可以儲存橢圓體資料，例如 GPS 的經緯度座標。

由於空間資料牽涉了較複雜的空間與地理資料，所以本書不多加說明，如果您有興趣的話，可以參閱 **SQL Server 線上叢書**的『空間資料類型概觀』主題。

其它

被歸類在其它類的資料型別有：sql_variant、cursor、table 和 hierarchyid。sql_variant 可用來儲存前述各種型別的資料，但 text、ntext、image、timestamp、sql_variant 型別的資料除外。若某欄位可能會儲存不同型別的資料時，即可將該欄位設為 sql_variant 型別。

cursor 是儲存查詢結果的資料集, 其內的資料可供單筆取出處理, 在 17 章會有詳細的介紹。table 可用來暫存一組表格型式的資料, 詳情請參閱 13-4 節。有一點要請您特別注意, cursor 及 table 這兩種資料型別只能用在程式中宣告變數型別, 不能用來定義資料表欄位。至於 hierarchyid 則可以用來呈現樹狀目錄階層中的位置, 適用於組織圖、論壇或內容管理等具有樹狀目錄階層的資料, 有興趣的讀者可參閱附錄 D 的說明。

變數是使用記憶體來存放數值、字元等資料, 換個概念性的說法, 變數即是用來儲存資料的地方。關於變數的詳細介紹, 請參閱 13-3 節的內容。

資料型別	資料範圍	使用的位元數(長度)
sql_variant	可存放各種資料型別的資料, 除了 text、ntext、image、timestamp、sql_variant 以外	視儲存的資料型別而訂, 最大長度為 8016 個位元 (bit)
cursor	查詢結果的資料集	
table	表格型式的資料	
hierarchyid	樹狀目錄階層中的位置	

4-6 欄位的 NULL 值與 DEFAULT 值

建立資料表時, 我們會設定各個欄位名稱以及資料型別, 如此在輸入資料時, SQL Server 就會依據欄位的資料型別來檢查輸入的值是否符合要求, 不符合便會出現錯誤訊息來警告操作者。

但不符合的情況, 有時是因為該欄位沒有資料可輸入, 例如在客戶資料表中, 有客戶沒有告知傳真號碼、意見調查中、有人不願意告知年齡或收入..., 使得一筆記錄中的部分欄位可能因沒有資料可填而發生錯誤。想避免這種錯誤, 我們可以利用 **NULL 值**來解決(NULL 值的功用稍後會為您詳細介紹)。

至於 **DEFAULT 值**的用法則是預先為欄位設好預設值，當此欄位沒有輸入資料時，便使用此預設值。運用 DEFAULT 值，可幫助我們減少輸入的動作，節省時間。

欄位是否可用 NULL 值或 DEFAULT 值，是在建立資料表時就要設定的。站在未雨綢繆立場，我們現在就為各位介紹 NULL 值與 DEFAULT 值的應用概念。

NULL 值

NULL 值不是 0 也不是空白，更不是填入字串 "NULL"，而是表示 "不知道"、"不確定" 或 "暫時沒有資料" 的意思。例如某本新書還沒寫完，頁數與價格都不確定，若要將此書的資料輸入資料庫，則**頁數**與**價格**欄位都是未知的，因此就可以使用 NULL 值來代替。

當某一欄位可接受 NULL 值時，表示該欄位的值可以不要輸入。反過來說，當某一欄位的值一定要輸入才有意義的時候，則可以設定為 NOT NULL。請看下面的範例：

```
CREATE  TABLE  客戶資料表  ◀── 建立客戶資料表, 下方( )內在設定資料表中的欄位
(
    客戶編號    int       NOT NULL,    ┐ 這兩個欄位都設為 NOT NULL,
    客戶名稱    char(30)  NOT NULL,    ┘ 表示一定要輸入資料
    地址        char(60),             ┐
    聯絡電話    char(12),             │ 這些沒有特別指定 NOT NULL
    傳真號碼    char(12),             │ 的欄位, 則可以不要輸入資料
    電子郵件    char(30)              ┘
)
```

DEFAULT 值

假設有某個欄位總是輸入相同的資料, 則我們可以將那個資料設定為該欄位的 DEFAULT 值, 那麼輸入資料的時候就可以稍稍偷懶了。例如, 我們都是用輸入訂單資料的時間來當做**接單日期**, 那麼就可以把輸入訂單資料的時間設為接單日期欄位的預設值。請看下面的範例:

Step1 建立一個**訂單**資料表, 其中有 3 個欄位設有 DEFAULT 值:

```
CREATE  TABLE  訂單
(
                                          用 getdate() 函數取得系統的日期時間,
    訂單編號    int          NOT NULL,     作為接單日期欄位的預設值
    接單日期    datetime     DEFAULT getdate(),
    訂購金額    smallmoney   DEFAULT 350,    ◀── 設定預設的金額
    聯絡人      char(10)     DEFAULT 'Nobody'  ◀── 設定預設的聯絡人
)
```

Step2 分別加入 3 筆記錄到**訂單**資料表中:

```
INSERT  訂單              ◀── 只輸入訂單編號, 其它 3 個欄位將採用預設值
(訂單編號)
VALUES
(1)

INSERT  訂單              ◀── 輸入 3 個欄位的值, 接單日期則採用預設值
(訂單編號, 訂購金額, 聯絡人)
VALUES
(2, 760, '吳明士')

INSERT  訂單              ◀── 輸入 4 個欄位的值, 不採用預設值
(訂單編號, 接單日期, 訂購金額, 聯絡人)
VALUES
(3, '2016-1-7', 1335, '卜之道' )
```

Step3 將**訂單**資料表中的記錄顯示出來：

從這 3 個欄位就可以比對出使用預設值的差別了

4-7 識別名稱 (Identifier)

就像每個人都要有個名字一樣，在 SQL Server 中，每一項物件也都要有一個做為識別用的名稱，例如資料庫名稱、資料表名稱、欄位名稱、索引名稱... 等等，這些名稱通稱為「**識別名稱 (Identifier)**」。

有少數物件並不需要有識別名稱，例如資料表的某些**條件約束**(Constraint, 請參閱第 7 章) 就不一定要有識別名稱。

識別名稱的表示法

當我們建立新物件時，要如何為它取一個合法的識別名稱呢？例如在建立資料表時，可不可以取名為 "My Book" (包含空白字元)、"SELECT" (SQL 的關鍵字)、或是中文名稱呢？其實都可以！底下我們先來看看識別名稱的標準規格，只要符合以下標準的，就可以**直接**用來當成識別名稱：

⊙ 識別名稱的可用字元：

類別	說　　明
英文字	A-Z 或 a-z, 在 SQL 中是不用區分大小寫的
數字	0 -9, 但數字不得做為識別名稱的第一個字元
特殊字元	_ 、#、@、$, 但 $ 不得做為識別名稱的第一個字元
特殊語系的合法文字	例如中文字也可做為識別名稱的合法字元

⊙ 識別名稱不可以是 SQL 的關鍵字，例如用"SELECT"、"select"、
"UPDATE"、"TABLE" ...，都不符合識別名稱的規格。

⊙ 識別名稱中不可以有空白字元，或 _ 、#、@、$ 以外的特殊字元。

⊙ 識別名稱的字元長度不得超過 128 個字元。

　　如果物件名稱符合以上的識別名稱規格，那麼該名稱可直接使用；若物件名稱
不符合上述規格，只要在名稱前後加上**中括號**，該名稱就可以變成合法的識別名
稱了 (但是仍不得超過 128 個字元)，例如：

```
SELECT 電話,              ◄─── 可用中文
       [First Name],     ◄─── 中間有空白, 要加〔〕
       [1ABC],           ◄─── 以數字開頭, 要加〔〕
       [^%*\!(+=)|&]     ◄─── 特殊字元, 要加〔〕
FROM   [select]          ◄─── select 是關鍵字, 要加〔〕
WHERE  [WHERE] = '台北'   ◄─── WHERE 是關鍵字, 要加〔〕
```

(用 " " 代替 [ ])

我們也可以改用**雙引號** " " 來代替
中括號, 讓不合規格的識別名稱合
法, 但前題是資料庫的**引號識別碼
已啟用**選項必須設為 **True** 才行。
變更該選項的方法如下:

1 在**物件總管**窗格中選
取要設定的資料庫

2 在資料庫上按滑鼠右
鈕執行『**屬性**』命令

3 選擇**選項**頁面

4 將引號識別碼已
啟用設為 **True**

5 按此鈕完成設定

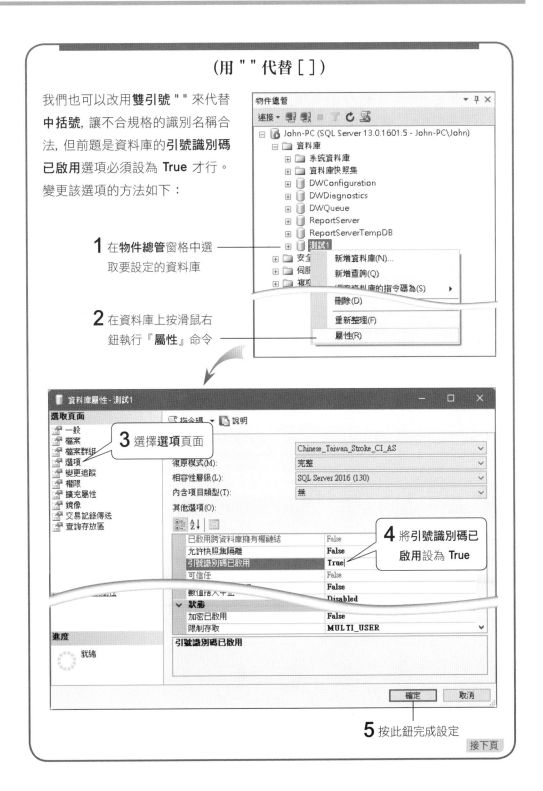

接下頁

引號識別碼已啟用選項預設為 False, 若沒有設為 True, 則**雙引號**是用來表示字串常數 (如 "研究室"), 其作用和我們用單引號來表示字串是一樣的 (如 ′研究室′)。由於有可能因為忘了變更**引號識別碼已啟用**的設定值, 而造成使用雙引號設定識別名稱失敗, 因此最好使用中括號而少用雙引號。

特殊的識別名稱

由 @ 或 # 開頭的識別名稱具有特殊的意義:

開頭字元	例如	意義
@	@var	區域變數名稱必須以 @ 開頭
@@	@@ERROR	全域的系統變數是以 @@ 開頭
#	#table	區域的暫存資料表 (或預存程序)
##	##gtable	全域的暫存資料表 (或預存程序)

 TIP 關於暫存資料表可參閱第 7 章, 而變數的部份則可參考第 13 章。

這一章我們為建立資料庫物件做了許多準備, 雖然內容有些艱澀, 卻是開始設計資料庫 (第 3 篇) 之前的重要基礎。若您一時覺得難以吸收, 不妨繼續往後面章節閱讀, 等有設計資料庫的經驗時, 再回來閱讀一次, 相信會有更多收穫。

05

檢視 SQL Server 的資料庫物件

在本章中，我們將介紹 SQL Server 內建的資料庫，並帶您一一檢視資料庫中所包含的各項物件，如資料表、檢視表、預存程序、使用者自訂函數…等等。

5-1 SQL Server 的內建資料庫

SQL Server 安裝完畢後, 預設會建
立 6 個資料庫, 您可打開 SQL Server
Management Studio 來查看:

SQL Server 預設的 6 個資料庫 ──

master、model、msdb 和 tempdb 是**系統資料庫**, 是 SQL Server 本身
在使用的, 另外 2 個 ReportServer、ReportServerTempDB 則是 Reporting
Services 所使用的報表伺服器資料庫 (如果您沒有安裝 Reporting Services, 則
不會有這兩個資料庫)。現在將系統資料庫的用途簡單說明如下:

◉ **master**:master 資料庫負責記錄所有有關 SQL Server 的系統資訊, 包括:
登入帳戶、系統組態設定以及目前系統中有哪些資料庫...等等。

◉ **model**:model 是一個 **"範本"** 資料庫, 當新增資料庫時, SQL Server 便會
以 model 資料庫為範本, 將其內容複製到新增的資料庫中, 所以 model 資料
庫可說是所有資料庫最初的模型。如果您更改了 model 資料庫的內容, 那麼
以後新增的資料庫也會擁有相同的內容。

◉ **msdb**:msdb 是專供 **SQL Server 代理程式**使用的資料庫, 它存放有關警告、
作業、資料備份、資料複製與資料維護等排程事宜。

◉ **tempdb**:tempdb 資料庫用來存放所有暫時的資料表和預存程序, 並提供
SQL Server 存放目前使用中的資料表。tempdb 是一個全域的資源, 其內的
暫存資料表和預存程序可供所有使用者使用。它的容量會依需要自動成長, 但
在每次 SQLServer 啟動時都會將內容全部清除, 並以預設大小重新建立。

上述四個系統資料庫都內含 SQL Server 的重要資訊, 所以若沒有必要, 請不要任意更動這些系統資料庫的內容。

5-2　解讀資料庫的相關資訊

SQL Server 提供了方便我們瞭解資料庫狀態的工具, 您可以檢視整個 SQL Server 2016 的狀態資訊或是檢視單一資料庫的使用狀態。

檢視 SQL Server 的狀態資訊

若想檢視 SQL Server 目前的各項狀態資訊, 您可以如下操作:

3 選擇**伺服器儀表板**, 筆者將以此報表為例說明

1 在 SQL Server 伺服器按右鈕

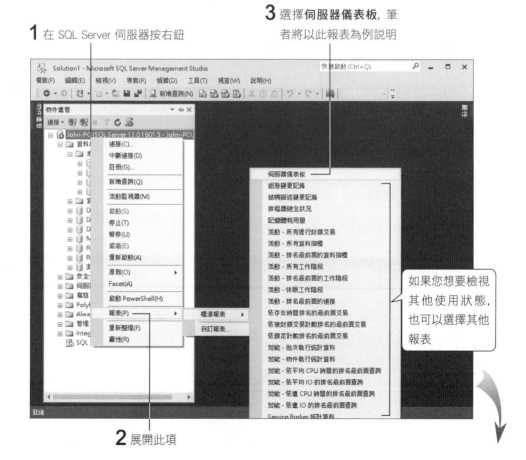

如果您想要檢視其他使用狀態, 也可以選擇其他報表

2 展開此項

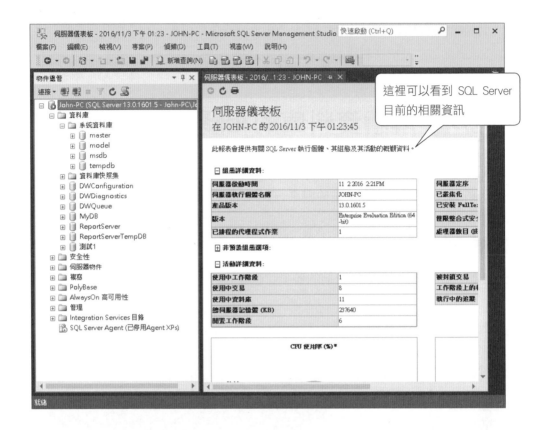

下面將分別說明**伺服器儀表板**報表中的相關資訊。

檢視組態詳細資料

組態詳細資料可以看到 SQL Server 目前的組態設定：

展開**組態詳細資料**項目

組態詳細資料:				
伺服器啟動時間	11 2 2016 2:21PM		伺服器定序	Chinese_Taiwan_Stroke_CI_AS
伺服器執行個體名稱	JOHN-PC		已叢集化	否
產品版本	13.0.1601.5		已安裝 FullText	是
版本	Enterprise Evaluation Edition (64-bit)		權限整合式安全性	否
已排程的代理程式作業	1		處理器數目 (由執行個體使用)	4

這裡可以看到伺服器詳細的組態資料, 例
如伺服器的名稱、版本、啟動時間…等

檢視非預設組態選項

展開**非預設組態選項**可以看到 SQL Server 目前使用非預設值的組態設定：

展開**非預設組態選項**項目

□ 非預設組態選項:

組態選項	執行值	預設值
default full-text language	1028	1033
default language	28	0
min server memory (MB)	16	0
remote login timeout (s)	10	20

這裡列的是您更改過的系統設定值

檢視活動詳細資料

展開**活動詳細資料**可以看到 SQL Server 目前系統活動的狀態：

展開**活動詳細資料**項目

目前伺服器上各項活動, 如交易、工作階段...等的狀態及 CPU 的使用率

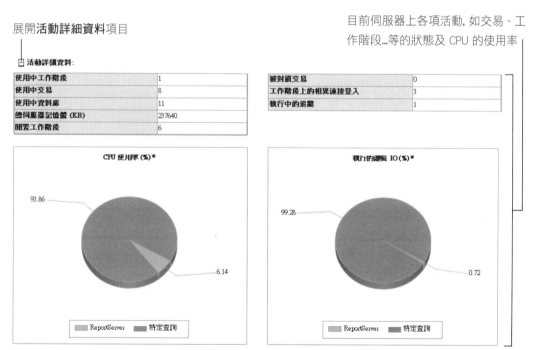

使用中工作階段	1
使用中交易	8
使用中資料庫	11
總伺服器記憶體 (KB)	237640
閒置工作階段	6

被封鎖交易	0
工作階段上的相異連接登入	3
執行中的追蹤	1

CPU 使用率 (%)*

93.86

6.14

ReportServer 特定查詢

執行的邏輯 IO (%)*

99.28

0.72

ReportServer 特定查詢

＊**CPU 使用率**和**執行的 IO** 圖表會依資料庫顯示所有物件的累計共用。

檢視單一資料庫的狀態資訊

　　若您對單一資料庫的狀態有興趣, 則可以直接檢視該資料庫的各項狀態資訊。
以下筆者以系統內建的 tempdb 資料庫為例說明, 請如下操作:

3 選擇**磁碟使用量**, 筆者
將以此報表為例說明

1 在 tempdb 資料庫按右鈕

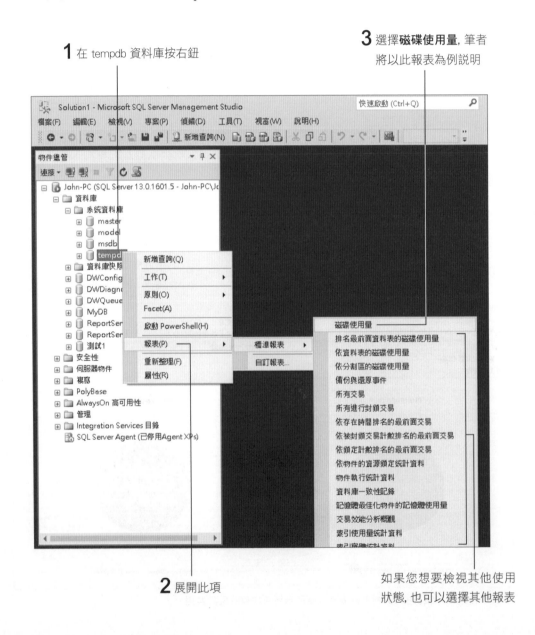

2 展開此項

如果您想要檢視其他使用
狀態, 也可以選擇其他報表

該資料庫目前使用的總空間　　　資料檔使用的空間

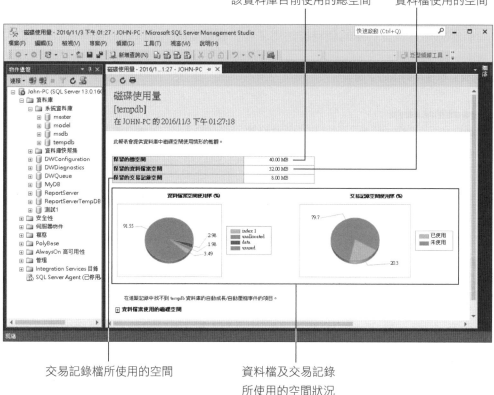

交易記錄檔所使用的空間　　　　　資料檔及交易記錄
所使用的空間狀況

檢視資料/記錄檔自動成長/壓縮相關資訊

由於資料庫所使用的空間會隨著其所儲存的資料而增加，因而在新增資料庫時可以設定資料檔及記錄檔在原先設定的空間快用完時自動成長的百分比（請參考第 6 章）。在這裡您便可以檢視資料檔、資料記錄檔的自動成長與自動壓縮記錄：

展開**資料記錄檔自動成長/自動壓縮事件**項目

資料/記錄檔自動成長/自動壓縮事件

事件	邏輯檔案名稱	開始時間	持續時間 (毫秒)	大小的變更 (MB)
記錄檔自動成長	產品資料庫_log	2016/12/22 下午 08:26:54	300	64.00

這裡記錄了記錄檔自動成長的時間

檢視資料檔使用的磁碟空間

若您想知道該資料庫的資料檔佔用了多少磁碟空間, 可以如下查詢:

展開**資料檔使用的磁碟空間**項目

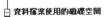

檔案群組名稱	邏輯檔案名稱	實體檔案名稱	保留的空間	使用的空間
PRIMARY	測試1	C:\Program Files\Microsoft SQL Server\MSSQL13.MSSQLSERVER\MSSQL\DATA\測試1.mdf	8.00 MB	3.06 MB

保留給資料檔使用的磁碟空間　　　　目前資料檔所使用的磁碟空間

5-3　檢視資料庫的各類物件

從第 1 章、第 2 章的介紹可以知道, **資料表**可說是關聯式資料庫中最重要的物件。但 SQL Server 的資料庫裡面除了**資料表**之外, 還有許多其他好用的物件, 這一節我們便要帶您來瀏覽這些資料庫物件, 並介紹各類資料庫物件的功能。

在 SQL Server Management Studio 管理工具視窗的**物件總管**窗格中, 任意展開一個資料庫, 就可以看到資料庫所擁有的資料庫物件:

master 資料庫所擁有的資料庫物件

由於 master 資料庫裡面已經有許多現成的資料庫物件, 所以底下我們以 master 資料庫作為這次檢視的對象。

這一節只是先讓大家認識一下資料庫裡面會有哪些物件, 後面的章節我們還會針對每種物件做更深入的介紹。

資料庫圖表 (Diagram)

資料庫圖表物件是以 "圖形" 來顯示各資料表內的欄位, 以及各資料表間的關聯情形, 以方便我們進行檢視或設定。不過系統內建的資料表沒有**資料庫圖表**物件, 所以關於**資料庫圖表**物件的詳細說明, 請見 7-6 節。

資料表 (Table)

對於**資料表**的用途應該不用再提醒了吧？沒錯！它就是資料庫用來存放資料的地方。這裡我們要帶領各位分別來觀察資料表的結構與內容。

資料表的結構

首先, 我們來觀察資料表的結構。請在 SQL Server Management Studio 的**物件總管**窗格中展開 **master** 資料庫的**資料表**項目, 便會列出該資料庫中所有的資料表：

在**物件總管**中會以**結構名稱.資料表名稱**的方式顯示 (結構描述的說明請參考 13-13 節)

資料表的類型

注意, 資料表的**類型**有兩種：

● 在**資料表**項目下的即表示 "使用者" 建立的資料表。

● 在**資料表/系統資料表**項目下的則為 "系統" 建立的資料表。系統資料表是在新增資料庫時便自動建立的, 主要也是系統本身使用。

列出所有的資料表後，在想要檢視的資料表下，展開**資料行**項目檢視資料表的結構：

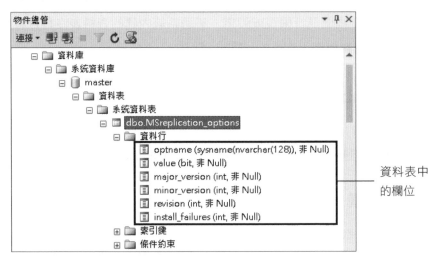

資料表中的欄位

 有關資料表結構的設定，我們在第 7 章會有詳盡的解說。

資料表的內容

接著，我們來觀察資料表的內容。請同樣在**物件總管**窗格中選取欲檢視的資料表，然後按右鈕執行『**選取前 1000 個資料列**』命令：

資料表目前的記錄內容

 查詢資料表內容時，SQL Server 預設只會顯示前 1000 筆資料。如果您想要調高或調低預設的顯示筆數，請參考 8-1 節的說明更改設定。

檢視表 (View)

檢視表可說是 "虛擬" 的資料表, 它只記錄資料要由哪些資料表的哪些欄位來組成, 因此在**檢視表**中所看到的資料, 其實都是來自於其他的資料表, **檢視表**本身並不儲存資料。

觀察檢視表的方法和觀察資料表相同, 所以不再另作說明, 詳細請參考第 11 章。

同義字

同義字可以讓我們替本機或是遠端的資料庫物件取一個別名。例如用戶端要存取遠端名為 FLAG 伺服器上 AdventureWorks 資料庫的 Person.Employee 資料表時, 要使用完整的 FLAG.AdventureWorks.Person.Employee 名稱。因此您在用戶端應用程式的程式碼裡必須寫入 FLAG.AdventureWorks.Person.Employee 的資料庫物件名稱, 一旦您的伺服器改了名字, 就需要更改所有使用到該物件的程式碼。

 有關資料庫物件完整名稱的詳細說明, 請參考 13-13 節。

SQL Server 的**同義字**功能可以讓我們在 FLAG 伺服器上建立一個如 FlagEmployee 的同義字來代表 FLAG.AdventureWorks.Person.Employee 資料庫物件, 而用戶端程式就可以使用 FlagEmployee 這個名稱來存取 FLAG 伺服器上的 AdventureWorks.Person.Employee 資料表。當所需存取的資料表改變或是伺服器改了名字, 您只要修正 FLAG 伺服器上的 FlagEmployee 資料即可, 不用更改到用戶端程式的原始碼。

可程式性

這裡面包括**預存程序、函數、資料庫觸發程序...** 等可由使用者自行撰寫程式來讓資料庫存取更加方便的功能。

預存程序 (Stored Procedures)

　　預存程序可說是預先寫好，且經過編譯的 SQL 程式。其執行效率要比一行一行執行 SQL 敘述要好，且可被重複呼叫使用。我們來看一下 master 資料庫中的預存程序：

切換到**預存程序**項目

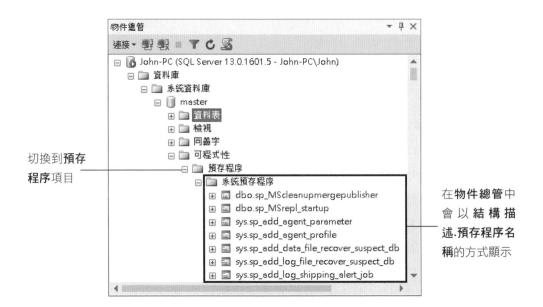

在**物件總管**中會以**結構描述.預存程序名稱**的方式顯示

　　爾後，我們會陸陸續續使用一些系統的預存程序來協助維護資料庫。可是，系統內建的預存程序數量實在太多，本書沒有那麼多的篇幅一一介紹，所以您若有需要可在 **SQL Server 線上叢書**中找到詳細的說明資料。有關如何編寫及使用預存程序，我們則會在第 14 章詳細介紹。

函數

　　函數一樣有使用者自訂與系統函數 2 類，函數與預存程序的功能是類似的，其中的差別以及如何在 SQL 中使用自訂函數的功能，我們將在第 15 章中詳細說明。此處先來看一下 master 資料庫中的函數：

切換到**函數**項目 ─── （函數圖示）

這些為函數的分類，展開各項便可見到該分類中的各個函數

資料庫觸發程序

此項目內存放了 DDL 觸發程序，可以檢查資料庫所做的更改是否允許，並自訂錯誤訊息...等功能，我們在第 16 章中將會介紹各種觸發程序。

組件

在 SQL Server 中，您可以載入自行撰寫或廠商所撰寫的組件 (dll) 以擴充 SQL Server 的功能。

類型

除了系統預設的資料型別之外 (如 int、varchar)，您還可以針對常用的資料定義自己的資料類型，如**地址**，如此一來只要有資料表用到與地址相關的欄位都可以直接使用這個資料類型。使用自訂資料類型的好處除了方便之外，還可以避免因一時不查而將不同資料表中相同用途的欄位定義為不同資料型別或長度的麻煩。相關的說明請參考附錄 B-3 節。

規則

規則物件可以用來限制欄位的輸入範圍或是條件，詳細的使用方法我們將在附錄 B-1 節介紹。

預設值

您可以建立一個**預設值**物件來代表一個預設值，例如用 rate 來表示 0.9，當有某些欄位的預設值是 0.9 時，您就可以直接以 rate 來代替。如此除了可以有統一的功效之外，也有方便記憶的功能。有關預設值物件的說明請參考附錄 B-2 節。

順序

順序物件提供了自動編號的功能，讓我們更方便地取得各種序號來使用，例如由 100 開始遞增給號，或 1、3、5...奇數給號，或由 1 到 10 不斷循環給號等等，在第 15-4 節會有詳細介紹。

儲存體

儲存體物件中有常用的**全文檢索目錄功能**，它是用來儲存資料表欄位的**全文檢索索引**，可讓我們方便且有效率地搜尋較長的字串欄位資料，詳細說明請參考附錄 C。

安全性

裡面包含與資料庫安全相關的**使用者、角色、結構描述...** 等項目。其中**結構描述**屬於較進階的部份，請參閱 13-13 節的說明。而**非對稱金鑰、憑證與對稱金鑰**，則可讓 SQL Server 在傳輸資料時更加安全。以下我們分別說明較常用的幾個物件。

使用者

使用者是指對資料庫有存取權限的使用者 (權限的大小則依設定而不同)。底下我們來檢視 master 資料庫目前的**使用者**相關資訊：

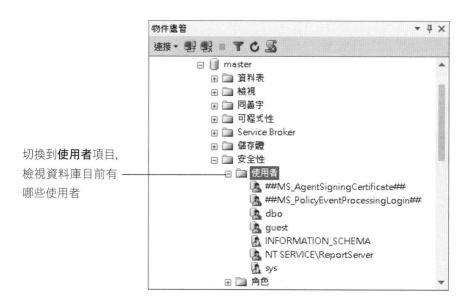

切換到**使用者**項目,
檢視資料庫目前有
哪些使用者

由上圖來看, master 資料庫目前有 7 位使用者, 雙按某個使用者名稱, 即可
檢視及設定該使用者的權限:

有關**使用者**物件已
在 3-6 節介紹過
了, 如果忘記的話
可回去複習一下!

打勾表示使用者
擁有此項權限

角色（Role）

　　角色下又分**資料庫角色**與**應用程式角色**。其中**資料庫角色**也可以用來設定使用者的權限，使用者若被加入某一**資料庫角色**中，就表示具有該角色所擁有的權限。我們來看看 master 所定義的**資料庫角色**：

切換到**角色**項目下的**資料庫角色**即可看到此資料庫中所定義的**資料庫角色**

這些是系統預設的**資料庫角色**

　　雙按某個**資料庫角色**, 如 db_owner, 即可查看目前該角色中有哪些使用者：

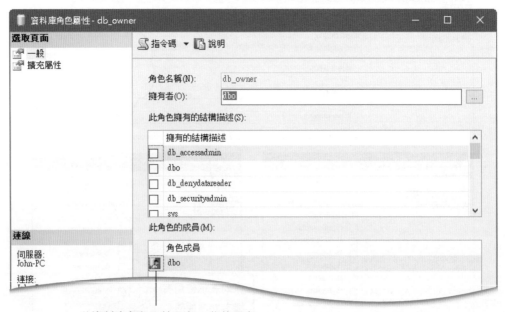

此**資料庫角色**目前只有 1 位使用者

TIP 除了上述各項物件之外, 您在物件總管窗格中還可以見到 Service Broker 物件, 這是屬於比較進階的部份, 開發分散式應用程式時才會用到。它提供了分散式應用程式的基礎架構, 可以節省開發程式的時間。

5-4 使用『物件總管詳細資料』窗格檢視物件

　　除了使用前述的**物件總管**窗格檢視各類物件外, 我們也可以開啟**物件總管詳細資料**窗格檢視物件的詳細資料, 請在 SQL Server Management Studio 中執行『**檢視/物件總管詳細資料**』命令, 或是按下 F7 鍵, 即可開啟**物件總管詳細資料**窗格:

1 在**物件總管**窗格選取任意物件

這 3 個鈕可分別執行『**上一頁**』、『**下一頁**』與『**向上一層**』命令

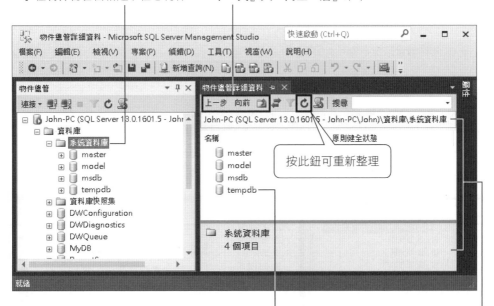

若雙按物件則可進入該物件檢視其詳細資料, 或者也可在物件上按滑鼠右鈕, 執行相關命令

2 此窗格中會同步顯示**物件總管**窗格選取物件的詳細資料

同步左右兩邊窗格的資料

當我們在左邊的**物件總管**窗格選取物件，右邊的**物件總管詳細資料**窗格會同步顯示詳細資料。不過在右邊窗格切換或選取物件，不會自動同步左邊的窗格，此時可如下操作進行同步：

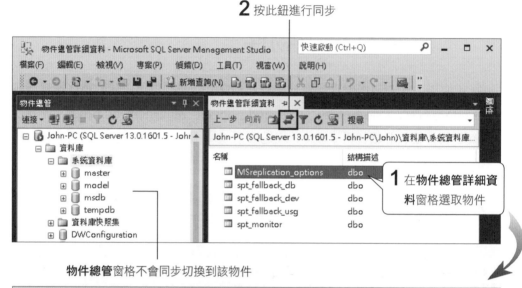

2 按此鈕進行同步

1 在**物件總管詳細資料**窗格選取物件

物件總管窗格不會同步切換到該物件

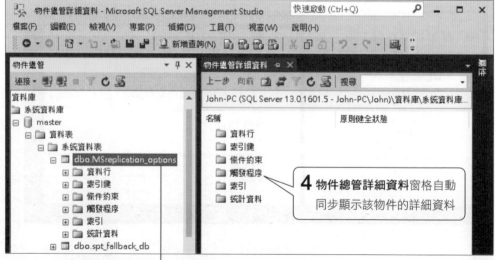

4 **物件總管詳細資料**窗格自動同步顯示該物件的詳細資料

3 **物件總管**窗格同步切換到剛剛右邊窗格所選取的物件

在『物件總管詳細資料』窗格中搜尋物件

物件總管詳細資料窗格也提供了搜尋功能, 您可以如下操作進行搜尋:

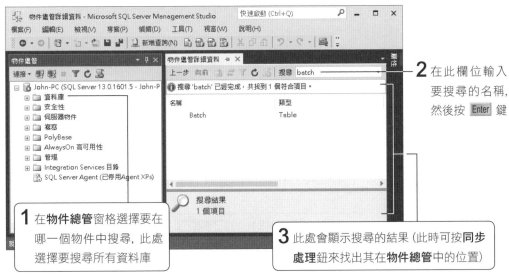

1 在**物件總管**窗格選擇要在哪一個物件中搜尋, 此處選擇要搜尋所有資料庫

2 在此欄位輸入要搜尋的名稱, 然後按 Enter 鍵

3 此處會顯示搜尋的結果 (此時可按**同步處理**鈕來找出其在**物件總管**中的位置)

篩選要顯示的物件

當 SQL Server 物件較多時, 我們可以使用篩選功能, 設定**物件總管**與**物件總管詳細資料**窗格只顯示我們需要的物件:

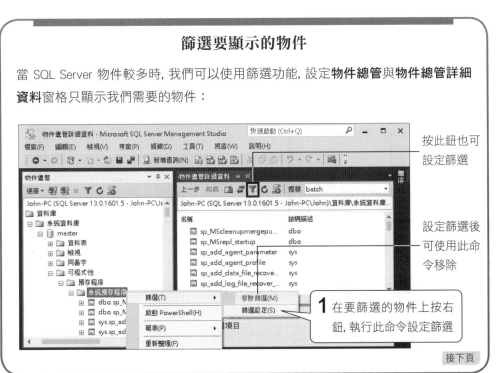

按此鈕也可設定篩選

設定篩選後可使用此命令移除

1 在要篩選的物件上按右鈕, 執行此命令設定篩選

接下頁

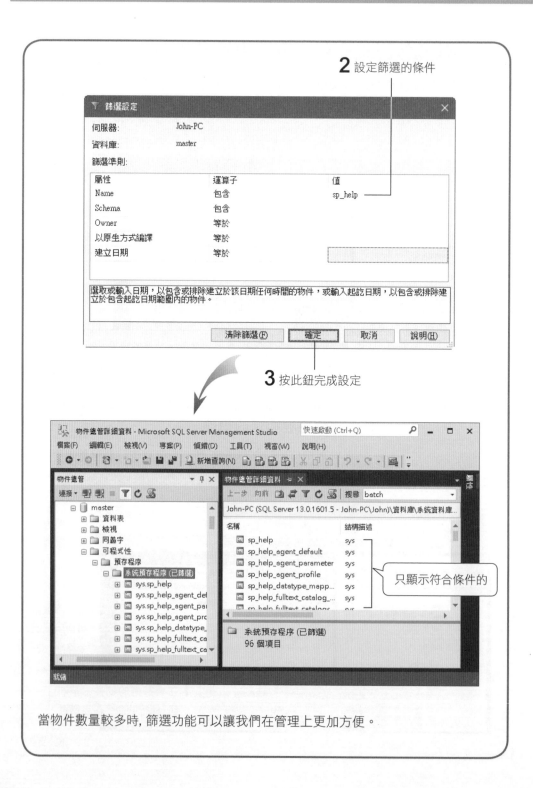

2 設定篩選的條件

篩選設定

| 伺服器: | John-PC |
| 資料庫: | master |

篩選準則:

屬性	運算子	值
Name	包含	sp_help
Schema	包含	
Owner	等於	
以原生方式編譯	等於	
建立日期	等於	

選取或輸入日期,以包含或排除建立於該日期任何時間的物件,或輸入起訖日期,以包含或排除建立於包含起訖日期範圍內的物件。

清除篩選(F)　　確定　　取消　　說明(H)

3 按此鈕完成設定

物件總管詳細資料 - Microsoft SQL Server Management Studio　　快速啟動 (Ctrl+Q)

檔案(F)　編輯(E)　檢視(V)　專案(P)　偵錯(D)　工具(T)　視窗(W)　說明(H)

新增查詢(N)

物件總管

連接

□ master
　田 資料表
　田 檢視
　田 同義字
　□ 可程式性
　　□ 預存程序
　　　□ 系統預存程序 (已篩選)
　　　　田 sys.sp_help
　　　　田 sys.sp_help_agent_def
　　　　田 sys.sp_help_agent_pai
　　　　田 sys.sp_help_agent_prc
　　　　田 sys.sp_help_datatype_
　　　　田 sys.sp_help_fulltext_ca
　　　　田 sys.sp_help_fulltext_ca

就緒

物件總管詳細資料

上一步　向前　　　搜尋 batch

John-PC (SQL Server 13.0.1601.5 - John-PC\John)\\資料庫\系統資料庫...

名稱	結構描述
sp_help	sys
sp_help_agent_default	sys
sp_help_agent_parameter	sys
sp_help_agent_profile	sys
sp_help_datatype_mapp...	sys
sp_help_fulltext_catalog_...	sys
sp_help_fulltext_catalogs	sys

只顯示符合條件的

系統預存程序 (已篩選)
96 個項目

當物件數量較多時, 篩選功能可以讓我們在管理上更加方便。

SQL Server

Chapter

06

建立資料庫

本章我們將跨出資料庫設計的第一步,為您介紹在 SQL Server 中建立資料庫、修改資料庫屬性、刪除資料庫... 等功能。

操作的方法主要有兩種:一是利用 SQL Server Management Studio 的現成功能和命令來進行;另一種則是執行 SQL 敘述來達成。方法上可能有些差異,可是執行結果是一樣的,您可視情況擇一使用。

6-1 使用 SQL Server Management Studio 建立資料庫

　　SQL Server 中的資料庫都必須使用自己專屬的檔案來儲存資料, 而且至少需要兩個檔案: 一個用來儲存資料, 通稱為**資料檔**, 另一個用來儲存資料庫的異動記錄, 通稱為**記錄檔**。所謂 "建立資料庫", 主要就是為資料庫指定上述那兩種檔案, 當然, 還有一些屬性要設定, 例如為資料庫命名、設定檔案初始大小... 等等。詳細情形, 待後面實際操作時就會明瞭了。

　　這一節我們先介紹在 SQL Server Management Studio 中建立資料庫的方法。請啟動 SQL Server Management Studio, 連上您要操作的 SQL Server, 如下建立資料庫:

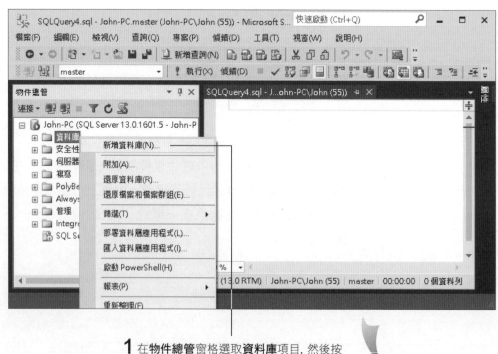

1 在**物件總管**窗格選取**資料庫**項目, 然後按下滑鼠右鈕, 執行『**新增資料庫**』命令

2 在此欄輸入資料庫名稱

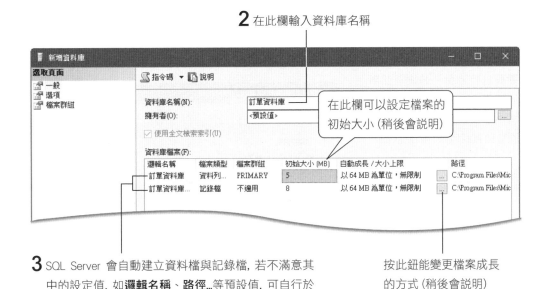

3 SQL Server 會自動建立資料檔與記錄檔, 若不滿意其
中的設定值, 如**邏輯名稱**、**路徑**...等預設值, 可自行於
此更改設定, 不過**檔案類型**與**檔案群組**在此無法更改
(6-2 節會詳細介紹**邏輯名稱**及**檔案群組**的部分)

按此鈕能變更檔案成長
的方式 (稍後會說明)

資料檔與記錄檔是 SQL Server 存放資料與記錄用的檔案, 所以想當然爾, 資料量或記錄量越多, 這兩個檔案所需的大小就會越大。當您建立資料庫時, 必須設定這兩個檔案的初始大小, 就像建立磁碟機 (C:、D:) 時, 必須指定要分配多大的容量給磁碟機一樣。

您可能會擔心, 如果一開始設定的初始大小不夠大怎麼辦?SQL Server 提供了**自動成長**的功能, 當您的資料量太多, 導致檔案放不下的話, SQL Server 會自動幫您擴大檔案的大小, 這樣就不必擔心檔案不夠大的問題了。

不過, 讓資料庫的檔案大小自動成長雖然方便, 但成長後容易造成資料在磁碟中不連續存放, 亦會降低資料庫的效率, 所以還是建議先估算資料庫所需容量 (至少是未來一年內會儲存的資料量), 然後在**初始大小**欄位中直接設定適當大小。

　　至於自動成長的功能也有很多選項, 可以讓您依照環境自行調整成長的方式。
請在上述步驟中, 按**自動成長**欄位內的 ⌞...⌟ 鈕:

若勾選此項, 則檔案大小會依
需要自行成長。若取消此項,
則檔案大小將是固定的, 所以
請小心可能會發生檔案不夠大
而導致資料無法存入的問題

設定一次要成長多少
MB, 或多少百分比

此處可設定是否限制
檔案成長的上限

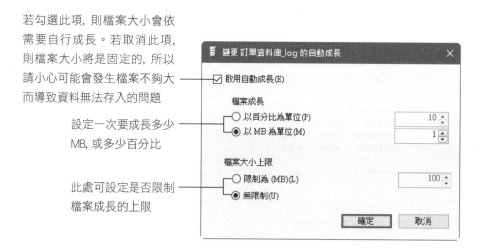

　　完成自動成長的設定後, 請按**確定**鈕回到**新增資料庫**交談窗, 如下操作:

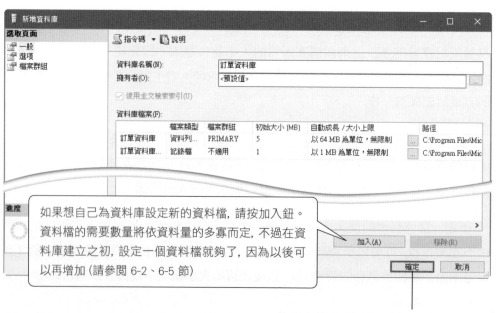

如果想自己為資料庫設定新的資料檔, 請按加入鈕。
資料檔的需要數量將依資料量的多寡而定, 不過在資
料庫建立之初, 設定一個資料檔就夠了, 因為以後可
以再增加 (請參閱 6-2、6-5 節)

按**確定**鈕完成設定, 即可在 SQL Server
Management Studio 中看到新建立的資料庫

定序

當新增資料庫時, 若如下切換到**選項**頁面, 可以看到一個名為**定序**的設定:

1 切換到**選項**頁面   **2** 此欄位可設定**定序**

新增資料庫		— □ ×
選取頁面 一般 選項 檔案群組	指令碼 ▾ 說明	
	定序(C):	<預設值> ⌄
	復原模式(M):	完整 ⌄
	相容性層級(L):	SQL Server 2016 (130) ⌄
	內含項目類型(T):	無 ⌄
	其他選項(O):	

定序是設定資料庫所要使用的字元集(code page) 以及字元資料排序的方式。一開始安裝 SQL Server 時, 安裝程式便會依據作業系統的區域設定, 選擇適當的**定序**, 例如在台灣地區, SQL Server 預設的**定序**為"Chinese_Taiwan_Stroke_CI_AS", 其中各項目的說明如下:

- **Chinese_Taiwan**：表示台灣繁體中文。
- **Stroke**：表示按照筆畫排序；若是 Bobomofo 則表示按注音排序。
- **CI**：表示 Case Insensitive, 與大小寫無關；CS 則表示要區分大小寫。
- **AS**：表示 Accent Sensitive, 要區分含重音節符號的字元；AI 則表示不區分。

其實不僅伺服器本身, 就連資料庫、資料表的欄位 (限**字串**及 **Unicode 字串**類的資料型別) 都可以個別設定**定序**。不過, 除非有特殊需求, 例如想改用注音來排序、要區分大小寫、欄位中有他國語言的資料…等等, 否則建議保留預設的 **<伺服器預設值>** 設定, 沿用 SQL Server 的預設值就可以了。

TIP SQL Server 2016 可支援『Unicode 補充字元』(即 Unicode 的罕用字元, 須用 2 個 Unicode 字元表示, 且第一個字元為 0xFFFF) 的定序類型, 凡是在定序名稱中出現 SC 的即為此類, 例如 Chinese_Taiwan_Stroke_90_CI_AS_SC。另外, 如果在定序名稱中出現 KS, 是表示要區分日文的假名(將平假名與片假名視為不同)；若出現 WS, 則表示要區分全、半形字元；若出現 90 或 100, 表示該定序是較新的 90 或 100 版本。

6-2 用 CREATE DATABASE 敘述建立資料庫

用來建立資料庫的 SQL 敘述為 CREATE DATABSE ，這個敘述用起來可說是收放自如，我們馬上來小試身手一番。請如下操作：

1 按**新增查詢**鈕

2 輸入 CREATE DATABASE 敘述

3 按**執行**鈕或 F5 鍵執行敘述

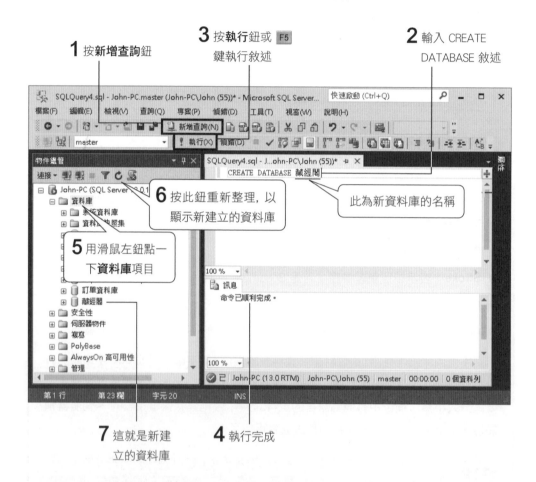

6 按此鈕重新整理，以顯示新建立的資料庫

此為新資料庫的名稱

5 用滑鼠左鈕點一下**資料庫**項目

7 這就是新建立的資料庫

4 執行完成

CREATE DATABASE 敘述完整版

前面的示範是 CREATE DATABASE 敘述最簡單的用法—所有的設定皆使用預設值。接著我們來看完整的 CREATE DATABASE 敘述：

```
CREATE DATABASE database_name              ◀── 設定資料庫名稱
[ON     [PRIMARY]
       [ < filespec > [, ...n] ]
       [ , <filegroup > [, ...n] ]         ─── 設定資料庫的檔案資料
]
[ LOG ON { < filespec > [, ...n] } ]       ◀── 設立資料庫的記錄檔
[ COLLATE collation_name ]                 ◀── 設定資料庫的定序
[ FOR ATTACH ]                             ◀── 附加資料庫

< filespec > ::=                           ◀── < filespec > 的語法內容
(       [ NAME = logical_file_name , ]
       FILENAME = 'os_file_name'
       [ , SIZE = size ]
       [ , MAXSIZE = { max_size | UNLIMITED } ]
       [ , FILEGROWTH = growth_increment ]
) [, ...n]

< filegroup > ::=                          ◀── < filegroup> 的語法內容
FILEGROUP filegroup_name [DEFAULT] < filespec > [, ...n]
```

SQL 語法中的符號意義

在 SQL 語法中有的用中括號〔〕, 也有的用 <> 前後包夾, 它們分別代表了不同的意思, 底下我們來說明各種符號代表的意義:

● 在 SQL 語法中, SQL 關鍵字我們一律用大寫字母表示, 如 CREATE DATABASE; 小寫字母的項目則是要使用者代換為實際的值, 例如 database_name。

● 凡是可以省略的項目或參數, 就用〔〕括住, 例如〔PRIMARY〕。

● 如果有多個選項可以擇一使用, 則用| 隔開, 例如〔arg1 | arg2〕, 表示可用 arg1 或 arg2, 但兩者不可同時使用。

● 用 {} 括起來的則表示不可省略, 例如{max_size | UNLIMITED}。通常會與 | 符號搭配, 表示必須擇一使用。

接下頁

● 當某一項的內容太多, 需要另外說明的就以 < > 來表示, 例如 < filespec > 與 < filegroup >, 而 ::= 後的敘述即為該項目的語法。

● 項目後加上〔, ...n〕, 表示此項目可設定多個, 然後用逗點做分隔, 例如 < filespec >〔, ...n〕表示 <filespec_1>, <filespec_2>, ...。

　　整個 CREATE DATABASE 敘述我們將分成 5 段來說明, 其中"附加資料庫"的部份請參閱 6-3 節。

設定資料庫名稱

　　第一行的 CREATE DATABSE database_name 在設定資料庫的名稱, 我們只要將 database_name 換成實際的資料庫名稱即可。

設定資料檔案─資料庫的檔案與檔案群組

　　ON 參數在設定資料庫所需的資料檔案, 在說明其中的項目之前, 我們還是先對資料庫要使用的**檔案**及**檔案群組**做個充分的了解。

檔案

　　之前提過, 在建立 SQL Server 的資料庫時, 需為資料庫配置兩種檔案:資料檔和記錄檔, 其中資料檔又分為**主資料檔**和**次資料檔**。我們現在就來弄清楚這 3 種檔案:

檔 案	說 明	建議副檔名
主資料檔 Primary Data File	此檔案儲存資料庫的啟始資訊、系統資料、和一般資料。每個資料庫都必須要有一個主資料檔,而且也只能有一個。	.MDF
次資料檔 Secondary Data File	次資料檔是用來輔助主資料檔的不足。我們可為資料庫建立多個次資料檔, 然後將資料分散存放在主資料檔與次資料檔中。	.NDF
記錄檔 Log File	此檔案會儲存資料庫中異動的日誌資訊。當資料庫發生問題時, 可利用此檔復原資料庫。一個資料庫至少要有一個記錄檔 (可以有多個), 其最小容量是 512 KB。	.LDF

一個資料庫至少要包括一個**主資料檔**儲存資料, 以及一個**記錄檔**記錄異動資訊, 至於**次資料檔**則不一定需要。

另外, 上述那 3 種檔案的檔案名稱還有兩種表達形式:

◉ **邏輯檔案名稱** (logical_file_name):SQL 敘述中要參照某個檔案時所使用的名稱, 必須符合 SQL 識別名稱的命名規則 (請參閱 4-7 節), 而且在資料庫中不可有重複的邏輯檔案名稱出現。

◉ **實際檔案名稱** (os_file_name):檔案在作業系統 (如 Windows 10) 中的名稱, 必須符合存放該檔案之作業系統的檔案命名規則。

檔案規格設定參數

接著我們來看 CREATE DATABASE 敘述中用來設定檔案規格的參數:

◉ **PRIMARY**:指明其後所定義的檔案是主資料檔。若省略此參數, 則第一個定義的檔案即為主資料檔。

◉ **NAME= logical_file_name**:設定資料檔的邏輯檔案名稱。

⦿ **FILENAME = 'os_file_name'**：設定資料檔在作業系統下的存放路徑及實際檔案名稱，存放路徑只要是在安裝 SQL Server 的那部電腦上即可。例如：FILENAME = 'C:\DATA\訂單資料檔_1.MDF'。

⦿ **SIZE = size**：將 size 換成資料檔的起始大小，可加上單位，包括 KB、MB(預設單位)、GB、TB。主資料檔預設為 5 MB，次資料檔與紀錄檔預設為 1 MB。

在建立資料庫時所設定的主資料檔大小，不可小於 Model 資料庫的主資料檔 (預設為 5MB)！這是因為所有新資料庫都是以 Model 資料庫為範本來建立的。

⦿ **MAXSIZE = max_size | UNLIMITED**：若要設定檔案的最大容量上限，請將 max_size 換成實際的上限值，可加上單位，包括 KB、MB (預設單位)、GB、TB，例如：MAXSIZE = 10 MB。若不想設定上限，則可省略 MAXSIZE 參數，或設定為 MAXSIZE = UNLIMITED。

⦿ **FILEGROWTH = grow_increment**：當檔案容量不足且尚未超過最大容量上限時，檔案會自動成長，此參數即用來設定每次成長的數量。成長數量可用數值或百分比來指定，使用數值時，可加上 KB、MB、GB、TB 單位 (預設單位為 MB)。若不想讓檔案自動成長，請設為 0。如果省略 FILEGROWTH 參數，則資料檔預設會以 1 MB 成長，而記錄檔預設以 10% 來成長。若此值小於 64 KB，則會以 64 KB 來成長。

檔案群組 (filegroup)

當我們為資料庫設立多個資料檔案時，可利用**檔案群組**來加強資料的配置及存取效率。例如一台主機中有 C、D、E 三台硬碟，我們可以建立一個**檔案群組**，其中包含了 3 個資料檔案，這 3 個資料檔案分別存放在 3 台硬碟中，由於 SQL Server 會自動將資料分散儲存在**檔案群組**的各個檔案中，因此可以有效地提升存取效率 (因為 3 台硬碟可以同時運作)。

SQL Server 的**檔案群組**可分為兩種：

◉ **主檔案群組**：在建立資料庫時，SQL Server 會自動產生主檔案群組，名稱就叫 PRIMARY，而主資料檔則固定屬於主檔案群組，不可更改。在為資料庫加入其它的次資料檔時，若未特別指定，預設也會放入 PRIMARY 檔案群組中。

◉ **使用者自訂檔案群組**：使用者自行建立的檔案群組，稍後即會說明建立的方法。

另外，資料庫目前預設會使用的檔案群組稱為**預設檔案群組**。在建立新的資料庫物件 (如資料表、檢視表...) 時，若未指定要放在哪一個檔案群組中，SQL Server 就會將它們放到預設檔案群組裏。SQL Server 預設會以 PRIMARY 檔案群組作為預設檔案群組，但我們可以在檔案群組名稱之後加上 DEFAULT 來另外指定 (參見底下的範例)。

 檔案群組還可用來建立 FILESTREAM 儲存結構，以便將圖片、MP3、影片、或文件等內容，以單獨的檔案來個別儲存。這部份我們留到下一節再介紹。

檔案群組的設定參數

在 CREATE DATABASE 敘述中，可以利用 FILEGROUP 參數來建立使用者自訂檔案群組，並指定要放入此檔案群組的次資料檔。例如：

```
FILEGROUP 訂單檔案群_1 DEFAULT ← 建立一個使用者自訂檔案群組，並指定為預設檔案群組
(
    NAME = 訂單資料_1,              ← 此資料檔將歸屬訂單檔案群_1 檔案群組
    FILENAME = 'C:\DATA\訂單資料_1.NDF'
)
```

 關於資料庫的資料檔案和檔案群組的運用，基本上，如果資料量不大，是用不著使用多個資料檔案來儲存資料的，因為這樣不但提升不了什麼效率，反而會使系統變得更複雜！檔案群組也是如此。

使用 SQL Server Management Studio 建立檔案群組

若是使用 SQL Server Management Studio 建立資料庫, 可用下面的方法新增檔案群組:

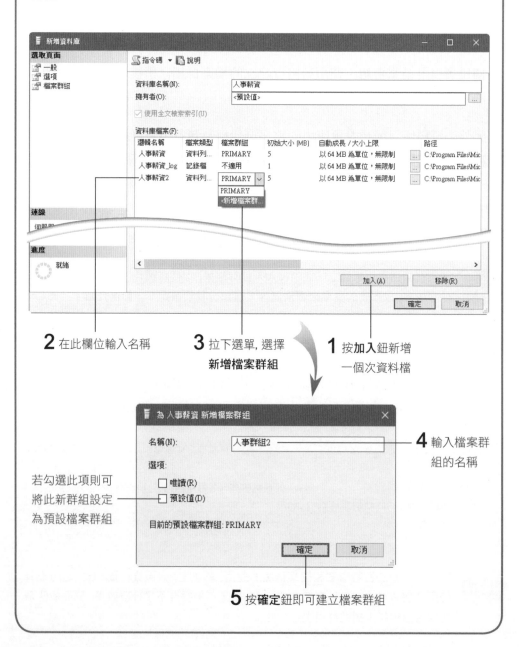

2 在此欄位輸入名稱

3 拉下選單, 選擇 **新增檔案群組**

1 按**加入**鈕新增 一個次資料檔

若勾選此項則可 將此新群組設定 為預設檔案群組

4 輸入檔案群 組的名稱

5 按**確定**鈕即可建立檔案群組

應用範例

底下我們舉幾個範例, 讓各位能夠確實了解檔案及檔案群組設定參數的用法。

◉ 此例會建立**產品資料庫**, 並自己指定主資料檔的檔案名稱及存放路徑 (其它參
數皆使用預設值):

```
CREATE DATABASE 產品資料庫
ON
( NAME = 產品資料庫,
    FILENAME = 'C:\SQLTEST\產品資料庫.MDF' )
```

> 請讀者先在 C 磁碟中
> 建立 SQLTEST 目錄,
> 再執行此範例

 TIP 使用 T-SQL 建立 (或修改、刪除) 物件之後, 在 SQL Server Management Studio 中
並不會立即顯示出來, 此時可在**物件總管**的**資料庫**項目上按右鈕執行『**重新整
理**』命令, 即可顯示出最新的內容。

◉ 此例會建立**機密產品資料庫**, 並自己指定主資料檔的檔案規格, 包括檔案名
稱、起始大小、最大容量上限、以及每次檔案成長的數量:

```
CREATE DATABASE 機密產品資料庫
ON
( NAME = 機密產品資料_1,
    FILENAME = 'C:\SQLTEST\機密產品資料_1.MDF',
    SIZE = 10MB,
    MAXSIZE = 50MB,
    FILEGROWTH = 5 )
```

◉ 此例會建立**銷售資料庫**, 它總共包含 6 個資料檔案和 3 個檔案群組:

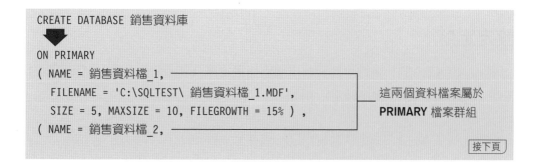

```
CREATE DATABASE 銷售資料庫

ON PRIMARY
( NAME = 銷售資料檔_1,
  FILENAME = 'C:\SQLTEST\ 銷售資料檔_1.MDF',
  SIZE = 5, MAXSIZE = 10, FILEGROWTH = 15% ),
( NAME = 銷售資料檔_2,
```

這兩個資料檔案屬於
PRIMARY 檔案群組

接下頁

```
    FILENAME = 'C:\SQLTEST\銷售資料檔_2.NDF',
    SIZE = 5, MAXSIZE = 10, FILEGROWTH = 15% ) ,
FILEGROUP 銷售資料庫檔案群_1
( NAME = 銷售資料庫檔案群_1_ 檔案_1,
    FILENAME = 'C:\SQLTEST\ 銷售資料庫檔案群_1_ 檔案_1.NDF',          這兩個資料檔案屬於
    SIZE = 5, MAXSIZE = 10, FILEGROWTH = 5 ) ,                    銷售資料庫檔案群_1
( NAME = 銷售資料庫檔案群_1_ 檔案_2,
    FILENAME = 'C:\SQLTEST\ 銷售資料庫檔案群_1_ 檔案_2.NDF',
    SIZE = 5, MAXSIZE = 10, FILEGROWTH = 5 ) ,
FILEGROUP 銷售資料庫檔案群_2
( NAME = 銷售資料庫檔案群_2_ 檔案_1,
    FILENAME = 'C:\SQLTEST\ 銷售資料庫檔案群_2_ 檔案_1.NDF',          這兩個資料檔案屬於
    SIZE = 5, MAXSIZE = 10, FILEGROWTH = 5 ) ,                    銷售資料庫檔案群_2
( NAME = 銷售資料庫檔案群_2_ 檔案_2,
    FILENAME = 'C:\SQLTEST\ 銷售資料庫檔案群_2_ 檔案_2.NDF',
    SIZE = 5, MAXSIZE = 10, FILEGROWTH = 5 )
```

設定交易記錄檔

如果希望自己指定交易記錄檔的檔案規格, 請在 LOG ON 參數中設定, 設定的語法和資料檔案是一樣的, 例如:

```
LOG ON
( NAME = 產品資料日誌 ,
    FILENAME = 'C:\DATA\ 產品資料日誌.LDF' ,
    SIZE = 5 MB ,
    MAXSIZE = 10MB ,
    FILEGROWTH = 5MB )
```

設定定序

利用 COLLATE 參數可為資料庫個別指定**定序** (若省略此參數, 則資料庫會沿用 SQL Server 的**定序**設定), 例如:

```
COLLATE Chinese_Taiwan_Bopomofo_CI_AI
```

利用 COLLATE 參數設定定序比較辛苦, 因為我們必須先去查閱定序的全名, 才能輸入。SQL Server 的定序分成兩大類:**Windows 定序**和 **SQL 定序**, 後者是為了與舊版的 SQL Server 相容而設的, 若沒有必要儘量不用。您可以執行如下的敘述, 列出所有的定序, 從中查出您要使用的定序, 以便在 COLLATE 參數中設定:

```
SELECT *
FROM ::fn_helpcollations()
```

TIP 請注意, 定序前有冠上 SQL 的, 如:SQL_Latin1_General_CP1253_CS_AS, 即為 **SQL 定序**。

6-3 建立包含 FILESTREAM 結構的資料庫

有時候我們會將圖檔、MP3、影片檔、Word 文件...等內容存入資料庫中, 以便進行管理;然而, 這些資料一旦存入資料庫中, 在存取或編修時就會變得很不方便。

為此從 SQL Server 2008 開始新增了 FILESTREAM 的儲存結構, 可以將特定欄位中的每一筆資料均儲存成一個單獨的檔案, 讓我們不僅可以透過 SQL Server 來進行新增、修改、查詢、備份等操作, 還可以在前端程式中使用檔案讀寫的方式來存取這些資料 (檔名路徑仍需向 SQL Server 查詢), 讓資料的使用及維護更加方便。

啟用 SQL Server 的 FILESTREAM 功能

要使用 FILESTREAM, 必須先啟用 SQL Server 的 FILESTREAM 功能, 方法如下：

Step1 執行**開始**功能表的『**所有程式/Microsoft SQL Server 2016/ 組態工具/SQL Server 組態管理員**』命令, 然後：

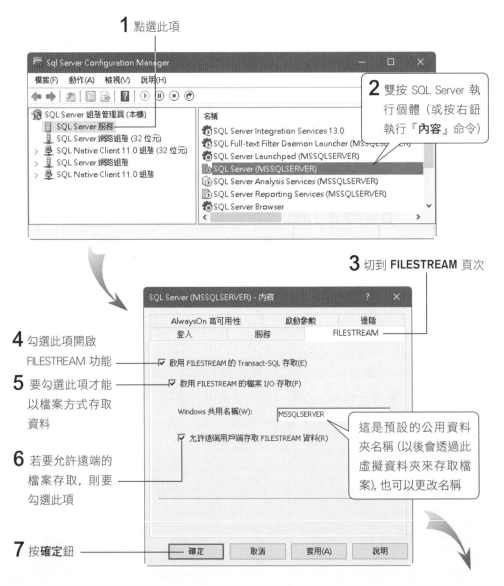

1 點選此項

2 雙按 SQL Server 執行個體 (或按右鈕執行『**內容**』命令)

3 切到 **FILESTREAM** 頁次

4 勾選此項開啟 FILESTREAM 功能

5 要勾選此項才能以檔案方式存取資料

6 若要允許遠端的檔案存取, 則要勾選此項

這是預設的公用資料夾名稱 (以後會透過此虛擬資料夾來存取檔案), 也可以更改名稱

7 按**確定**鈕

8 在 SQL Server 上按右鈕執行『**重新啟動**』命令

Step2 在 SQL Server Management Studio 中按一下左上角的
🔍 新增查詢(N) 鈕開啟查詢視窗, 然後輸入並執行以下敘述:

```
EXEC sp_configure filestream_access_level, 2
RECONFIGURE
```

建立包含 FILESTREAM 結構的資料庫

啟用 SQL Server 的 FILESTREAM 功能後, 我們即可在資料庫中加入
FILESTREAM 的檔案群組, 例如:

```
CREATE DATABASE 文件庫
ON
PRIMARY
        (NAME = 文件庫, FILENAME = 'C:\SQLTEST\文件庫.mdf'),
FILEGROUP fs_group CONTAINS FILESTREAM          ← 這是 FILESTREAM 檔案群組
        (NAME = fs, FILENAME = 'C:\SQLTEST\fs')
LOG ON
        (NAME = 文件庫_log, FILENAME = 'C:\SQLTEST\文件庫.ldf')
```

如果是 FILESTREAM 檔案群組，則須加上 CONTAINS FILESTREAM 關鍵字，而 FILENAME= 所指定的就是一個路徑（如 C:\SQLTEST\fs），用來存放 FILESTREAM 的檔案。請注意，此路徑的上一層資料夾（如 C:\SQLTEST）必須存在，而最下一層（如 fs）則不可存在，否則會視為錯誤。

 一個 FILESTREAM 檔案群組中也可以有多個 FILESTREAM 的路徑定義。

執行以上敘述後，在 C:\SQLTEST\fs 中會自動加入 filestream.hdr 檔案和 $FSLOG 資料夾，其中 filestream.hdr 是 FILESTREAM 的標頭檔案，內含重要資訊。這些資料請勿修改或刪除。

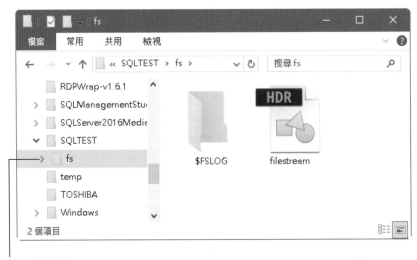

FILESTREAM 資料夾

建立包含 FILESTREAM 結構的資料庫之後，便可在資料表中設置 FILESTREAM 欄位（限 varbinary(max) 型別的欄位），讓該欄位中的每一個值均儲存為單獨的檔案。相關操作在下一章（7-7 節）會介紹。

 SQL Server 會維護 FILESTREAM 檔案的安全性，使用者必須具有存取資料表中 FILESTREAM 欄位的權限，才能存取該欄位的相關檔案。另外，FILESTREAM 檔案不支援資料加密的功能。

使用 SQL Server Management Studio 建立 FILESTREAM 檔案群組

在 SQL Server Management Studio 中建立資料庫時, 也可以直接加入 FILESTREAM 檔案群組:

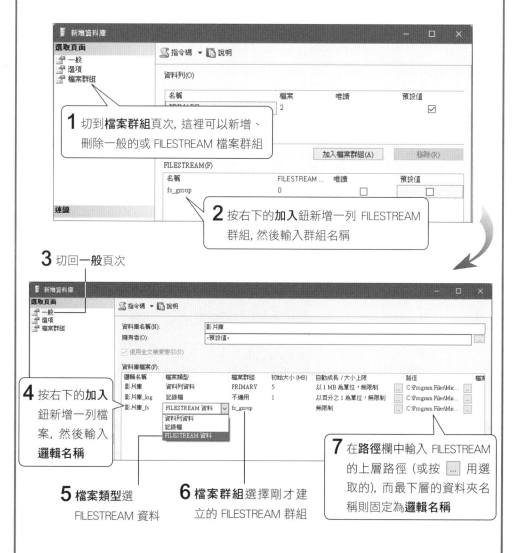

1 切到**檔案群組**頁次, 這裡可以新增、刪除一般的或 FILESTREAM 檔案群組

2 按右下的**加入**鈕新增一列 FILESTREAM 群組, 然後輸入群組名稱

3 切回**一般**頁次

4 按右下的**加入**鈕新增一列檔案, 然後輸入**邏輯名稱**

5 **檔案類型**選 FILESTREAM 資料

6 **檔案群組**選擇剛才建立的 FILESTREAM 群組

7 在**路徑**欄中輸入 FILESTREAM 的上層路徑 (或按 ... 用選取的), 而最下層的資料夾名稱則固定為**邏輯名稱**

按**確定**鈕之後, 即會建立資料庫, 並以 "C:\SQLTEST\影片庫_fs" 資料夾為其 FILESTREAM 的容器。

6-4 卸離與附加資料庫

為了避免 SQL Server 同時管理太多的資料庫, 耗用不必要的系統資源, 我們可以將暫時用不著的資料庫從 SQL Server 中**卸離**, 即取消 SQL Server 與資料庫各個實體檔案的關係, 這樣一來, SQL Server 可以稍微輕鬆一點兒。

如果後來要再使用到已卸離的資料庫, 沒關係, 只要再將該資料庫**附加**到 SQL Server 中就可以了。

卸離資料庫

在 SQL Server Management Studio 中若要卸離某資料庫, 方法很簡單, 之前我們建立了不少資料庫, 就拿其中一個來示範吧 !!

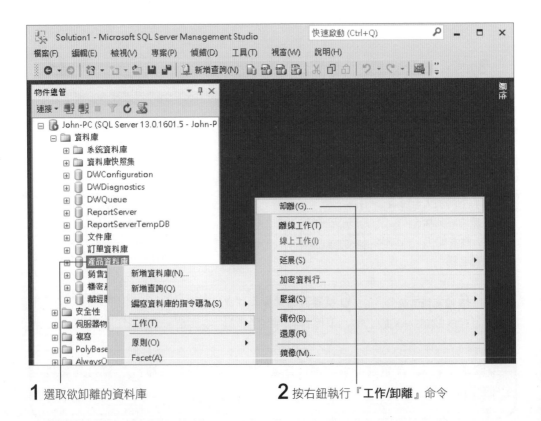

1 選取欲卸離的資料庫　　　　**2** 按右鈕執行『**工作/卸離**』命令

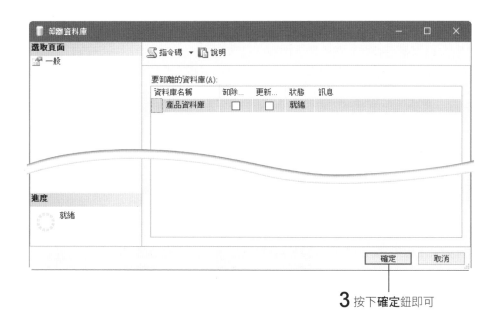

3 按下**確定**鈕即可

現在您應該看不到剛才卸離的資料庫了。

無法卸離資料庫

若資料庫還有使用者在連線使用中 (例如開啟了該資料表的查詢視窗) 的話, 該資料庫是無法卸離的:

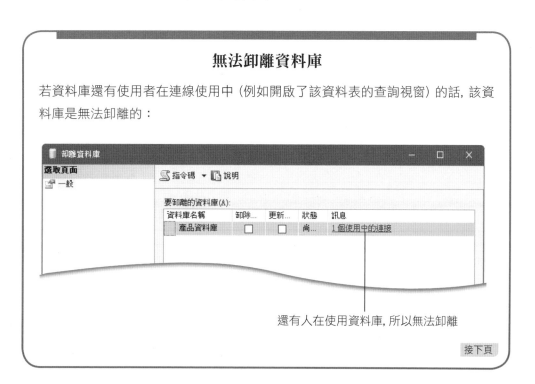

還有人在使用資料庫, 所以無法卸離

接下頁

此時如果您按下**確定**鈕, 會得到下面錯誤訊息:

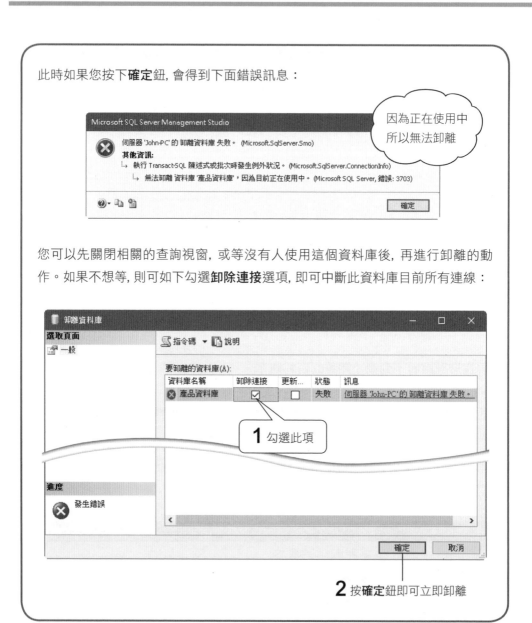

因為正在使用中
所以無法卸離

您可以先關閉相關的查詢視窗, 或等沒有人使用這個資料庫後, 再進行卸離的動作。如果不想等, 則可如下勾選**卸除連接**選項, 即可中斷此資料庫目前所有連線:

1 勾選此項

2 按**確定**鈕即可立即卸離

另外, 我們還可以按下 SQL Server Management Studio 視窗上的**新增查詢**鈕, 執行 sp_detach_db 預存程序來卸離資料庫, 例如:

```
EXEC sp_detach_db '訂單資料庫' 指明欲卸離的資料庫名稱即可
```

附加資料庫

如果後來要將已經卸離的資料庫重新附加到 SQL Server，或者想要將書附光碟的資料庫檔案載入 SQL Server，都可以如下操作 (假設我們之前已將**訂單資料庫**卸離，現在要將它附加回來)：

 注意，在以下第 4 或第 5 步的操作中，若出現附加失敗的錯誤 (訊息中包含『…存取被拒…』)，表示您 Windows 帳號對相關檔案的存取權限不足！此時可改用系統管理員身份重新啟動 SSMS 來操作 (在**開始**功能表的『**SQL Server Management Studio**』命令上按右鈕執行『**以系統管理員身份執行**』)，或是一一更改相關檔案的存取權限也可 (在各檔案上按右鈕執行『**內容**』命令，切到**安全性**頁次按**編輯**鈕，然後新增您所用的 Windows 帳號並授與**完全控制**權限)。

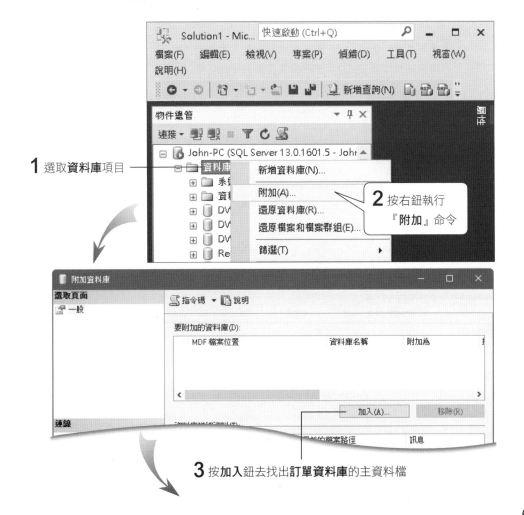

1 選取**資料庫**項目

2 按右鈕執行『**附加**』命令

3 按**加入**鈕去找出**訂單資料庫**的主資料檔

若您沒更改資料檔的存放路徑的話, 一般都是放在安裝 SQL Server 那部磁碟的 Program Files\ Microsoft SQL Server\MSSQL13. MSSQLSER\MSSQL\DATA 中

4 找到主資料檔後, 按下**確定**鈕(如果要載入書附光碟的資料庫檔案, 請事先將檔案複製到硬碟任意位置, 再於此步驟尋找硬碟內的該資料庫檔案)

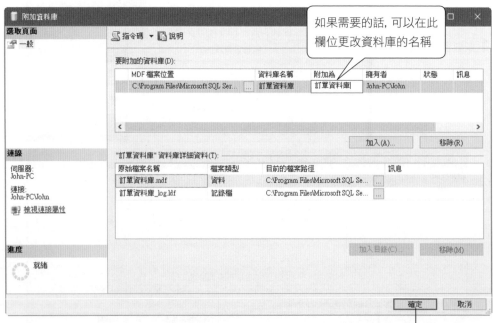

如果需要的話, 可以在此欄位更改資料庫的名稱

5 按**確定**鈕即可附加資料庫

因主資料檔內存放了其它檔案的相關資訊, 所以指明主資料檔後, 其它檔案的所在位置也就知道了。不過, 若在卸載資料庫後, 這些檔案曾經搬移或重新命名過, 那麼就需要自己去修改**目前的檔案路徑**, 否則可能會發生找不到檔案的錯誤。

利用 CREATE DATEBASE 敘述中的 FOR ATTACH 參數也可以將資料庫重新附加到 SQL Server 中：

```
CREATE DATABASE 銷售資料庫
ONPRIMARY
(FILENAME = 'C:\SQLTEST\ 產品資料檔.MDF')    ◄──── 指明主資料檔的路徑
FORATTACH                                          及實際檔案名稱即可
```

 若資料庫在卸載之後, 曾經搬移或更名過資料檔案或記錄檔, 則附加時, 搬移或更名過的檔案 (包括記錄檔) 均須列出, 否則會造成找不到檔案的錯誤。

另外, 我們也可以用 sp_attach_db 預存程序來附加資料庫, 其語法如下：

```
sp_attach_db 'dbname' ,
' filename_n ' [ , ...16 ]

例如：

EXEC sp_attach_db 產品資料庫,
    'C:\SQLTEST\ 產品資料檔.MDF'
```

同樣的, 只需指明**主資料檔**的路徑以及其他有更動過位置的檔案路徑即可。但 sp_attach_db 中最多只能列出 16 個檔案, 若您要列出的檔案超過 16 個, 請改用 CREATE DATABASE 的 FOR ATTACH 敘述。

 如果您想將資料庫複製到其他的 SQL Server 去, 可以先將該資料庫的所有檔案複製過去 (注意, 必須先卸離資料庫才能複製檔案), 然後再到那個 SQL Server 上將資料庫附加上去。在附加時請特別注意檔案存取權限的問題, 詳情請參閱前二頁的 TIP 說明。另外, 也可只複製 mdf 檔而省略記錄檔, 那麼在附加時只需在交談窗中將找不到的記錄檔按**移除**鈕刪掉, 即可在附加後重建一個記錄檔。

6-5 使用 SQL Server Management Studio 修改資料庫設定

資料庫建好之後，若覺得當初的設定不妥或設立的資料檔案不夠用...等，我們都可以事後來更改。這一節先介紹如何使用 SQL Server Management Studio 修改資料庫的檔案及屬性設定。

開啟資料庫的屬性交談窗

若要使用 SQL Server Management Studio 修改資料庫的屬性設定或檔案，只要如下打開資料庫的**屬性**交談窗即可：

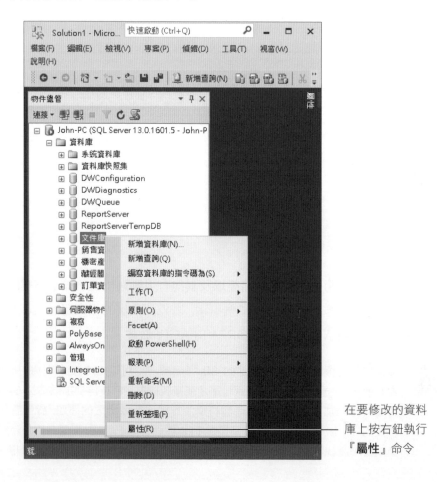

在要修改的資料庫上按右鈕執行『**屬性**』命令

一般頁面

　　一般頁面是純粹做觀賞用的，在此頁次您可以檢視資料庫的名稱、一般資訊，以及使用的定序... 等等：

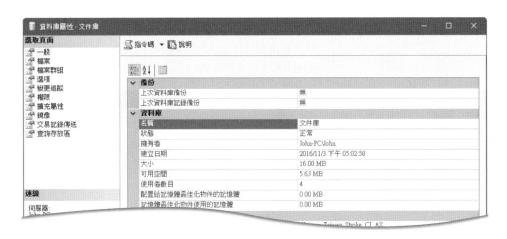

檔案頁面

　　在**檔案**頁面可修改並新增資料庫的資料檔案與記錄檔：

現有檔案只能更改**邏輯名稱**、**初始大小**、及**自動成長** (但 FILESTREAM 檔案則只能改**邏輯名稱**)

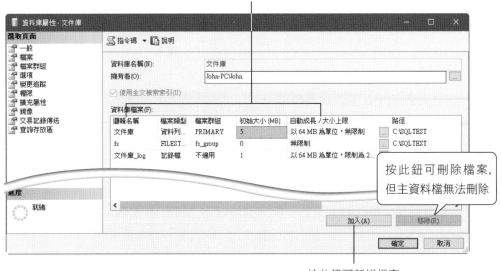

按此鈕可刪除檔案，但主資料檔無法刪除

按此鈕可新增檔案

檔案群組頁面

在**檔案群組**頁面可加入或移除檔案群組 (含 FILESTREAM 檔案群組)、指定預設檔案群組、以及調整現有檔案群組的屬性：

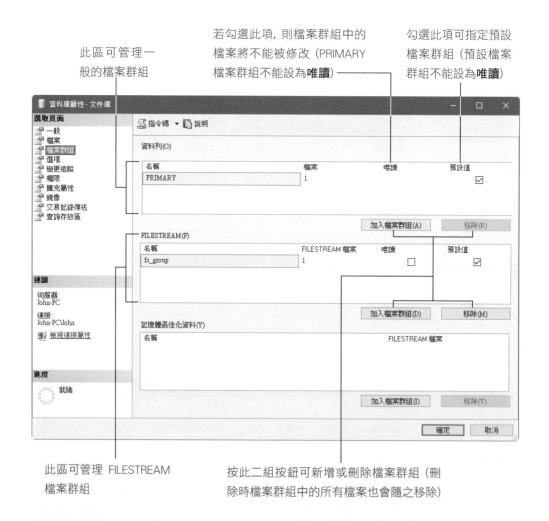

此區可管理一般的檔案群組

若勾選此項, 則檔案群組中的檔案將不能被修改 (PRIMARY 檔案群組不能設為**唯讀**)

勾選此項可指定預設檔案群組 (預設檔案群組不能設為**唯讀**)

此區可管理 FILESTREAM 檔案群組

按此二組按鈕可新增或刪除檔案群組 (刪除時檔案群組中的所有檔案也會隨之移除)

選項頁面

選項頁面是一些比較進階的資料庫屬性設定, 這裏僅做簡介, 若看不懂可先略過：

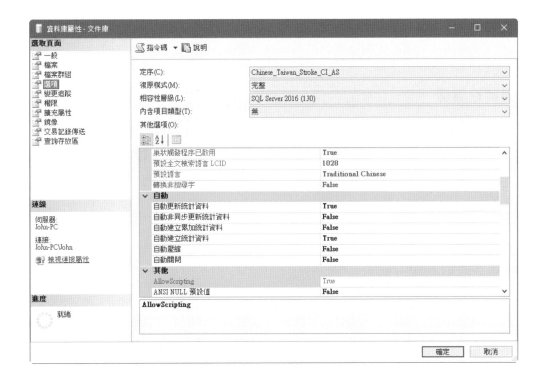

定序

定序項目可以設定資料庫的字元集 (code page) 以及字元資料排序方式, 詳細說明請參考 6-5 頁。

復原模式

此項目指定資料庫的復原模式, 復原模式可決定如何備份資料, 以及損失資料的風險。有下列 3 種復原模式可選擇:

◉ **完整**:此模式會備份所有執行過的交易命令, 所以只要適度搭配資料庫完整備份與交易記錄備份, 就可以讓資料庫復原到任何時間點。一般使用此預設模式即可。

◉ **大量記錄**:與**完整**模式類似, 但是大量匯入的交易不會被記錄下來。所以這個模式下如果有大量匯入的動作, 還原時便無法還原到該動作中的任意時間點。

⊙ **簡單**：簡單模式下一旦確認交易正確寫入後，便會清除交易的記錄。所以使用此模式的資料庫只能做完整備份與差異式備份，無法做交易記錄備份。

相容性層級

相容性可以設定資料庫與 SQL Server 各版本的相容性。如果您的資料庫只會在 SQL Server 2016 中使用，選擇 **SQL Server 2016 (130)** 即可；若資料庫需要在其他版本中使用，則依照版本選擇其他層級，但此時一些新版的功能也就無法使用了。

其他選項

其他重要選項的說明如下：

選項	說明
自動更新統計資料	任何最佳化查詢所需的統計資料過期後，會在最佳化時自動重新建立
自動建立統計資料	任何最佳化查詢所需的統計資料遺失後，會在最佳化時自動重新建立
自動壓縮	資料庫會自動定時縮小
自動關閉	當資料庫的資源全部釋放，所有使用者都離開後，將資料庫停止
限制存取	可限制資料庫的存取，如果設定為 MULTI_USER 表示允許多個使用者同時存取此資料庫；若為 SINGLE_USER 則同一時間只允許一個使用者存取；而 RESTRICTED_USER 則代表只有資料庫擁有者、建立者與管理者可以存取此資料庫
資料庫唯讀	是否將資料庫設定為唯讀
頁面確認	指定偵測磁碟 IO 是否正常的方法

TIP 其他頁面為進階選項，一般情形下不需要特別設定，所以此處不作説明。

6-6 用 ALTER DATABASE 敘述修改資料庫

T-SQL 用來修改資料庫屬性及檔案設定的敘述為 ALTER DATABASE 敘述，其完整語法如下：

```
ALTER DATABASE database
  { ADD FILE < filespec > [ , ...n ] [ TO FILEGROUP filegroup_name ]
  | ADD LOG FILE < filespec > [ , . . . n ]
  | REMOVE FILE logical_file_name
  | ADD FILEGROUP filegroup_name [ CONTAINS FILESTREAM ]
  | REMOVE FILEGROUP filegroup_name
  | MODIFY FILE < filespec >
  | MODIFY NAME = new_dbname
  | MODIFY FILEGROUP filegroup_name
    {filegroup_property | NAME = new_filegroup_name }
  | SET < optionspec > [ , . . . n ] [ WITH < termination > ]
  | COLLATE < collation_name >
}
```

ALTER DATABASE 敘述看起來洋洋灑灑一大串，但實際用起來不會這麼嚇人，因為 ALTER DATABASE 敘述一次只能修改一件事。底下我們來看它的參數。

參數說明

◉ **ALTER DATABASE database**：指定欲修改的資料庫，請將 database 換成要修改的資料庫名稱。

◉ **ADD FILE < filespec > [, ...n] [TO FILEGROUP filegroup_name]**

ADD FILE 參數可以為資料庫新增資料檔案，檔案規格 < filespec > 的語法如下(由於內容和在 CREATE DATABASE 敘述中建立資料檔一樣，所以此處不再重複說明)：

```
< filespce > : : =
  ( NAME = logical_file_name
    [ , FILENAME = { 'os_file_name' | 'filestream_path' } ]
    [ , SIZE = size ]
    [ , MAXSIZE = { max_size | UNLIMITED } ]
    [ , FILEGROWTH = growth_increment ] )
```

若不要讓新增的資料檔案放在預設檔案群組中，則可加上 TO FILEGROUP 參數來另外指定檔案群組（將 filegroup_name 換成實際的檔案群組名稱即可）。此外，如果是要新增 FILESTREAM 的路徑，則必須先新增一個 FILESTREAM 檔案群組才行，相關範例請參考底下的『ADD FILEGROUP』項目。

⊙ **ADD LOG FILE < filespec > [, ...n]**：為資料庫新增記錄檔，請將 < filespec > 換成實際的檔案規格。

⊙ **REMOVE FILE logical_file_name**：刪除資料庫的資料檔案或記錄檔，請將 logical_file_name 換成欲刪除的邏輯檔案名稱。刪除檔案有個先決條件，即檔案內不能包含任何資料，否則無法刪除。

⊙ **ADD FILEGROUP filegroup_name [CONTAINS FILESTREAM]**：為資料庫新增自訂的檔案群組，請將 filegroup_name 換成實際的檔案群組名稱。如果是新增 FILESTREAM 檔案群組，則要加上 CONTAINS FILESTREAM 參數，例如：

```
ALTER DATABASE 文件庫
ADD FILEGROUP fs_group2  ┐
   CONTAINS FILESTREAM   ┘── 新增一個 FILESTREAM 群組


ALTER DATABASE 文件庫
ADD FILE
(NAME= 'fs2', FILENAME = 'C:\SQLTEST\fs2')  ┐   新增 FILESTREAM 路
   TO FILEGROUP fs_group2                    ┘   徑並指定所屬的群組
```

◉ **REMOVE FILEGROUP filegroup_name**：刪除資料庫現有的自訂檔案群組，
請將 filegroup_name 換成欲刪除的檔案群組名稱。刪除檔案群組的先決條件
是, 該檔案群組內不能包含任何檔案, 否則無法刪除。

◉ **MODIFY FILE < filespec >**：修改資料庫檔案 (資料檔案或記錄檔) 的屬性
設定, 例如 NAME、SIZE、MAXSIZE ... 等, 但一次只能更改一項。其<
filespec >的內容如下：

```
< filespce > ::=
( NAME = logical_file_name              ← 指定欲更改的檔案名稱
  [ , NEWNAME = new_logical_name ]      ← 設定新的邏輯檔案名稱
  [ , FILENAME = {'os_file_name' | 'filestream_path' } ] ← 變更路徑/檔名
  [ , SIZE = size ]      ← 重新設定檔案大小,其值須大於檔案目前的大小
  [ , MAXSIZE = { max_size | UNLIMITED } ]   ← 設定新的成長上限
  [ , FILEGROWTH = growth_increment ] )      ← 設定新的每次成長數量
```

若使用 FILENAME 來變更路徑/檔名, 則應先將資料庫離線, 再自行將實際
的檔案 (或 FILESTREAM 資料夾) 搬移或複製到新位置, 然後用 FILENAME
來變更路徑/檔名, 最後再將資料庫重新連線。

例如底下我們將**文件庫**的『C:\SQLTEST\文件庫.mdf』檔變更為『C:\
SQLTEST2\文件庫 02.mdf』：

```
-- 1. 將資料庫離線 (也可在資料庫上按右鈕執行『工作/ 離線工作』命令)
ALTER DATABASE 文件庫 SET OFFLINE


-- 2. 手動將 C:\SQLTEST\ 文件庫.mdf
-- 搬移到 C:\SQLTEST2 並更名為：文件庫 02.mdf


-- 3. 變更路徑/ 檔名
ALTER database 文件庫
MODIFY FILE
(NAME = 文件庫, FILENAME = 'C:\SQLTEST2\ 文件庫 02.mdf')


-- 4. 將資料庫連線 (也可在資料庫上按右鈕執行『工作/ 線上工作』命令)
ALTER DATABASE 文件庫 SET ONLINE
```

請注意,以上只限在同一台電腦中運作,如果要移到其他伺服器中,則應改用**卸離/附加**資料庫的方式。不過在**附加**資料庫時,若資料庫中有 FILESTREAM 資料夾,則該資料夾的實際路徑要和之前**卸離**時完全相同才行,否則會發生錯誤而無法附加。

列示資料庫現有的檔案及屬性:sp_helpfile

在修改資料庫的檔案屬性之前或之後,您可能想先查看資料庫目前有哪些檔案及屬性,這時可利用預存程序 sp_helpfile 來查詢,其語法如下:

```
sp_helpfile [ [ @filename = ] 'name' ]
```
◀── 可指定欲查詢哪一個檔案,
若未指定則表示要全部列出

執行前,記得先在工具列將目前使用的資料庫切換為要查詢的資料庫:

切換到要查詢的資料庫

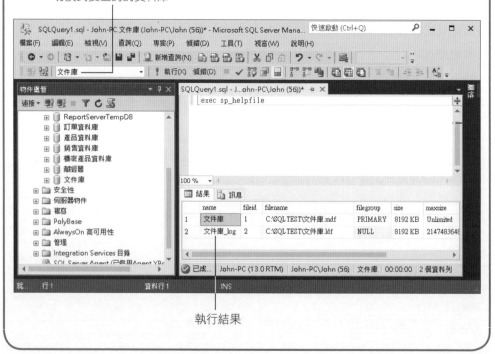

執行結果

⦿ **MODIFY NAME = new_dbname**：修改資料庫的名稱。在修改某資料庫的名稱之前，您必須確定目前除了您之外，沒有其它任何人在使用該資料庫，否則會失敗。下面為使用範例：

```
ALTER DATABASE 藏經閣
MODIFY NAME = NEWAAA
```

更改資料庫名稱：sp_renamedb

我們也可以用預存程序 sp_renamedb 來更改資料庫名稱, 其語法如下：

```
        資料庫原來的名稱      新的資料庫名稱
             ↓              ↓
sp_renamedb 'old_name', 'new_name'
```

例如：

```
EXEC sp_renamedb 'NEWAAA', '藏經閣'
```

⦿ **MODIFY FILEGROUP filegroup_name {filegroup_property | NAME = new_filegroup_name}**：修改檔案群組的屬性或名稱，一次只能更改一種。檔案群組可設定的屬性如下：

檔案群組屬性	說明
READONLY	將檔案群組設成唯讀
READWRITE	將檔案群組設成可讀寫
DEFAULT	將檔案群組設定成資料庫的預設檔案群組

例如，假設**銷售資料庫**有 3 個檔案群組：PRIMARY（目前為預設檔案群組）、銷售資料庫檔案群_1、銷售資料庫檔案群_2，現要將**銷售資料庫檔案群_2** 設為預設檔案群組：

```
ALTER DATABASE 銷售資料庫
MODIFY FILEGROUP 銷售資料庫檔案群_2 DEFAULT
```

列示資料庫現有的檔案群組：sp_helpfilegroup

我們可利用預存程序 sp_helpfilegroup 來查詢資料庫目前有哪些檔案群組, 其語法如下：

```
sp_helpfilegroup [ [ @filegroupname = ] 'name' ]  ◄── 可指定欲查詢哪
                                                        一個檔案群組
```

執行方式和 sp_helpfile 相同, 但請記得, 要先在工具列將目前使用的資料庫切換為檔案所在的資料庫。

◉ **SET < optionspec > [, ...n] [WITH < termination >]**：變更資料庫的選項設定, 其功用和 6-5 節介紹的**選項**頁面相同。這些選項通常在 SQL Server Management Studio 中設定即可, 如果想了解 SET <optionspec> 的語法, 可參閱 SQL Server 線上叢書『ALTER DATABASE』中的『SET 選項』主題。

應用範例

讓我們來看個 ALTER DATABASE 敘述的應用範例。假設我們要為**銷售資料庫**新增 1 個記錄檔**銷售日誌_2**：

```
ALTER DATABASE 銷售資料庫
ADD LOG FILE
( NAME = 銷售日誌_2,
  FILENAME = 'C:\SQLTEST\銷售日誌_2.LDF',
  MAXSIZE = 100 MB )
```

6-7 刪除資料庫

當不再需要某個資料庫的時候，我們可以將它刪除。

使用 SQL Server Management Studio 刪除資料庫

使用 SQL Server Management Studio 刪除資料庫真是再簡單也不過了，您只要在**物件總管**窗格中選取欲刪除的資料庫，然後如下操作：

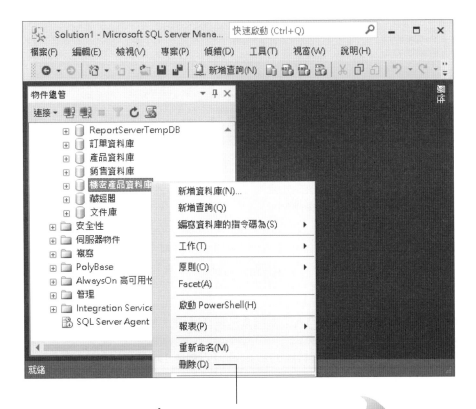

1 在想要刪除的資料庫上按滑鼠右鈕，執行『**刪除**』命令

勾選此項可自動關閉該資料
庫的所有連線, 然後刪除

2 按**確定**鈕即可刪除

還有另一種方法是先使用滑鼠選取要刪除的資料庫, 然後再按下鍵盤上的 Delete 鍵即可。

刪除資料庫 DROP DATABASE 敘述

在 T-SQL 中用來刪除資料庫的敘述是 DROP DATABASE 敘述, 其語法如下:

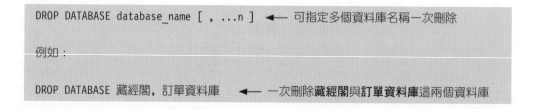

```
DROP DATABASE database_name [ , ...n ]    ◄── 可指定多個資料庫名稱一次刪除

例如:

DROP DATABASE 藏經閣, 訂單資料庫    ◄── 一次刪除藏經閣與訂單資料庫這兩個資料庫
```

您必須確定欲刪除的資料庫不在使用中，否則無法刪除。另外要提醒的是，利用 DROP DATABASE 敘述刪除資料庫不會出現確認訊息，請小心使用。

列出 SQL Server 現有的資料庫：sp_helpdb

如果您想知道目前 SQL Server 中有哪些資料庫，可以執行 sp_helpdb 預存程序來查詢：

sp_helpdb 後若加上資料庫名稱, 表示查詢特
定資料庫, 否則即表示要查詢所有的資料庫

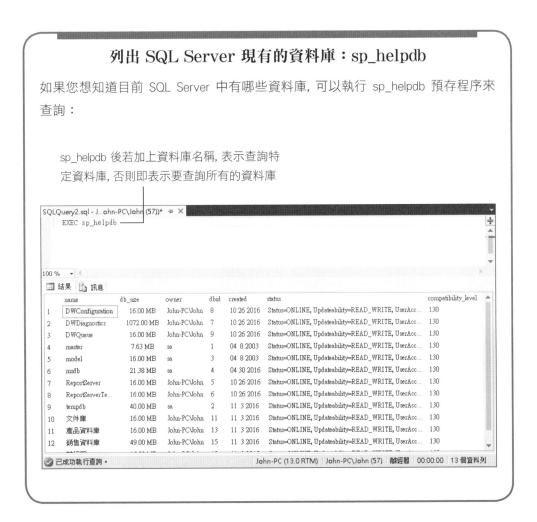

M E M O

07

建立資料表與
資料庫圖表

有了資料庫之後，本章要接著介紹有關資料表方面的
建置工作，包括如何建立、修改、刪除資料表、設定
欄位的屬性、建立關聯、設定條件約束（Constraint）、
壓縮資料表、以及建立暫存資料表 ... 等等。

我們會先利用 SQL Server Management Studio 把建立
資料表的流程介紹一遍，讓讀者對於建立資料表的各
項工作有個整體概念。然後，再介紹 T-SQL 有關資料
表建置的相關敘述。

本章將使用**練習 07** 資料庫為例說明，請依關於光碟
中的說明，附加光碟中的資料庫到 SQL Server 中一起
操作，就可跟著我們同步展開建立資料表之旅。

7-1 使用 SQL Server Management Studio 建立資料表

首先我們將在 SQL Server Management Studio 中，使用管理工具體驗一下建立資料表的基本流程。

開啟建立資料表的視窗介面

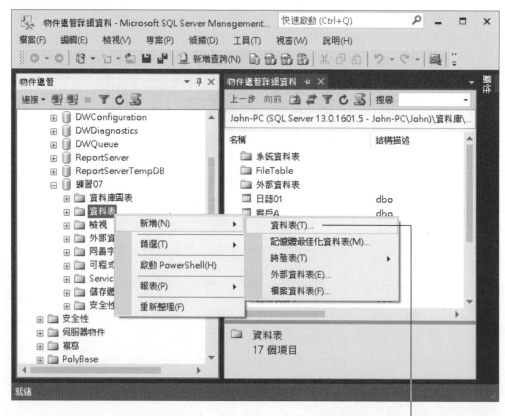

1 在 **物件總管** 窗格展開欲處理的資料庫，也就是 **練習 07**，然後在 **資料表** 項目上按右鈕，執行 『**新增/資料表**』 命令

2 請在此輸入欄位 (資料行) 名稱

3 設定資料型別 (詳細 說明請參考第 4 章)

4 設定是否允 許 NULL 值

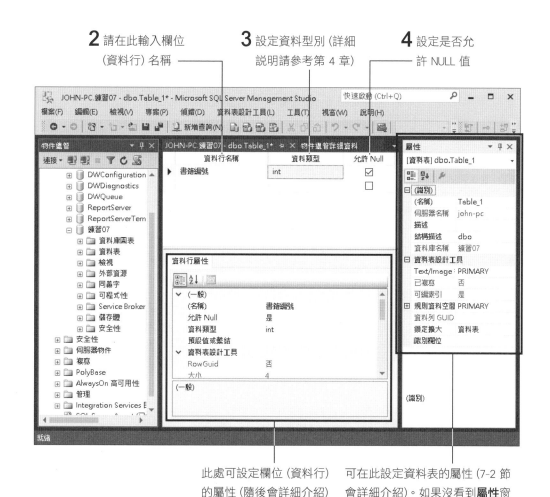

此處可設定欄位 (資料行) 的屬性 (隨後會詳細介紹)

可在此設定資料表的屬性 (7-2 節 會詳細介紹)。如果沒看到**屬性**窗 格, 可按 F4 鍵將之顯示出來

定義資料表的欄位屬性

接下來這一步是比較吃重的工作 — 定義資料表的欄位屬性。

資料表的欄位有哪些屬性, 則要視該欄位的資料型別而定, 例如設為 decimal 或 numeric 型別的欄位, 才可設定**小數位數**屬性、字串類型別的欄位才有**定序**屬 性。下表是各重要屬性的說明:

屬性	說明
長度	設定欄位的儲存空間, 單位是 byte。有些資料型別的長度是固定的, 例如 int、real、smallmoney 的長度固定為 4 bytes, 若欄位設為這類型別, 就不用再設定長度了 (使用這些長度固定的資料型別時, 下方窗格**資料行屬性**頁次中, 也不會出現**長度**欄位)。通常是字串類和二元碼類的型別才需設定長度
預設值或繫結	設定欄位的預設值。新增資料時, 如果沒有給予欄位值, 便填入預設值。除了 timestamp 型別外, 其它型別的欄位皆可設定此項屬性
整數位數	設定欄位的整數位數。只有 decimal 和 numeric 型別可設定這項屬性, bigint、int、smallint、tinyint、money、smallmoney、float、和 real 型別的精確度都是固定的
小數位數	設定欄位的小數位數。只有 decimal 和 numeric 型別可設定這項屬性
RowGuid	設定此欄位的值是全域 (全世界) 唯一的。若設為**是**, 則我們通常還會將其**預設值**設為 newid(), 藉此函數產生全域唯一識別碼。只有 uniqueidentifier 型別的欄位才可以設定這項屬性 (詳見 7-41 頁)
可編索引	顯示此欄位是否能被索引, 關於索引的詳細說明請參考第 12 章。
已複寫	顯示此欄位是否已被設定複寫 (replicate) 到其他目的地
計算資料行規格/公式	設定計算欄位的運算式 (詳見 7-49 頁)
定序	設定欄位要套用的定序名稱及排序選項, 預設是使用**資料庫預設值**。將插入點移入此欄, 按下 ⋯ 鈕則會開啟一個交談窗, 讓您變更定序的設定。只有 char、varchar、text、nchar、nvarchar、ntext 型別可設定這項屬性
描述	可輸入欄位的補註說明, 每個欄位皆可設定這個屬性
識別規格/(為識別)	設定是否讓欄位值自動編號。有 2 個選擇:**否**表示不自動編號、**是**表示欄位會根據**識別值種子**和**識別值增量**的設定自動編號產生欄位值。只有 bigint、int、smallint、tinyint、decimal、和 numeric 可設定這項屬性
識別規格/識別值種子	設定自動編號的起始值, 預設為 1。當**識別**屬性為**是**時才能設定此項
識別規格/識別值增量	設定自動編號的遞增值, 預設亦為 1。當**識別**屬性為**是**時才能設定此項

為了便於說明, 本書隨後會以 "設定識別屬性" 表示 "將**識別規格/(為識別)** 屬性設為**是**" 的動作。

 一個資料表中, 最多只能有 1 個**識別**屬性欄位及 1 個 **RowGuid** 屬性欄位。

了解各屬性的意義及設定方法後, 現在就請各位參考下表, 定義**書籍 01** 資料表的欄位:

欄位名稱	資料型別	長度	允許 Null	屬性
書籍編號	int		否	識別規格/(為識別): 是 識別值種子: 1 識別值增量: 1
書籍名稱	nvarchar	50	是	
價格	smallmoney		是	
出版公司	nchar	20	是	

提示一下定義欄位屬性的技巧: 先在上方窗格定義好欄位名稱與型別後, 將插入點保持在同一列上, 然後到下方窗格定義此欄位的屬性。等屬性也定義好後, 才回到上方窗格將插入點移到下一列, 繼續定義另一個欄位的屬性。另外請注意, 在設定識別規格時, 要先展開子項目, 然後才能修改:

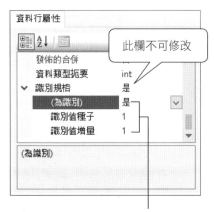

必須在這些子項目中修改

設定 Primary key

Primary key 的作用在第 2 章就提過了, 它其實是欄位的一種**條件約束** (Constraint, 在 7-4 節會有較詳細的介紹), 其作用是限制欄位的值必須是唯一的, 而且不允許 NULL 值。

雖然資料表並不強迫一定要設定 Primary key, 不過在絕大多數的場合, 有設定 Primary key 的資料表還是比較方便的, 例如建立資料表間的關聯時 (請參閱 7-3 節)。另外, 設定為 Primary key 的欄位還會自動建立索引呢！(索引的說明請參閱第 12 章)

 TIP 建議您將所有的資料表都加上 Primary key, 因為無論在查詢、修改、或刪除記錄時, 以 Primary key 來搜尋都是最有效率的。

在 SQL Server Management Studio 管理工具為資料表設定 Primary key, 其實只是舉手之勞而已。假設各位都已定義好**書籍 01** 資料表的欄位, 現在我們來將**書籍編號**欄位設為 Primary key：

1 按此鈕選取**書籍編號**欄位

2 按此鈕, 或在選取的欄位上按右鈕執行 『**設定主索引鍵**』命令, 即可將選取的欄位設成 Primary Key

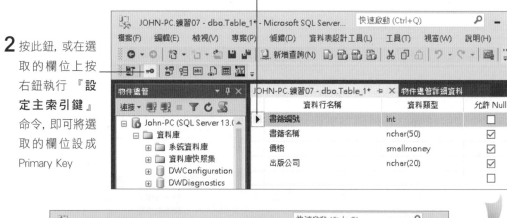

設為 Primary key 的欄位會標上一個鑰匙圖案, 這就是 Primary key 符號

設定複合 Primary key

若 Primary key 是由多個欄位組成 (稱為**複合 Primary key**), 則在 "步驟 1" 選取欄位時, 可先按住 Ctrl 鍵, 再去選取需要的欄位, 這樣就可以同時選取多個欄位。之後再執行 "步驟 2" 設為 Primary key 即可。

存檔 — 設定資料表名稱

辛苦了老半天, 最後一定不能忘記按下**儲存**鈕 💾 將資料表存起來。資料表若是第一次存檔, 則按下**儲存**鈕後會出現如右的交談窗, 讓您輸入資料表的名稱：

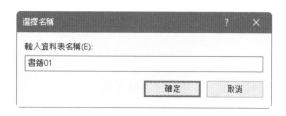

輸入資料表的名稱後, 按下**確定**鈕, 就完成存檔的動作了。存檔後並不會關閉資料表設定視窗, 所以您還可以繼續編修各欄位或屬性。但要提醒您, 存檔後所做的更動, 仍是要再按**儲存**鈕才會儲存下來；不過這次會直接存檔, 不會再要您輸入資料表名稱了。

其實存檔的動作隨時可以執行, 為保險起見, 建議您每次做完重大的設定或更動後, 就存檔一次, 以免發生不幸事件。

當然, 事情都做完了或是要休息了, 就可以按下資料表設定視窗右上角的**關閉**鈕 ❌ 關閉視窗。若您關閉前才存過檔的話, 應該可以很順利地關閉視窗；但若您更動過內容卻未存檔的話, 則關閉時會出現如下的訊息：

假如要把更動的內容儲存下來，請按**是**鈕，然後關閉視窗；若不想儲存之前所做的更動，則按**否**鈕，然後關閉視窗。

7-2 使用 SQL Server Management Studio 修改資料表

對於已建立的資料表，如果覺得當初設計的結構有不妥的地方，例如想新增、刪除資料表欄位、修改欄位屬性、更改欄位名稱 ... 等等，都可以再重新進行修改。

開啟資料表設定窗格

如果要修改資料表的結構，請如下操作：

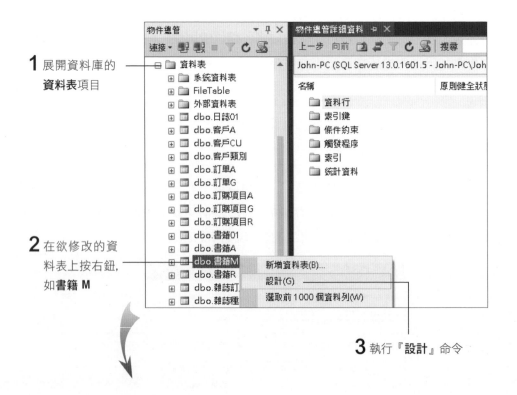

1 展開資料庫的**資料表**項目

2 在欲修改的資料表上按右鈕，如**書籍 M**

3 執行『**設計**』命令

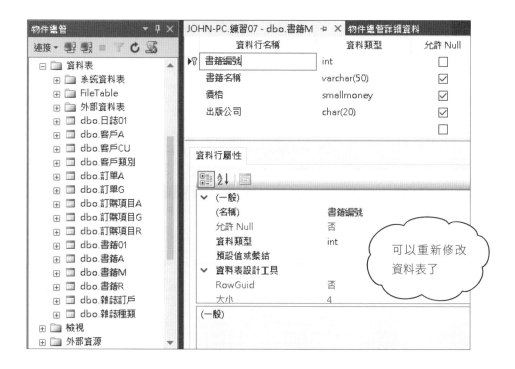

插入、搬移、刪除資料行

開啟資料表的設定窗格後，如果是現有設定有誤的話，直接到各欄位去修改即可。這裏我們則要補充一些資料行的編輯技巧，即如何插入、搬移、刪除資料行。

⊙ **插入空白資料行**

如果要在現有的資料表欄位之後再新增欄位，請直接在接續的空白資料行上輸入新欄位的設定即可。但假如新欄位要插入在現有欄位之間，例如想在**書籍名稱**欄位和**價格**欄位之間新增一個**簡介**欄位，怎麼辦呢？那就先在現有欄位間插入空白資料列，再來設定新欄位的內容：

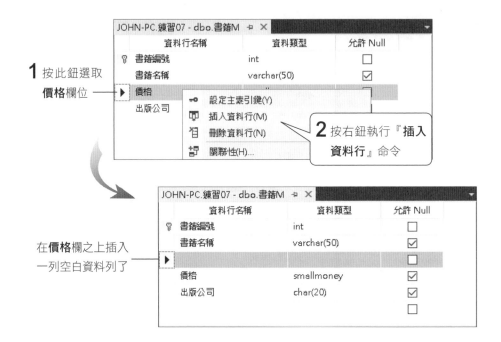

1 按此鈕選取
價格欄位

2 按右鈕執行『**插入
資料行**』命令

在**價格**欄之上插入
一列空白資料列了

⊙ **搬移資料行**

各資料行的順序是可以搬移的, 其方法是：先選取欲搬移的資料行, 然後將指標指在選取資料行左邊的灰色按鈕上, 按住左鈕 (指標呈 ⤵ 狀) 拉曳, 即可搬移：

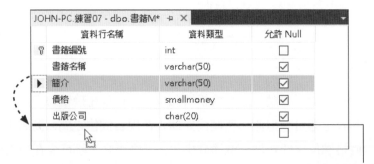

拉曳時會有一條粗黑線
指示目前到達的地點

當拉曳到目的地, 放開滑鼠左鈕, 則選取的資料行便會移到新位置上了。

⊙ **刪除資料行**

假如要刪除某資料表欄位，則先選取該欄位，然後按右鈕執行『**刪除資料行**』
命令，或按 Delete 鍵。請注意，執行刪除命令後，毫無預警地，該欄位就不翼而
飛了，所以執行前要考慮清楚哦！

設定資料表屬性

在建立資料表時，除了設定欄位屬性外，還有一些與整個資料表相關的屬性要
設定。上一節因為欄位屬性設定已經佔了相當多的篇幅，為避免您負荷太重，所
以我們將資料表屬性設定移到這一節介紹。其實什麼時候介紹都無所謂，重要的
是，您要知道這些資料表屬性也可以在建立資料表時就去設定。

要設定資料表屬性，請開啟資料表的**屬性**窗格：

 TIP　如果看不到資料表的**屬性**窗格，可執行『**檢視/屬性視窗**』命令，或按 F4 鈕將之
開啟。

此處可修改資料表的屬性

⊙ **名稱**

顯示資料表的名稱。亦可在此欄設定或變更資料表名稱。

⊙ **描述**

可在此列示窗中輸入對於整個資料表的一些說明文字。

⊙ **結構描述**

顯示資料表預設的結構描述, 若未指定則預設值為 dbo, 您可以先保留預設值即可。關於結構描述的詳細意義, 請參考 13-66 頁。

⊙ **Text/Image 檔案群組**

指定 text 及 image 型別的欄位資料要存放在哪個檔案群組, 預設也是 PRIMARY。

⊙ **規則資料空間規格/ 檔案群組或資料分割配置名稱**

指定資料表的資料 (text 及 image 型別的欄位除外) 要存放在哪個檔案群組中, 預設是 PRIMARY。

⊙ **資料列 GUID 資料行**

顯示資料表中設定為 RowGuid 屬性的欄位。亦可從此欄的列示窗選取欲設定為 RowGuid 屬性的欄位 (只有 uniqueidentifier 型別的欄位才會列在列示窗中)。

⊙ **識別欄位**

顯示資料表中設定**識別**屬性的欄位。亦可從此欄的列示窗選取欲設定**識別**屬性的欄位 (只有可設定**識別**屬性的型別的欄位, 才會列在列示窗中)。

再次提醒您, 若有更動資料表屬性, 則必須按**儲存**鈕 🖫 存檔, 才能將更動的結果儲存起來。

更改資料表名稱

剛才在介紹資料表屬性設定的時候，就已經提到一種更改資料表名稱的方法，這裏我們再介紹一種更簡便的方法：

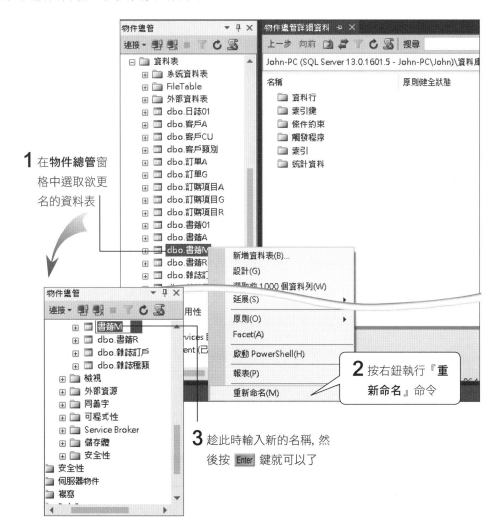

1 在**物件總管**窗格中選取欲更名的資料表

2 按右鈕執行『**重新命名**』命令

3 趁此時輸入新的名稱，然後按 Enter 鍵就可以了

目前因為我們還沒有介紹資料表的應用，例如查詢、建立檢視表 … 等，所以更改資料表名稱不會造成什麼影響。但日後各種物件使用到資料表的機會將愈來愈多，若那時更改資料表名稱，可能會造成參照到該資料表的物件無效。所以，若沒有必要，還是不要亂改名。

使用 SQL Server Management Studio 建立資料表間的關聯

這一節我們來談談，如何使用 SQL Server Management Studio 管理工具建立資料表間的關聯。下圖是**書籍 R** 和**訂購項目 R** 資料表的欄位，及兩表之間的關聯 (當初在第 2 章分析的，忘記的話請回頭查閱)：

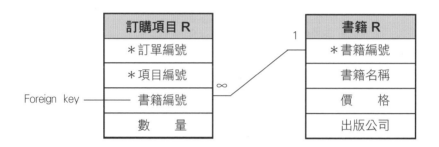

　　兩表間的關聯是，**訂購項目 R** 資料表的**書籍編號**欄位，需參照到**書籍 R** 資料表的**書籍編號**欄位，所以**訂購項目 R** 資料表的**書籍編號**欄位是這個關聯的 Foreign key。

 被 Foreing key 參照到的欄位 (此例是**書籍 R** 資料表的**書籍編號**欄位)，必須是該資料表的 Primary key，或者是有設定 UNIQUE 條件約束的欄位 (UNIQUE 條件約束的說明，請參閱 7-4 節)。

建立關聯

　　在動手之前，有兩個地方我們先說明一下：

◉ **外部索引鍵資料表**是設定 Foreign key 所在的資料表，及要設為 Foreign key 的欄位。以此例來說就是**訂購項目 R** 資料表和其中的**書籍編號**欄位。

◉ **主索引鍵資料表**是設定 Foreign key 要參照的資料表，及對應的欄位。以此例來說就是**書籍 R** 資料表和該表的 Primary key ─ **書籍編號**欄位。

現在我們就來建立**訂購項目 R** 與**書籍 R** 資料表之間的關聯，請先進入 Foreign key 所在的資料表 (此例指**訂購項目 R** 資料表) 的設計窗格，然後如下操作：

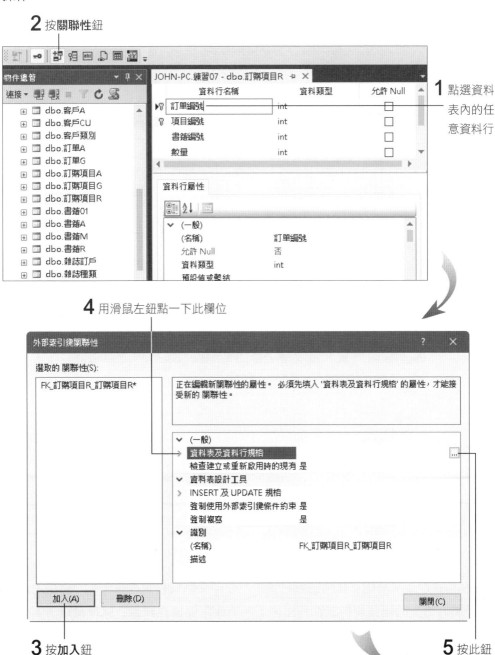

2 按**關聯性**鈕

1 點選資料表內的任意資料行

4 用滑鼠左鈕點一下此欄位

3 按**加入**鈕

5 按此鈕

8 SQL Server 會同步設定此關聯的名稱,
如果您不滿意這個名稱, 可自行更改

7 設定**外部索引鍵資**
料表的 Foreign key

6 設定**主索引鍵資**
料表與其 Primary
key 欄位

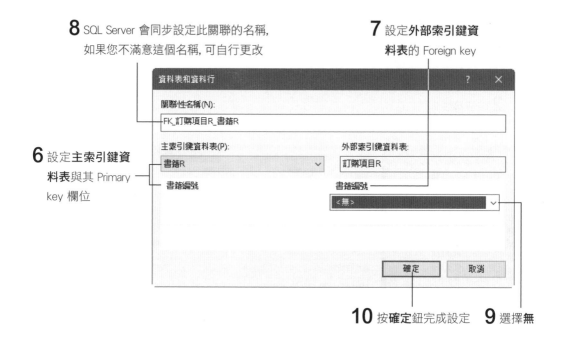

10 按**確定**鈕完成設定　**9** 選擇**無**

　　關聯已經設定完畢後, 請按下**關閉**鈕結束。設定好關聯後, 還是要執行存檔的
動作, 才能將關聯的設定儲存起來。不過這回存檔時會出現如下的交談窗:

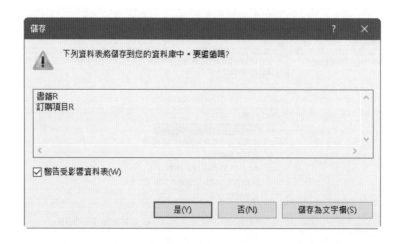

　　因為關聯是同時建立在兩個資料表上, 亦即兩個資料表都有變動, 所以上述交
談窗將有變動的兩個資料表都列出來了。若確定要儲存關聯, 就按**是**鈕; 若要放
棄關聯的設定, 按下**否**鈕還來得及。

關聯的屬性設定

在**外部索引鍵關聯性**交談窗的右下方還有幾項屬性, 通常我們會直接沿用系統預設的設定, 不過各位還是有必要知道這些屬性的用途, 以防不時之需:

◉ **檢查建立或重新啟用時的現有資料**

其實, 建立關聯就是設定 Foreign key 條件約束 — 會限制欄位的值必須是來自於其所參照的資料表的對應欄位。以此例來說, 就是只有在**書籍 R** 的**書籍編號**欄位中存在的值, 才能輸入到**訂購項目 R** 的**書籍編號**欄位裏。

假若**訂購項目 R** 資料表中已經有記錄, 則此項選**是**即表示當建立關聯後, 會立即去檢查現有記錄是否有不合 Foreign key 條件約束的情況, 若有, 則會出現錯誤訊息要您更正。

◉ **INSERT 及 UPDATE 規格**

設定當主索引鍵資料表中的參照欄位 (此例指**書籍 R** 資料表的**書籍編號**欄) 的值刪除或更新時, 外部索引鍵資料表中參照到該值的欄位是否自動隨之更動。此項中包含**刪除規則**與**更新規則**, 分別設定是否自動刪除與自動更新, 各設定值的意義如下:

● **沒有動作:** 不允許使用者刪除或更新主索引鍵資料表中的參照欄位。

● **重疊顯示:** 設定主索引鍵資料表中的參照欄位刪除或更新時, 外部索引鍵資料表中參照到該值的欄位也要自動刪除或自動更新。

TIP 本書隨後說明時, 會以 "串聯刪除" 表示 "將**刪除規則**設為**重疊顯示**", 而 "串聯更新" 則表示 "將**更新規則**設為**重疊顯示**"。

● **設為 Null:** 設定主索引鍵資料表中的參照欄位刪除或更新時, 外部索引鍵資料表中參照到該值的欄位自動設定為 NULL 值。

● **設為預設值:** 設定主索引鍵資料表中的參照欄位刪除或更新時, 外部索引鍵資料表中參照到該值的欄位自動設定為該欄位的預設值。

◉ **強制使用外部索引鍵條件約束**

此項目表示，當新增或更新外部索引鍵資料表 (此例指**訂購項目 R** 資料表) 的記錄時，會套用 Foreign key 條件約束來檢查資料的正確性。

◉ **強制複寫**

此項目設定當複寫功能在外部索引鍵資料表 (此例指**訂購項目 R** 資料表) 更新或刪除記錄時，亦會套用此關聯 (即 Foreign key 條件約束)。

◉ **(名稱)**

這個項目可重新設定此關聯的名稱。

◉ **描述**

可在此輸入對於此關聯的一些說明文字。

刪除關聯

如果資料表間的關聯已經不需要了，可將關聯刪除。假設我們要刪除剛才建立的關聯 **FK_訂購項目 R_書籍 R**，則請參考 7-15 頁步驟 1、2 開啟**外部索引鍵關聯性**交談窗，然後如下操作：

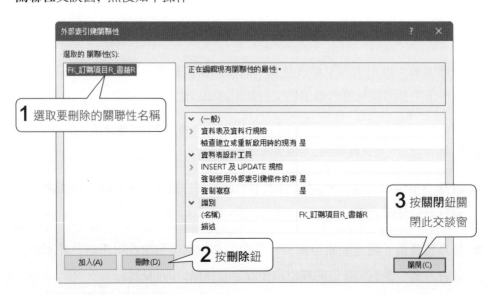

完成後請執行存檔動作, 才能將變更儲存起來。

7-4　設定條件約束維護資料完整性

為了減少輸入錯誤資料的機率、維護資料的完整性, 我們可以針對欄位或資料表來設定**條件約束** (Constraint), 例如欄位值不得重複、欄位值必須介於 1 到 100 之間、甲資料表的 A 欄位必須參照乙資料表的 B 欄位 ... 等。

這一節我們會將 SQL Server 的條件約束做一全面性的介紹, 同時告訴您在 SQL Server Management Studio 中設定條件約束的方法。

條件約束的種類

SQL Server 的條件約束可分為以下 6 種:

● **Primary key**:限制欄位的值必須是唯一的, 而且不能夠沒有資料 (不能是 NULL);假如輸入的資料不是唯一的值, 或是沒有輸入資料, 則該筆記錄會被拒絕存入。Primary key 主要是用來識別資料表中的每一筆記錄, 若可以的話, 建議每個資料表都要設定 Primary key (當然, 不設也可以)。

● **Foreign key**:限制欄位的值必須是來自於其所參考到的資料表。當在 Foreign key 的欄位中輸入 NULL 值, 或該值不在其所參考資料表的記錄中時, 則該筆輸入會被拒絕, 如此可避免造成資料關聯的不完整。

 還記得嗎? 建立資料表間的關聯, 就是在設定 Foreign key 條件約束。

● **NULL、NOT NULL**:當資料表的某欄位一定要輸入資料時, 可將該欄位限制為 NOT NULL。若是允許不輸入資料, 則可將該欄位設定為 NULL (通常資料表的欄位預設即是允許 NULL)。

⊙ **DEFAULT**：如果欄位設定了 DEFAULT 條件約束 (即設定了**預設值或繫結屬性**)，那麼當該欄位未輸入資料時，則會自動以預設值填入欄位中。

⊙ **UNIQUE**：若某欄位不允許出現重複的欄位值，也就是每個欄位值必須是唯一的，則可為該欄位設定 UNIQUE 條件約束。設定 UNIQUE 的欄位中允許輸入 NULL 值，但為保持唯一性，最多只能出現一個 NULL 值。

UNIQUE 與 Primary key 的差異

UNIQUE 和 Primary key 有些類似，為避免混淆不清，在此將兩者的差異點列出：

● UNIQUE 欄位允許輸入 NULL 值，但 Primary key 欄位則不允許。

● 一個資料表中可以定義多個 UNIQUE 條件約束，但只能定義一個 Primary key 條件約束。

⊙ **CHECK**：CHECK 條件約束可用來限制欄位值是否在所允許的範圍內。例如某欄位只能輸入 1 到 100 之間的整數，此時就可用 CHECK 來檢驗了。CHECK 的內容是一個邏輯運算式 (傳回 TRUE 或 FALSE)，例如 "薪水 > 20000"。

一個欄位可以設定多個 CHECK 條件約束 (它們將依建立的順序依序檢查)，而一個 CHECK 條件約束也可以針對多個欄位做檢查，這些我們在稍後都會介紹。

維護資料完整性的對策

在第 2 章我們曾介紹過資料完整性可分為 4 類，底下將維護各類資料完整性的對策列出，供各位參考 (關於預存程序及觸發程序的介紹請參閱第 14、16 章)：

接下頁

完整性種類	可用的對策
實體完整性 (Entity Integrity) 維持每筆記錄的唯一性	Primary key UNIQUE IDENTITY (**識別**屬性)
區域完整性 (Domain Integrity) 維持欄位資料的正確性	DEFAULT (**預設值或繫結**屬性) Foreign key CHECK NOT NULL
參考完整性 (Referential Integrity) 資料表間關聯的完整性	Foreign key CHECK
使用者定義的完整性 (User -def ined) 我們自訂的資料完整性	所有的條件約束 預存程序 (Stored procedures) 觸發程序 (Triggers)

在資料表設計視窗設定條件約束

　　了解條件約束的各種類型後，接著我們來看在 SQL Server Management Studio 中設定條件約束的方法。因為 Primary key、Foreign key、NULL/NOT NULL、DEFAULT 這四種條件約束的設定，前面都已經陸續介紹過了，所以我們這裏只介紹 CHECK 和 UNIQUE 的設定。

設定 CHECK 條件約束

　　客戶 CU 資料表的結構如右：

JOHN-PC.練習07 - dbo.客戶CU		
資料行名稱	資料類型	允許 Null
🔑 客戶編號	int	☐
客戶名稱	varchar(30)	☐
聯絡人	char(10)	☑
地址	varchar(50)	☑
電話	char(12)	☑
		☐

其中**地址**欄位和**電話**欄位都允許 NULL, 可是我們希望在輸入**客戶 CU** 資料表的記錄時, **地址**或**電話**至少要輸入一項, 這就可用 CHECK 條件約束來限制:

請進入**客戶 CU** 資料表的設定窗格, 然後如下操作:

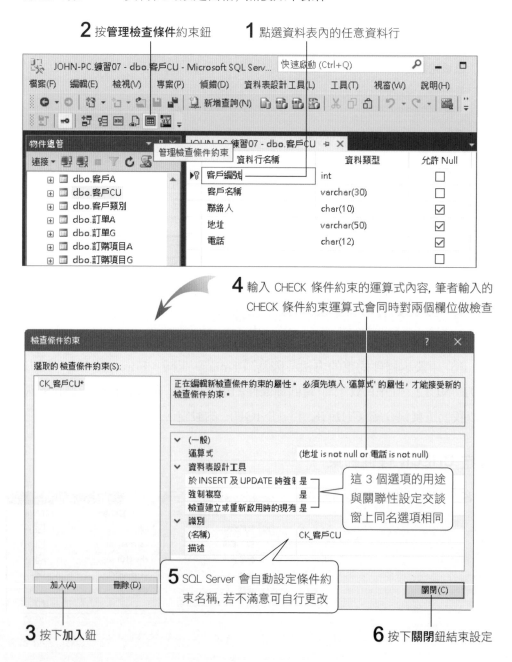

2 按**管理檢查條件**約束鈕

1 點選資料表內的任意資料行

4 輸入 CHECK 條件約束的運算式內容, 筆者輸入的 CHECK 條件約束運算式會同時對兩個欄位做檢查

5 SQL Server 會自動設定條件約束名稱, 若不滿意可自行更改

3 按下**加入**鈕

6 按下**關閉**鈕結束設定

之後，別忘了要將**客戶 CU** 資料表再存檔一次，以便將剛才的 CHECK 條件約束一起儲存下來。

刪除 CHECK 條件約束

刪除 CHECK 條件約束的手法和刪除關聯性是差不多的：即開啟**檢查條件約束**交談窗，在**選取的檢查條件約束**列示窗中選取欲刪除的條件約束名稱，然後按**刪除**鈕就可以了。

請小心一點，因為刪除 CHECK 條件約束沒有再次確認的機會，除非您不儲存這次所做的變動，才有可能挽回剛才刪除的條件約束。

設定 UNIQUE 條件約束

仍以**客戶 CU** 資料表為例，假設我們想在**聯絡人**欄位上設定 UNIQUE 條件約束，以防止輸入重複的聯絡人名稱。

同樣的，請進入**客戶 CU** 資料表的設定窗格，然後如下操作：

2 按**管理索引和索引鍵**鈕

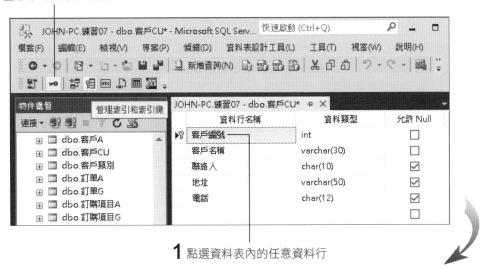

1 點選資料表內的任意資料行

4 請確認此項目設定為**索引**型別

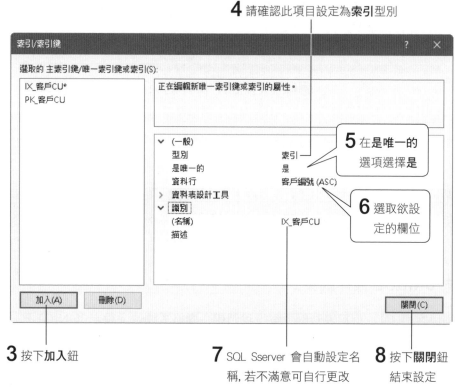

3 按下**加入**鈕

7 SQL Sserver 會自動設定名稱, 若不滿意可自行更改

8 按下**關閉**鈕結束設定

TIP　上述交談窗中有些關於索引方面的設定, 我們留待第 12 章再說明。

TIP　設定 UNIQUE 條件約束其實就是在建立一個欄位值『 是唯一的』 (即欄位值不可重複) 的索引;當使用者輸入重複的值時, 系統在儲存該索引時即會發現重複並加以禁止。

最後再將資料表的變更儲存下來就完成了。

　若要刪除已建立的 UNIQUE 條件約束, 則重新回到**索引/索引鍵**交談窗, 在左側列示窗中選取欲刪除的 UNIQUE 條件約束名稱, 然後按**刪除**鈕即可。

7-5 使用 SQL Server Management Studio 刪除資料表

如果已不再需要某個資料表時，可以將其刪除。不過要注意一項限制，假如您想刪除的資料表，是 Foreign key 參照到的資料表，則除非先刪除掉該資料表的關聯性，否則該資料表將不允許刪除。

例如之前的**訂購項目 R** 資料表與**書籍 R** 資料表，建立關聯後，**書籍 R** 資料表便是 Foreign key 所參照到的資料表；在兩表的關聯性還存在時，便不能刪除**書籍 R** 資料表。如果一定要刪除**書籍 R** 資料表，則需先刪除掉兩表間的關聯性，或者是將**訂購項目 R** 和**書籍 R** 資料表一併刪除。

檢視資料表的相依性

要檢查一個資料表是否為 Foreign key 的參照資料表，不需千里迢迢打開資料表的關聯性設定交談窗，我們只要在**物件總管**中執行如下的命令，就可以看得一清二楚了：

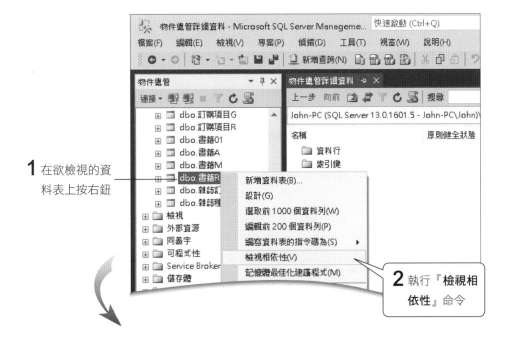

1 在欲檢視的資料表上按右鈕

2 執行『**檢視相依性**』命令

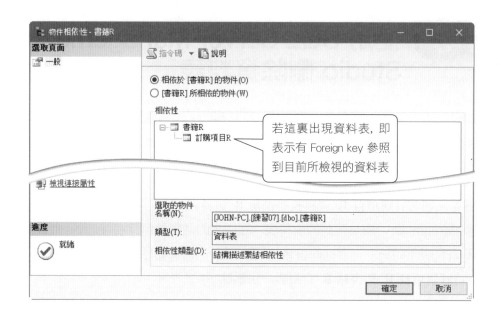

再來就看您怎麼做了，看是要放棄刪除資料表、還是先去把關聯性刪除，再刪除資料表、還是狠下心來，把相關的資料表都一併刪除算了！

刪除資料表

其實，刪除資料表的動作相當簡單：先在**物件總管**窗格選取欲刪除的資料表，然後按右鈕執行『**刪除**』命令，接著會出現如下的交談窗：

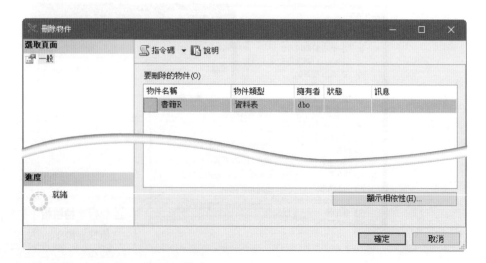

此時您還可以按右下角的**顯示相依性**鈕, 去檢視資料表的相依性。若確定要刪除, 則按**確定**鈕。

7-6 資料庫圖表與圖表物件

資料庫圖表亦是 SQL Server Management Studio 提供的一項視覺化工具, 它是建立資料庫**圖表**物件的工作場所。所謂**圖表**物件, 是以 "圖形" 來顯示資料庫內的資料表以及關聯, 例如下圖便是一個**圖表**物件:

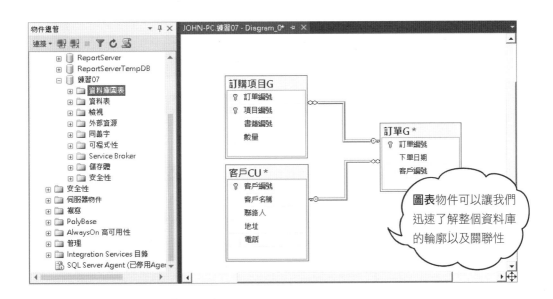

這一節我們要告訴您如何建立**圖表**物件 — 將資料庫的架構以 "圖形" 的方式呈現; 在此同時, 各位還可學習在**資料庫圖表**中操作資料表的相關技巧。

開啟新資料庫圖表及載入資料表

現在我們來為**練習 07** 資料庫建立一個**圖表**物件。首先是要為新**圖表**物件開啟一個新的**資料庫圖表**, 請在 SQL Server Management Studio 中如下操作:

1 展開**練習** 07 資料庫

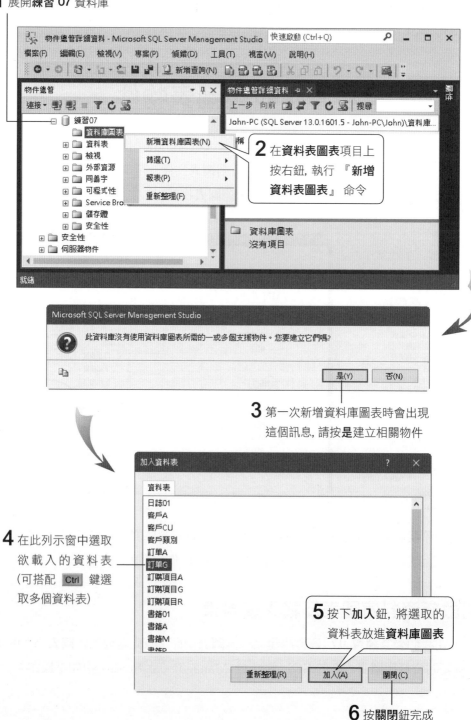

2 在**資料表圖表**項目上
按右鈕, 執行 『**新增
資料表圖表**』 命令

3 第一次新增資料庫圖表時會出現
這個訊息, 請按**是**建立相關物件

4 在此列示窗中選取
欲 載 入 的 資 料 表
(可搭配 Ctrl 鍵選
取多個資料表)

5 按下**加入**鈕, 將選取的
資料表放進**資料庫圖表**

6 按**關閉**鈕完成

將**訂單 G** 資料表載入**資料庫圖表**了

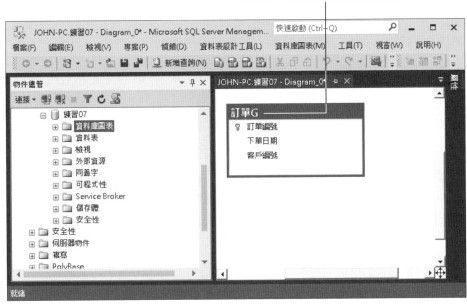

在資料庫圖表載入資料表

假如當初載入資料表時有所遺漏，則進入**資料庫圖表**後，還可以用下面的方法來載入資料表：

2 按工具列上的**加入資料表**鈕

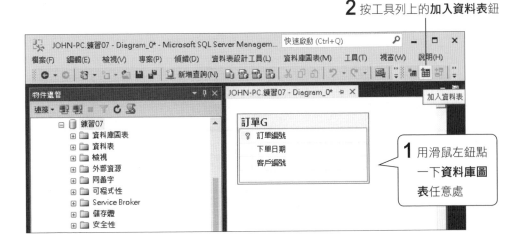

如此便會出現上一頁的**加入資料表**交談窗，即可將其他資料表加入**資料庫圖表**。

調整資料庫設計視窗

為了方便各位檢視**資料庫圖表**的內容, 這裏介紹幾項調整視窗的技巧:

● **調整資料表的位置**: 直接拉曳資料表名稱的地方, 即可搬移資料表。按下**排列資料表** 品 鈕 , 則資料表會自動做適當的排列。

● **調整資料表的大小**: 拉曳資料表的邊框, 可調整資料表的大小, 若有需要請自行運用。

● **調整視窗的顯示比例**: 利用**縮放**列示窗 100% , 可改變**資料庫圖表**的顯示比例。

將資料表移出資料庫圖表

如果載入的資料表, 最後發現用不到, 可以選取該資料表 (在資料表名稱列按一下), 然後按右鈕執行『**從圖表移除**』命令, 將該資料表移出**資料庫圖表**。這個動作並不會刪除資料表, 所以各位不用擔心。

在資料庫設計視窗中建立新資料表

一般來說, 我們很少會在**資料庫圖表**中建立新資料表, 不過若真的有需要, 也未嘗不可。現在我們就在**資料庫圖表**中建立一個**客戶 01** 資料表。

2 按工具列上的**新增資料表**鈕

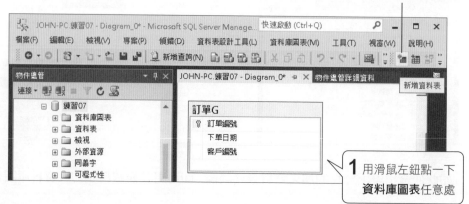

1 用滑鼠左鈕點一下**資料庫圖表**任意處

3 輸入資料表的名稱後按**確定**鈕

6 按設定**主索引鍵**鈕, 將客戶   當資料庫名稱列出現 *,
編號欄位設為 Primary key   表示資料表有所變更

5 選取**客戶編號**欄位   **4** 請依圖輸入資料表的各個欄位

資料表及欄位的屬性設定

大家一定發現了, 剛才讓我們定義資料表欄位的表格, 僅列出一般屬性而已,
那其它屬性呢?還有資料表的屬性又到哪兒去設呢?別急!請如下操作即可:

1 按 F4 鍵開啟**屬性**窗格

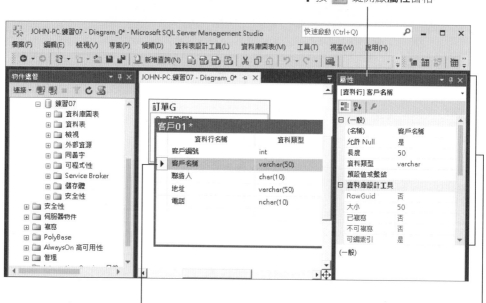

2 如果要修改資料表屬性,請用滑鼠選
取要修改的資料表名稱列;若要修改
欄位屬性,則請選取資料表內的欄位

3 在**屬性**窗格中修改資
料表或欄位的屬性

 除了新增的資料表外,圖表中其他已建立的資料表也都可以用同樣的方法來進
行修改。

 若想儲存特定資料表,可先選取該資料表然後執行『**檔案/儲存選取範圍**』命
令。另外,在儲存圖表 (後述) 時,也會自動將圖表中所有的修改都一併儲存。

改變資料表檢視

有人可能覺得很納悶, 為什麼新增的資料表長得和載入的資料表不大一樣?其
實在**資料庫圖表**中的資料表有多種面貌可以變換, 新增的資料表預設是用**標準檢**
視, 以便設定欄位屬性;而載入的資料表預設是用**資料行名稱**檢視, 用意在縮小
面積。此外還有**索引鍵、僅顯示名稱**檢視:

◉ **索引鍵**檢視   ◉ **僅顯示名稱**檢視

僅顯示 Primary key 欄位   僅剩資料表名稱

另外還有個**自訂**檢視，顧名思義，這個檢視可由使用者自己設定，不過**資料庫圖表**有先預備一個供我們使用。

若要變換資料表的檢視，請先選取該資料表，然後按下**資料表檢視**鈕 資料表檢視(I) ▾ (或在資料表上按右鈕執行『**資料表檢視**』命令)去選擇即可。

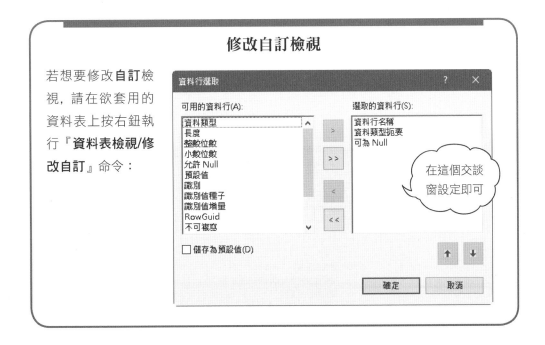

修改自訂檢視

若想要修改**自訂**檢視，請在欲套用的資料表上按右鈕執行『**資料表檢視/修改自訂**』命令：

在這個交談窗設定即可

建立關聯

其實，**資料庫圖表**最大的優點是，可以用 "視覺化" 的方式來建立資料表間的關聯。例如**訂購項目 G** 的訂單編號欄位需參照到**訂單 G** 的**訂單編號**欄位，我們現在就來建立這兩個資料表的關聯：

1 在此欄位上
按住滑鼠左
鈕不放

2 然後拉曳到**訂單
G** 的**訂單編號**欄
位上（兩表間會
出現一條虛線）

3 放開滑鼠左鈕

神奇吧！相關欄位
已經都設定好了

4 確認無誤就請
按下**確定**鈕

6 按**確定**鈕完成

5 設定其他關聯性的選項

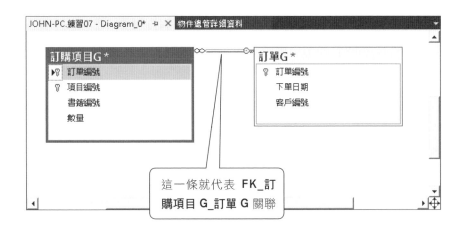

TIP 將滑鼠指標指在關聯線條上拉曳, 可以調整關聯線條的位置。

關聯的屬性設定

若您覺得光是線條所透露的訊息還是太少, 可以將滑鼠指在關聯線條上, 此時會出現關聯的工具提示。再者, 您還可以如下將關聯性的名稱也貼上去:

1 按**顯示關聯性標籤**鈕

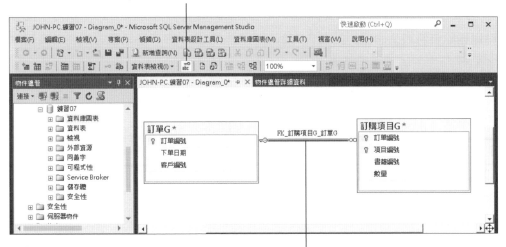

2 關連線條上顯示關聯性的名稱

TIP 再按一次『**顯示關聯性標籤**』鈕, 就可取消關聯性名稱的顯示。

如果要修改關聯的屬性，可以選取關聯的其中一個資料表，然後按下工具列上的**關聯性鈕** 🔠 ，開啟**外部索引鍵關聯性**交談窗來設定。

刪除關聯

在**資料庫圖表**要刪除關聯實在很簡單，在欲刪除的關聯線條上按右鈕，執行『**從資料庫中刪除關聯性**』命令，接著會出現一個訊息讓您確認，按下**是**鈕這條關聯就不存在了。

設定 CHECK 與 UNIQUE 條件約束

若要在**資料庫圖表**中為資料表設定 CHECK 條件約束，請先選取資料表，然後按下**管理檢查條件約束鈕** ，就可開啟**檢查條件約束**交談窗來進行設定。

設定 UNIQUE 條件約束也是一樣，先選取資料表，然後按下**管理索引和索引鍵**鈕，就可開啟**索引/索引鍵**交談窗來進行設定。

刪除資料表

若要在**資料庫圖表**刪除資料表，請在欲刪除的資料表上按右鈕，執行『**從資料庫刪除資料表**』命令，接著會有個訊息要您確認，按下**是**鈕就會把資料表刪除了。

請特別特別注意，在 7-5 節刪除資料表時曾提到一項限制，就是假如想刪除的資料表是 Foreign key 參照到的資料表，則除非先刪除掉該資料表的關聯性，否則該資料表將不允許刪除。可是在**資料庫設計視窗**中刪除資料表，沒有這項限制了，因為在這裏 SQL Server 會很聰明地將關聯性和資料表一併刪除，所以請一定要小心再小心啊！

儲存圖表物件

還記得這一節的目的是要建立資料庫的**圖表**物件吧！前面介紹了這麼多, 可是我們的**圖表**物件還差臨門一腳呢！哪一腳呢？就是存檔囉, 請按下**儲存**鈕 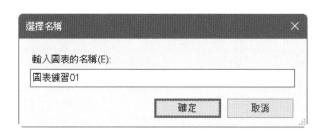 , 接著會出現如下的交談窗讓我們設定**圖表**物件的名稱:

設好後按下**確定**鈕, 再來可能會出現**儲存**交談窗告知哪些資料表有變動, 同時詢問是否要繼續, 按**是**鈕就會全部存檔了。

建好的**圖表**物件會放在資料庫的**資料庫圖表**項目下, 您只要在**物件總管**窗格展開資料庫的**資料庫圖表**項目, 然後按 F5 鍵重新整理, 就會列出已建立的圖表物件, 雙按圖表物件即可再次開啟**資料庫圖表**來編輯圖表物件的內容。

7-7 用 CREATE TABLE 敘述 建立資料表

視覺化工具利用完了, 接下來要介紹 T-SQL 有關建置資料表的相關敘述, 首先登場的是 — 用來建立新資料表的 CREATE TABLE 敘述。

 請注意, 用 T-SQL 建立資料表後, 要先在**物件總管**的**資料表**項目上按鈕右執行『**重新整理**』命令, 然後才能在其中看到新建的資料表。

 若也要更新 Intellisense 的資料, 則可先將插入點移到編輯 T-SQL 的查詢窗格中, 然後執行『**編輯/Intellisense/重新整理本機快取**』命令 (或按 Ctrl + Shift + ⊞ 快速鍵)。

CREATE TABLE 敘述的語法

CREATE TABLE 敘述的語法如下：

```
CREATE TABLE
  [databasae_name.[ schema ].| schema. ] table_name  ← 設定資料表名稱
  ( { <column_definition>                             ← 定義欄位屬性與條件約束
    | colunm_name AS computed_column_expression       ← 定義計算欄位
    | <table_constraint> }                            ← 設定資料表條件約束
    [ , ...n ] )
[ON { filegroup | "default" } ]              ┐
[TEXTIMAGE_ON {filegroup | "default"} ]      ├ 指定存放資料表資料
[FILESTREAM_ON { filegroup | "default" } ]   ┘ 的檔案群組
```

設定資料表名稱

一個完整的資料表名稱可包含 3 個部份：

◉ **database_name**：資料表所在的資料庫名稱。若省略，則為目前連接的資料庫。

◉ **schema**：資料表所屬的結構描述。若省略 (參見 13-66 頁)，則系統會自動以建立資料表者在目前資料庫中的**預設結構描述**，做為資料表的結構描述。

◉ **table_name**：新建的資料表名稱。

建立資料表時，設定資料表名稱可有下面 4 種表達方式 (底下用**練習 07** 資料庫及 dbo 結構描述來舉例)：

```
CREATE TABLE 練習 07.dbo.客戶  ← 最完整的表達方式

CREATE TABLE 練習 07..客戶  ← 省略 schema, 則 schema 預設為建立者在目前資料庫中的
                              預設結構描述

CREATE TABLE dbo.客戶  ← 省略 database_name 和 schema, 則預設為目前的資料庫

CREATE TABLE 客戶  ← 省略 database_name 和 schema, 則 database_name 預設為目前的資
                     料庫, schema 預設為建立者在目前資料庫中的預設結構描述
```

　　通常利用 CREATE TABLE 敘述建立新資料表，必須先切換到欲放置這個新資料表的資料庫去，可用 USE database_name 敘述，或在工具列中的**可用的資料庫**列示窗 `練習07` ▾ 中切換。但若資料表名稱使用上框中的前 2 種方式來表達，則可省略切換資料庫的動作。

定義欄位屬性

　　定義欄位屬性的語法如下：

```
< column_definition > ::=
column_name <data_type>
  [ NULL | NOT NULL ]
  [ COLLATE collation_name ]
  [
    [ CONSTRAINT constraint_name ] DEFAULT constant_expression
    | IDENTITY [ ( seed , increment ) ] [ NOT FOR REPLICATION ]
  ]
  [ ROWGUIDCOL ]
  [ FILESTREAM ]
  [ < column_constraint > [ ...n ] ]
```

◉ **column_name data_type**：定義欄位名稱以及資料型別 (包含長度)。

◉ **NULL、NOT NULL 條件約束**：為欄位設定 NULL 或 NOT NULL 條件約束最簡單了，定義好欄位的屬性後，直接把 NULL 或者是 NOT NULL 加在後面就可以了，例如：

```
( 書籍名稱 varchar(40) NOT NULL ,
  價格 smallmoney NULL )
```

> 若未指定 NULL 或 NOT NULL，則預設為 NULL

◉ **COLLATE collation_name**：設定欄位要套用的定序名稱，用以指定資料的排序方式；若省略，則會使用資料庫的預設值。只有字串類型別 (char、varchar、text、nchar、nvarchar、和 ntext) 的欄位可以設定這項屬性。一般不用更改，使用資料庫的預設值即可 (詳見 6-5 頁)。

◉ **DEFAULT constant_expression**：設定欄位的**預設值或繫結**屬性。另外，我們也可以用 CONSTRAINT 來指定這個條件約束的名稱，例如：

```
( 商品編號 int ,
  折扣 numeric(3, 2) CONSTRAINT 預設折扣 DEFAULT 0.8 )
```

◉ **IDENTITY (seed, increment)**：設定**識別**屬性，讓欄位值自動編號。seed 為自動編號的起始值，若省略，則預設為 1；increment 為自動編號的遞增值，若省略，亦預設為 1。

TIP DENTITY 參數後若加上 NOT FOR REPLICATION，則表示若該欄位由複寫方式輸入資料時，不會自動編號。

◉ **ROWGUIDCOL**：設定此欄位為資料表的 GUID (全域唯一識別碼) 欄位。前一項介紹的 IDENTITY，是要讓欄位中的每一個值在『資料表』中是唯一的，但若希望欄位值是『全世界』唯一的，則應使用 ROWGUIDCOL。

設定 ROWGUIDCOL 的欄位必須是 uniqueidentifier 型別，而且系統不會自動輸入其值，因此我們通常還會設定其預設值 (DEFAULT) 為 NEWID() 或 NEWSEQUENTIALID() 函數，以便在新增記錄時能自動產生全域唯一的值。例如：

TIP NEWID() 函數可傳回全域唯一值；而 NEWSEQUENTIALID() 函數也一樣，但每次傳回的值都會比前一次傳回的大。

```
CREATE TABLE 圖庫
( 區域編號 int IDENTITY (1001, 1),            ◄── 由 1001 開始自動編號
  全域編號 uniqueidentifier DEFAULT NEWID() ROWGUIDCOL, ◄── GUID 欄位
  檔名 nvarchar(20) NOT NULL,                ◄── 不可為 NULL
  建檔日 date DEFAULT CONVERT(date, GETDATE())  ◄── 預設為今天
)
```

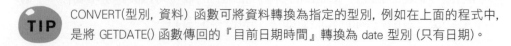

TIP CONVERT(型別, 資料) 函數可將資料轉換為指定的型別，例如在上面的程式中，是將 GETDATE() 函數傳回的『目前日期時間』轉換為 date 型別 (只有日期)。

接著我們新增一筆資料後再查詢其內容 (INSERT、SELECT 等相關語法在下一章介紹)：

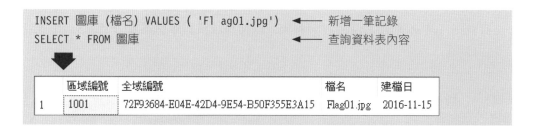

另外請注意, 一個資料表中最多只能有一個 IDENTITY 欄位及一個 ROWGUIDCOL 欄位, 而且在查詢時還可以用 $IDENTITY 及 $ROWGUID 來代表這二個欄位, 例如我們想要查某資料表中識別編號為 1001 的 GUID 編號：

⊙ **FILESTREAM**：指定此欄位的值要以『檔案』形式個別儲存, 但前題是必須先啟用所屬 SQL Server 伺服器及資料庫的 FILESTREAM 功能 (詳見第 6-3 節)。

FILESTREAM 只能用於 varbinary(max) 型別的欄位, 通常用來儲存文字檔、圖檔、影片、或 Word、Excel 等文件檔的內容。一般來說, 當平均的資料大小超過 1 MB 時, 使用 FILESTREAM 結構來儲存才會有比較好的效能。

在使用 FILESTREAM 時還有一個限制，那就是在資料表中還必須有一個 ROWGUIDCOL 欄位，而且已設定 NOT NULL 及『UNIQUE 或 PRIMARY KEY』條件約束。底下我們先建立一個啟用 FILESTREAM 的資料庫 (請先建立 C:\data 資料夾，以便存放資料庫檔案及 FILESTREAM 資料夾)：

```
CREATE DATABASE 練習 fs
ON
PRIMARY
    (NAME = 練習 f s , FILENAME = 'C: \data\練習 fs.mdf' ) ,
FILEGROUP fs_group1
    CONTAINS FILESTREAM
    (NAME = fs1, FILENAME = 'C:\data\fs1')   ◀── FILESTREAM 資料夾
LOG ON
    (NAME = 練習 f s_log, FILENAME = 'C: \data\練習 fs.ldf' )
```

接著來建立包含 FILESTREAM 欄位的資料表，然後存取一筆資料看看：

```
CREATE TABLE 練習 fs.dbo.文件
( 編號 uniqueidentifier DEFAULT NEWID()
    ROWGUIDCOL NOT NULL UNIQUE,
  檔名 nvarchar(20) NOT NULL,
  內容 varbinary(max) FILESTREAM NULL
)

INSERT 練習 fs.dbo.文件 (檔名, 內容)      ◀── 新增一筆資料
VALUES ( 'Doc01.txt' , CONVERT(varbinary(max), '測試儲存' ) )

SELECT CONVERT(varchar(max), 內容)      ◀── 查詢 FILESTREAM 欄的內容
FROM 練習 fs.dbo.文件
```

⬇

(沒有資料行名稱)
1	測試儲存

 TIP 以上在新增資料時, 是用 CONVERT() 將字串資料轉換為 varbinary(max) 型別, 再存入資料表中；在讀取資料時則反之。

此時如果開啟 C:\data\fs1 資料夾, 則可在其子資料夾中找到一個內容為 '測試儲存' 的檔案:

所有 FILESTREAM 資料都會以
檔案形式儲存在此資料夾中

此檔案的內容為:測試儲存

不過一般並不會直接在此資料夾中編修檔案, 而是透過 SQL Server 傳回的虛擬路徑來存取檔案, 例如:

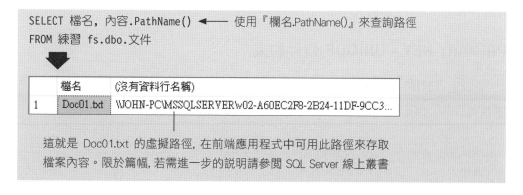

- ⦿ **< column_constraint >**:針對單一欄位設定條件約束。其詳細語法參見下文。

設定欄位的條件約束

為單一欄位設定條件約束的語法如下：

```
< column_constraint > ::= [ CONSTRAINT constraint_name ]  ◄── 設定條件約束的名稱
    [ { PRIMARY KEY | UNIQUE }
        [ CLUSTERED | NONCLUSTERED ]                          設定 PRIMARY KEY 或
        [ WITH FILLFACTOR = fillfactor ]                      UNIQUE 條件約束
        [ ON { filegroup | "default" } ] ]
    | [ [ FOREIGN KEY ]
        REFERENCES ref_table [ ( ref_column ) ]
        [ ON DELETE { NO ACTION | CASCADE ... } ]             設定 FOREIGN KEY
        [ ON UPDATE { NO ACTION | CASCADE ... } ]             條件約束
        [ NOT FOR REPLICATION ] ]
    | CHECK [ NOT FOR REPLICATION ]                           設定 CHECK 條件約束
        ( logical_expression ) }
```

設定條件約束的名稱

利用 CONSTRAINT constraint_name 參數可自行為條件約束取名, 若省略,
則 SQL Server 亦會自動為您設定的條件約束取名。例如：

```
( 訂單編號 int CONSTRAINT PK_訂單編號 PRIMARY KEY )
```

PRIMARY KEY、UNIQUE 條件約束

要設定 PRIMARY KEY 或 UNIQUE 條件約束, 也是直接把參數加在欄位
屬性後即可, 例如：

```
( 客戶編號 int NOT NULL PRIMARY KEY,
  聯絡人 char(10) NULL UNIQUE )
```

 在 PRIMARY KEY 和 UNIQUE 這個區段還有一些其它的參數, 那些參數都跟索引
的設定有關, 我們到第 12 章再介紹。

FOREIGN KEY 條件約束

FOREIGN KEY 條件約束即是設定資料表間的關聯, 這在前面已經提過蠻多遍了。假設我們現在要建立一個**訂單 01** 資料表, 其中的**客戶編號**欄位需參照到**客戶 01** 資料表的**客戶編號**欄位:

```
CREATE TABLE 訂單 01
( 訂單編號 int PRIMARY KEY,
  下單日期 date ,
  客戶編號 int CONSTRAINT FK_ 訂單與客戶 01  ◄── 設定 FOREIGN KEY 條件約束的名稱
             FOREIGN KEY                    ◄── 這個參數可以省略
             REFERENCES 客戶 01 (客戶編號))  ◄── 設定參照到的資料表及欄位名稱
```

另外, FOREIGN KEY 條件約束還有 3 項屬性設定:

⊚ **ON DELETE { NO ACTION | CASCADE | SET NULL | SET DEFAULT }**:設定當此欄位所參考到的記錄被刪除時, 應如何處理。預設為 NO ACTION, 就是不允許刪除;CASCADE 表示要串聯刪除, 而 SET NULL、SET DEFAULT 則分別表示要設為 NULL、欄位預設值。

⊚ **ON UPDATE { NO ACTION | CASCADE | SET NULL | SET DEFAULT }**:設定當此欄位所參考到的欄位值被修改時, 應如何處理。預設為 NO ACTION, 就是不允許修改;CASCADE 表示要串聯更新, 而 SET NULL、SET DEFAULT 則分別表示要設為 NULL、欄位預設值。

⊚ **NOT FOR REPLICATION**:若加上這項參數, 則在複寫程式將資料輸入資料表時, 不使用此 FOREIGN KEY 條件約束。

CHECK 條件約束

CHECK 條件約束的設定也很簡單, 假設我們要限制一個欄位的值在 1 到 3000 之間:

```
( 價格 smallmoney CONSTRAINT CK_價格範圍
                CHECK (價格 > 1 AND 價格 < 3000) )
                         │
                  logical_expression 的部份
                  要用小括號 ( ) 括起來
```

若在 CHECK 和 logical_expression 之間加上 NOT FOR REPLICATION，則在複寫程式將資料輸入資料表時，不使用此 CHECK 條件約束。

設定資料表條件約束

資料表的條件約束是指要同時針對多個欄位設定條件約束，例如要將兩個欄位組合為 FOREIGN KEY 時、或要針對兩個以上的欄位做 CHECK。其語法和設定個別欄位的條件約束很類似：

```
< table_cons t r a int > : : = [ CONSTRAINT cons t raint_name ]  ◄── 設定條件約束的名稱
  { [ { PRIMARY KEY | UNIQUE }
    [ CLUSTERED | NONCLUSTERED ]
    { ( column [ASC | DESC ] [ , ...n ] ) }         設定 PRIMARY KEY
    [ WITH FILLFACTOR = fillfactor ]                或 UNIQUE 條件約束
    [ ON { filegroup | "default " } ] ]
  | FOREIGN KEY
    [ ( column [ , ...n ] ) ]
    REFERENCES r ef_table [ ( ref_column [ , ...n ] ) ]   設定 FOREIGN
    [ ON DELETE { NO ACTION | CASCADE... } ]              KEY 條件約束
    [ ON UPDATE { NO ACTION | CASCADE... } ]
    [ NOT FOR REPLICATION ]
  | CHECK [ NOT FOR REPLICATION ]                        設定 CHECK 條件約束
    ( logical_expression ) }
```

我們就直接舉例，讓讀者感受一下個別欄位條件約束與資料表條件約束在設定上的差別：

```
CREATE TABLE 客戶 02
( 客戶編號 int IDENTITY PRIMARY KEY,
  身份證字號 char(10) NOT NULL UNIQUE,
  年齡 int CHECK (年齡 > 0) DEFAULT 25,
  地址 varchar (50) ,
  電話 varchar (12) ,
  雜誌編號 int
          REFERENCES 雜誌種類 (雜誌編號) ,
  訂戶編號 int NOT NULL,
  FOREIGN KEY (雜誌編號, 訂戶編號)
          REFERENCES 雜誌訂戶 (雜誌編號, 訂戶編號) ,   ── 這裏為資料表條件約束
  CHECK (地址 isnotnullor 電話 isnotnull )
)
```

查閱資料表所設定的條件約束

如果想要知道資料表共設定了哪些條件約束, 可執行預存程序 sp_helpconstraint 來查看 :

```
EXEC sp_helpcons traint 客戶 02  ◄── 指定欲查看的資料表名稱即可
```

指定檔案群組

CREATE TABLE 敘述的最後 3 行, 在指定資料表的資料要存放在哪個檔案群組中 :

⦿ **ON { filegroup |" default" }** : 指定資料表的資料 (除了 text、ntext、image、xml、varchar(max)、nvarchar(max) 及 varbinary(max) 型別的欄位以外) 要存放的檔案群組。若省略, 或設定 ON "default", 則表示放在 PRIMARY 檔案群組。

⦿ **TEXTIMAGE_ON {filegroup | " default"}** : 指定 text、ntext、image、xml、varchar(max)、nvarchar(max) 及 varbinary(max) 型別的欄位資料要存放的檔案群組。若省略, 或設為 TEXTIMAGE_ON "default", 則也是表示放在 PRIMARY 檔案群組。

⦿ **FILESTREAM_ON {filegroup | "default"}**：指定 varbinary(max) FILESTREAM 欄位資料要存放的 FILESTREAM 檔案群組。若省略或設為 "default"，則表示要放在預設的 FILESTREAM 檔案群組中。

建立計算欄位

計算欄位 (Computed column) 是一種虛擬欄位，此欄位的值是由同一資料表中的其他欄位所計算出來，其欄位內實際上並沒有存放資料。例如我們可以在**估價**資料表中建立一個**總價**計算欄位，其內容為：**單價欄 * 數量欄**，這樣就省去每次還要計算總價的麻煩：

```
CREATE TABLE 估價
( 編號 int IDENTITY,
  單價 numeric ( 5, 1 ),
  數量 int ,
  總價 AS 單價 * 數量  ◄──── 總價欄位即為計算欄位
)
```

底下我們輸入兩筆記錄，讓各位更能體會出計算欄位的功用：

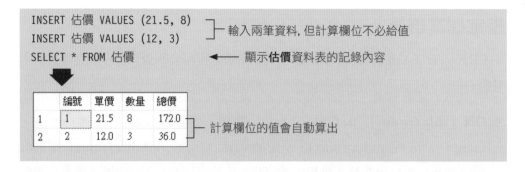

```
INSERT 估價 VALUES (21.5, 8)     ┐
INSERT 估價 VALUES (12, 3)       ├─ 輸入兩筆資料, 但計算欄位不必給值
SELECT * FROM 估價               ◄──── 顯示估價資料表的記錄內容
```

	編號	單價	數量	總價
1	1	21.5	8	172.0
2	2	12.0	3	36.0

計算欄位的值會自動算出

另外要提醒讀者，計算欄位是唯讀的 (不可輸入或修改)，因此自然也不可以設定 DEFAULT、FOREIGN KEY、NOT NULL 以及 CHECK 條件約束。不過若計算欄位的值具有唯一性，而且不會任意變動 (運算式中沒有包含像 GETDATE()之類具變動性的函數)，則可設定 PRIMARY KEY 或 UNIQUE 條件約束。

SQL Server Management Studio 提供了一些建立資料表的範本, 只要執行 『**檢視 /範本總管**』 命令並展開 Table 項目即可取用, 喜歡用 CREATE TABLE 敘述來建立資料表的讀者可多加利用。

7-8 用 ALTER TABLE 敘述修改資料表

ALTER TABLE 敘述的功用則是用來修改已建立的資料表結構, 例如要新增 /刪除欄位、新增/刪除條件約束、變更欄位屬性 ... 等等。其語法如下:

```
ALTER TABLE table                          ← 指定欲進行修改的資料表名稱
   [ ALTER COLUMN column_name
     { new_data_type [ ( precision [ , scale ] ) ]
       [ COLLATE collation_name ]                   ── 修改欄位屬性
       [ NULL | NOT NULL ]
     | {ADD | DROP } ROWGUIDCOL ] }
   | ADD
     { [ <column _ definition> ]                        新增欄位或新
     | column_name AS computed_column_expression } [ , ...n ]  增計算欄位
   | [ WITH CHECK | WITH NOCHECK ] ADD
     { < table_constraint > } [ , ...n ]        ── 新增資料表條件約束
   | DROP
     { [ CONSTRAINT ] constraint_name
     | COLUMN column } [ , . . .n ]            ── 刪除條件約束或刪除欄位
   | { CHECK | NOCHECK } CONSTRAINT
     { ALL | constraint_name [ , ...n ] }      ── 啟動或關閉條件約束
   | { ENABLE | DISABLE } TRIGGER               啟動或關閉觸發程序 (此處
     { ALL | trigger_name [ , ...n ] }         不介紹, 請參閱第 18 章)
   | SET (FILESTREAM_ON =                       更改 FILESTREAM 欄位
     { filegroup | "default " | "NULL" } )      所存放的檔案群組
```

 由於 ALTER TABLE 敘述中有許多參數我們在 CREATE TABLE 敘述中都介紹過了, 所以對於這些參數底下會直接略過, 不再重覆說明。

修改欄位屬性

修改欄位屬性的語法如下：

```
ALTER TABLE table
  [ ALTER COLUMN column_name
    { new_data_type [ (precision [ , scale ] ) ]
      [ COLLATE collation_name ]
      [ NULL | NOT NULL ]
    | {ADD | DROP} ROWGUIDCOL } ]
```

◉ **column_name**：指定欲修改屬性的欄位名稱。

不能變更屬性的欄位

● 請注意, 下列的欄位是不能夠在此處變更屬性的：

● timestamp 型別的欄位。

● text、ntext、image 型別的欄位只能進行以下的更改：

原來的型別	可更改為
text	varchar(max)、nvarchar(max)、或 xml
ntext	varchar(max)、nvarchar(max)、或 xml
image	varbinary(max)

● 已具備 RowGuidCol 屬性的欄位。

● 計算欄位或計算欄位用到的欄位。

● 用於 PRIMARY KEY 或 FOREIGN KEY 條件約束中的欄位。

● 用於 CHECK 或 UNIQUE 條件約束中的欄位, 但可變更這些欄位的長度 (前提是該欄位為可變動長度的型別)。

● 用於 DEFAULT 中的欄位, 但可更改欄位的長度、精確度及小數點位數。

◉ **new_data_type (precision [, scale])**：為欄位指定新的資料型別，若是 decimal、numeric 型別，則還需指定**精確度**(precision) 和**小數點位數**(scale)。

變更型別的注意事項

若要變更欄位的資料型別，請注意：

● 新資料型別必須與原資料型別相容，亦即能夠進行**隱含式轉換**，可參閱 10-5 節。

● 不能變更為 timestamp 型別。

● 若變更屬性的欄位原就具備**識別規格**中的屬性，新資料型別也必須要能夠支援該屬性。

◉ **{ADD | DROP} ROWGUIDCOL**：為欄位加上 (ADD) 或移除 (DROP) **RowGuidCol** 屬性。注意，只有 uniqueidentifier 型別的欄位可以設定為 **RowGuidCol** 屬性；同時，一個資料表中也只能有一個具備 **RowGuidCol** 屬性的欄位。

客戶 A 資料表的**聯絡人**欄位，其屬性原為 char(10) 型別、NOT NULL，現在我們要將它變更為 varchar(30)、NULL：

```
ALTER TABLE 客戶 A
    ALTER COLUMN 聯絡人
                varchar (30) NULL
```

新增欄位/計算欄位

新增欄位/計算欄位的語法如下：

```
ALTER TABLE table
    ADD
        { [ <column_definition> ]                              ←── 新增一般欄位
          | column_name AS computed_column_expression }        ←── 新增計算欄位
        [ , ...n ]
< column_definition > : := { column_name data_type }
    [ [ DEFAULT constant_expression ] [ WITH VALUES ]
      | [ IDENTITY [ (seed, increment) ] [ NOT FOR REPLICATION ] ] ] ]
    [ ROWGUIDCOL ]
    [ COLLATE collation_name ]
    [ FILESTREAM ]
    [ < column_constraint > ] [ ...n ]
```

其實，ALTER TABLE 敘述新增欄位/計算欄位的語法，除了多了一個 ADD 參數帶領之外，其它和建立資料表時定義欄位屬性幾乎一模一樣。眼尖的讀者可能已經發現，唯一不同的地方在於欄位定義 <column_definition> 的語法中多了一個 WITH VALUES 參數，至於欄位條件約束 <column_constraint> 的語法則完全相同(所以此處不再列出)。

新增欄位若有設定 DEFAULT (**預設值或繫結**屬性)，才可以使用 WITH VALUES 參數，用意是在資料表舊有記錄的新增欄位中填入預設值。假如新增欄位有設定 DEFAULT、且允許 NULL、但沒有使用 WITH VALUES 參數，則舊有記錄的新增欄位中將填入 NULL。另一種情況是，新增欄位有設定 DEFAULT、但不允許 NULL，則不管有沒有使用 WITH VALUES 參數，舊有記錄的新增欄位中都將填入預設值。

	NOT NULL	NULL
有 WITH VALUE	填入預設值	填入預設值
無 WITH VALUE	填入預設值	填入 NULL

我們來為**客戶 A** 資料表新增一個**類別編號**欄位, 這個欄位有預設值, 且需參照到**客戶類別**資料表的**類別編號**欄位:

```
ALTER TABLE 客戶 A
    ADD
        類別編號 int
            DEFAULT 1 WITH VALUES
            CONSTRAINT FK_類別編號
            FOREIGN KEY
                REFERENCES 客戶類別(類別編號)
```

新增資料表條件約束

新增資料表條件約束的語法如下:

```
ALTER TABLE table
    [ WITH CHECK | WITH NOCHECK ] ADD
        { < table_constraint > } [ , ...n ]

< table_cons t raint > : : = [ CONSTRAINT cons t raint_name ]
    { [ { PRIMARY KEY | UNIQUE }
        { ( column [ , ...n ] ) }
    | FOREIGN KEY
        [ ( column [ , ...n ] ) ]
        REFERENCES ref_tabl e [ ( ref_column [ , ...n ] ) ]
        [ ON DELETE { NO ACTION | CASCADE ... } ]
        [ ON UPDATE { NO ACTION | CASCADE ... } ]
        [ NOT FOR REPLICATION ]
    | DE FAUL Tconstant_expression
        FOR column [ WITH VALUES ]       ◄── 必須是在同一敘述中用 ADD 新增的
    | CHECK [ NOT FOR REPLICATION ]           欄位, 才能指定 WITH VALUE 選項
        ( logical_expression ) }
```

WITH CHECK 表示要使用新增的資料表條件約束去檢查舊有記錄，WITH NOCHECK 表示不使用新增的資料表條件約束去檢查舊有記錄。若省略，則預設為 WITH CHECK。底下即利用這組語法替**訂購項目 A** 資料表設定 PRIMARYKEY 條件約束：

```
ALTER TABLE 訂購項目 A
    WITH CHECK ADD
    CONSTRAINT PK_訂購項目 A
    PRIMARY KEY (訂單編號，項目編號)
```

刪除條件約束/欄位

刪除條件約束與刪除欄位的語法如下：

```
ALTER TABLE table
    DROP
        { [ CONSTRAINT ] constraint_name  ◄──── 刪除條件約束，指定欲刪除的條件約束
                                                名稱即可
        | COLUMN column } [ , ...n ]      ◄──── 刪除欄位，指定欲刪除的欄位名稱即可
```

例如之前我們才替**訂購項目 A** 資料表新增了一個叫 **PK_ 訂購項目 A** 的 PRIMARY KEY 條件約束，現在將它刪除掉：

```
ALTER TABLE 訂購項目 A
    DROP CONSTRAINT PK_訂購項目 A
```

接著我們來刪除**訂購項目 A** 的兩個欄位：

```
ALTER TABLE 訂購項目 A
    DROP COLUMN 訂單編號，項目編號
```

請注意，使用在 CHECK、FOREIGN KEY、UNIQUE、PRIMARY KEY、DEFAULT 中的欄位不能夠刪除。

啟動/關閉條件約束

ATLER TABLE 敘述有個特殊的功能, 就是它能夠暫停某條件約束的作用, 也可以再重新啟動。但是請注意, 這項功能只能用在 FOREIGN KEY 和 CHECK 這兩種條件約束上。啟動/關閉條件約束的語法如下：

```
ALTER TABLE table
    { CHECK | NOCHECK } CONSTRAINT
        { ALL | constraint_ name [ , ...n ] }
```

⊙ **CHECK | NOCHECK**：CHECK 表示啟動條件約束, NOCHECK 表示關閉條件約束。

⊙ **ALL**：指資料表中所有的 FOREING KEY 與 CHECK 條件約束。

之前我們曾替**客戶 A** 資料表新增了一個欄位, 且設定了 **FK_ 類別編號**的 FOREIGN KEY 條件約束, 現在我們來暫停這項條件約束：

```
ALTER TABLE 客戶 A
    NOCHECK CONSTRAINT FK_類別編號
```

若要重新啟動 **FK_類別編號**這個條件約束, 則執行如下的敘述：

```
ALTER TABLE 客戶 A
    CHECK CONSTRAINT FK_類別編號
```

更改欄位與資料表的名稱

ALTER TABLE 敘述並沒有更改欄位名稱及資料表名稱的功能, 若想變更欄位名稱或資料表名稱, 則要改用 sp_rename 預存程序。其實, sp_rename 預存程序可用來變更資料庫中所有非系統建立的物件名稱, 其語法如下：

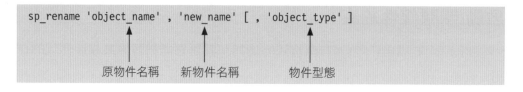

object_type 可指定的值請看下表:

object_type	說 明
COLUMN	變更欄位名稱
DATABASE	變更資料庫名稱
INDEX	變更使用者自訂的索引名稱
OBJECT	變更條件約束 (CHECK、FOREIGN KEY、PRIMARY KEY、UNIQUE)、資料表、檢視表、預存程序、觸發程序的名稱
USERDATATYPE	變更**使用者自訂資料型別**物件的名稱

例如:

```
EXEC sp_rename ' 訂單 A' , ' 訂購單 A'    ◄──── 將訂單 A 資料表改為訂購單 A 資料表

EXEC sp_rename ' 客戶 A.地址' , ' 通訊處' , 'COLUMN'    ◄──── 將客戶 A 資料表的地址
                                                              欄位更名為通訊處欄位
```

7-9 用 DROP TABLE 敘述刪除資料表

DROP TABLE 敘述可用來刪除資料表, 其語法如下:

```
DROP TABLE table_name
```

例如:

```
DROP TABLE 書籍 A
```

但請注意，若欲刪除的資料表是 FOREIGN KEY 所參照的資料表，則需先刪除該資料表的關聯，否則 DROP TABLE 敘述無法刪除該資料表。

應用程式常常會遇到建立暫存資料表的狀況，而這個資料表就需要反覆執行「建立及刪除」操作。但建立資料表時，若資料庫已經有相同名字的資料表，則建立會失敗，並出現下列這樣的錯誤訊息：

```
資料庫中已經有一個名為 '...' 的物件。
```

這時候就會用到 DROP TABLE 敘述先刪除資料表，再建立資料表。對應用程式而言，運作的流程就變成要建立這個資料表，必須先檢查資料表是否存在？若存在則先刪除掉再建立。SQL Server 過去必須透過較冗長的敘述來完成這個流程，但從 SQL Server 2016 開始，可以透過新語法 DROP IF Exists 敘述來達成相同效果，其語法如下：

```
DROP TABLE IF Exists table_name;
```

例如：

```
DROP TABLE IF Exists 暫存 A
```

相較於 DROP TABLE 敘述，若資料庫並沒有「暫存 A」資料表，這時會出現錯誤訊息。而使用 DROP IF Exists 敘述，若「暫存 A」資料表已經存在，便會刪除該資料表；反之，則不會有任何動作，也不會造成錯誤。

7-10 暫存資料表

暫存資料表 (Temporary table) 是一種因暫時需求而產生的資料表，它和一般資料表 (稱為 Permanent table) 的不同點在於：

◉ 暫存資料表會存放在 tempdb 資料庫中。

◉ 當我們使用完暫存資料表並離線後，暫存資料表會自動被刪除。

因此，如果在處理資料的過程中需要一個資料表來存放暫時性的資料，那麼不妨就用暫存資料表吧!

暫存資料表的種類

暫存資料表依使用的範圍可分為以下兩種：

◉ **區域暫存資料表**：區域暫存資料表的名稱須以 # 開頭，只有建立它的人可以使用，當該使用者離線後，SQL Server 會自動刪除它。

在預存程序或觸發程序 (請參閱第 5 篇) 中所建立的區域暫存資料表，其可用範圍僅限於該預存程序或觸發程序，以及在程序中所執行的其他程序。當預存程序或觸發程序結束時，該區域暫存資料表也會自動刪除掉。

◉ **全域暫存資料表**：全域暫存資料表的名稱須以 ## 開頭，所有的使用者都可以使用它。當建立它的使用者離線後，其他使用者即無法再開啟此資料表，但仍在使用中的則可繼續使用，直到所有使用它的指令都結束後，SQL Server 即會自動將此資料表刪除掉。

如果您等不及讓 SQL Server 自動刪除暫存資料表，也可以用 DROP TABLE 敘述來刪除暫存資料表。

建立暫存資料表

暫存資料表的建立方式和一般資料表相同，但資料表名稱前必須加上 # 或 ##，例如：

```
CRATE TABLE # 訂單 ( 編號 int, 數量 int )        ◀── 建立區域暫存資料表
CREATE TABLE ## 客戶 ( 編號 int, 姓名 char(10)   ◀── 建立全域暫存資料表
```

7-11 自動紀錄資料異動－ Temporal 資料表

Temporal 資料表是 SQL Server 2016 新增的功能，與一般資料表不同之處在於 Temporal 是『**系統控制版本資料表** (System-Versioned Table)』，可以自動紀錄資料表的異動歷程，以便於後續追溯歷史資料，或是在人為或程式產生操作錯誤時，做為回復資料的依據。相同的功能，在過去必須自行撰寫**觸發程序** (Triggers) 偵測資料表操作，現在 SQL Server 便內建這樣便利的功能。

建立 Temporal 資料表

要建立 Temporal 資料表，與建立一般資料表同樣，是使用 CREATE TABLE 敘述，不過 Temporal 資料必須滿足以下幾個條件：

◉ 資料表必須有**主索引鍵** (Primary Key)。

◉ 必須有 2 個資料類型為 **DATETIME2** 的欄位，並且設定參數為 **GENERATED ALWAYS AS ROW**，用來記錄資料列的異動時的系統起迄時間。

◉ 資料表必須加上 SYSTEM_VERSIONING 的參數，並且設置為 ON，啟用『系統控制版本』功能。

建立 Temporal 資料表的語法如下：

```
CREATE TABLE table_name              ◀── 設定資料表名稱
(
    id int NOT NULL PRIMARY KEY,     ◀── 定義主索引鍵
    ...
                                              定義 2 個 DATETIME2 類型的欄
    time1_name DATETIME2 GENERATED ALWAYS AS ROW,   位，並且啟用『GENERATED ALWAYS
    time2_name DATETIME2 GENERATED ALWAYS AS ROW,   AS ROW』參數，欄位名稱自訂
    PERIOD FOR SYSTEM_TIME (StartTime, EndTime),
)
WITH (SYSTEM_VERSIONING = ON);    ◀── 資料表最後加上『SYSTEM_VERSIONING = ON』
                                      參數啟用系統控制版本
```

加入啟用系統控制版本參數時，異動紀錄資料表的命名方式，預設是 **MSSQL_TemporalHistoryFor_** + **資料表物件 ID**。這個命名方式我們難以辨別它是屬於那個資料表的異動記錄，用 SQL 指令操作該資料表時也顯得極不方便，如下圖：

這是用預設命名方式產生的異動記錄資料表

建議在參數後加入另一項宣告，指定用來記錄資料異動的資料表名稱，語法如下：

```
...
WITH(SYSTEM_VERSIONING = ON (HISTORY_TABLE = [資料表名稱]) )
```

接著來建立一個 Temporal 資料表，看看如何指定必要的欄位及參數：

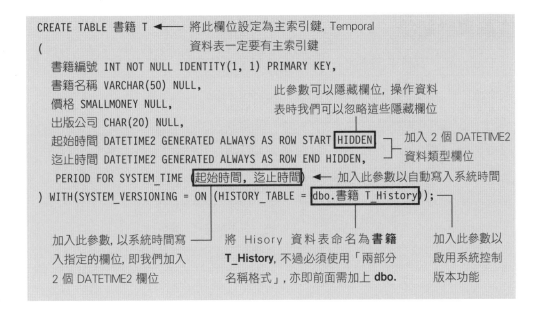

資料表建立完成後，我們來看看 Temporal 資料表有什麼不一樣的地方。請在 SQL Server Management Studio 進行操作，在物件總管找到剛才建立的資料表(此例為 "書籍 T")，若資料表沒出現在物件總管，請在**資料表**項目按滑鼠右鍵，執行 『**重新整理**』命令，就可以看到剛才以 SQL 敘述建立的資料表。接著請如下操作：

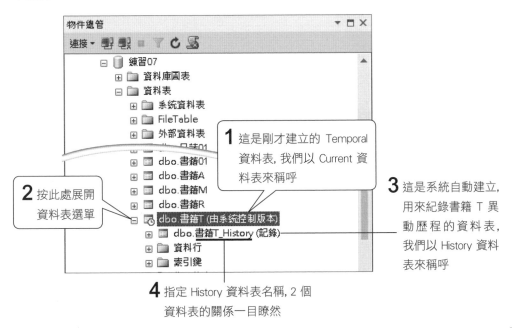

查詢異動紀錄

Temporal 資料表已經建立完成，但此時資料表還沒有任何資料，請先執行以下敘述新增 3 筆資料：

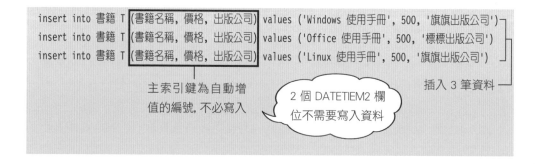

```
insert into 書籍 T (書籍名稱, 價格, 出版公司) values ('Windows 使用手冊', 500, '旗旗出版公司')
insert into 書籍 T (書籍名稱, 價格, 出版公司) values ('Office 使用手冊', 500, '標標出版公司')
insert into 書籍 T (書籍名稱, 價格, 出版公司) values ('Linux 使用手冊', 500, '旗旗出版公司')
```

主索引鍵為自動增值的編號, 不必寫入

2 個 DATETIEM2 欄位不需要寫入資料

插入 3 筆資料

我們來看看資料寫入後 Temporal 資料表的內容。：

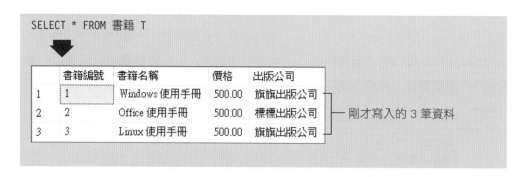

```
SELECT * FROM 書籍 T
```

	書籍編號	書籍名稱	價格	出版公司
1	1	Windows 使用手冊	500.00	旗旗出版公司
2	2	Office 使用手冊	500.00	標標出版公司
3	3	Linux 使用手冊	500.00	旗旗出版公司

剛才寫入的 3 筆資料

看起來和一般資料表沒什麼不同，不過還記得其中有 2 個設為隱藏的欄位沒有顯示出來嗎?對操作資料表的人來說，Temporal 資料表和一般資料表一樣，甚至不需要知道這 2 個隱藏欄位的存在。若要查看隱藏的欄位，則必須明確的指定欄位的名稱，敘述如下：

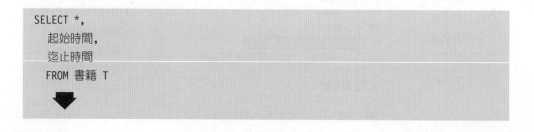

```
SELECT *,
    起始時間,
    迄止時間
FROM 書籍 T
```

再來看看 History 資料表做了什麼樣的記錄：

查詢後發現 History 資料表沒有任何資料，這是因為 History 只記錄現有資料的異動，因此新增資料並不會記錄在 History 資料表。那麼我們就來修改一筆資料，看看是否真的有記錄到 History 資料表：

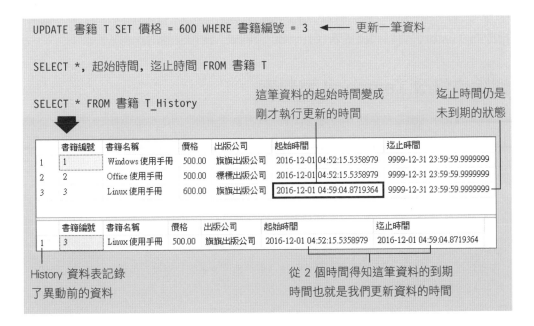

藉由 Current 資料表和 History 資料表彼此對照, 很容易就能看出資料變化的歷程了。接著我們試著刪除一筆資料, 看看資料表會有什麼記錄:

```
Delete 書籍 T WHERE 書籍編號 = 3    ◄───  刪除一筆資料

SELECT *, 起始時間, 迄止時間 FROM 書籍 T

SELECT * FROM 書籍 T_History
```

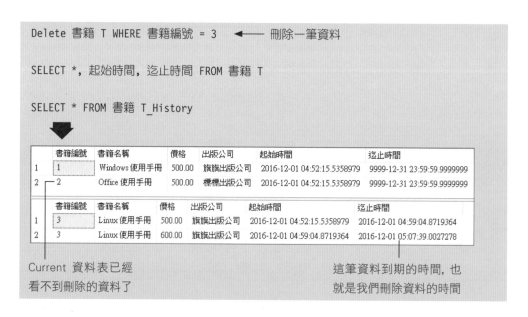

	書籍編號	書籍名稱	價格	出版公司	起始時間	迄止時間
1	1	Windows 使用手冊	500.00	旗旗出版公司	2016-12-01 04:52:15.5358979	9999-12-31 23:59:59.9999999
2	2	Office 使用手冊	500.00	標標出版公司	2016-12-01 04:52:15.5358979	9999-12-31 23:59:59.9999999

	書籍編號	書籍名稱	價格	出版公司	起始時間	迄止時間
1	3	Linux 使用手冊	500.00	旗旗出版公司	2016-12-01 04:52:15.5358979	2016-12-01 04:59:04.8719364
2	3	Linux 使用手冊	600.00	旗旗出版公司	2016-12-01 04:59:04.8719364	2016-12-01 05:07:39.0027278

Current 資料表已經
看不到刪除的資料了

這筆資料到期的時間, 也
就是我們刪除資料的時間

再次對照 Current 資料表及 History 資料表, 就可以了解哪些資料被刪除了。若是因人為操作不當, 或是程式錯誤導致資料被誤改或誤刪, 那就可以透過 History 資料表來查出哪些資料出了問題, 若您對 SQL 的操作夠熟悉, 甚至能用指令將 History 資料表反更新 Current 資料表, 恢復原始的資料。

刪除或修改 Temporal 資料表

Temporal 資料表在使用上雖然和一般資料表相同, 但若是要刪除或修改資料表, 會發現無法照一般的方式操作。若我們直接執行 Drop 敘述, 就會看到以下的錯誤訊息:

```
DROP TABLE 書籍 T
```

```
訊息 13552, 層級 16, 狀態 1, 行 1
在資料表 '練習 07.dbo.書籍 T' 上進行卸除資料表作業失敗, 因為在系統設定版本的時態
表上, 不支援此作業。
```

這是因為 Temporal 資料表加入了 SYSTEM_VERSIONING = ON 參數，表示此時資料表是由系統所控制，我們無法卸除資料，當然也就無法刪除或變更。解決的方法是必須先停用 SYSTEM_VERSIONING 參數，停用後，再執行一次刪除命令，就可以成功刪除資料表了。刪除 Temporal 資料表後，記得 History 資料表也要進行刪除。

```
ALTER TABLE 書籍 T
  SET (SYSTEM_VERSIONING = OFF)

DROP TABLE 書籍 T

DROP TABLE 書籍 T_History
```

將現存資料表改成 Temporal 資料表

了解 Temporal 資料表的好處後，若您想將現有的資料表改為 Temporal 資料表，只要透過一些修改即可。例如我們有一個資料表名為『書籍 S』：

```
CREATE TABLE 書籍 S
(
    書籍編號 INT NOT NULL IDENTITY(1, 1) PRIMARY KEY,
    書籍名稱 VARCHAR(50) NULL,
    價格 SMALLMONEY NULL,
    出版公司 CHAR(20) NULL
)
```

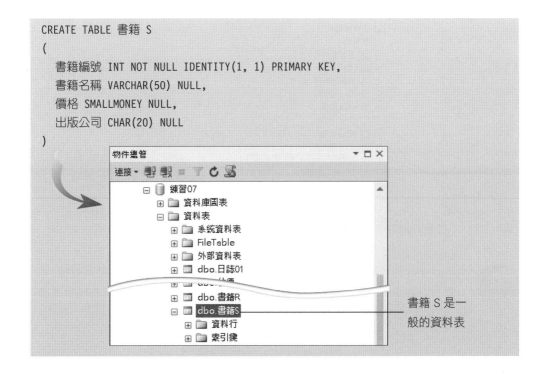

書籍 S 是一般的資料表

要將『書籍 S』資料表變更為 Temporal 資料表, 只要滿足 Temporal 資料表的必要條件即可。變更資料表的敘述如下:

```
--加入 2 個 DATETIME2 欄位, 並指定寫入系統時間
ALTER TABLE 書籍 S
ADD PERIOD FOR SYSTEM_TIME (起始時間, 迄止時間), ◄─── 設定系統時間寫入 2 個欄位
起始時間 DATETIME2 GENERATED ALWAYS AS ROW START HIDDEN,
迄止時間 DATETIME2 GENERATED ALWAYS AS ROW END HIDDEN
                                        新增 2 個 Datetime2 欄位
GO


--啟用 SYSTEM_VERSIONING 參數

ALTER TABLE 書籍 S
SET (SYSTEM_VERSIONING = ON (HISTORY_TABLE = dbo.書籍 S_History)) ◄───
                    啟用 SYSTEM_VERSIONING 參數, 並指定 History 資料表名稱
GO
```

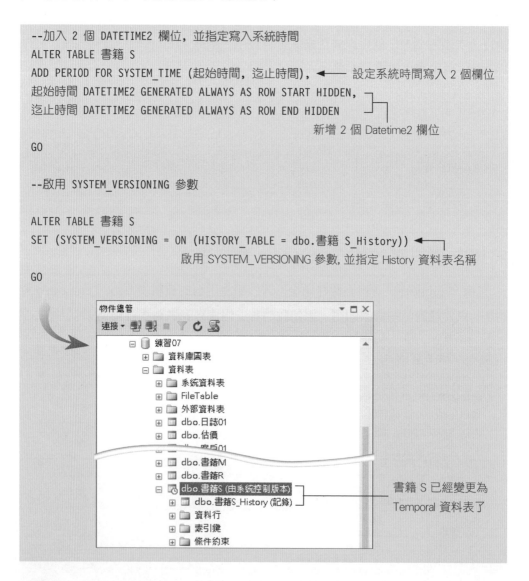

書籍 S 已經變更為
Temporal 資料表了

TIP　Temporal 資料表雖好用, 但對於 SQL Server 的效能和磁碟用量勢必較為吃重, 尤其是資料表存有二進位資料 (binary、image...等), 一有不慎可能造成磁碟用量爆增, 必須謹慎。

08

資料的新增、
修改與刪除

緊接在建立資料表之後, 我們馬上要來編輯資料—
學學如何新增、修改、刪除資料表中的記錄。編
輯資料的操作不難, 但要提醒您注意資料表的各項
條件約束 (Constraint), 尤其是當資料表間建有關
聯時—例如**資料表 A** 的 **A1 欄位**需參考到**資料表
B** 的 **B1 欄位**, 那麼就必須先建立**資料表 B** 的記
錄, 才能夠正確輸入 **A1 欄位**的資料。

本章將使用**練習 08** 資料庫為例說明, 請依**關於
光碟**中的說明, 附加光碟中的資料庫到 SQL Server
中一起操作。

8-1 使用 SQL Server Management Studio 編輯資料

本節將介紹在 SQL Server Management Studio 中編輯資料的技巧。

在 SQL Server Management Studio 中，我們可以先執行一道**查詢**手續，從資料庫中取出符合特定要求的資料，然後直接在**查詢結果**上進行新增、修改、刪除記錄的動作。

開啟及查詢資料表

一看到要執行查詢，可能馬上就有人反應『那是不是要先設計查詢啊？』不急，此處執行查詢的目的，純粹是為了顯示資料表中的記錄以進行編輯，只要利用 SQLServer Management Studio 內建的查詢就夠了。

首先請如下開啟要查詢的資料表：

1 在**物件總管**窗格中選取要編輯的資料表

2 按滑鼠右鈕執行『**編輯前 200 個資料列**』命令

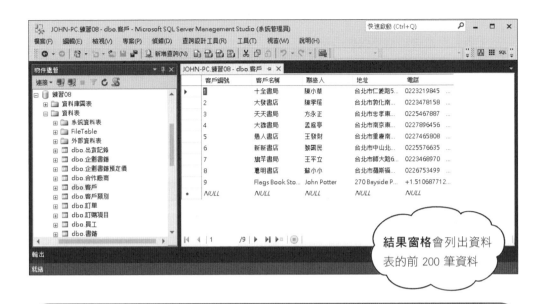

結果窗格會列出資料表的前 200 筆資料

更改預設的查詢、編輯筆數

如果您只想要單純查詢資料, 不需要編輯資料, 則可以在上頁步驟 2 執行『**選取前 1000 個資料列**』命令, 即可顯示資料表內的記錄:

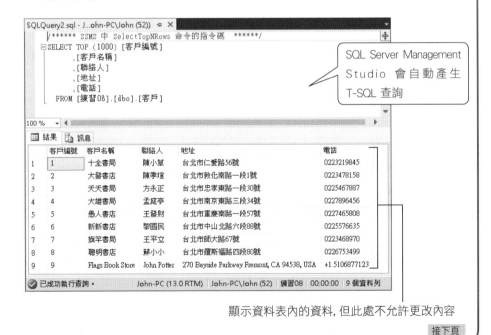

SQL Server Management Studio 會自動產生 T-SQL 查詢

顯示資料表內的資料, 但此處不允許更改內容

接下頁

為了避免過多的資料導致伺服器負載過大，執行『**選取前 1000 個資料列**』以及『**編輯前 200 個資料列**』命令時，預設只會顯示前 1000 與前 200 筆資料。如果您想要調高或調低預設的顯示筆數，請在 SQL Server Management Studio 中執行『**工具/選項**』命令，然後如下設定：

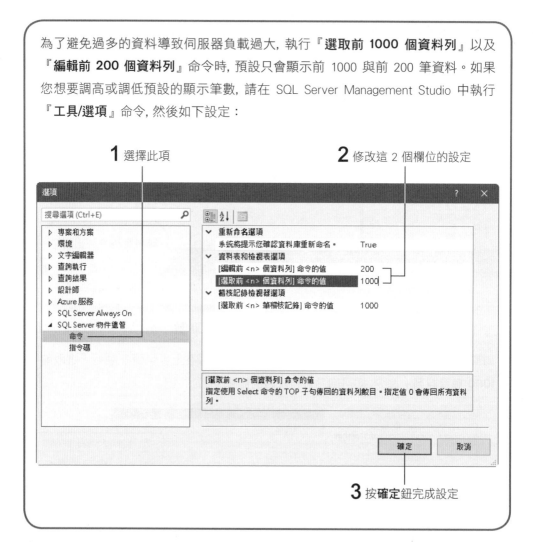

1 選擇此項

2 修改這 2 個欄位的設定

3 按**確定**鈕完成設定

開啟資料表後，請執行『**檢視/屬性視窗**』命令開啟**屬性**窗格，我們可以在**屬性**窗格內設定查詢的條件。查詢條件大致有**查詢前幾筆資料列**和**查詢前百分之幾的資料列** 2 種。

查詢前幾筆資料列

當資料筆數不多時，可以使用這個查詢條件，指定查詢資料表的前幾筆記錄：

6 依設定的條件顯示前 5 筆資料

5 按此鈕執行查詢

1 展開 **Top 規格**項目

2 拉下此列示窗選擇**是**，設定條件為查詢前幾筆的資料

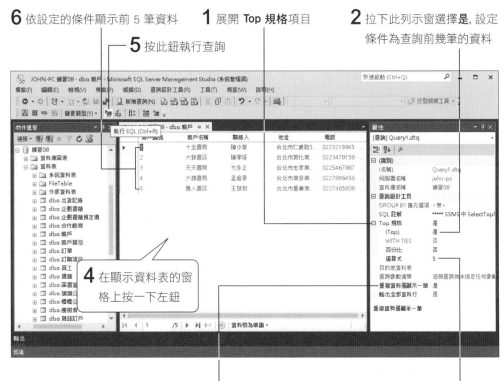

4 在顯示資料表的窗格上按一下左鈕

此項預設為 **"否"**，表示會顯示查得的所有資料；若設為 **"是"**，則不會顯示重複 (即每個欄位值都相同的資料) 的資料

3 在此設定查詢的限制條件，單位為 "筆數"。此處設定為 **"5"**，代表要查詢前 5 筆資料

查詢前百分之幾的資料列

另一個條件則可以查詢所有資料的前百分之幾筆資料：

6 按此鈕執行查詢

7 依設定的條件, 顯示前 60% 的資料, 也就是前 6 筆的資料

1 展開 **Top 規格**項目

2 拉下此列示窗選擇**是**, 先設定條件為傳回前幾筆的資料

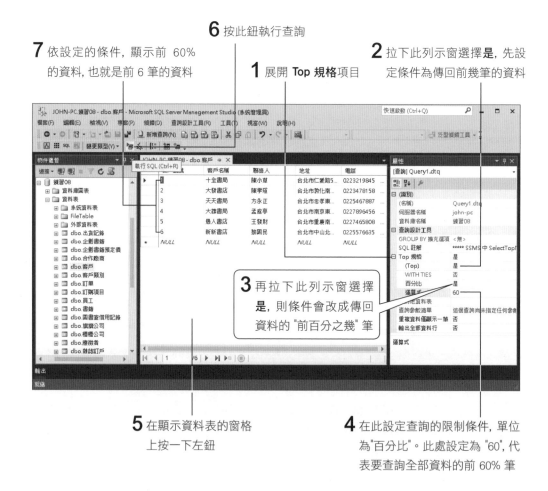

3 再拉下此列示窗選擇**是**, 則條件會改成傳回資料的 "前百分之幾" 筆

5 在顯示資料表的窗格上按一下左鈕

4 在此設定查詢的限制條件, 單位為"百分比"。此處設定為 "60", 代表要查詢全部資料的前 60% 筆

結果窗格除了可以顯示資料查詢的結果, 還可以在此進行資料的編輯。

在結果窗格編輯資料時的限制

當顯示查詢結果後，理應可以開始進行資料編輯的工作，但在這之前，我們必須先提醒您在結果窗格中編輯資料的一些限制，免得您 "動輒得咎"，破壞了編輯資料的雅興。

整個查詢結果的限制

首先您必須確定，查詢結果是否可以接受編輯。因為有些情況我們是無法直接在查詢結果上變更資料內容的，例如沒有變更資料表的權限、查詢結果沒有足夠的資訊可以辨識出每一筆記錄 (常發生在沒有設定 Primary key 的資料表上) ...。還有些情況目前不方便列出 (因為我們暫時還不會遇到)，不過各位可以到 **SQL Server 線上叢書搜尋 "更新結果的規格"** 標題，以取得完整的說明。

欄位的限制

確定查詢結果可以接受編輯後，再來就是注意欄位的限制了：

◉ 有些資料型別的欄位是不允許在**結果窗格**中輸入或修改的，像 timestamp 以及 binary 類型 (包括 binary、varbinary、image 三種型別)。遇到這種欄位，只要忽略就可以了。

> **TIP** 在**結果窗格**中, timestamp 和 binary 類型的欄位中會顯示 <二進位資料>, 編輯時請小心, 不要隨意修改。

◉ 若欄位的值可以自動產生，請不要費事去更動它。像計算欄位、設定**識別 (IDENTITY)** 屬性的欄位、利用 NEWID() 函數自動產生值的 uniqueidentifier 型別的欄位。

◉ 若輸入任何不符合欄位定義 (包括資料型別、長度、屬性、各項條件約束設定) 的值，都是會被打回票的。建議您在編輯資料之前，先在**物件總管**窗格中欲編輯的資料表上按滑鼠右鈕執行『**設計**』命令，查看一下各欄位的定義內容比較保險。

　　其實，各位對於上述所說的限制不用太在意，因為除了資料庫設計者會因測試的需要而直接在查詢結果上編輯資料外，一般的資料庫使用者很少會接觸到，所以您只要讓自己在測試時，不要出錯就行了。

在結果窗格中的編輯技巧

　　想必已經有人等得不耐煩了，我們現在馬上就為您介紹在結果窗格中修改、新增以及刪除記錄的方法。

修改現有記錄內容

　　修改現有記錄內容的操作步驟如下，此處以**練習 08** 的**客戶**資料表為例。請在**物件總管**窗格選取**客戶**資料表，再按滑鼠右鈕執行『**編輯前 200 個資料列**』命令，開啟資料表：

Step1 先將插入點移到欲修改的欄位上。假若查詢結果上的記錄很多，您可以利用下方的快速移動工具來幫助您：

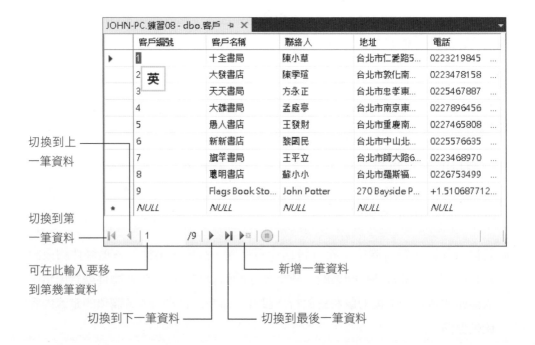

Step2 修改欄位值。這裡順便介紹幾項編輯小技巧及注意事項：

- 若想修改欄位中的幾個字，而此時卻顯示選取整個欄位值，可以按一下 **F2** 鍵，插入點就會出現了。

- 在 "允許 NULL" 的欄位中，若要將值改成 NULL，請按 **Ctrl** + **O** 鍵，則儲存後，該欄位會顯示 NULL。注意！將欄位值完全清除並不會填入 NULL。

- 若有其他資料表需參照到您要修改的欄位值，該欄位值將不允許修改。但若您要編輯的資料表將**更新規則**屬性設為**重疊顯示**、**設為 NULL**、或**設為預設值** (請參閱 7-3 節)，便沒有這個限制。

復原所做的更動

在 "步驟 3"，也就是儲存之前，利用 **Esc** 鍵可以取消 "步驟 2" 所做的更動：

- **復原單一欄位：**若只要取消某一欄位的修改，則將插入點放在該欄位中，然後按 **Esc** 鍵。

- **復原整筆記錄：**若要取消整筆記錄的修改 (可能已更動多個欄位值)，則將插入點放在該筆記錄沒有被改過的欄位上，然後按 **Esc** 鍵；或者直接連按兩次 **Esc** 鍵即可復原整筆記錄。

Step3 修改完畢，將插入點移到其他記錄上 (或關閉查詢設計視窗)，便可將剛才所做的變更儲存起來。

出現警告訊息怎麼辦？

在結果窗格中編輯資料，最大的好處是可以立即看到編輯結果，若有錯誤，也會立即被警告！但是當您被警告訊息纏上時，該怎麼處理呢？

- 若是誤改 "不允許編輯" 或 "會自動產生值" 的欄位，請按下警告訊息的**確定**鈕關閉訊息窗，然後迅速離開那些欄位。

- 若是筆誤，則關閉警告訊息後，可立即訂正，或按 **Esc** 鍵復原。

新增記錄

要在查詢結果上新增記錄, 請參照下面的步驟:

Step1 將插入點移到查詢結果最底部的空白列上。或者, 按查詢結果底下的**移至新資料列**鈕, 也可快速到達最底部的空白列。

Step2 輸入各欄位值, 輸入的技巧、注意事項和修改欄位值差不多, 這裡再補充幾點:

● 若要將欄位值設為 NULL (假設該欄位 "允許 NULL"), 您不需要在該欄位輸入任何資料, 因為只要儲存記錄後, 該欄位便會自動填入 **NULL**。

● 若要讓欄位填入預設值 (假設該欄位有設定預設值), 同樣也不需要在欄位內輸入任何資料, 如此儲存後, 該欄位便會自動填入預設值。

● 假如某欄位既 "允許 NULL", 且設有預設值, 則略過該欄位不填, 儲存後, 該欄位會填入預設值;若是要填入 NULL 值, 則您必須在該欄位上按 `Ctrl` + `O` 鍵, 強制輸入。

● 此步驟所做的任何編輯, 同樣可利用 `Esc` 鍵復原。

Step3 輸入完畢, 將插入點移到其他記錄上 (或關閉**結果窗格**), 該筆記錄便儲存起來了。

刪除記錄

要刪除現有記錄請如下操作:

Step1 選取欲刪除的記錄:按一下記錄最左側的灰色按鈕可選取整筆記錄, 按住滑鼠左鈕在灰色按鈕上拉曳, 可選取多筆連續的記錄。

Step2 在選取的記錄上按滑鼠右鈕執行『**刪除**』命令，或按 [Delete] 鍵，此時螢幕會出現如下訊息：

此訊息在告知將記錄刪除後即無法回復

Step3 按是鈕，選取的記錄就被刪除掉了。

請注意，若有其他資料表需參照到您欲刪除記錄的某欄位值，則刪除記錄的動作將無法執行。但若此資料表將**刪除規則**屬性設為**重疊顯示**、**設為 NULL**、或**設為預設值** (請參閱第 7 章)，則可直接刪除。

8-2 新增記錄 ─ INSERT 敘述

T-SQL 在資料編輯方面也提供了許多敘述，首先介紹為資料表新增記錄的 INSERT 敘述。

基本用法

INSERT 敘述的基本語法如下：

```
INSERT [ INTO ] table_name [ ( column_list ) ]
  VALUES ( data_values ) [ , ...n]
```

⊙ **INTO**：此參數純粹是為了增加整個敘述的可讀性而已，用不用都沒關係。

⊙ **table_name**：要新增記錄的資料表名稱。

◉ **column_list**：列出預備要輸入值的欄位名稱，欄位名稱之間請用逗號相隔。此處若沒有指定任何欄位，則表示資料表中的所有欄位。

◉ **data_values**：列出要填入欄位中的值，值與值之間須用逗號隔開，可插入單筆或多筆記錄。此處必須和 column_list 互相對應，亦即若 column_list 列出 3 個欄位名稱，這裡也要列出 3 筆欄位值。欄位值可用 NULL 或 DEFAULT 來指定，表示要填入 NULL 值或預設值。

現在我們就利用上述的語法，替**練習 08** 資料庫中的**圖書室借用記錄**資料表新增記錄。為方便各位對照欄位的屬性，先將**圖書室借用記錄**資料表的結構列示如下：

```
CREATE TABLE 圖書室借用記錄
(
    編號 int IDENTITY NOT NULL PRIMARY KEY,    ◄── 有設定識別屬性,表示
    員工編號 int NOT NULL,                            此欄位會自動編號
    書名 varchar(50) NOT NULL,
    數量 int DEFAULT (1) ,                        ◄── 此欄位有設定預設值
    歸還日期 date ,
    附註 char (40)
)
```

底下即利用 INSERT 敘述為**圖書室借用記錄**資料表新增 3 筆記錄：

```
INSERT 圖書室借用記錄 ( 員工編號, 書名, 數量, 附註 )
VALUES ( 3 , 'Windows 架站實務' , 1 , ' 寫作參考用' )

INSERT 圖書室借用記錄 ( 員工編號, 書名 )
VALUES ( 5 , ' Linux 技術手冊' ),
    ( 8 , 'ASP.NET 程式語言' )
```

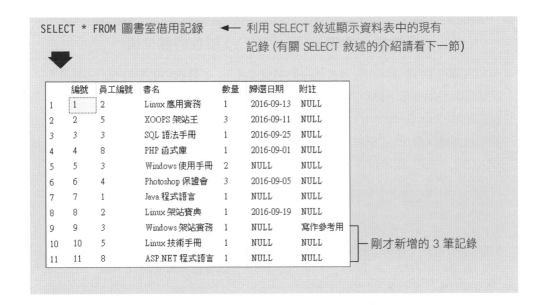

在剛才那兩組 INSERT 敘述中，各位應該可以發現，有些欄位被省略了，可是觀察結果有些欄位會自動填入資料，為什麼呢？對於那些沒有被指定資料的欄位，SQL Server 是這樣處理的：

◎ 如果欄位設定了**識別** (IDENTITY) 屬性，那麼將填入自動編號，如**編號**欄。

◎ 如果欄位有設定預設值，則填入預設值，如**數量**欄。

◎ 如果欄位 "允許 NULL"，則填入 NULL，如**附註**欄。

 若欄位既設有預設值，也 "允許 NULL"，則省略時，會填入預設值。

◎ 若前幾項都不符合時，則會顯示錯誤訊息而取消操作，不輸入任何資料。

手動輸入識別 (IDENTITY) 屬性的欄位值

有設定識別屬性的欄位, 其值會因自動編號而產生, 不需我們手動輸入。如果需要在這種屬性的欄位手動輸入資料, 則要在 SQL 敘述中將資料表的 IDENTITY_INSERT 選項設為 ON。當 IDENTITY_INSERT 選項設為 ON 時, 在 INSERT 敘述中就必須明確將值指定給 IDENTITY 欄位, 否則會導致錯誤。而輸入完後, 最好在 SQL 敘述中將 IDENTITY_INSERT 選項設為 OFF 關閉。

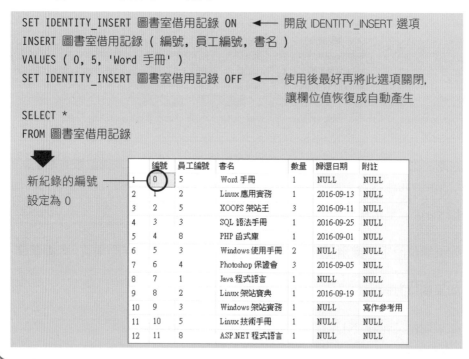

```
SET IDENTITY_INSERT 圖書室借用記錄 ON    ◀── 開啟 IDENTITY_INSERT 選項
INSERT 圖書室借用記錄 ( 編號, 員工編號, 書名 )
VALUES ( 0, 5, 'Word 手冊' )
SET IDENTITY_INSERT 圖書室借用記錄 OFF   ◀── 使用後最好再將此選項關閉,
                                            讓欄位值恢復成自動產生
SELECT *
FROM 圖書室借用記錄
```

新紀錄的編號 ── 設定為 0

	編號	員工編號	書名	數量	歸還日期	附註
1	0	5	Word 手冊	1	NULL	NULL
2	1	2	Linux 應用實務	1	2016-09-13	NULL
3	2	5	XOOPS 架站王	3	2016-09-11	NULL
4	3	3	SQL 語法手冊	1	2016-09-25	NULL
5	4	8	PHP 函式庫	1	2016-09-01	NULL
6	5	3	Windows 使用手冊	2	NULL	NULL
7	6	4	Photoshop 保證會	3	2016-09-05	NULL
8	7	1	Java 程式語言	1	NULL	NULL
9	8	2	Linux 架站寶典	1	2016-09-19	NULL
10	9	3	Windows 架站實務	1	NULL	寫作參考用
11	10	5	Linux 技術手冊	1	NULL	NULL
12	11	8	ASP.NET 程式語言	1	NULL	NULL

INSERT / SELECT

將 INSERT 敘述搭配 SELECT 敘述, 可以從某一個資料表中取出現成的資料, 並接著將這些資料輸入到另一個資料表中, 而且一次可新增多筆記錄。其語法如下:

```
INSERT [ INTO ] table_name [ ( column _list ) ]
   SELECT_statement   ◀── 將 VALUES 子句的部份換成 SELECT 敘述
```

　　SELECT 敘述的功用是 "查詢" — 就是可以從資料庫中挑出符合特定條件的資料。運用 INSERT/SELECT 這組敘述時, 要注意 SELECT 敘述的查詢結果必須與 column_list 列出的欄位互相對應, 例如 column_list 列出 A、B 兩個欄位名稱, 那傳回的查詢結果就要能夠配合這兩個欄位的各項設定, 如資料型別、長度... 等, 否則會產生錯誤訊息而被取消整個操作。

　　有關 SELECT 敘述的用法, 下一節以及第 9 章會有比較詳細的介紹。這裡我們先做個簡單的示範, 讓各位了解資料是怎麼 "取" 怎麼 "入", 待熟悉 SELECT 敘述的用法後, 各位再自行發揮。

　　下面是**練習 08** 資料庫的**圖書室借用記錄**與**書籍**資料表現有的結構及內容:

```
CREATE TABLE 圖書室借用記錄
( 編號 int IDENTITY,
  員工編號 int ,
  書名 varchar (50) ,
  數量 int ,
  歸還日期 date ,
  附註 char (40) )
```

	編號	員工編號	書名	數量	歸還日期	附註
1	0	5	Word 手冊	1	NULL	NULL
2	1	2	Linux 應用實務	1	2016-09-13	NULL
3	2	5	XOOPS 架站王	3	2016-09-11	NULL
4	3	3	SQL 語法手冊	1	2016-09-25	NULL
5	4	8	PHP 函式庫	1	2016-09-01	NULL
6	5	3	Windows 使用手冊	2	NULL	NULL
7	6	4	Photoshop 保證會	3	2016-09-05	NULL
8	7	1	Java 程式語言	1	NULL	NULL
9	8	2	Linux 架站實務	1	2016-09-19	NULL
10	9	3	Windows 架站實務	1	NULL	寫作參考用
11	10	5	Linux 技術手冊	1	NULL	NULL
12	11	5	ASP.NET 程式語言	1	NULL	NULL

```
CREATE TABLE 書籍
( 書籍編號 int IDENTITY,
  書籍名稱 varchar (50) ,
  價格 smallmoney,
  出版公司 char (20) ,
  負責人編號 int ,
  書籍全域編號 uniqueidentifier ROWGUIDCOL newid())
```

	書籍編號	書籍名稱	價格	出版公司	負責人編號	書籍全域編號
1	1	Windows Server 系統實務	500.00	施施研究室	2	73A04F78-FBA7-4CF1-B8B7-8889E343D566
2	2	Outlook 快學快用	350.00	威威出版社	4	F860FCC1-51F9-4A8E-B68D-5D22DF969FD1
3	3	AutoCAD 電腦繪圖與圖學	450.00	施施研究室	3	64C32074-B883-4BAF-86FB-82E3BC69A74F
4	4	Word 使用手冊	300.00	標標工作室	8	66E6A732-189A-49E3-898F-BEA728FFAF8B
5	5	抓住你的 Photoshop 中文版	450.00	立立出版社	4	A4E28E22-BBE0-43DC-B6B4-5A39A80AD248
6	6	Linux 架站實務	500.00	威威出版社	5	90918B8E-3DE7-4C56-B873-68E6DD927CC3
7	7	EXCEL 快速入門	350.00	立立出版社	5	2533EB42-E23E-4469-8E5F-6A696333564D
8	8	PHP 程式語言	460.00	標標工作室	2	EC88DC6D-52BD-4DBB-81C3-D782F7CC4BE7
9	9	XOOPS 架站王	380.00	施施研究室	8	3F7D5E59-E9FC-4D15-8671-F3F9C656DB74
10	10	防火牆架設實務	480.00	威威出版社	5	248F4839-B954-4EAC-88D9-47471E7D56E4
11	11	Linux 系統管理實務	350.00	威威出版社	1	F479A2BB-CB01-4A93-B23B-5FF3F1A55354

　　現在我們要從**書籍**資料表取出**編號**小於 **4** 的書籍名稱, 然後輸入到**圖書室借用記錄**資料表中:

```
INSERT 圖書室借用記錄（員工編號，書名）
SELECT 3, 書籍名稱    ◄──── 員工編號欄固定填入 '3', 表示這些都是
                          員工編號 3 的員工所借閱的書

FROM 書籍
WHERE 書籍編號 < 4    ◄──── 只取出書籍編號小於 4 的書籍名稱


SELECT *
FROM 圖書室借用記錄
```

	編號	員工編號	書名	數量	歸還日期	附註
1	0	5	Word 手冊	1	NULL	NULL
2	1	2	Linux 應用實務	1	2016-09-13	NULL
3	2	5	XOOPS 架站王	3	2016-09-11	NULL
4	3	3	SQL 語法手冊	1	2016-09-25	NULL
5	4	8	PHP 函式庫	1	2016-09-01	NULL
6	5	3	Windows 使用手冊	2	NULL	NULL
7	6	4	Photoshop 保證會	3	2016-09-05	NULL
8	7	1	Java 程式語言	1	NULL	NULL
9	8	2	Linux 架站寶典	1	2016-09-19	NULL
10	9	3	Windows 架站實務	1	NULL	寫作參考用
11	10	5	Linux 技術手冊	1	NULL	NULL
12	11	8	ASP.NET 程式語言	1	NULL	NULL
13	12	3	Windows Server 系統實務	1	NULL	NULL
14	13	3	Outlook 快學快用	1	NULL	NULL
15	14	3	AutoCAD 電腦繪圖與圖學	1	NULL	NULL

一次輸入 3 筆記錄到圖書室借用記錄
資料表, 這 3 筆資料的員工編號皆為 3

INSERT / EXEC

　　在前文我們介紹了用 INSERT 敘述搭配 SELECT 敘述, 一次新增多筆記錄到資料表中。而我們接下來要介紹的 INSERT 敘述搭配 EXECUTE 敘述 (可簡寫為 EXEC), 也可以達到相同的效果。其語法如下：

```
INSERT [ INTO ] table_name [ ( column_list ) ]
    EXEC_statement    ◄──── 將 VALUES 子句的部份換成 EXECUTE敘述 (可簡寫為 EXEC)
```

TIP EXECUTE 敘述是用來執行預存程序。預存程序其實是一段是先編寫好的 SQL 程式，然後指定一個程序名稱儲存起來。爾後需要使用這個程序時，便可以用 EXECUTE 敘述來執行。SQL Server 本身即內存許多預存程序 (稱為系統預存程序) 供我們使用。關於預存程序的詳細介紹，請參閱第 14 章。

INSERT/EXEC 這組敘述的用法和 INSERT/SELECT 很像，只是這裡我們要注意的是，EXEC 敘述傳回的執行結果須與 column_list 的欄位相對應。

底下我們以系統預存程序 "sp_helpdb" 來做個簡單的範例。sp_helpdb 可以查詢指定的資料庫或所有資料庫的相關資訊。以下我們即利用 sp_helpdb 查詢所有資料庫的相關資訊，並將這些資訊存入一個暫存資料表中，其範例如下：

```
CREATE TABLE #HELPDB         ◄──── 建立暫存資料表
    ( 名稱 n varchar (24) ,
      空間大小 nvarchar (13) ,
      擁有者 varchar (24) ,
      DBID smallint ,
      建立日期 smalldatetime ,
      狀態 text ,
      相容性層級 tinyint )
INSERT #HELPDB               ◄──── 省略 column_list, 表示包含所有欄位
    EXEC sp_helpdb

SELECT * FROM #HELPDB         ◄──── 顯示 #HELPDB 暫存資料表的內容
```

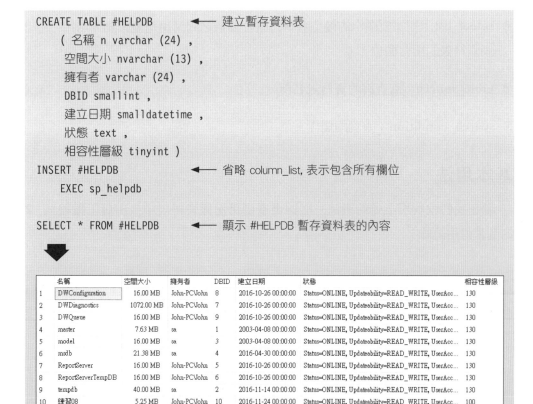

	名稱	空間大小	擁有者	DBID	建立日期	狀態	相容性層級
1	DWConfiguration	16.00 MB	John-PC\John	8	2016-10-26 00:00:00	Status=ONLINE, Updateability=READ_WRITE, UserAcc...	130
2	DWDiagnostics	1072.00 MB	John-PC\John	7	2016-10-26 00:00:00	Status=ONLINE, Updateability=READ_WRITE, UserAcc...	130
3	DWQueue	16.00 MB	John-PC\John	9	2016-10-26 00:00:00	Status=ONLINE, Updateability=READ_WRITE, UserAcc...	130
4	master	7.63 MB	sa	1	2003-04-08 00:00:00	Status=ONLINE, Updateability=READ_WRITE, UserAcc...	130
5	model	16.00 MB	sa	3	2003-04-08 00:00:00	Status=ONLINE, Updateability=READ_WRITE, UserAcc...	130
6	msdb	21.38 MB	sa	4	2016-04-30 00:00:00	Status=ONLINE, Updateability=READ_WRITE, UserAcc...	130
7	ReportServer	16.00 MB	John-PC\John	5	2016-10-26 00:00:00	Status=ONLINE, Updateability=READ_WRITE, UserAcc...	130
8	ReportServerTempDB	16.00 MB	John-PC\John	6	2016-10-26 00:00:00	Status=ONLINE, Updateability=READ_WRITE, UserAcc...	130
9	tempdb	40.00 MB	sa	2	2016-11-14 00:00:00	Status=ONLINE, Updateability=READ_WRITE, UserAcc...	130
10	練習08	5.25 MB	John-PC\John	10	2016-11-24 00:00:00	Status=ONLINE, Updateability=READ_WRITE, UserAcc...	100

8-3 簡易查詢 — SELECT 敘述初體驗

由於進行資料處理時，很少不牽涉到查詢的動作，所以在此我們先對查詢敘述，也就是 SELECT 敘述，做個簡單的介紹 (下一章則會做完整的說明)。

SELECT 敘述的用法很廣泛，若要將它的語法完整列出，可能有很多人一時會吃不消，所以我們做了些簡化。底下是經過簡化後的語法：

```
SELECT select_list
FROM   table_source
WHERE  search_condition
```

- **select_list**：列出要顯示的欄位名稱，欄位名稱之間請用逗號相隔。可用 * 代表資料表的所有欄位。

- **table_source**：欲查詢的資料表名稱。

- **search_condition**：查詢的條件。

基本用法

現在我們就利用上述的語法，從**圖書室借用記錄**資料表中找出**員工編號**為 **2** 的圖書借用記錄：

```
SELECT 書名, 數量, 歸還日期
FROM   圖書室借用記錄
WHERE  員工編號 = 2
```

	書名	數量	歸還日期
1	Linux 應用實務	1	2016-09-13
2	Linux 架站寶典	1	2016-09-19

多資料表的查詢

除了在一個資料表中查詢, SELECT 敘述還可以從多個相關 (不一定要建立關聯) 的資料表中取出資料, 用法相當有彈性。接著就來看看多資料表查詢的範例。

下面是**練習 08** 資料庫**員工**資料表的內容:

	編號	姓名	性別	地址	電話	主管編號	職位
1	1	陳圓圓	女	北市仁愛路二段56號4樓	0223219845	2	主任
2	2	劉敏敏	女	北市敦化北路一段302號10樓	0223447782	NULL	經理
3	3	趙飛燕	女	北市忠孝東路三段240號4樓	0225983290	2	主任
4	4	孟庭訶	女	北市南京東路三段215號4樓	0227651332	3	辦事員
5	5	劉天王	男	北市和平東路一段37號6樓	0227554980	1	辦事員
6	6	楊咩咩	男	北市木柵路56號1樓	0223947860	1	辦事員
7	7	郭國成	男	北市師大路87號	0223658790	3	辦事員
8	8	蘇意涵	女	北市紹興南路89號	0223964355	1	辦事員

假如我們想要從**圖書室借用記錄**及**員工**資料表中, 找出所有 '劉天王' 曾經借用的書名、數量、歸還日期, 和劉天王的電話, 則可以如下查詢:

```
SELECT 書名, 數量, 歸還日期, 電話
FROM   圖書室借用記錄, 員工
WHERE  姓名 = ' 劉天王'
       AND 圖書室借用記錄.員工編號 = 員工.編號
```

	書名	數量	歸還日期	電話
1	Word 手冊	1	NULL	0227554980
2	XOOPS 架站王	3	2016-09-11	0227554980
3	Linux 技術手冊	1	NULL	0227554980

上面的敘述中設了兩項條件:經由『圖書室借用記錄.員工編號 = 員工.編號』這個條件, 可以傳回二資料表中員工編號相同的記錄。再加上『姓名 = '劉天王'』這個條件, 則最後便只傳回 "劉天王" 的借書資料了。

TIP 上述範例中, 因為兩個資料表使用不同的欄位名稱, 所以 AND 條件也可以寫成 "員工編號 = 編號"。反之, 如果不同資料表內使用相同名稱的欄位, 那麼我們在指定欄位時, 必須加入資料表的名稱, 例如 "圖書室借用記錄.員工編號"。

設定資料表及欄位的別名

在 SELECT 敘述中, 我們可以替資料表取**別名**以方便使用, 或替查詢結果的欄位取**別名**以變更輸出的欄位名稱。例如將前一個範例修改如下:

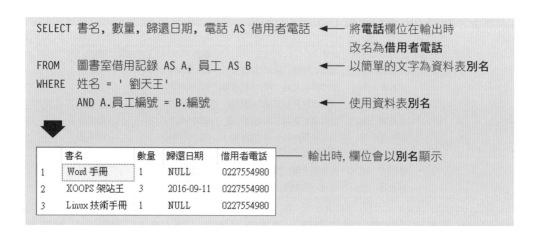

 TIP 設定**別名**時也可以省略 AS 關鍵字, 只要在原名稱與**別名**之間保留一個空格即可, 例如 **"員工 AS B"** 可改為 **"員工 B"**。

8-4 用查詢結果建立新資料表 — SELECT INTO

這裡介紹的 SELECT INTO 敘述, 其實也算是新增資料表的一種方法。運用 SELECT INTO 敘述可以建立新資料表, 同時將 SELECT 的查詢結果輸入到新資料表中, 一舉兩得。其語法如下:

```
SELECT  select_list
INTO    new_table
FROM    table_source
WHERE   search_condition
```

　　我們現在就利用這組敘述, 從**練習 08** 資料庫的**圖書室借用記錄**及**員工**資料表取出相關資料, 另外建立一個新資料表:

```
SELECT  姓名 AS 借閱者, 書名, 數量 AS 本數
INTO    借閱清單                                    ◀── 指定新資料表名稱, 請不要
                                                      和現有的資料表名稱重複
FROM    圖書室借用記錄, 員工
WHERE   圖書室借用記錄.員工編號 = 員工.編號

SELECT * FROM 借閱清單
```

	借閱者	書名	本數
1	劉天王	Word 手冊	1
2	劉敏敏	Linux 應用實務	1
3	劉天王	XOOPS 架站王	3
4	趙飛燕	SQL 語法手冊	1
5	蘇意涵	PHP 函式庫	1
6	趙飛燕	Windows 使用手冊	2
7	孟庭訶	Photoshop 保證會	3
8	陳圓圓	Java 程式語言	1
9	劉敏敏	Linux 架站寶典	1
10	趙飛燕	Windows 架站實務	1
11	劉天王	Linux 技術手冊	1
12	蘇意涵	ASP.NET 程式語言	1
13	趙飛燕	Windows Server 系統實務	1
14	趙飛燕	Outlook 快學快用	1
15	趙飛燕	AutoCAD 電腦繪圖與圖學	1

複製資料表結構

將 SELECT INTO 敍述中的 WHERE 條件固定為 False, 可以用來複製某個資料表結構 (但不包括條件約束的設定, 以及資料表中的資料), 另外成立一個新的資料表。底下的例範中, 我們將複製**員工**資料表的結構, 另外產生一個**聯絡名冊**資料表:

```
SELECT  *
INTO    聯絡名冊
FROM    員工
WHERE   1 = 0


SELECT * FROM 員工          ◀── 顯示員工資料表
GO
SELECT * FROM 聯絡名冊      ◀── 顯示聯絡名冊資料表
```

	編號	姓名	性別	地址	電話	主管編號	職位
1	1	陳圓圓	女	北市仁愛路二段56號4樓	0223219845	2	主任
2	2	劉敏敏	女	北市敦化北路一段302號10樓	0223447782	NULL	經理
3	3	趙飛燕	女	北市忠孝東路三段240號4樓	0225983290	2	主任
4	4	孟庭訶	女	北市南京東路三段215號4樓	0227651332	3	辦事員
5	5	劉天王	男	北市和平東路一段37號6樓	0227554980	1	
6	6	楊咩咩	男	北市木柵路56號1樓	0223947860		
7	7	郭國成	男	北市師大路87號	0223658790		
8	8	蘇意涵	女	北市紹興南路89號	0223964355		

> 2 個資料表的結構一樣, 但內存的資料並不會複製, 所以下表還是空的

編號	姓名	性別	地址	電話	主管編號	職位

您也可以在**物件總管**窗格中的**資料表**項目上, 按右鈕執行『**重新整理**』命令, 就能看到剛剛新增的**聯絡名冊**資料表。

TIP 　上列 SQL 敍述中的 GO 是用來分隔兩段程式, 我們在 13-1 節會作詳細的介紹。

8-5 更新記錄 — UPDATE 敘述

T-SQL 的 UPDATE 敘述可以一次更新多筆記錄, 其語法如下:

```
UPDATE table_name
    SET { column_name = { expression | DEFAULT | NULL} } [, ...n]
    [ WHERE search_condition ]
```

從上面的語法中, 各位應可看出, **SET** 子句就是用來設定欄位的新值。其參數說明如下:

◉ **column_name**:指定欲變更的欄位名稱。

◉ **expression**:指定新的欄位值, expression 可以是一個常數、運算式、變數 … 等。

◉ **DEFAULT**:使用 DEFUALT, 可將 column_name 的欄位值重新設為預設值。

◉ **NULL**:使用 NULL, 可將 column_name 的欄位值重新設為 NULL。

基本應用

假設我們想將**圖書室借用記錄**資料表中, 所有**員工編號**為 '3' 的記錄, 都改為 '6', 並將**附註**欄的內容改為 NULL。我們先看看原本的資料表:

```
SELECT * FROM 圖書室借用記錄    ◀━━ 看看更新前的資料表
▼
```

	編號	員工編號	書名	數量	歸還日期	附註
1	0	5	Word 手冊	1	NULL	NULL
2	1	2	Linux 應用實務	1	2016-09-13	NULL
3	2	5	XOOPS 架站王	3	2016-09-11	NULL
4	3	3	SQL 語法手冊	1	2016-09-25	NULL
5	4	8	PHP 函式庫	1	2016-09-01	NULL
6	5	3	Windows 使用手冊	2	NULL	NULL
7	6	4	Photoshop 保證會	3	2016-09-05	NULL
8	7	1	Java 程式語言	1	NULL	NULL
9	8	2	Linux 架站寶典	1	2016-09-19	NULL
10	9	3	Windows 架站實務	1	NULL	寫作參考用
11	10	5	Linux 技術手冊	1	NULL	NULL
12	11	8	ASP.NET 程式語言	1	NULL	NULL
13	12	3	Windows Server ...	1	NULL	NULL
14	13	3	Outlook 快學快用	1	NULL	NULL
15	14	3	AutoCAD 電腦繪...	1	NULL	NULL

接著執行以下敘述進行更新：

```
UPDATE 圖書室借用記錄
SET    員工編號 = 6 ,
       附註 = NULL
WHERE  員工編號 = 3        ◀── 找出所有員工編號 3 的記錄

SELECT * FROM 圖書室借用記錄    ◀── 看看執行後的結果
```

	編號	員工編號	書名	數量	歸還日期	附註
1	0	5	Word 手冊	1	NULL	NULL
2	1	2	Linux 應用實務	1	2016-09-13	NULL
3	2	5	XOOPS 架站王	3	2016-09-11	NULL
4	3	6	SQL 語法手冊	1	2016-09-25	NULL
5	4	8	PHP 函式庫	1	2016-09-01	NULL
6	5	6	Windows 使用手冊	2	NULL	NULL
7	6	4	Photoshop 保證會	3	2016-09-05	NULL
8	7	1	Java 程式語言	1	NULL	NULL
9	8	2	Linux 架站寶典	1	2016-09-19	NULL
10	9	6	Windows 架站實務	1	NULL	NULL
11	10	5	Linux 技術手冊	1	NULL	NULL
12	11	8	ASP.NET 程式語言	1	NULL	NULL
13	12	6	Windows Server 系統實務	1	NULL	NULL
14	13	6	Outlook 快學快用	1	NULL	NULL
15	14	6	AutoCAD 電腦繪圖與圖學	1	NULL	NULL

請注意, 由於 **UPDATE** 敘述可以一次更改多筆記錄, 因此在設定 WHERE 條件時請特別小心。假如省略 **WHERE** 子句, 則表示要更改資料表中所有記錄。

在設定新值時, 我們還可以引用同一欄位或是其他欄位的值來做變化。例如我們想再將所有 '編號 6' 員工所借的數量都加 5, 並註記於**附註**欄中, 則可以執行以下敘述:

```
UPDATE 圖書室借用記錄
SET    數量 = 數量 + 5 ,
       附註 = '業務人員借閱'
WHERE  員工編號 = 6
```

引用其他資料表的值來更新

在 UPDATE 敘述中加上 FROM 子句, 可引用其他資料表的欄位值來更新, 例如:

我們要在**圖書室借用記錄**中新增一個**附註**欄位, 用來記錄借書人的姓名。我們可以從**員工**資料表得到需要的資料:

```
UPDATE 圖書室借用記錄
SET    附註 = '借書人為' + 員工.姓名 ┐      從員工資料表引用姓名
FROM   員工                        ┘      欄位的值做更新
WHERE  圖書室借用記錄.員工編號 = 員工.編號  ◄─ 引用的條件
```

最後提醒您, 在 8-8 頁的『修改現有記錄內容』部份曾經提到, 若有其他資料表需參照到欲修改的欄位值, 則該欄位值將不允許修改。但若要編輯的資料表將**更新規則**屬性設為**重疊顯示**、**設為 NULL**、或**設為預設值**, 便沒有這個限制。利用 UPDATE 敘述更新欄位值時, 同樣也要注意這些事項。

8-6 刪除記錄 — DELETE 與 TRUNCATE TABLE

最後介紹 T-SQL 中兩個用來刪除資料表記錄的敘述：DELETE 敘述與 TRUNCATE TABLE 敘述。

DELETE 敘述

若要刪除資料表中的部份記錄, 請使用 DELETE 敘述, 其語法如下：

```
DELETE table_name          ◀── 指定欲刪除資料的資料表名稱
WHERE search_condition     ◀── 設定刪除的條件。若省略 WHERE 子句,
                               那麼將刪除資料表中的所有記錄
```

下圖是**練習 08** 的**圖書室借用記錄**資料表：

	編號	員工編號	書名	數量	歸還日期	附註
1	1	2	Linux 應用實務	1	2016-09-13	借書人為劉敏敏
2	2	5	XOOPS 架站王	3	2016-09-11	借書人為劉天王
3	3	6	SQL 語法手冊	6	2016-09-25	借書人為楊咩咩
4	4	8	PHP 函式庫	1	2016-09-01	借書人為蘇意涵
5	5	6	Windows 使用手冊	7	NULL	借書人為楊咩咩
6	6	4	Photoshop 保證會	3	2016-09-05	借書人為孟庭訶
7	7	1	Java 程式語言	1	NULL	借書人為陳圓圓
8	8	2	Linux 架站寶典	1	2016-09-19	借書人為劉敏敏
9	9	6	Windows 架站實務	6	NULL	借書人為楊咩咩
10	11	5	Linux 技術手冊	1	NULL	借書人為劉天王
11	12	8	ASP.NET 程式語言	1	NULL	借書人為蘇意涵
12	0	5	Word 手冊	1	NULL	借書人為劉天王
13	13	6	Windows Server 系統實務	6	NULL	借書人為楊咩咩
14	14	6	Outlook 快學快用	6	NULL	借書人為楊咩咩
15	15	6	AutoCAD 電腦繪圖與圖學	6	NULL	借書人為楊咩咩

假設我們想將資料表中, 借用 'Word 手冊' 的記錄都刪除掉, 則可以執行下列敘述：

```
DELETE 圖書室借用記錄
WHERE 書名= 'Word 手冊'

SELECT * FROM 圖書室借用記錄
```

	編號	員工編號	書名	數量	歸還日期	附註
1	1	2	Linux 應用實務	1	2016-09-13	借書人為劉敏敏
2	2	5	XOOPS 架站王	3	2016-09-11	借書人為劉天王
3	3	6	SQL 語法手冊	6	2016-09-25	借書人為楊咩咩
4	4	8	PHP 函式庫	1	2016-09-01	借書人為蘇意涵
5	5	6	Windows 使用手冊	7	NULL	借書人為楊咩咩
6	6	4	Photoshop 保證會	3	2016-09-05	借書人為孟庭訶
7	7	1	Java 程式語言	1	NULL	借書人為陳圓圓
8	8	2	Linux 架站寶典	1	2016-09-19	借書人為劉敏敏
9	9	6	Windows 架站實務	6	NULL	借書人為楊咩咩
10	10	5	Linux 技術手冊	1	NULL	借書人為劉天王
11	11	8	ASP.NET 程式語言	1	NULL	借書人為蘇意涵
12	12	6	Windows Server 系統實務	6	NULL	借書人為楊咩咩
13	13	6	Outlook 快學快用	6	NULL	借書人為楊咩咩
14	14	6	AutoCAD 電腦繪圖與圖學	6	NULL	借書人為楊咩咩

TIP 用 DELETE 敘述刪除記錄時, 同樣要注意曾在 8-10 頁的『 刪除記錄』部份提過的限制 — 即假如有其他資料表需參照到欲刪除記錄的某個欄位值, 那麼執行刪除動作將顯示錯誤訊息, 並取消操作而不會任何資料會被刪除。但若資料表將**刪除規則**屬性設為**重疊顯示**、**設為 NULL**、或**設為預設值**, 則沒有這項限制。

在 DELETE 敘述中加上 FROM 子句, 還可以引用其他資料表的值來做為刪除的條件, 其語法如下:

```
DELETE table_name
FROM   table_source
WHERE  search_condition
```

例如我們想在**圖書室借用記錄**資料表中, 將 '楊咩咩' 借用的記錄都刪除掉, 則必須先在**員工**資料表中找到楊咩咩的員工編號, 再到**圖書室借用記錄**中將對應的員工編號的記錄都刪掉。不過透過 DELETE FROM 敘述, 則可以用更簡便的方式來操作, 直接引用**員工**資料表中的記錄來做為刪除的條件:

```
DELETE  圖書室借用記錄
FROM    員工                         ◀── 引用員工資料表
WHERE   圖書室借用記錄.員工編號 = 員工.編號  ◀── 引用的條件
        AND 員工.姓名 = '楊咩咩'

SELECT * FROM 圖書室借用記錄
```

	編號	員工編號	書名	數量	歸還日期	附註
1	1	2	Linux 應用實務	1	2016-09-13	借書人為劉敏敏
2	2	5	XOOPS 架站王	3	2016-09-11	借書人為劉天王
3	4	8	PHP 函式庫	1	2016-09-01	借書人為蘇意涵
4	6	4	Photoshop 保證會	3	2016-09-05	借書人為孟庭訶
5	7	1	Java 程式語言	1	NULL	借書人為陳圓圓
6	8	2	Linux 架站寶典	1	2016-09-19	借書人為劉敏敏
7	10	5	Linux 技術手冊	1	NULL	借書人為劉天王
8	11	8	ASP.NET 程式語言	1	NULL	借書人為蘇意涵

TRUNCATE TABLE 敘述

TRUNCATE TABLE 敘述可一次就刪除掉資料表中的所有記錄，其語法如下：

```
TRUNCATE TABLE table_name
```

例如：

```
TRUNCATE TABLE 圖書室借用記錄  ◀── 刪除圖書室借用記錄資料表中所有的記錄
```

TRUNCATE TABLE 敘述的執行過程不會記錄於交易日誌檔中，因此速度較快，但刪除後就無法利用交易日誌檔做回復了。

假如有其他資料表需參照到您欲 TRUNCATE 的資料表, 則 TRUNCATE TABLE 敘述將無法執行。

8-7 輸出更動的資料 ─ OUTPUT 子句

當我們使用 INSERT、UPDATE、DELETE 敘述時, SQL Server 只會傳回受影響的列數, 而無法得知是哪些資料被更動了:

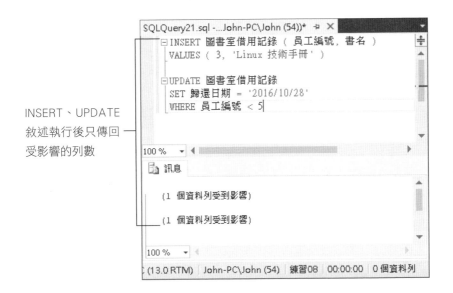

INSERT、UPDATE 敘述執行後只傳回受影響的列數

如果希望 SQL Server 可以傳回資料被更動之前或之後的內容, 可以使用 OUTPUT 子句來搭配 INSERT、UPDATE、DELETE 敘述。

基本語法

OUTPUT 子句的基本語法如下:

```
OUTPUT { DELETED | INSERTED } . { * | column_name }
```

◉ **DELETED、INSERTED**:這是 2 個虛擬資料表, 內含所有被異動到的記錄。DELETED 中儲存著異動前的舊資料, 而 INSERTED 中則儲存著異動後的新資料。下表列出新增、修改、刪除資料後, DELETED 與 INSERTED 中所儲存的內容:

	DELETED 的內容	INSERTED 的內容
新增	空	新增的記錄
修改	被修改前的記錄	被修改後的記錄
刪除	被刪除的記錄	空

◉ **＊**：輸出所有的欄位。

◉ **column_name**：指定欲輸出的欄位名稱。

 在 INSERT 敘述中, OUTPUT 子句必須放在 VALUES 前面；而在 UPDATE、
DELETE 敘述中, OUTPUT 子句必須放在 WHERE 前面。

下面新增 4 筆資料到**圖書室借用記錄**資料表, 並且使用 OUTPUT 子句輸出
新增的記錄：

```
INSERT 圖書室借用記錄 ( 員工編號, 書名 )
OUTPUT INSERTED.*
VALUES ( '12' , 'SQL 語法辭典' ) ,
       ( '25' , 'Windows 使用手冊' ) ,
       ( '13' , 'Linux 架站實務' ) ,
       ( '12' , 'VB 程式設計' )
```

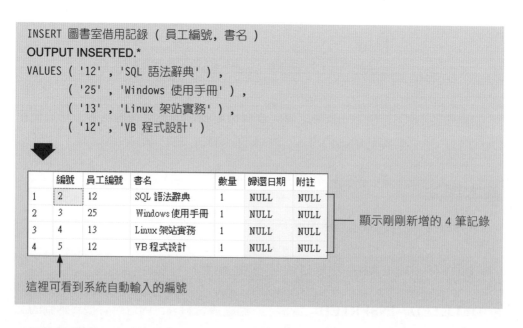

顯示剛剛新增的 4 筆記錄

這裡可看到系統自動輸入的編號

更新記錄時, 也可以使用 OUTPUT 子句輸出修改前、後的資料：

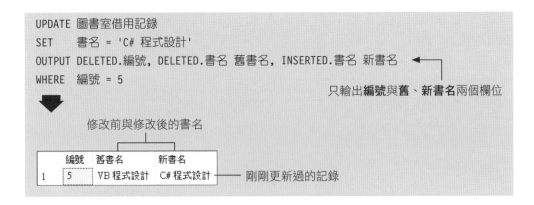

下面例子使用 OUTPUT 子句輸出被刪除的記錄：

將更動的資料輸出至其他資料表或 table 變數

OUTPUT 子句除了可以顯示更動的資料外，也能夠直接將更動的資料輸出至其他資料表或 table 變數 (請參考 13-4 節)，其語法如下：

```
OUTPUT { DELETED | INSERTED } . { * | column_name }
INTO { output_table | @table_variable } [ ( column_list ) ]
```

◉ **output_table**：目的資料表名稱。

◉ **@table_variable**：目的 table 變數名稱。

◉ **column_list**：指定目的欄位名稱。

為了示範輸出至其他資料表的用法，我們先建立以下暫存資料表 **#OUTPUT_TB**：

```
CREATE TABLE #OUTPUT_TB
    ( 編號 int IDENTITY,
      員工編號 int ,
      書名 nvarchar (16)
    )
```

下面例子將**圖書室借用記錄**資料表中，所有**員工編號**欄位為 "2" 的資料改為 "7"，然後將所有更動過的記錄輸出至 **#OUTPUT_TB** 資料表：

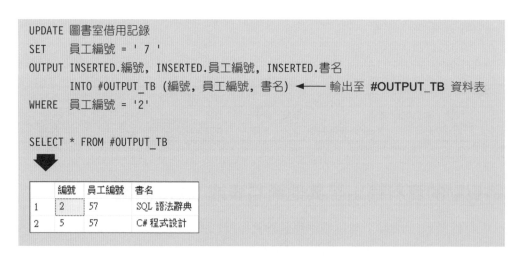

```
UPDATE 圖書室借用記錄
SET    員工編號 = ' 7 '
OUTPUT INSERTED.編號, INSERTED.員工編號, INSERTED.書名
       INTO #OUTPUT_TB (編號, 員工編號, 書名)  ◄── 輸出至 #OUTPUT_TB 資料表
WHERE  員工編號 = '2'

SELECT * FROM #OUTPUT_TB
```

	編號	員工編號	書名
1	2	57	SQL 語法辭典
2	5	57	C# 程式設計

8-8 關於資料匯入與匯出

在 SQL Server 中，可以和其他 OLE DB 、ODBC 資料來源或甚至純文字檔間，進行資料**匯出** (Export)、**匯入** (Import)、和**轉換**等工作。

　　所謂的匯出就是將 SQL Server 資料庫中的資料轉成其他的格式, 而匯入則是從其他的資料來源將資料轉入 SQL Server 中 (這兩項功能也都可用來在兩台 SQL Server 間搬移特定資料)。至於轉換則是指在匯入匯出的過程中, 對資料進行檢查、合併或計算等處理, 再存放至目的資料庫中。本節將為您說明資料匯出與匯入的方式, 至於轉換的方法, 請參考線上叢書。

　　總之, SQL Server 的匯出與匯入功能算是非常的強大, 而且具有相當的彈性, 而在所支援的資料來源或目的方面, 由於是透過 OLE DB 或 ODBC 為介面, 所以支援的層面相當廣泛, 包括:

◉ **舊版的 SQL Server**。

◉ **Excel、Access**。請注意, SQL Server 本身預設僅支援讀取 Access 2003、Excel 2003 和較舊版本的檔案格式。若要讀取 Access 2007、Excel 2007 及其後版本的檔案, 除了安裝新版 Office 外, 也可至 http://www.microsoft.com/zh-TW/download/details.aspx?id=23734 下載及安裝『2007 Office system 驅動程式：資料連線元件』。

◉ **Oracle 資料庫**。至於其他種類的資料庫, 只要可經由 ODBC 存取, 也都可支援。

◉ **純文字檔：**在文字檔中, 資料存放的方式必須是一筆記錄一行, 且以空白、定位字元 (TAB) 或其他標點符號分隔各欄位的資料。

SQL Server 匯入和匯出精靈

　　匯出匯入資料最方便的方式就是使用 SQL Server 匯入和匯出精靈了, 精靈可用來將資料從 SQL Server 轉成其他的格式, 或是從其他的資料來源將資料轉入 SQL Server, 而兩台 SQL Server 間的資料轉移當然也不成問題。

bcp 工具與 BULK INSERT 敘述

除了精靈外，SQL Server 還提供了 bcp 工具程式可以進行資料的匯出匯入工作，另外 T-SQL 中的 BULK INSERT 敘述，也能夠用來將資料匯入 SQL Server。在 14-3 節會詳細說明這兩個工具的使用方法。

8-9 使用精靈匯入及匯出資料

在進一步介紹 SQL Server 匯入和匯出精靈的使用方式之前，先簡述一下使用精靈時的工作步驟。不管是匯入或匯出，使用精靈的過程大略可分為以下四大步驟：

Step1 **設定資料來源**：在匯入資料時，資料來源當然就是您要取得資料的外部物件，像是 Oracle 伺服器、Access 資料庫、Excel 試算表、或是純文字文件等。如果要匯出資料，則資料來源當然就是 SQL Server 了。

Step2 **設定資料目的**：和前一項相反，此時要設定轉換後，資料存放的位置或格式。

Step3 **設定轉換方式**：我們可以選擇將資料一一的複製到目的中，這是最簡單的作法；也可將來源資料做格式轉換、合併、或運算後再存至目的中。

Step4 **設定轉換作業**：我們可選擇立即執行轉換的工作、也可存成封裝，事後再使用 (詳見線上叢書)。

對 SQL Server 匯入和匯出精靈的使用方式有概略的認識後，以下就來看如何用精靈將外部的資料匯入 SQL Server 中。

設定資料來源

在 Management Studio 的**物件總管**窗格中任一資料庫圖示上按滑鼠右鈕，執行『**工作/匯入資料**』命令，即可啟動精靈 (或從**開始**功能表執行『**Microsoft SQL Server 2016/ 匯入和匯出資料**』命令)。略過介紹畫面即出現如下的資料來源設定畫面：

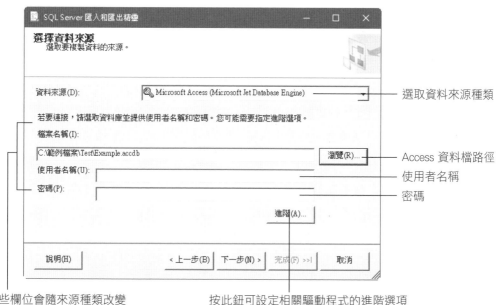

※若無現成資料庫, 可參考書附光碟中的「資料範例檔案」, 直接匯入即可。

在**資料來源**欄選取不同類型的資料來源時，交談窗下方的欄位也會跟著變化，例如上圖中選用 Access 資料庫做資料來源，就出現要輸入 Access 資料檔的路徑及 Access 資料庫的使用者名稱和密碼，而選用 Excel 資料來源時，選項也都類似；但若是透過 ODBC 驅動程式來連接資料來源時，則需指定 DSN 等相關選項，在此就不一一做介紹；至於選用 SQL Server 為資料來源的情形則待稍後說明。

TIP　即使安裝了前一節介紹的『2007 Office system 驅動程式：資料連線元件』，用精靈中的**瀏覽**鈕用**開啟舊檔**交談窗選取檔案時, 預設仍只列出舊版 Office 的檔案類型, 需進一步在交談窗選『所有檔案』才會看到新版 Office 的檔案。

　　除了來源設定的選項不同，選擇不同的資料來源時，在其後的步驟也都會有些差異。以下我們雖只就選用 Access 資料庫的狀況來說明，但也會對一些差異較大的情況做介紹。

對於某些資料來源, 在交談窗右下角還會多出個**進階**鈕, 按此鈕可對連接該資料來源的驅動程式做一些參數設定, 但除非有特別的需求, 通常是不需去更動這些參數; 若需調整參數設定, 請自行參考相關的程式設計手冊。

選用純文字檔資料來源

雖然純文字檔並非主要的資料庫檔案格式, 但不可否認的它是種常見又簡捷的檔案格式。若不幸您想轉移到 SQL Server 的現有資料格式是精靈所不支援的, 可考慮先將資料儲存或轉換成純文字檔後, 再用精靈來處理, 或反過來讓精靈將 SQL Server 資料庫轉換成純文字檔, 再用其他應用程式來讀取。

但要處理純文字檔案時, 需注意 SQL Server 所能接受的純文字檔, 必需以特定的方式分隔每筆記錄和各欄位。例如每筆記錄都以一行來存放, 而每個欄位之間也都有空白、定位字元或逗號之類的分隔符號做間隔:

```
編號, 書名, 售價
1, Microsoft Word 使用手冊, 450
2, Windows 嚴選密技, 320
3, Canon 相機 100% 手冊沒講清楚的事, 360
4, DSLR 攝影技巧, 320
...
```

其中第一行的欄位名稱並非必要, 不過有列出會比較方便。另外要注意所使用的分隔符號, 千萬不可是資料中可能出現的符號, 例如上例中的『書名』資料若會包含逗號, 就會使得程式在讀取時造成錯誤, 此時就應改用其他符號來做分隔的符號。

由於使用純文字檔會有這種困擾, 所以若是選擇以純文字檔為資料來源時, 在進行後續的共同步驟前會先要我們設定有關資料在檔案中的存放格式:

接下頁

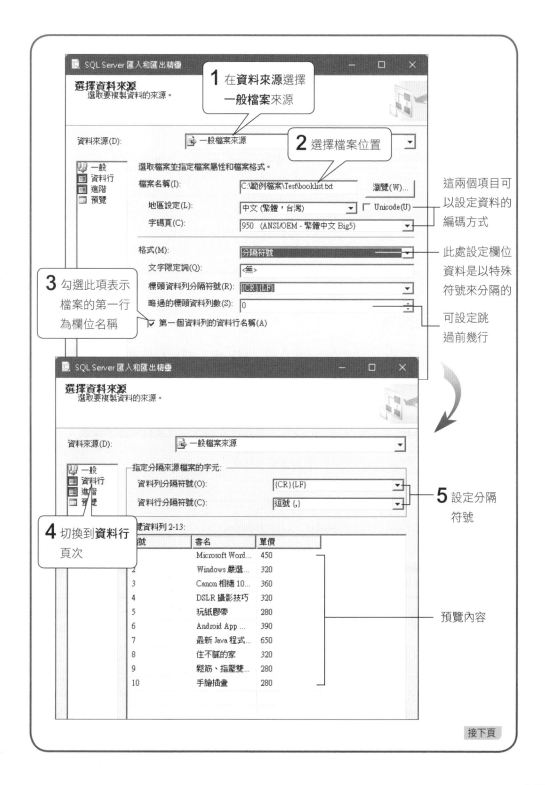

若檔案格式為 Unicode (UTF-16), 選好檔案時, 會自動勾選地區設定右側的 **Unicode**
選項；若是 UTF-8 格式, 則請在字碼頁欄選取 65001 字碼頁, 而不要勾選 **Unicode**
選項：

選取檔案並指定檔案屬性和檔案格式。

檔案名稱(I):	C:\範例檔案\Test\booklist_utf8.txt 瀏覽(W)...
地區設定(L):	中文 (繁體，台灣) ☐ Unicode(U)
字碼頁(C):	65001 (UTF-8)

匯入的文字檔為 UTF-8 格式時, 在
字碼頁欄選取 65001 字碼頁即可

設定匯入目的地

選好來源後, 在進行後續的處理動作前, 需先做有關資料要轉存至何處或轉存
成何種格式的設定, 以下就以匯入『新資料庫』為例來做說明：

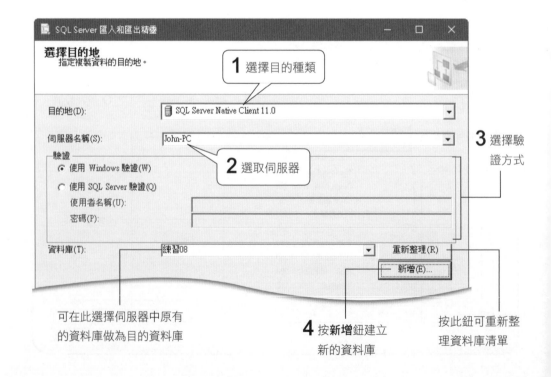

1 選擇目的種類

目的地(D): SQL Server Native Client 11.0

伺服器名稱(S): John-PC

3 選擇驗
證方式

驗證
⊙ 使用 Windows 驗證(W)
○ 使用 SQL Server 驗證(Q)

2 選取伺服器

使用者名稱(U):
密碼(P):

資料庫(T): 練習08　　　　　　　　　　重新整理(R)
新增(E)...

可在此選擇伺服器中原有
的資料庫做為目的資料庫

4 按**新增**鈕建立
新的資料庫

按此鈕可重新整
理資料庫清單

5 輸入新資料庫名稱

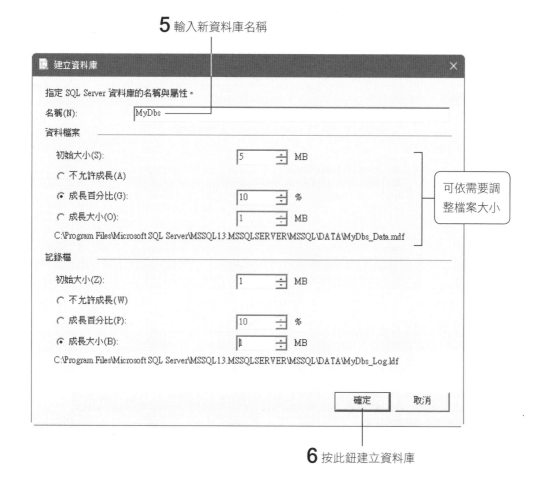

6 按此鈕建立資料庫

在選用 SQL Server 等資料庫伺服器時，一開始**資料庫**欄預設會出現本機伺服器上的所有資料庫，您可以在此欄直接選擇匯入原有資料庫，或是如筆者按**新增**鈕建立新的資料庫。

設定匯入項目及對應方式

來源和目的都設定好後，接著要做的是選擇要匯入來源中的哪些資料，及其對應到目的資料表的方式：

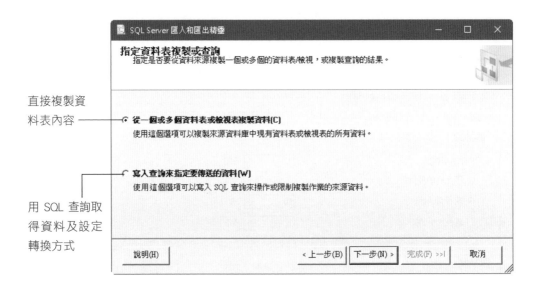

直接複製資
料表內容 ——

用 SQL 查詢取
得資料及設定
轉換方式

如果選的是第二項，則下一步會出現空白的視窗讓我們輸入 T-SQL 敘述。此
處以選取第一種方式為例：

1 按此鈕選取 (或取消選取) 全部資料表

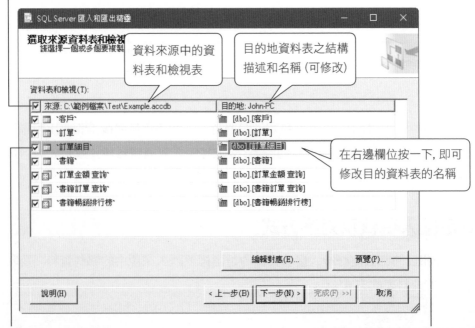

2 選取要查看、修改的項目

按此鈕可預覽選取資料表的內容

3 按**編輯對應**鈕可設
定資料對應方式

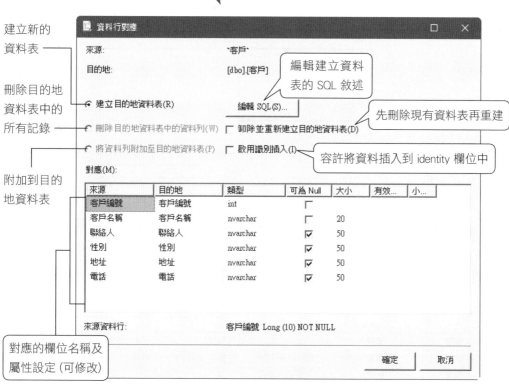

建立新的
資料表

刪除目的地
資料表中的
所有記錄

附加到目的
地資料表

對應的欄位名稱及
屬性設定 (可修改)

編輯建立資料
表的 SQL 敘述

先刪除現有資料表再重建

容許將資料插入到 identity 欄位中

　　圖中**刪除目的地資料表中的資料列**和**將資料列附加至目的地資料表**等兩個
選項, 都是在目的地資料表已經存放於目的地資料庫中時才可使用。若想變更
資料的存放格式, 例如原本的 int 想改成 smallint、將 smalldatetime 改成
datetime, 或更改欄位大小等, 需選**建立目的資料表**這一項。

　　此時有兩種設定方式, 一種是直接在交談窗中的**目的地**、**類型**、**大小**等欄位,
輸入新的欄位名稱、選取其他資料型別、及輸入欄位大小, 第二種方式則是按**編
輯 SQL** 鈕來自訂 CREATE TABLE 敘述的內容:

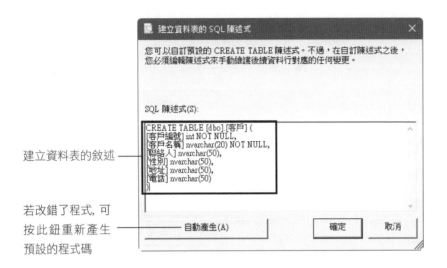

建立資料表的敘述 ————

若改錯了程式, 可
按此鈕重新產生
預設的程式碼 ————

由純文字檔匯入資料、且在上圖中選建立目的地資料表時, 所有欄位預設都是 varchar (Unicode 文字檔則為 nvarchar), 因此若想讓一些數字欄位改用數字資料型別儲存, 就要記得需一一個別設定:

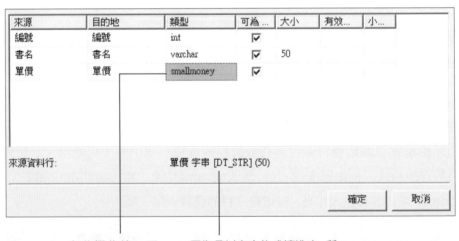

在此欄位按一下,　　因為是以字串格式讀進來, 所
即可選擇資料型別　　以預設會被當成文字資料

TIP　也可在精靈的第一步**選擇資料來源**畫面中, 於**進階**頁面直接指定以整數、浮點數、貨幣...等格式解讀資料。

儲存及執行設定

完成上述的所有
設定後，就進入最後
執行匯入或匯出資料
的階段了：

可再次檢視要匯入的
資料表、欄位 (但若
要修改，則需按**上一
步**鈕返回前一步驟)

這個選項應為資料被
『截斷時』(Truncate) 的
意思 (可按**說明**鈕查看)

此處可設定發生
狀況時, 轉換工作
是否繼續或中止

請保持選取此項
目, 表示立刻執行
匯入或匯出的工作

SSIS 封裝用法請
參見線上叢書

1 按**下一步**鈕繼續

此處顯示即將進
行的所有工作

完成精靈
確認在精靈中所作的選擇,再按一下 [完成]。

按一下 [完成] 以執行下列動作:

來源位置 : C:\範例檔案\Test\Example.accdb
來源提供者 : Microsoft.ACE.OLEDB.12.0
目的地位置 : John-PC
目的地提供者 : SQLNCLI11

• 將資料列從 `客戶` 複製到 [dbo].[客戶]
  將建立新的目標資料表。
• 將資料列從 `訂單` 複製到 [dbo].[訂單]
  將建立新的目標資料表。
• 將資料列從 `訂單細目` 複製到 [dbo].[訂單細目]
  將建立新的目標資料表。
• 將資料列從 `書籍` 複製到 [dbo].[書籍]
  將建立新的目標資料表。
• 將資料列從 `訂單金額 查詢` 複製到 [dbo].[訂單金額 查詢]
  將建立新的目標資料表。
• 將資料列從 `書籍訂單 查詢` 複製到 [dbo].[書籍訂單 查詢]
  將建立新的目標資料表。
• 將資料列從 `書籍暢銷排行榜` 複製到 [dbo].[書籍暢銷排行榜]
  將建立新的目標資料表。

SQL Server\130\DTS\MappingFiles\JetToMSSql9.xml

一步(B) 下一步(N) >   **完成(F)**   取消

已成功執行

✓ **成功**   17 總計   0 錯誤
                              17 成功   0 警告

詳細資料(D):

動作	狀態	訊息
正在初始化資料流程工作	成功	
正在初始化連接	成功	
正在設定 SQL 命令	成功	
正在設定來源連接	成功	
正在設定目的地連接	成功	
正在驗證	成功	
準備執行	成功	
執行前	成功	
正在執行	成功	
正在複製到 [dbo].[客戶]	成功	已傳送 11 個資料列
正在複製到 [dbo].[訂單]	成功	已傳送 42 個資料列
正在複製到 [dbo].[訂單細目]	成功	已傳送 182 個資料...
正在複製到 [dbo].[書籍]	成功	已傳送 23 個資料列
正在複製到 [dbo].[訂單金額 查詢]	成功	已傳送 77 個資料列
正在複製到 [dbo].[書籍訂單 查詢]	成功	已傳送 182 個資料...
正在複製到 [dbo].[書籍暢銷排行榜]	成功	已傳送 23 個資料列
執行後	成功	

成功匯入所有資料

篩選(T) ▼   停止(S)   報表(R) ▼

關閉

2 按**完成**鈕開始執行

3 按**關閉**鈕關閉精靈

以上介紹的就是使用精靈匯入資料的過程，匯出的方式也大同小異，因此就不再重覆介紹。而且即使一開始執行的是匯出 (或匯入) 資料，透過適當的來源和目的地設定，我們還是可讓它變為進行匯入 (或匯出) SQL Server 的工作。

8-10 使用 bcp 工具與 T-SQL 敘述進行大量資料複製

關於大量資料複製

如果需進行大量資料的匯入或匯出，除了使用精靈外，還可使用 SQL Server 所提供的 bcp (bulk copy) 工具或 T-SQL 中的 BULK INSERT 敘述。

bcp 是個命令列的工具程式，位於 SQL Server 安裝目錄下的 130\Tools\binn 子資料夾，這個程式可將純文字或二進位格式資料檔的資料匯入 SQL Server 資料庫，或是反向而行。

至於 BULK INSERT 敘述則可用來將外部的資料匯入到 SQL Server，但它無法將 SQL Server 內的資料匯出，也就是只限於做單向的資料複製。

使用 bcp

bcp 的用法並不難，只是參數稍多一點，使用時得輸入一長排的參數。主要會用到的參數包括 SQL Server 資料庫和資料表名稱、資料檔路徑、使用者名稱和密碼、及匯入或匯出的設定，至於 bcp 本身的眾多控制參數不見得都要用到，以下就是較簡單的 bcp 基本語法：

```
bcp { [ [資料庫名稱. ] [結構描述] . ] {資料表名稱 | 檢視表名稱} | " 查詢敘述" }
    { in | out | queryout | format } 資料檔路徑
    [ -n ] [ -c ] [ -w ] [ -N ] [ -q ] [ -t ]
    [ -S 伺服器名稱] [ -U 登入帳戶] [ -P 密碼]
    [ -T ] [ -k ]
```

各參數說明如下：

- ◉ **in | out | queryout | format**：指定是要做匯入 (in)、匯出 (out)、匯出查詢的結果(queryout)、或建立格式檔(format)。

- ◉ **-n**：使用原生 (native) 資料格式。關於原生格式的說明，請參考線上叢書中的『使用原生格式匯入或匯出資料』主題。。

- ◉ **-c**：使用字元 (char) 型別。

- ◉ **-w**：使用 Unicode 字元 (nchar) 型別。

- ◉ **-N**：對非文字資料使用原生資料型別，對文字資料使用 Unicode 字元。

- ◉ **-q**：各個名稱參數都使用引號 (") 括住，適用於資料表等名稱中含空白的情況。

- ◉ **-t**：指定欄位間的分隔符號，預設為定位字元 (\t)。

- ◉ **-P**：登入用密碼，如果沒有加上這個參數，又沒有以 -T 參數指定使用受信任連線，則 bcp 會在執行時要求我們輸入密碼。

- ◉ **-T**：使用受信任連線來連上 SQL Server，例如以目前登入的 Windows 帳戶連線，此時不需用 -U 和 -P 參數指定帳戶名稱和密碼。

- ◉ **-k**：空白的欄位匯入 SQL Server 時以 null 表示，而不使用該欄位的預設值。

匯出資料

我們就來看個簡單的例子，例如要將 MYDATA 資料庫中的客戶資料表匯出，可於**命令提示字元視窗**中執行如下的命令：

```
C:\>bcp MYDATA.dbo.客戶 out c:\Test\客戶.txt -w -T

開始複製...

已複製 92 個資料列。   ◄──── 輸出的記錄筆數
網路封包大小 (位元組)：4096
時間 (毫秒) 總計：1      平均：(每秒 92000.00 資料列)
```

在上面的例子中，先指定了輸出的檔名和路徑 c:\Test\客戶.txt，由於是在伺服器所在的電腦上執行，所以未設定伺服器名稱，並直接以 -T 指定使用目前登入的 Windows 帳戶來連線伺服器，執行後 bcp 也會顯示所複製的記錄筆數和處理時間等資訊。

匯入資料

用 bcp 匯入資料的方式也很簡單，主要就是指定用 in 參數，並且指定含有待匯入資料的檔案名稱與路徑，但要匯入的目的地資料表必須已存於資料庫中。建立目的地資料表動作可能會被一些人忽略，若不先建立可存放匯入資料的資料表，就無法用 bcp 完成複製資料至 SQL Server 的工作。以下是將 c:\Test\訂單.txt 的內容匯入到 MYDATA 資料庫中的訂單資料表的例子：

```
C:\>bcp MYDATA.dbo.訂單 inc:\Test\訂單.txt -w -t , -T

開始複製...

已複製 396 個資料列。
網路封包大小 (位元組)：4096
時間 (毫秒) 總計：1282      平均：(每秒 308.89 資料列)
```

除了改用 in 指定要做匯入的動作外，由於在 c:\Test\訂單.txt 檔中是用逗號來分隔各欄位，所以我們加上 '-t,' 參數表示分隔符號是逗號，以免程式誤判。

前面介紹的 bcp 語法只介紹了部分的 bcp 參數，雖然已足供一般性的使用，但若有特殊的需求，像是要從第幾筆開始複製或複製到第幾筆就好；或是將複製時的相關資訊存成格式檔，下次再執行 bcp 時就可直接取用，不必自行設定格式。這都還有其他的參數可用，請讀者自行參考線上叢書中的說明。

Bulk Insert

Bulk Insert 敘述可將指定的資料檔內容複製到指定資料表中，其語法如下：

```
BULK INSERT [ [ ' 資料庫名稱' . ] [ ' 結構描述' ] . ] { ' 資料表名稱' FROM 資料檔}
[WITH
(
[ BATCHSIZE [= 批次大小]]
[ [ , ] CHECK_CONSTRAINTS]
[ [ , ] CODEPAGE [= 'ACP' | 'OEM' | 'RAW' | 'code_page']]
[ [ , ] DATAF ILETYPE [= { 'char' | 'native' | 'widechar' | 'widenative' } ] ]
[ [ , ] FIELDTERMINATOR [= ' 欄位分隔符號']]
[ [ , ] FIRSTROW [= 開始複製的行號]]
[ [ , ] KEEPIDENTITY]
[ [ , ] KEEPNULLS]
[ [ , ] KILOBYTES_PER_BATCH [= 每一批次進行幾 KB]]
[ [ , ] LASTROW [= 停止複製的行號]]
[ [ , ] ORDER ({欄位名稱 [ASC | DESC]} [ , ...n]) ]
[ [ , ] TABLOCK]
)
]
```

各參數的用途如下：

⊙ **BATCHSIZE**：設定每一個批次作業要包含多少筆的記錄。每一個批次作業會被當做一筆交易來進行，預設是所有的記錄都當成一個批次來進行複製，如果資料量很多，怕中途出問題而需重來，可考慮分成幾個批次來進行。重來時只要從被 roll back 的地方繼續進行複製即可。

- **CHECK_CONS TRAINT S**：表示複製資料時，要檢查是否符合資料表的 constraint，預設是不檢查。

- **CODEPAGE**：設定資料檔所用的碼頁，這個參數只有對 char、varchar、或 text 等資料型別的欄位資料用到 ASCII 碼 127 之後或 32 之前的字元時有影響。可使用的設定值包括：

設定值	說明
'ACP'	使用 ANSI/Windows (IS 1252) 碼頁
'OEM'	使用系統的 OEM 字元集, 此為預設值
'RAW'	不做任何轉換
碼頁編號	直接指定要使用的碼頁, 例如繁體中文為 950

- **DATAFILETYPE**：設定來源資料的字元型態:

設定值	說明
'char'	一般文字檔
'native'	使用 native 資料型別, 例如是從別的 SQL Server 資料庫以 bcp 加上 -n 參數匯出的資料檔
'widechar'	使用 Unicode
'widenative'	除了 char、varchar、和 text 是用 Unicode, 其他則為 native

- **FIELDTERMINATOR**：設定各欄位間的分隔符號，預設為 tab (\t)，所以若資料檔中是用逗號等分隔符號，就需在此加以指定。

- **FIRSTROW**：指定要從第幾行開始進行複製，因數量太多或前次複製動作意外中斷，就可用此方法從之前未完成的地方繼續進行複製。

- **KEEPIDENTITY**：表示檔案中的 identity 欄位資料也要複製，若未加上此參數，則 identity 欄位會被忽略。

◉ **KEEPNULLS**：表示空白欄位應設為 NULL，而非使用其預設值。

◉ **KILOBYTES_PER_BATCH**：設定要每多少個 KB 的資料就以一個批次來進行複製。

◉ **LASTROW**：設定複製到第幾筆記錄就可以了。

◉ **ORDER**：設定資料檔的排序方式，ASC 為升冪，DESC 為降冪，不過這項參數必須搭配資料表中現有的叢集式索引，若是資料檔的排序方式和現有索引不同，或是資料表中沒有叢集式索引，此參數就會被忽略。

◉ **TABLOCK**：使用資料表層級的鎖定，如此可因避免發生鎖定競爭的情況，進而提昇複製的效率。

平常不一定會用到上列參數，像下面的程式片段就是用 BULK INSERT 將 c:\Test\員工.txt 的內容複製到現行資料庫中的員工資料表：

```
BULK INSERT dbo.員工 FROM 'c:\Test\員工.txt'
WITH
(
DATAFILETYPE = 'widechar'
)
```

Chapter

09

查詢資料－善用 SELECT 敘述

雖然我們在前面幾章就曾經介紹過、也使用過 SELECT 敘述, 不過 SELECT 敘述實在是博大精深、內力雄厚, 之前的用法都只能算是它的鳳毛麟角而已！現在機會來了, 本章將詳述 SELECT 敘述的各種用法, 教您搭配各種條件來查詢資料庫中的資料！

本章將使用**練習 09** 資料庫為例說明, 請依關於光碟中的說明, 附加光碟中的資料庫到 SQLServer 中一起操作。

9-1 SELECT 敘述的基本結構

完整的 SELECT 敘述語法相當繁雜，為了便於說明，在此我們先列出 SELECT 敘述中的主要子句，讓各位先了解 SELECT 敘述的基本結構，然後再分節詳述各子句的語法及用法。

```
SELECT select _ list
[ INTO new_table ]
FROM table_source
[ WHERE search_condition ]
[ GROUP BY group_by_expression ]
[ HAVING search_condition ]
[ ORDER BY order_expression [ ASC | DESC ] ]
```

 以上各子句的排列順序是固定的，雖然除了 SELECT 子句之外，其他子句都可以省略，但若出現時，則一定要依照此順序排列。

上列語法總共只有 8 句而已，而且有些子句，如 SELECT、INTO、FROM、WHERE，前面的章節已使用過很多次了，各位應該不致於感覺太陌生才對。其中由於 SELECT INTO 的用法，我們在 8-4 節就已經詳細介紹過了，所以這裏就不再重複說明；至於其它各子句的內容，就請您看下面各節的介紹。

9-2 SELECT 子句

首先上場的是 SELECT 子句，SELECT 子句的作用是從資料表中挑選出要查詢的欄位，詳細語法如下：

```
SELECT [ ALL | DISTINCT ]
        [ TOP n [ PERCENT ] [ WITH TIES ] ]
        <select_list>

<select_list> ::=
        { *
          | { table_name | view_name | table_alias }.*
          | { column_name | IDENTITYCOL | ROWGUIDCOL | expression }
          [ [ AS ] column_alias ]
        } [, ...n ]
```

指定欄位名稱

我們先來看在 SELECT 子句中如何指定欲查詢的欄位名稱, 也就是設定 select_list 的內容。基本上有下列 3 種方式:

◉ *****:代表資料表中的所有欄位, 例如:SELECT *。

◉ **column_name**:若僅要查詢資料表中的部份欄位, 就直接將那些欄位名稱列出, 欄位名稱之間用逗號相隔, 例如:SELECT 編號, 書名, 定價。

◉ **expression**:利用運算式來指定欄位, 運算式的內容可以是欄位名稱、常數、函數... 等的組合, 例如:SELECT 定價* 0.8、SELECT 'FLAG'。

資料表名稱.欄位名稱

如果是從多個資料表或檢視表 (請參閱第 11 章) 中查詢, 那麼" SELECT *"是代表所有資料表 (或檢視表) 中的所有欄位。如果要指明某資料表 (或檢視表) 的所有欄位, 需用" 資料表 (或檢視表)名稱或別名.* " 的方式, 例如:SELECT 書籍.*, 訂單.*。

另外, 如果這些資料表 (或檢視表) 中有同名的欄位, 也要加上資料表 (或檢視表) 名稱或別名來指定, 例如:SELECT 訂單.編號, 書籍.編號。

底下我們來看幾個簡單的應用範例。第 1 個例子是查詢**書籍**資料表中所有欄位的資料：

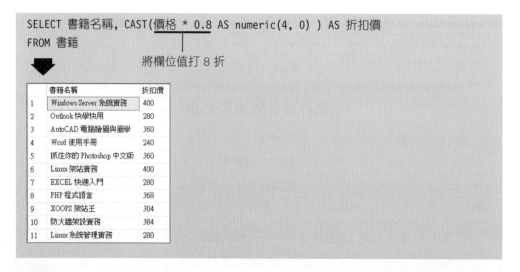

第 2 個例子查詢**書籍**資料表中**書籍名稱**欄位和**價格**欄位的資料，而且**價格**欄位的值還要打 8 折：

```
SELECT 書籍名稱, CAST(價格 * 0.8 AS numeric(4, 0) ) AS 折扣價
FROM 書籍
```

將欄位值打 8 折

	書籍名稱	折扣價
1	Windows Server 系統實務	400
2	Outlook 快學快用	280
3	AutoCAD 電腦繪圖與圖學	360
4	Word 使用手冊	240
5	抓住你的 Photoshop 中文版	360
6	Linux 架站實務	400
7	EXCEL 快速入門	280
8	PHP 程式語言	368
9	XOOPS 架站王	304
10	防火牆架設實務	384
11	Linux 系統管理實務	280

TIP　CAST 函數可以轉換資料的資料型別, 這裏利用它使輸出的資料不要顯示小數點。有關 SQL Server 內建函數的說明, 請直接參閱 **SQL Server 線上叢書**。

第 3 個例子是直接利用 SELECT 子句顯示常數，因為這個例子不需要從資料表中挑選欄位，所以連 FROM 子句也省略了：

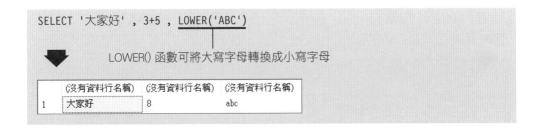

是否顯示重複記錄：ALL 與 DISTINCT

SELECT 子句後若加上 DISTINCT 參數，那麼查詢結果中若有重複的多筆資料 (即每個欄位值都相同的資料)，將只會顯示其中一筆。ALL 的功能則相反，不論資料是否重複均會顯示。預設值是 ALL，因此通常不須使用 ALL 參數，只有在不要顯示重複資料時才用 DISTINCT 來指定。

下面範例會顯示**書籍**資料表中**出版公司**欄位的所有資料：

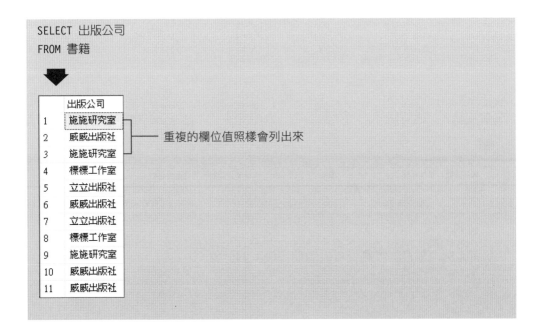

如果我們只是想看看到底有哪些出版公司，列出重複的資料就沒有意義了，這時就可以用 DISTINCT 參數來過濾：

TOP n 與 TOP n PERCENT

TOP n 表示查詢資料表最前面 n 筆記錄，若再加上 PERCENT，即 TOP n PERCENT，則表示查詢前面 n 百分比的記錄，此時 n 的值可以從 0 到 100。

TIP 如果 SELECT 敘述中有使用到 ORDER BY 子句 (請參閱 9-7 節)，則 TOP n 是顯示排序後的最前面 n 筆記錄，TOP n PERCENT 則顯示排序後的前面百分之 n 的資料。

下面範例可以查詢**書籍**資料表的前 2 筆記錄：

下面範例則是查詢**書籍**資料表的前 30% 的記錄：

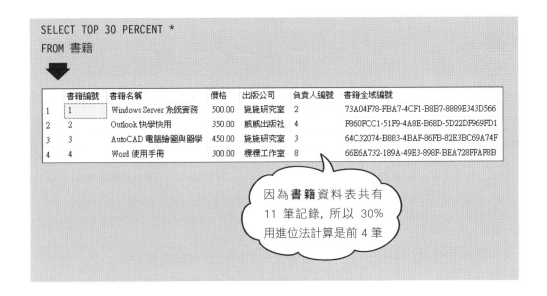

因為**書籍**資料表共有 11 筆記錄，所以 30% 用進位法計算是前 4 筆

需結合 ORDER BY 子句的 WITH TIES

WITH TIES 是平手的意思，當要顯示的資料在排序時有平手的狀況時，則一併顯示出來 (排序的方式要用 ORDER BY 子句來指定，請參閱 9-7 節)。

底下我們用兩個範例讓各位比較一下是否使用 WITH TIES 的差別：

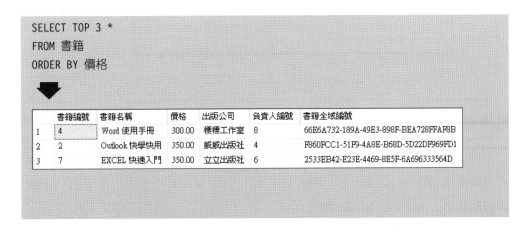

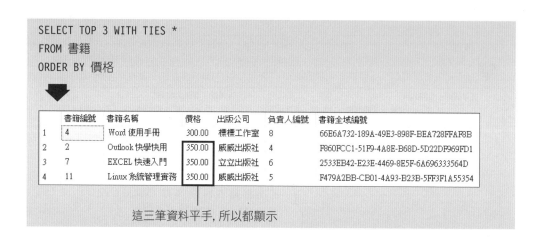

```
SELECT TOP 3 WITH TIES *
FROM 書籍
ORDER BY 價格
```

	書籍編號	書籍名稱	價格	出版公司	負責人編號	書籍全域編號
1	4	Word 使用手冊	300.00	標標工作室	8	66E6A732-189A-49E3-898F-BEA728FFAF8B
2	2	Outlook 快學快用	350.00	威威出版社	4	F860FCC1-51F9-4A8E-B68D-5D22DF969FD1
3	7	EXCEL 快速入門	350.00	立立出版社	6	2533EB42-E23E-4469-8E5F-6A696333564D
4	11	Linux 系統管理實務	350.00	威威出版社	5	F479A2BB-CB01-4A93-B23B-5FF3F1A55354

這三筆資料平手, 所以都顯示

上述兩組敘述的意思都是先將**書籍**資料表的記錄按**價格**欄位由小到大排序之後, 再顯示前 3 筆記錄。首先來看看資料排列後, 前幾筆資料的狀況如下:

書籍編號	書籍名稱	價格
4	Word 使用手冊	300
2	Outlook 快學手冊	350
7	EXCEL 快速入門	350
11	Linux 系統管理實務	350
...		

共有 3 筆資料的價格都是 350 元

使用「TOP 3」的第一組敘述只列出 3 筆, 所以只列出了表中的前 3 筆資料, 於是**書籍編號 11** 的那筆資料就被忽略了。

而加上 WITH TIES 參數的那組敘述, 在列出了 3 筆資料後, 由於第 4 筆資料的**價格**和第 2、3 筆相同, 所以就一起列出來了。換言之, 若第 4~8 筆資料的**價格**都是「350」也會一併列出。

TIP 除了可以用 TOP n 敘述來查詢排序後的前 n 筆記錄外, 在 10-10 節還會介紹其它可以排序並傳回第 m~n 筆記錄的敘述。

查詢具備識別或 ROWGUID 屬性的欄位

在 SELECT 子句中指定欲查詢的欄位時，若使用 IDENTITYCOL 參數，則表示要顯示有設定**識別** (IDENTITY) 屬性的欄位。若使用 ROWGUIDCOL 參數，則表示要顯示具備為 **RowGuid** (IsRowGuid) 屬性的欄位（只有 uniqueidentifier 型別的欄位才可以設定為 **RowGuid** 屬性）。

底下我們利用**書籍**資料表來說明 IDENTITYCOL 和 ROWGUIDCOL 這兩個參數的用法。**書籍**資料表的結構及現有內容如下：

結構：

```
CREATE TABLE 書籍
(
書籍編號 int IDENTITY(1, 1) NOT NULL,
書籍名稱 varchar(50) NULL,
價格 smallmoney NULL,
出版公司 char(20) NULL,
負責人編號 int NULL,
書籍全域編號 uniqueidentifier ROWGUIDCOL NOT NULL DEFAULT (newid())
)
```

內容：

	書籍編號	書籍名稱	價格	出版公司	負責人編號	書籍全域編號
1	1	Windows Server 系統實務	500.00	施施研究室	2	73A04F78-FBA7-4CF1-B8B7-8889E343D566
2	2	Outlook 快學快用	350.00	威威出版社	4	F860FCC1-51F9-4A8E-B68D-5D22DF969FD1
3	3	AutoCAD 電腦繪圖與圖學	450.00	施施研究室	3	64C32074-B883-4BAF-86FB-82E3BC69A74F
4	4	Word 使用手冊	300.00	標標工作室	8	66E6A732-189A-49E3-898F-BEA728FFAF8B
5	5	抓住你的 Photoshop 中文版	450.00	立立出版社	1	A4B28E22-BBE0-43DC-B6B4-5A39A80AD248
6	6	Linux 架站實務	500.00	威威出版社	5	90918B8E-3DE7-4C56-B873-68E6DD927CC3
7	7	EXCEL 快速入門	350.00	立立出版社	6	2533EB42-E23E-4469-8E5F-6A696333564D
8	8	PHP 程式語言	460.00	標標工作室	2	EC88DC6D-52BD-4DBB-81C3-D782F7CC4BE7
9	9	XOOPS 架站王	380.00	施施研究室	8	3F7D5E59-E9FC-4D15-8671-F3F9C656DB74
10	10	防火牆架設實務	480.00	威威出版社	1	248F4839-B954-4EAC-8B09-47471E7D56E4
11	11	Linux 系統管理實務	350.00	威威出版社	5	F479A2BB-CB01-4A93-B23B-5FF3F1A55354

這兩個欄位的值是由 SQL Server 自動產生的

現在我們就利用下面的敘述，從**書籍**資料表查詢具備 IDENTITY 以及 RowGuid 屬性的欄位值：

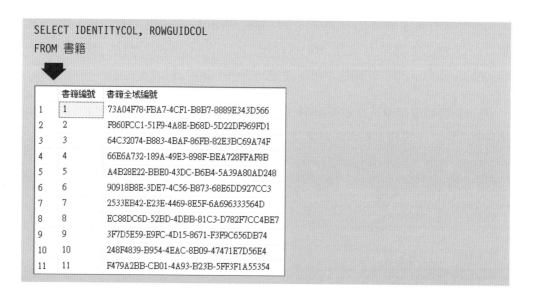

設定與使用欄位別名

如何設定與使用欄位別名，我們在 8-3 節就曾介紹過了，這裏再舉個例子幫助各位恢復一下記憶：

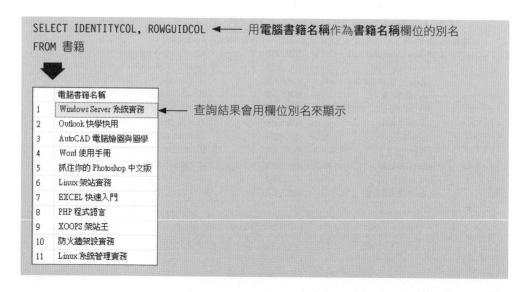

請注意, 欄位別名可以使用在 ORDER BY 子句, 但是不能用在 WHERE、GROUP
BY 或 HAVING 子句中。

9-3　FROM 子句

FROM 子句的基本用法是設定要查詢的資料來源, 如資料表名稱、檢視表名
稱, 其語法如下：

```
FROM table_name [ [AS] table_alias ] [, ...n]
或
FROM { table_name1 [ [AS] table_alias ]
      [ INNER | { { LEFT | RIGHT | FULL } [OUTER] } ] JOIN
      table_name2 [ [AS] table_alias ]
      ON search_condition
      | < table_source > CROSS JOIN < table_source >
    } [ , ...n ]
```

定義資料表別名

用 FROM 子句設定欲查詢的資料表名稱時, 還可以順便為資料表定義 "別
名"。我們曾經在 8-3 節介紹過為資料表定義別名, 希望各位還有印象, 通常我們
會替較長的資料表名稱取一個較短的別名, 以方便使用。

下面範例中, 我們以**客**當作**客戶**資料表的別名, 以**出**當作**出貨記錄**資料表的別
名, 在設定比對條件 (ON 子句) 時少打了不少字：

```
SELECT 客.客戶名稱, 客.聯絡人, 數量, 書名
FROM   客戶 AS 客 JOIN 出貨記錄 AS 出
       ON 客.客戶名稱= 出.客戶名稱
```

 ON 是 JOIN 的一部份, 不能單獨使用。有關 JOIN 的用法稍後即會說明。

JOIN 的基本原理

JOIN 的意義是將多個資料表的記錄橫向連接起來，然後利用 ON 來設定條件以過濾不需要的記錄。例如將下面兩個資料表 JOIN 的結果為：

編號	名稱
1	Windows 使用手冊
2	Linux 架站實務
3	SQL 指令寶典

企劃書籍

編號	價錢
1	320
3	380

企劃書籍預定價

編號	名稱	編號	價錢
1	Windows 使用手冊	1	320
1	Windows 使用手冊	3	380
2	Linux 架站實務	1	320
2	Linux 架站實務	3	380
3	SQL 指令寶典	1	320
3	SQL 指令寶典	3	380

企劃書籍資料表的每一筆記錄，都會和企劃書籍預定價資料表的每一筆記錄連接為一筆新記錄，而產生了 3×2 = 6 筆的記錄

假如我們希望只要 JOIN "企劃書籍.編號= 企劃書籍預定價.編號" 的部份，並且只要列出一個**編號**欄就好了，可加 ON 子句設定條件來過濾，例如：

```
SELECT 企劃書籍.編號, 名稱, 價錢
FROM   企劃書籍 JOIN 企劃書籍預定價
       ON 企劃書籍.編號 = 企劃書籍預定價.編號
```

	編號	名稱	價錢
1	1	Windows 使用手冊	320
2	3	SQL 指令寶典	380

聰明的讀者也許已經想到, 其實也可以用 WHERE 來設定過濾條件!沒錯, 將剛才那組敘述用 WHERE 改寫一下, 也是可以得到相同的結果:

```
SELECT 企劃書籍.編號, 名稱, 價錢
FROM   企劃書籍, 企劃書籍預定價
WHERE  企劃書籍.編號 = 企劃書籍預定價.編號
```

可是比較起來, 用 JOIN...ON... 的方式較具有可讀性, 因為 JOIN 的條件不用和其他查詢條件混在一起, 而且 JOIN 還有多種方式可運用, 例如 LEFT JOIN、FULL JOIN ... 等, 底下即為您介紹。

 如果有 3 個或更多的資料表要 JOIN, 可以用小括號來指明 JOIN 的順序, 例如: FROM (甲 LEFT JOIN 乙 ON 條件) JOIN 丙 ON 條件。

JOIN 的類型：INNER、LEFT、RIGHT、FULL 和 CROSS

假如我們要綜合好幾個資料表來查詢資料, 可以使用 JOIN 參數將那些資料表結合在一起。依據不同的查詢目的, JOIN 的方式可分成多種類型:

◉ **[INNER] JOIN**：只顯示符合條件的資料列, 此為預設的 JOIN 方式, 因此 INNER 參數可以省略。

◉ **LEFT [OUTER] JOIN**：顯示符合條件的資料列, 以及左邊資料表中不符合條件的資料列 (此時右邊資料列會以 NULL 來顯示)。

◉ **RIGHT [OUTER] JOIN**：顯示符合條件的資料列, 以及右邊資料表中不符合條件的資料列 (此時左邊資料列會以 NULL 來顯示)。

◉ **FULL [OUTER] JOIN**：顯示符合條件的資料列, 以及左邊和右邊資料表中不符合條件的資料列 (此時缺乏資料的資料列會以 NULL 來顯示)。

◉ **CROSS JOIN**：此類型會直接將一個資料表的每一筆資料列和另一個資料表的每一筆資料列搭配成新的資料列, 不需要用 ON 來設定條件。

 在 LEFT、RIGHT 和 FULL 這 3 種 JOIN 類型中, OUTER 參數都可以省略。

底下我們就利用**旗旗公司**資料表和**標標公司**資料表，來說明各種 JOIN 類型的運作方式。**旗旗公司**和**標標公司**資料表的現有內容如下：

	產品名稱	價格
1	Windows 使用手冊	400.00
2	Linux 架站實務	500.00
3	JAVA 程式語言	420.00

旗旗公司資料表

	產品名稱	價格
1	Windows 使用手冊	400.00
2	Linux 架站實務	490.00
3	SQL 指令寶典	440.00

標標公司資料表

◉ 查詢兩家公司有那些共同的產品及產品的價格(INNER JOIN)：

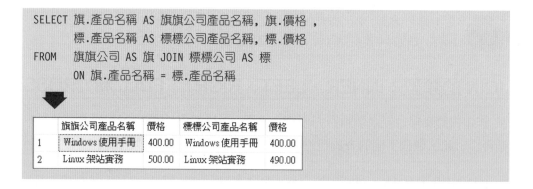

```
SELECT  旗.產品名稱 AS 旗旗公司產品名稱，旗.價格 ，
        標.產品名稱 AS 標標公司產品名稱，標.價格
FROM    旗旗公司 AS 旗 JOIN 標標公司 AS 標
        ON 旗.產品名稱 = 標.產品名稱
```

	旗旗公司產品名稱	價格	標標公司產品名稱	價格
1	Windows 使用手冊	400.00	Windows 使用手冊	400.00
2	Linux 架站實務	500.00	Linux 架站實務	490.00

◉ 找出兩家公司共同的產品及價格，以及**旗旗公司**的獨家產品(LEFT JOIN)：

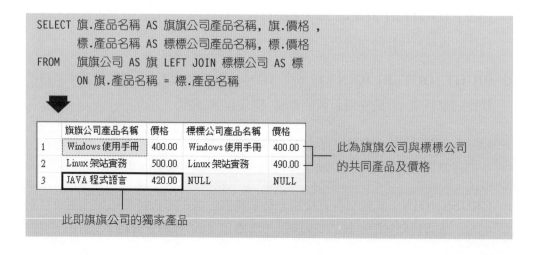

```
SELECT  旗.產品名稱 AS 旗旗公司產品名稱，旗.價格 ，
        標.產品名稱 AS 標標公司產品名稱，標.價格
FROM    旗旗公司 AS 旗 LEFT JOIN 標標公司 AS 標
        ON 旗.產品名稱 = 標.產品名稱
```

	旗旗公司產品名稱	價格	標標公司產品名稱	價格
1	Windows 使用手冊	400.00	Windows 使用手冊	400.00
2	Linux 架站實務	500.00	Linux 架站實務	490.00
3	JAVA 程式語言	420.00	NULL	NULL

此為旗旗公司與標標公司的共同產品及價格

此即旗旗公司的獨家產品

⊙ 查詢兩家公司共同的產品和價格，以及**標標公司**有什麼獨家產品(RIGHT JOIN)：

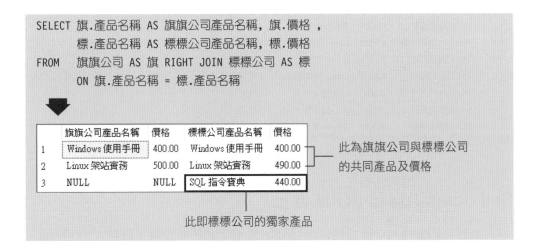

⊙ 查詢兩家公司所有的產品和價格(FULL JOIN)：

⊙ 將兩家公司的每項產品一一配對(CROSS JOIN)：

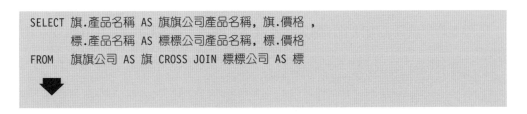

	旗旗公司產品名稱	價格	標標公司產品名稱	價格
1	Windows 使用手冊	400.00	Windows 使用手冊	400.00
2	Linux 架站實務	500.00	Windows 使用手冊	400.00
3	JAVA 程式語言	420.00	Windows 使用手冊	400.00
4	Windows 使用手冊	400.00	Linux 架站實務	490.00
5	Linux 架站實務	500.00	Linux 架站實務	490.00
6	JAVA 程式語言	420.00	Linux 架站實務	490.00
7	Windows 使用手冊	400.00	SQL 指令寶典	440.00
8	Linux 架站實務	500.00	SQL 指令寶典	440.00
9	JAVA 程式語言	420.00	SQL 指令寶典	440.00

Self-Joins：自己 JOIN 自己

有時候我們會將同一個資料表自己 JOIN 自己, 例如在**員工**資料表中, 每個人都有一個**主管編號**欄來存放其主管的編號:

主管編號欄位參照到同一資料表的**編號**欄位, 例如由**主管編號**欄位可以得知, 編號 1 員工的主管即為編號 2 的員工

若想查詢每位員工的姓名、職位、及其主管姓名, 就需利用到 Self-Joins 的技巧:

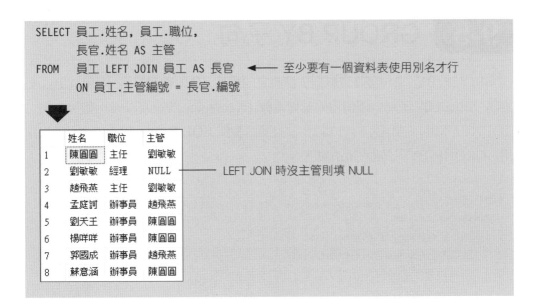

```
SELECT 員工.姓名, 員工.職位,
       長官.姓名 AS 主管
FROM   員工 LEFT JOIN 員工 AS 長官  ←── 至少要有一個資料表使用別名才行
       ON 員工.主管編號 = 長官.編號
```

	姓名	職位	主管
1	陳圓圓	主任	劉敏敏
2	劉敏敏	經理	NULL	── LEFT JOIN 時沒主管則填 NULL
3	趙飛燕	主任	劉敏敏
4	孟庭訶	辦事員	趙飛燕
5	劉天王	辦事員	陳圓圓
6	楊咩咩	辦事員	陳圓圓
7	郭國成	辦事員	趙飛燕
8	蘇意涵	辦事員	陳圓圓

9-4 WHERE 子句

WHERE 子句用來設定查詢的條件, 語法如下:

```
WHERE { search_condition }
```

例如我們想要從**員工**資料表中, 找出女性員工的資料, 就可以寫成:

```
SELECT *
FROM 員工
WHERE 性別= '女'
```

	編號	姓名	性別	地址	電話	主管編號	職位
1	1	陳圓圓	女	北市仁愛路二段56號4樓	0223219845	2	主任
2	2	劉敏敏	女	北市敦化北路一段302號10樓	0223447782	NULL	經理
3	3	趙飛燕	女	北市忠孝東路三段240號4樓	0225983290	2	主任
4	4	孟庭訶	女	北市南京東路三段215號4樓	0227651332	3	辦事員
5	8	蘇意涵	女	北市紹興南路89號	0223964355	1	辦事員

9-5 GROUP BY 子句

GROUP BY 子句可將資料列依據設定的條件,分成數個群組 (GROUP),並且讓 SELECT 子句中所使用的**彙總函數** (Aggregate Funtctions,如 SUM、COUNT、MIN、MAX、AVG ...,說明請參閱 **SQL Server 線上叢書**) 產生作用。GROUP BY 子句的語法如下:

```
GROUP BY {
    column_expression
    | CUBE ( <composite element list> )
    | ROLLUP ( <composite element list> )
} [ , ....n ]
```

基本用法

我們先利用**出貨記錄**資料表舉幾個簡單的例子,讓各位熟悉 GROUP BY 子句的基本用法,再說明其它參數的應用。**出貨記錄**資料表現有的資料內容如下:

	編號	日期	客戶名稱	書名	數量
1	1	2016-07-01	天天書局	Windows 網路通訊秘笈	10
2	2	2016-07-25	天天書局	Excel 在統計上的應用	5
3	3	2016-08-02	大雄書局	Office 非常 Easy	7
4	4	2016-08-16	大雄書局	AutoCAD 電腦繪圖與圖學	2
5	5	2016-09-05	天天書局	Windows Server MIS 實戰問答	6
6	6	2016-09-10	大雄書局	Windows 網路通訊秘笈	8
7	7	2016-09-20	大雄書局	Office 非常 Easy	2
8	8	2016-09-25	大雄書局	Excel 在統計上的應用	6

如果我們要從**出貨記錄**資料表中查詢出貨給各家客戶的總數量時,可用 GROUP BY 子句將**出貨記錄**資料表的記錄按**客戶名稱**分組來計算:

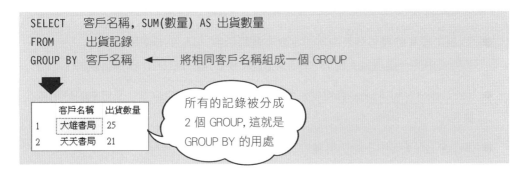

 常用的彙總函數有：SUM (加總), COUNT (計算筆數)、MAX (取最大值)、MIN (取最小值)、及 AVG (取平均值)。

GROUP BY 子句中的 colum_expression 可以是一個欄位, 也可以是包含欄位值的運算式 (但不可包含彙總函數), 例如：

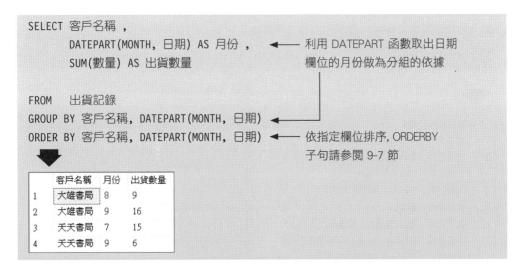

使用 GROUP BY 子句的注意事項

使用 GROUP BY 子句時, 有幾點要提醒您注意：

● 在 SELECT 子句的欄位列表中, 除了彙總函數外, 其它所出現的欄位一定要在 GROUP BY 子句中有定義才行。例如 "GROUP BY A, B", 那麼 "SELECT MAX(A), C" 就有問題, 因為 C 不在 GROUP BY 中, 但 MAX(A) 還是可以的。

接下頁

- SELECT 子句的欄位列表中不一定要有彙總函數, 但至少要使用到 GROUP BY 子句列表中的一個項目。例如 "GROUP BY A, B, C", 則 "SELECT A" 是可以的。

- text、ntext、和 image 資料型別的欄位, 不能作為 GROUP BY 子句中的分組依據。

- GROUP BY 子句中不能使用欄位別名。

CUBE：對所有欄位加總運算

CUBE 參數會自動對 GROUP BY 所列的分組欄位做加總運算。看看下面的例子各位會比較容易理解：

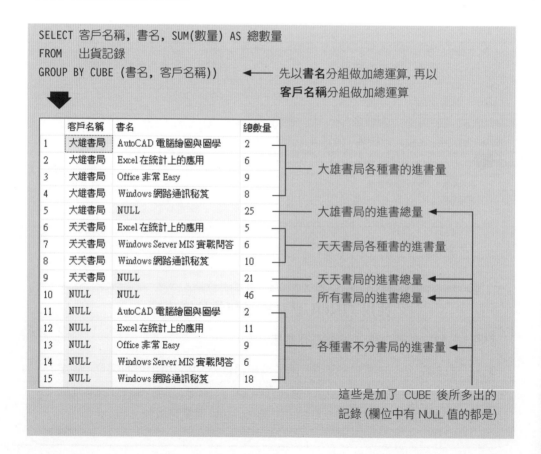

```
SELECT 客戶名稱, 書名, SUM(數量) AS 總數量
FROM    出貨記錄
GROUP BY CUBE (書名, 客戶名稱))
```
◄── 先以**書名**分組做加總運算, 再以 **客戶名稱**分組做加總運算

	客戶名稱	書名	總數量
1	大雄書局	AutoCAD 電腦繪圖與圖學	2
2	大雄書局	Excel 在統計上的應用	6
3	大雄書局	Office 非常 Easy	9
4	大雄書局	Windows 網路通訊秘笈	8
5	大雄書局	NULL	25
6	天天書局	Excel 在統計上的應用	5
7	天天書局	Windows Server MIS 實戰問答	6
8	天天書局	Windows 網路通訊秘笈	10
9	天天書局	NULL	21
10	NULL	NULL	46
11	NULL	AutoCAD 電腦繪圖與圖學	2
12	NULL	Excel 在統計上的應用	11
13	NULL	Office 非常 Easy	9
14	NULL	Windows Server MIS 實戰問答	6
15	NULL	Windows 網路通訊秘笈	18

- 大雄書局各種書的進書量 (rows 1-4)
- 大雄書局的進書總量 (row 5)
- 天天書局各種書的進書量 (rows 6-8)
- 天天書局的進書總量 (row 9)
- 所有書局的進書總量 (row 10)
- 各種書不分書局的進書量 (rows 11-15)

這些是加了 CUBE 後所多出的記錄 (欄位中有 NULL 值的都是)

　　加上 CUBE 參數，上面那組敘述便會先分別統計**書名**欄位中各種書的出書總量；然後再分別計算出**客戶名稱**欄位中 "大雄書局"、"天天書局" 和所有書局進書的總量；而所有書店的進書總量則統計在欄位值皆 NULL 的那一列資料列上。

ROLLUP：對第一個欄位加總運算

　　ROLLUP 只會依據 GROUP BY 子句所列的第一個欄位做加總運算 (CUBE 是對 GROUP BY 子句列出的每個欄位都做)。假設我們要從**出貨記錄**資料表查詢不同書店中各種書的進書量和所有書量：

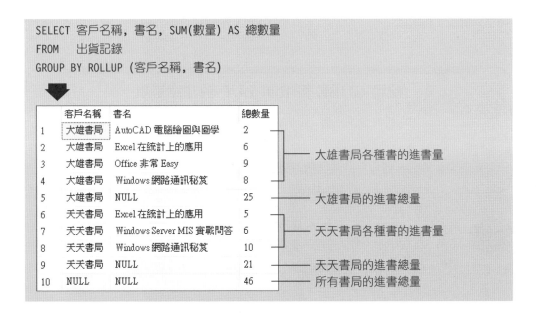

```
SELECT 客戶名稱, 書名, SUM(數量) AS 總數量
FROM    出貨記錄
GROUP BY ROLLUP (客戶名稱, 書名)
```

	客戶名稱	書名	總數量	
1	大雄書局	AutoCAD 電腦繪圖與圖學	2	
2	大雄書局	Excel 在統計上的應用	6	大雄書局各種書的進書量
3	大雄書局	Office 非常 Easy	9	
4	大雄書局	Windows 網路通訊秘笈	8	
5	大雄書局	NULL	25	大雄書局的進書總量
6	天天書局	Excel 在統計上的應用	5	
7	天天書局	Windows Server MIS 實戰問答	6	天天書局各種書的進書量
8	天天書局	Windows 網路通訊秘笈	10	
9	天天書局	NULL	21	天天書局的進書總量
10	NULL	NULL	46	所有書局的進書總量

　　如果我們查詢的重點在於各書店對某書的進書量，和所有書店對某書的進書量，則只要將上面那組敘述中分組的順序調動一下即可：

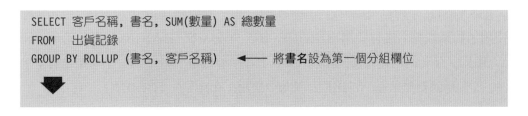

```
SELECT 客戶名稱, 書名, SUM(數量) AS 總數量
FROM    出貨記錄
GROUP BY ROLLUP (書名, 客戶名稱)      ◀── 將書名設為第一個分組欄位
```

	客戶名稱	書名	總數量
1	大雄書局	AutoCAD 電腦繪圖與圖學	2
2	NULL	AutoCAD 電腦繪圖與圖學	2
3	大雄書局	Excel 在統計上的應用	6
4	天天書局	Excel 在統計上的應用	5
5	NULL	Excel 在統計上的應用	11
6	大雄書局	Office 非常 Easy	9
7	NULL	Office 非常 Easy	9
8	天天書局	Windows Server MIS 實戰問答	6
9	NULL	Windows Server MIS 實戰問答	6
10	大雄書局	Windows 網路通訊秘笈	8
11	天天書局	Windows 網路通訊秘笈	10
12	NULL	Windows 網路通訊秘笈	18
13	NULL	NULL	46

使用 CUBE 與 ROLLUP 的注意事項

在 SQL Server 中, 相異彙總函數 (如 AVG(DISTINCT column_name), COUNT(DISTINCT column_name), 及 SUM(DISTINCT column_name) 等), 不可用於使用 CUBE 與 ROLLUP 參數的查詢敘述。若使用此類函數, 將會出現錯誤訊息。

TIP 原本在 Transact-SQL 有一個 **COMPUTE** 子句, 可以搭配彙總函數來摘要資料。不過 SQL Server 2012 已經不支援 **COMPUTE** 子句, 因為其功能可以用 ROLLUP 搭配 GROUP BY 子句來達成。

9-6 HAVING 子句

　　HAVING 子句也可以設定查詢的條件, 但一般會和 GROUP BY 子句搭配使用。如果查詢中沒有使用 GROUP BY 子句, 則 HAVING 子句的用途和 WHERE 子句的用途相似, 不過 HAVING 子句和 WHERE 子句還是有差別的, 即彙總函數無法在 WHERE 子句中使用, 只能用在 HAVING 子句中。

HAVING 子句的語法如下：

```
HAVING search_condition
```

 TIP 請注意, text、ntext 及 image 資料型別的欄位不能用在 HAVING 子句中。

下面範例是從**出貨記錄**資料表中查詢, 哪一本書進書總量超過 6 本, 以及是哪家書店進的：

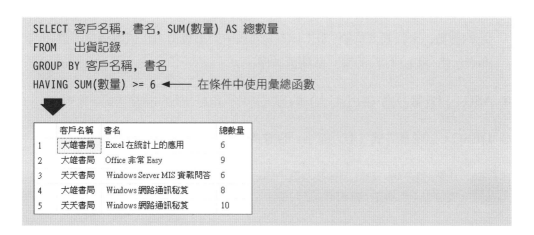

```
SELECT 客戶名稱, 書名, SUM(數量) AS 總數量
FROM   出貨記錄
GROUP BY 客戶名稱, 書名
HAVING SUM(數量) >= 6  ◄── 在條件中使用彙總函數
```

	客戶名稱	書名	總數量
1	大雄書局	Excel 在統計上的應用	6
2	大雄書局	Office 非常 Easy	9
3	天天書局	Windows Server MIS 實戰問答	6
4	大雄書局	Windows 網路通訊秘笈	8
5	天天書局	Windows 網路通訊秘笈	10

有時候我們會想要找出資料表中某些欄位值是重複的記錄, 這時就可以用 HAVING 條件來選出 COUNT 大於 1 的記錄：

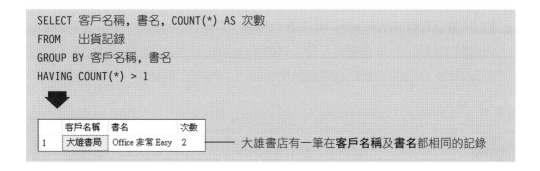

```
SELECT 客戶名稱, 書名, COUNT(*) AS 次數
FROM   出貨記錄
GROUP BY 客戶名稱, 書名
HAVING COUNT(*) > 1
```

	客戶名稱	書名	次數
1	大雄書局	Office 非常 Easy	2

── 大雄書店有一筆在**客戶名稱**及**書名**都相同的記錄

9-7 ORDER BY 子句

ORDER BY 子句可以將查詢的結果排序, 語法如下:

```
ORDER BY { order_by_expression [ ASC | DESC ] } [ , . . . n ]
OFFSET offset_expr ROWS [FETCH NEXT fetch_expr ROWS ONLY]
```

- **order_by_expression**:設定排序的依據, 可以是欄位名稱、欄位別名、或包含欄位值的運算式。作為排序依據的欄位可以不是 SELECT 子句所查詢的欄位, 但若使用 SELECT DISTINCT 則必須是。另外, 我們也可以使用大於 0 的整數, 來代表要依照 SELECT 列表中的第幾個項目值做排序, 例如 1, 即表示用 SELECT 的第一個欄位排序。

- **ASC**:以升冪方式 (由小而大) 的方式排序, 這是預設的排序方式。

- **DESC**:以降冪方式 (由大而小) 的方式排序。

注意, 排序時, NULL 將被視為最小的值。另外, text、ntext 及 image 資料型別的欄位也不能用在 ORDERBY 子句中。

- **OFFSET offset_expr ROWS**:指定在傳回查詢結果時, 要略過最前面 offset_expr 筆記錄。例如『OFFSET 3 ROWS』會略過查詢結果的前 3 筆記錄, 而由第 4 筆開始傳回。

- **FETCH NEXT fetch_expr ROWS ONLY**:只要傳回 fetch_expr 筆記錄, 必須搭配 OFFSET 一起使用才行。例如『OFFSET 3 ROWS FETCH NEXT 5 ROWS ONLY』會略過查詢結果的前 3 筆記錄, 而由第 4 筆開始傳回 5 筆記錄。

OFFSET..FETCH... 為 SQL Server 2012 新增的功能, 可以要求 SELECT 只傳回查詢結果中的特定記錄範圍(位移量及筆數), 以便做分頁查詢, 例如第一次查詢 1~10 筆, 第二次查詢 11~20 筆...。

OFFSET..FETCH... 必須使用在 ORDER BY 子句中, 其語法中的 ROWS 也可寫成 ROW, NEXT 也可改為 FIRST, 意義都是一樣的。

下面範例會先以**客戶名稱**做降冪排序, 而**客戶名稱**相同的資料再以**數量**做升冪排序:

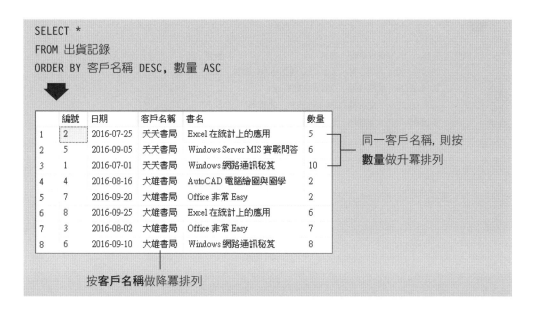

底下範例和上面範例相同, 但會略過前 3 筆記錄, 而由第 4 筆開始傳回:

底下範例和上面範例相同, 但只傳回 4 筆記錄 (傳回第 4~7 筆記錄):

```
SELECT *
FROM 出貨記錄
ORDER BY 客戶名稱 DESC, 數量 ASC
OFFSET 3 ROWS FETCH NEXT 4 ROWS ONLY
```

	編號	日期	客戶名稱	書名	數量
1	4	2016-08-16	大雄書局	AutoCAD 電腦繪圖與圖學	2
2	7	2016-09-20	大雄書局	Office 非常 Easy	2
3	8	2016-09-25	大雄書局	Excel 在統計上的應用	6
4	3	2016-08-02	大雄書局	Office 非常 Easy	7

Chapter

10

更多的查詢技巧

經過上一章的洗禮, 想必各位對於資料查詢已經
紮下相當穩健的基礎。所謂 "打鐵趁熱", 本章
我們要接著介紹一些比較進階的查詢技巧, 包括
用 UNION 合併查詢結果、設計『查詢中的查
詢』— 子查詢 (Subquery)、還有在 SQL Server
Management Studio 中以視覺化工具來設計、執
行查詢的方法。另外, 為了加強各位設計運算式
(expression) 的能力, 本章還有常數、運算子、資
料型別轉換 ... 等精彩介紹。

本章將使用**練習 10** 資料庫為例說明, 請依關於
光碟中的說明, 附加光碟中的資料庫到 SQL Server
中一起操作。

10-1 用 UNION 合併多個查詢結果

UNION 可將多個 SELECT 敘述的查詢結果合併成一組。什麼意思呢？看看下圖您就明瞭了：

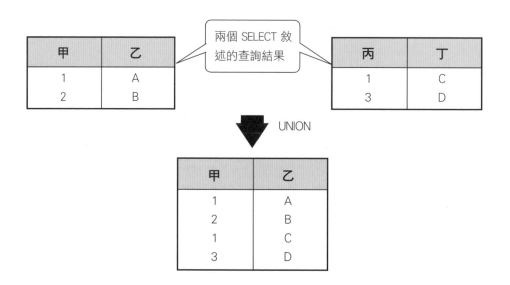

看出來了嗎？UNION 是將多個查詢結果做 "上下垂直" 合併，所以欄位數不會增加。您可能會聯想到上一章介紹的 JOIN，與 UNION 相較，JOIN 是將資料表的欄位做左右水平合併，所以通常欄位數會增多。總而言之，UNION 和 JOIN 並不相同，兩者不要弄混了！

UNION 的條件與結果

UNION 的用意其實相當簡單，但是要讓多個查詢結果能夠相安無事地合併起來，則必須符合下列的條件：

◉ 欲合併的查詢結果，其欄位數必須相同。

◉ 欲合併的查詢結果，其對應的欄位 (如上圖的**甲**欄和**丙**欄、**乙**欄和**丁**欄) 一定要具備 "相容" 的資料型別，即資料型別可以不同，但兩者必須能夠互相轉換。

至於合併後的結果會有什麼變化呢？在此我們也先做個說明，讓各位有個心理
準備：

◉ 合併結果的欄位名稱會以第一個查詢結果的欄位名稱為名，其他查詢結果的欄
位名稱則會被忽略掉。

◉ 合併時，若對應的欄位具備不同的資料型別，則 SQL Server 會進行相容性的
型別轉換，轉換的原則是以 "可容納較多資料的型別為主"。就拿上圖來說，假
設**乙欄**是 CHAR(10) 型別，**丁欄**是 CHAR(20) 型別，則合併後的**乙欄**便會
是 CHAR (20) 型別。

在此處必須再次提醒您，並不是每種資料型別都可以互相轉換。如果無法自動
轉換，除非我們介入強制轉換，否則便會顯示錯誤訊息，無法完成合併。

 有關資料型別的轉換，稍後的 10-5 節會有比較詳細的說明。

UNION 的語法

UNION 的語法如下：

```
select_statement UNION [ALL] select_statement
                [ UNION [ALL] select_statement ] [...n]
[ ORDER BY ... ]
[ COMPUTE ... ]
```

◉ **select_statement**：就是以 SELECT 開頭的查詢敘述，語法和第 9 章介紹的
一樣，但用法有一些差異：

● GROUP BY 和 HAVING 子句只能用在個別的 select_statement 中，
不可用於整個 UNION 敘述的最後。

● ORDER BY 及 COMPUTE 子句則只能用在整個敘述的最後，針對最後
的合併結果做排序或計算，不能用在個別的 select_statement 中。

● 只有第一個 select_statement 可以設定 INTO 子句。

⊙ **ALL**：如果設定 ALL 參數，最後的合併結果會將重複的記錄都顯示出來。如果不設定 ALL 參數，則在合併結果中，重複的記錄將只會顯示一筆。

⊙ **小括弧 ( )**：合併的順序原則上是 "由左至右"，但可利用**小括弧 ( )**來改變合併的優先順序。例如：select1 UNION (select2 UNION select3)，則會先合併 select2、select3，得到的結果再和 select1 合併。

應用範例

以下就利用**練習 10** 資料庫中的**合作廠商**和**客戶**資料表，來示範 UNION 的用法。右邊是**合作廠商**和**客戶**資料表現有的資料內容：

	編號	廠商名稱	聯絡人	性別	地址	電話
1	1	匯宏網路	陳韻琴	女	新北市永和區竹林路160號	0286312748
2	2	天天書局	方永正	男	台北市忠孝東路一段30號	0225467887
3	3	愛普勤	尹育瑋	男	台北市信義路109號	0226158887
4	4	千瑞百貨	白琳中	女	台北市福德路72號'	0224382456
5	5	大雄書局	孟廷亭	女	台北市南京路三段34號	0227896457

合作廠商資料表

	客戶編號	客戶名稱	聯絡人	地址	電話
1	1	十全書局	陳小苴	台北市仁愛路56號	0223219845
2	2	大發書店	陳季瑄	台北市敦化南路一段1號	0223478158
3	3	天天書局	方永正	台北市忠孝東路一段30號	0225467887
4	4	大雄書局	孟庭亭	台北市南京東路三段34號	0227896456
5	5	愚人書店	王發財	台北市重慶南路一段57號	0227465808
6	6	新新書店	黎國民	台北市中山北路六段88號	0225576635
7	7	旗竿書局	王平立	台北市師大路67號	0223468970
8	8	聰明書店	蘇小小	台北市羅斯福路四段80號	0226753499
9	9	Flags Book Store	John Potter	270 Bayside Parkway Fremont, CA 94538, USA	+1.5106877123

客戶資料表

假設我們想邀請合作廠商及客戶的聯絡人來參加公司尾牙，則可以分別從**合作廠商**及**客戶**這兩個資料表查詢聯絡人的姓名、地址，然後將這兩個查詢結果合併成一份邀請名單：

```
SELECT 聯絡人 AS 邀請名單, 地址
FROM   合作廠商
UNION
SELECT 聯絡人, 地址
FROM   客戶
ORDER BY 聯絡人
```

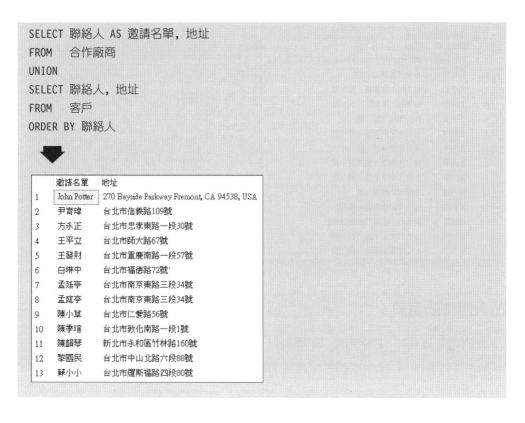

不刪除資料表合併後重複的資料

上例單純使用 UNION 的合併結果會將重複的資料過濾掉, 只顯示一筆。若要顯示全部的資料, 不論資料是否重複, 則可改用 UNION ALL 來合併:

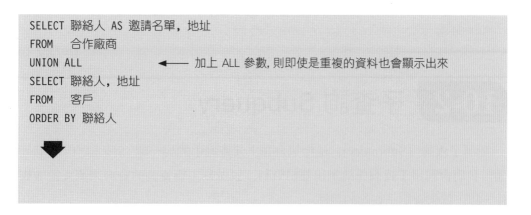

10-5

	邀請名單	地址
1	John Potter	270 Bayside Parkway Fremont, CA 94538, USA
2	尹育瑋	台北市信義路109號
3	方永正	台北市忠孝東路一段30號
4	方永正	台北市忠孝東路一段30號
5	王平立	台北市師大路67號
6	王發財	台北市重慶南路一段57號
7	白琳中	台北市福德路72號'
8	孟廷亭	台北市南京東路三段34號
9	孟庭亭	台北市南京東路三段34號
10	陳小草	台北市仁愛路56號
11	陳季瑄	台北市教化南路一段1號
12	陳韻琴	新北市永和區竹林路160號
13	黎國民	台北市中山北路六段88號
14	蘇小小	台北市羅斯福路四段80號

重複的資料

加入臨時的資料

我們還可以利用 UNION，在查詢結果上加入一些臨時資料 (這些臨時資料並不存在資料表中)。例如我們要在邀請名單中再加入一位臨時客人 "王大砲"：

```
SELECT 聯絡人 AS 邀請名單, 地址
FROM 合作廠商
UNION
SELECT 聯絡人, 地址
FROM 客戶
UNION
SELECT '王大砲' , '台北市南京東路三段 34 號 5 樓'        運用 UNION 加入
ORDER BY 聯絡人                                           一筆自訂資料
```

10-2 子查詢 Subquery

所謂**子查詢** (Subquery)，是指包含在主要查詢中的另一個 SELECT 查詢。通常我們會利用**子查詢**先挑選出部份資料，以做為主要查詢的資料來源或選取條件。以下就來介紹子查詢的用法。

子查詢的語法與範例

子查詢的語法和 SELECT 敘述一樣, 但有下列的限制:

◉ 整個子查詢敘述需用**小括弧 ( )** 括住。

◉ 子查詢中不能使用 INTO 子句。

◉ 若子查詢中有用到 "SELECT TOP n...", 才可設定 ORDER BY 子句來排序。

底下我們來看個子查詢的應用範例:

```
SELECT 訂單編號, 下單日期,
       總數量 = (SELECT SUM(數量)        ◄──── "總數量 = XXX" 相當於 "XXX AS
              FROM 訂購項目                     總數量", 都可用來定義欄位別名
              WHERE 訂單編號 = 訂單.訂單編號)
FROM 訂單
```

上例中, 我們的目的是要從**訂單**資料表查出每筆訂單訂購的產品總數, 可是每筆訂單的訂購產品及數量是儲存在**訂購項目**資料表中, 所以就利用子查詢先到**訂購項目**資料表中算出每筆訂單的訂購總數量。

子查詢的類型與處理方式

子查詢的傳回結果 (即查詢結果) 可分成 3 種類型:單一值、單欄的多筆資料、不限定欄數的多筆資料;而用來處理子查詢傳回結果的方法也分為 3 種:

◉ 方法 1:**直接取值**－直接使用子查詢的傳回值, 例如用 =、>、< 做比較, 或進行加減乘除等運算。

◉ 方法 2:**比對清單**－使用 IN、ALL、或 ANY (SOME) 運算子判斷某個值是否存在於傳回清單中, 其比對結果為 True 或 False。

◉ 方法 3:**測試存在**－使用 EXISTS 運算子判斷是否有傳回資料, 其測試結果亦為 True 或 False。

以上 3 種處理方法的適用時
機如右表所示：

傳回結果	一欄	多欄
一筆記錄	方法 1、2、3	方法 3
多筆記錄	方法 2、3	方法 3

為了便於說明，底下我們利用**旗旗公司**與**標標公司**資料表，來示範上述 3 種處
理方法。**旗旗公司**與**標標公司**資料表目前的內容如下所示：

產品名稱	價格
Windows 使用手冊	400
Linux 架站實務	490
SQL 指令寶典	440

標標公司

產品名稱	價格
Windows 使用手冊	400
Linux 架站實務	500
JAVA 程式語言	420

旗旗公司

直接取值的子查詢

如果子查詢會傳回單一值，那麼該子查詢便可使用於任何允許運算式出現的地
方，而且不限 SELECT 敘述，連 INSERT、UPDATE、DELETE 等敘述中都
可使用這種子查詢。我們來看幾個範例。

第一個範例是計算**標標公司**每項產品價格所佔的百分比，子查詢位於 SELECT
子句中，用來算出所有產品的總和。

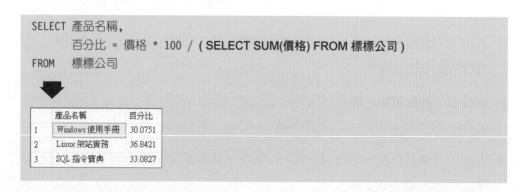

```
SELECT 產品名稱,
       百分比 = 價格 * 100 / ( SELECT SUM(價格) FROM 標標公司 )
FROM   標標公司
```

	產品名稱	百分比
1	Windows 使用手冊	30.0751
2	Linux 架站實務	36.8421
3	SQL 指令寶典	33.0827

第二個範例要找出**旗旗公司**的產品中，價格比**標標公司**任何產品都貴的項目，子查詢用於 WHERE 子句，用來找出**標標公司**最貴的產品價格：

比對清單的子查詢

如果子查詢會傳回單欄的一或多筆記錄 (型式像一份單欄的表格)，我們就可以用 IN、ALL、或 ANY(SOME) 運算子來與清單中的值做比對，其中 ALL 和 ANY(SOME) 必須與比較運算子 (如 >、<=、=) 一起使用。此類子查詢可用於邏輯運算式中，包括 SELECT、INSERT、UPDATE、DELETE 等敘述中的 WHERE 或 HAVING 子句。

◉ **IN**：IN 運算子可用來判斷給定的值是否在指定的子查詢中。下面範例要查詢**標標公司**產品中，**旗旗公司**也有的產品：

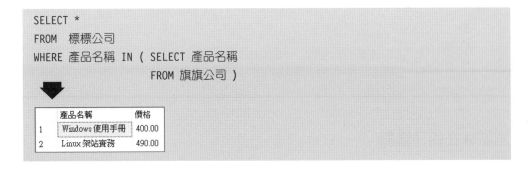

TIP 如果想找出不在子查詢清單中的資料，可改用 NOT IN 來判斷。

⊙ **ALL**：ALL 運算子表示在查詢中的結果必須滿足子查詢中的所有結果。例如下面範例先用子查詢找出**旗旗公司**所有在 410 元以上的產品價格, 然後再列出**標標公司**的產品中比這些價格都要便宜或相同的產品價格：

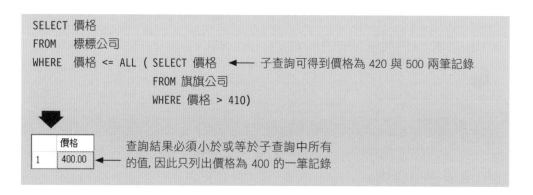

⊙ **ANY、SOME**：ANY 運算子表示查詢結果只要滿足子查詢中任一個值即可；SOME 是 SQL-92 標準的用法, 意思與 ANY 相同。我們將上面範例的 ALL 改為 ANY, 看看結果有何變化：

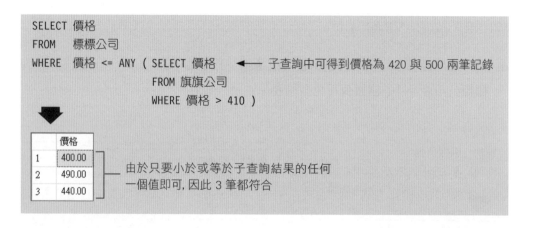

測試存在的子查詢

我們可以使用 EXISTS 來測試子查詢是否有傳回任何結果, 如果有結果就會傳回 TRUE, 沒有結果則傳回 FALSE。這類的子查詢就不限定傳回值是單一值、單欄或多欄了, 只要有任何結果傳回即為 TRUE (即使傳回 NULL 值也算), 否則為 FALSE。

EXISTS 子查詢也是使用在邏輯運算式中, 下面範例可找出**標標公司**的產品中, 其價格在**旗旗公司**中超過 495 元的產品:

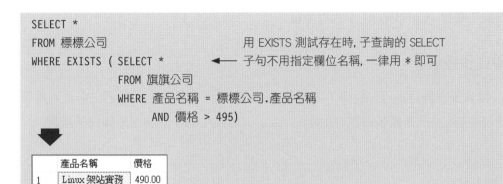

 如果想測試不存在子查詢結果中的資料, 可改用 NOT EXISTS 來判斷。

相同功能的不同查詢方式

其實同一個查詢結果可以用多種查詢方式來達成, 例如上一個範例也可改用下面兩種方法查詢:

```
SELECT 標標公司.*
FROM    標標公司 JOIN 旗旗公司
        ON 標標公司.產品名稱 = 旗旗公司.產品名稱
WHERE   旗旗公司.價格 > 495
```

或是:

```
SELECT *
FROM 標標公司
WHERE 產品名稱 IN ( SELECT 產品名稱
                  FROM 旗旗公司
                  WHERE 價格 > 495)
```

獨立子查詢與關聯子查詢

從子查詢中是否使用到主查詢的資料, 可將子查詢分為**獨立 (Independent) 子查詢**和**關聯 (Corelated) 子查詢**兩種。

獨立子查詢

獨立子查詢是指可以脫離主查詢, 單獨執行的子查詢。例如我們之前查詢**標標公司**的產品中, **旗旗公司**也有生產的產品, 其敘述中的子查詢便是**獨立子查詢**:

```
SELECT *
FROM 標標公司
WHERE 產品名稱 IN ( SELECT 產品名稱    ◀── 這個子查詢可以單獨執行
                   FROM 旗旗公司)
```

關聯子查詢

關聯子查詢是指無法單獨存在的子查詢。舉例來說, 下面範例中的子查詢就無法單獨存在, 原因是子查詢使用了**旗旗公司**資料表的欄位, 而子查詢的 FROM 子句中並沒有該資料表, 所以如果單獨執行會產生錯誤:

```
SELECT *
FROM 旗旗公司
WHERE 產品名稱 IN ( SELECT 產品名稱    ◀── 旗旗公司資料表不在子查詢的 FROM
                   FROM 標標公司          子句中, 所以此查詢不可單獨執行
                   WHERE 旗旗公司.價格 > 標標公司.價格)
```

請注意, 雖然內層查詢可以參考到外層查詢的資料表, 但反之卻不行, 也就是外層查詢不可以使用內層查詢的資料表。

 TIP 其實子查詢之內還可以有子查詢喔! SQL Sever 最多可支援到 32 層的巢狀子查詢, 不過我們一般用到 2、3 層就算很多了。

10-3 使用 SQL Server Management Studio 設計 SQL 查詢

在 SQL Server Management Studio 中提供了相當好用的 "視覺化" SQL 設計工具, 稱為 "查詢設計工具", 這一節將帶您來看看如何使用**查詢設計工具**設計 SQL 查詢。

查詢設計工具

首先請開啟**查詢設計工具**, 操作步驟如下:

此即 SQL Server Management Studio 所提供的各類 "視覺化" SQL 設計工具, 稍後將會分別介紹

1 選取您想要進行查詢的資料表

2 按右鈕執行『編輯前 200 個資料列』命令

3 這些鈕可開啟或關閉右側**圖表**、**準則**、**SQL** 及**結果**窗格

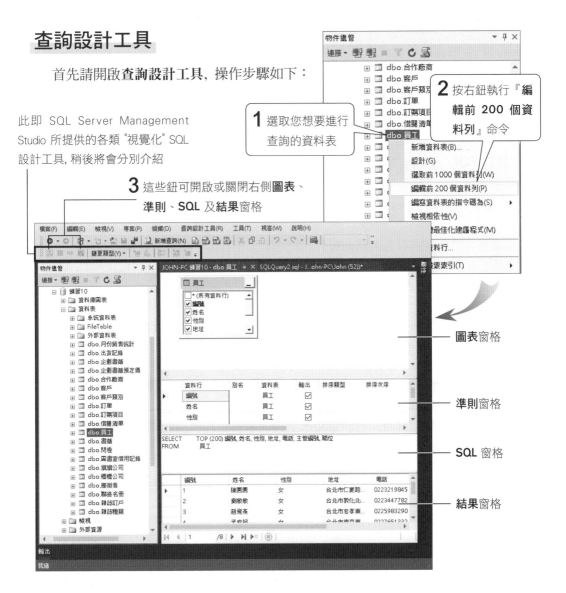

圖表窗格

準則窗格

SQL 窗格

結果窗格

查詢設計工具中畫分為 4 個窗格，我們可利用上圖步驟 3 工具列上的 4 個按鈕來切換各窗格的顯示與隱藏：

按鈕	說明
	顯示/隱藏圖表窗格
	顯示/隱藏準則窗格
 SQL	顯示/隱藏 SQL 窗格
	顯示/隱藏結果窗格

請注意，不管您如何切換，**查詢設計工具**一定會保留一個窗格，亦即我們無法同時將 4 個窗格都隱藏起來。

在**查詢設計工具**的 4 個窗格中，**圖表窗格**、**準則窗格**和 **SQL 窗格**皆是設計查詢敘述的場所，這 3 個窗格具有 "同步" 的作用 — 當您更動其中任一個窗格的內容後，其他兩個窗格也會同步更新，以達到一致的結果。設計好查詢敘述後，按下**執行 SQL** 鈕  執行，則查詢結果便會顯示在**結果窗格**中。

設計查詢的技巧 — 各窗格的操作

接著我們分別來看各窗格的操作，同時學習在各窗格中設計查詢的技巧。

圖表窗格

在**圖表窗格**可選擇查詢的資料來源，如資料表、檢視表 (請參閱第 11 章)、勾選要顯示的欄位、還可以建立資料表間的 JOIN 型態。

◉ **載入/移除資料來源**

開啟**查詢設計工具**時，我們當時所選擇的資料表即會自動載入**結果窗格**中。假如您還需要加入其它的資料來源，請如下操作：

Step1 按下**加入資料表鈕** ：

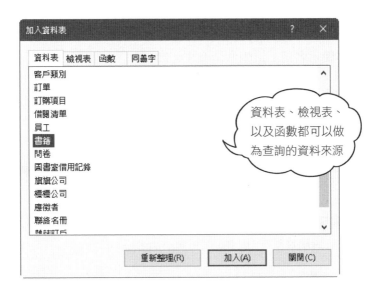

資料表、檢視表、以及函數都可以做為查詢的資料來源

Step2 在列示窗中雙按您要加入的資料來源，或選取資料來源再按**加入鈕**，即可將資料來源載入**圖表窗格**中。

Step3 將需要的資料來源都載入後，請按**關閉鈕**，接著便可在圖表窗格中看到所選取的所有資料表：

新加入的資料表

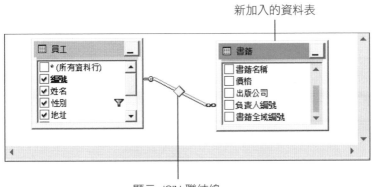

顯示 JOIN 聯結線

TIP 如果資料表間已設有關聯，則當這些相關聯的資料表載入**圖表窗格**時，便會自動建立 JOIN，並顯示 JOIN 聯結線。

在**圖表窗格**中的資料表有兩種顯示型態：一種是同時顯示資料表名稱及欄位名稱，一種是僅顯示資料表名稱。您可用資料表標題列右側的 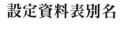 鈕 (或 鈕，僅顯示資料表名稱時) 來切換；或者在標題列上按右鈕，利用『**資料行名稱**』和『**僅顯示名稱**』這兩個命令來切換。

如果載入的資料來源用不到，要將它移除時，請在資料表標題列上按右鈕執行『**移除**』命令，即可將該資料表移出**圖表窗格**。

設定資料表別名

若要為**圖表窗格**中的資料表設定資料表別名，請先按一下資料表的標題列，選取資料表，然後於右邊**屬性**窗格 (按 F4 鍵可顯示出來) 設定：

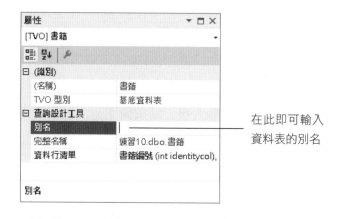

在此即可輸入
資料表的別名

◉ **JOIN 資料表**

當**圖表窗格**中載入多個資料來源，**SQL 窗格**會自動為它們建立 CROSS JOIN。如果想要自己來 JOIN 資料表，請如下操作：

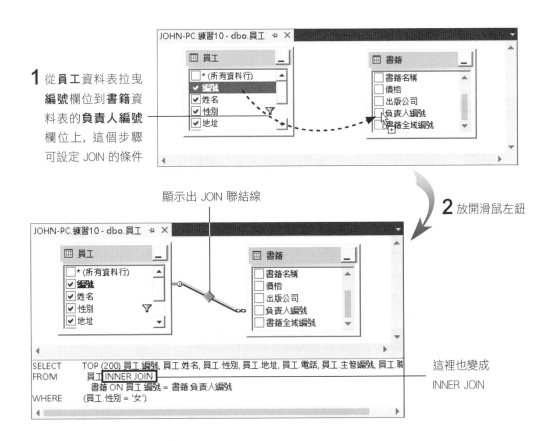

1 從**員工**資料表拉曳 **編號**欄位到**書籍**資 料表的**負責人編號** 欄位上,這個步驟 可設定 JOIN 的條件

顯示出 JOIN 聯結線

2 放開滑鼠左鈕

這裡也變成 INNER JOIN

假如要變更 JOIN 類型或修改 JOIN 的條件, 請在 JOIN 聯結線上按右鈕:

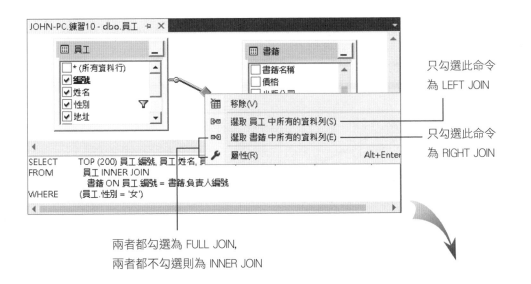

只勾選此命令 為 LEFT JOIN

只勾選此命令 為 RIGHT JOIN

兩者都勾選為 FULL JOIN, 兩者都不勾選則為 INNER JOIN

若上述兩個命令還無法滿足您設定 JOIN 的要求, 請如下操作:

1 在 JOIN 聯結線上按滑鼠左鈕

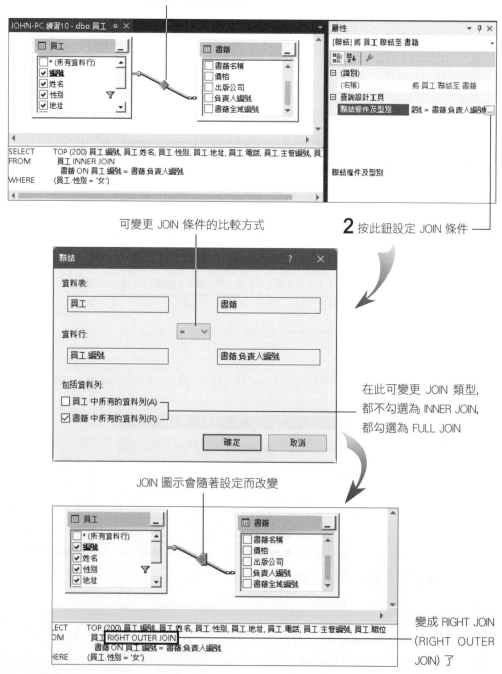

可變更 JOIN 條件的比較方式

2 按此鈕設定 JOIN 條件

在此可變更 JOIN 類型,
都不勾選為 INNER JOIN,
都勾選為 FULL JOIN

JOIN 圖示會隨著設定而改變

變成 RIGHT JOIN
(RIGHT OUTER
JOIN) 了

若要移除 JOIN 聯結線，請在聯結線上按右鈕執行『**移除**』命令，則資料表間便會恢復成 CROSS JOIN 類型。

◉ **設定顯示欄位及排序欄位**

在**圖表窗格**中還可以設定查詢結果要顯示的欄位。假設要顯示**員工**資料表的**姓名**欄位和**書籍**資料表的**書籍編號、書籍名稱**欄位，就在這 3 個欄位前的方框內打勾；若不顯示某欄位，則在欄位前的方框取消勾選即可。

假如要在**圖表窗格**中設定排序欄位，請先在資料表中要排序的欄位上按右鈕(此處以**書籍**資料表的**書籍編號**欄位為例)，若要遞增排序，就執行**遞增排序**命令；要遞減排序，則執行**遞減排序**命令：

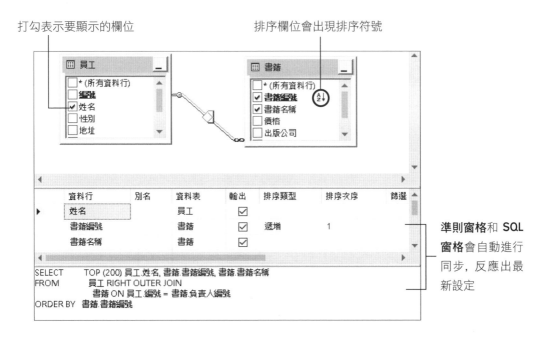

打勾表示要顯示的欄位　　　　　　　　　排序欄位會出現排序符號

準則窗格和 SQL 窗格會自動進行同步，反應出最新設定

準則窗格

在**準則窗格**中主要是進行欄位方面的相關設定，例如在此處也可以設定查詢結果要顯示的欄位、還可設定欄位別名、排序欄位、最重要的是可以設定查詢條件：

設定欄位別名, 若您想讓輸出
的資料保持原本的欄位名稱,
請刪除自動產生的欄位別名

設定排序方式

設定 WHERE 條件, 同一直
行中的條件先以 AND 結合,
各行的條件再以 OR 組合

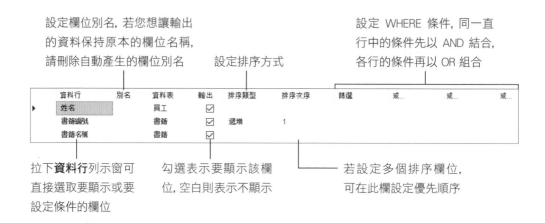

資料行	別名	資料表	輸出	排序類型	排序次序	篩選	或...	或...	或...
姓名		員工	☑						
書籍編號		書籍	☑	遞增	1				
書籍名稱		書籍	☑						

拉下**資料行**列示窗可
直接選取要顯示或要
設定條件的欄位

勾選表示要顯示該欄
位, 空白則表示不顯示

若設定多個排序欄位,
可在此欄設定優先順序

假設我們要查詢 "由女性員工負責, 而且價格 > 350 的書籍", 可如下設定:

有設定 WHERE 條件的欄位會加上漏斗
符號, 將滑鼠指在符號上還有條件提示

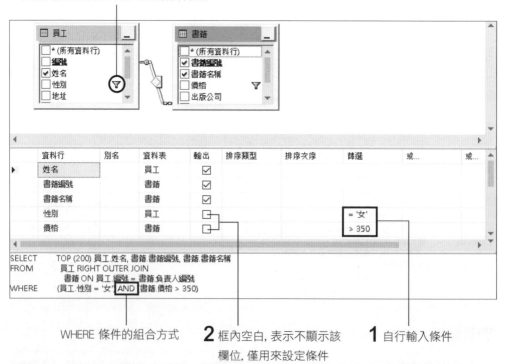

```
SELECT   TOP (200) 員工.姓名, 書籍.書籍編號, 書籍.書籍名稱
FROM     員工 RIGHT OUTER JOIN
         書籍 ON 員工.編號 = 書籍.負責人編號
WHERE    (員工.性別 = '女' AND 書籍.價格 > 350)
```

WHERE 條件的組合方式

2 框內空白, 表示不顯示該
欄位, 僅用來設定條件

1 自行輸入條件

TIP 在**圖表窗格**中選取有漏斗符號的欄位, 然後按右鈕執行 『**移除篩選**』 命令, 即
可刪除該欄位的 WHERE 條件設定。

如果要將某欄位整列移除, 可如下操作:

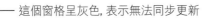

資料行	別名	資料表	輸出	排序類型	排序次序	篩選	或...	或...
姓名		員工	☑					
書籍編號		書籍	☑					
書籍名稱		書籍	☑					
性別		員工	☐			= '女'		
價格		書籍	☐			> 350		

在左側灰色方塊上選取要移除的欄位 (按住
Shift 鍵即可選取多個), 然後按 Delete 鍵即可

SQL 窗格

SQL 窗格可讓我們直接在此撰寫 SQL 語法。其實前兩個窗格只能算是設計 SQL 敘述的圖形化輔助工具, 您在前兩個窗格中所做的設定, 都會在 **SQL 窗格** 中同步產生對應的 SQL 語法。當按下工具列的**執行鈕** 執行查詢時, 便是執 行此窗格中的 SQL 敘述。

我們除了可在 **SQL 窗格**中修改現成的語法內容, 其最大的用處是:**圖表窗格** 和**準則窗格**無法支援的語法及敘述, 例如 UNION、CREATE DATABASE、 ALTER TABLE ... , 都可以在此窗格中直接輸入。但在 **SQL 窗格**中輸入**圖表 窗格**和**準則窗格**無法支援的語法及敘述時, 會破壞 **SQL 窗格**與前兩個窗格的同 步機制。例如我們在 **SQL 窗格**中自行加入 UNION 的用法, 則執行時便會顯示 如下的狀況:

這個窗格呈灰色, 表示無法同步更新

若要恢復 3 個窗格的同步機制, 只要在 **SQL 窗格**中刪除不被支援的語法並重新
執行查詢, 或是按 Ctrl + Z 鍵回復窗格的內容即可。

在 **SQL 窗格**中, 您還可以按下**驗證 SQL 語法**鈕 🖳, 來檢查 SQL 語法是
否正確, 而不執行查詢。

結果窗格

結果窗格顧名思義就是顯示查詢結果的地方。在設計好查詢敘述後, 按下**執行**
鈕 🖻, 查詢結果就會出現在此窗格中。**在結果窗格**中我們還可以新增、修改、
刪除記錄的內容 (請參閱第 8 章)。

設定群組欄位

在**查詢設計視窗**中怎麼設定群組欄位 (GROUP BY 子句) 呢?假設我們想在
員工及**書籍**資料表中查詢每個人完成了幾本書, 並將書籍的價格加總:

2 按此鈕在**方格窗格**中顯示**群組**
依據欄位, 以便進行設定

1 先設好要查詢的資料表及顯示欄位

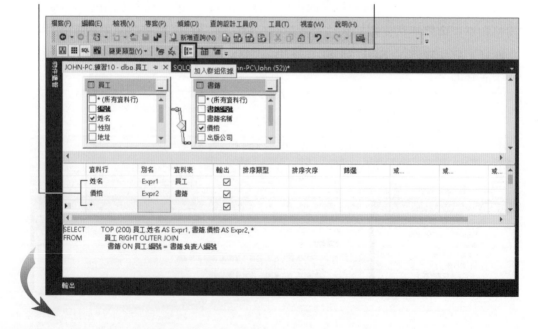

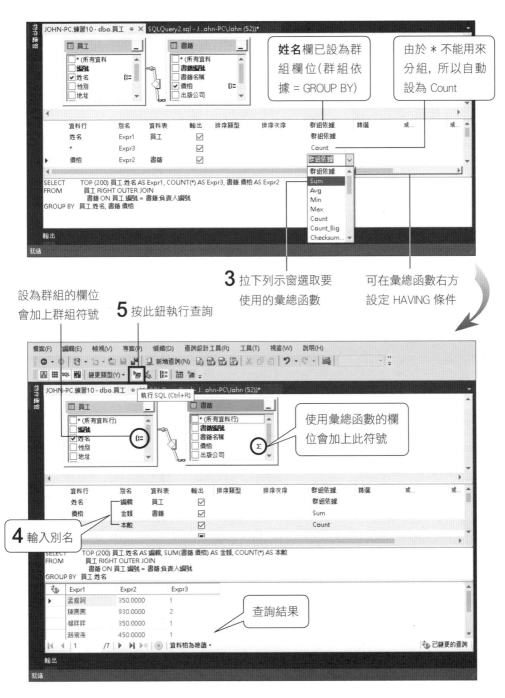

3 拉下列示窗選取要
使用的彙總函數

可在彙總函數右方
設定 HAVING 條件

設為群組的欄位
會加上群組符號

5 按此鈕執行查詢

使用彙總函數的欄
位會加上此符號

4 輸入別名

查詢結果

TIP 若要取消全部的群組設定, 只要再按一下 鈕即可。

整個查詢敘述的屬性設定

另外還有一些查詢參數必須到整個查詢的**屬性**交談窗中設定, 例如 TOP、DISTINCT … 等。若要設定此類參數請在 SQL Server Management Studio 中執行『**檢視/屬性視窗**』, 或是按 F4 鍵, 如下設定:

若有設定群組, 還可在此設定群組的選項

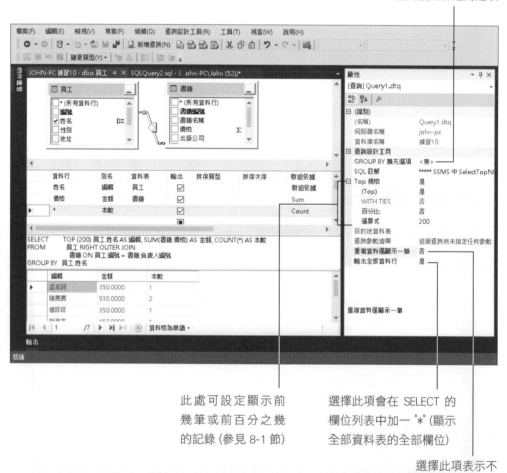

此處可設定顯示前幾筆或前百分之幾的記錄 (參見 8-1 節)

選擇此項會在 SELECT 的欄位列表中加一 "*" (顯示全部資料表的全部欄位)

選擇此項表示不顯示重複的記錄

在一般的查詢窗格中使用查詢設計工具

前面都是在資料表的查詢窗格中操作, 但如果開啟的是一般的查詢窗格 (例如按

📄 新增查詢(N)　鈕), 則可開啟獨立的查詢設計工具視窗來設計查詢:

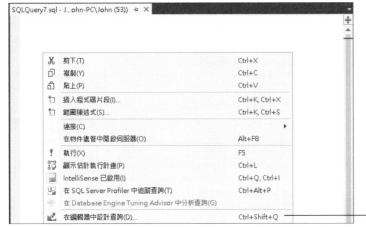

在一般的 **SQLQuery** 窗格中按右鈕, 執行 『**在編輯器中設計查詢**』命令

如此即可開啟**查詢設計工具**來設計 T-SQL 查詢。設計好 T-SQL 查詢之後, 請在**查詢設計工具**按**確定**鈕即可將 SQL 敘述送回 **SQLQuery** 窗格:

按此鈕執行查詢

在**查詢設計工具**設計好的 SQL 敘述會自動輸入 **SQLQuery** 窗格

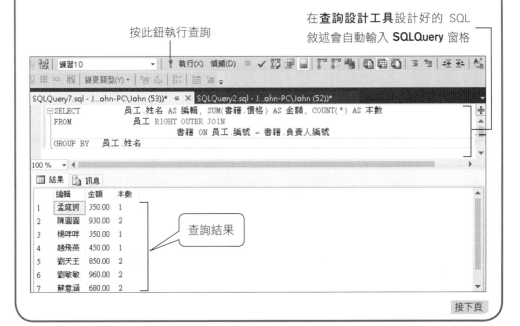

查詢結果

如果想要重新使用**查詢設計工具**編輯 SQL 敘述, 請如下操作:

1 選取整個 SQL 敘述

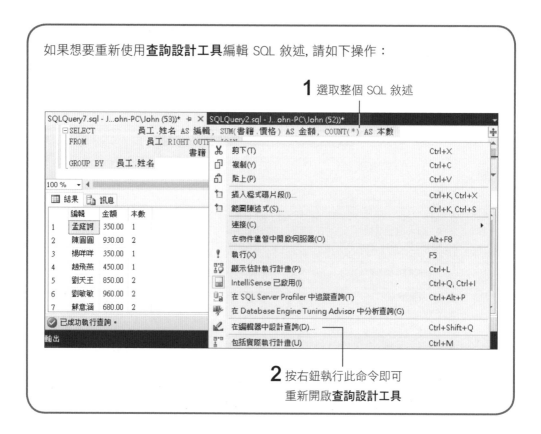

2 按右鈕執行此命令即可
重新開啟**查詢設計工具**

10-4 T-SQL 的常數

有關查詢的型態、語法、和技巧, 前面已經介紹得差不多了, 接下來的內容則
是要加強讀者對於運算式的設計技巧, 首先介紹**常數**的表達。

常數 (Constants) 就是以文、數字表達出來的字串、數值、日期等資料。依資
料型別的不同, 常數也會有不同的表達方式, 底下將依序為您介紹。

● **字串常數 (Character string constants)**: 字串常數必須以單引號括起來, 若字
串內容本身即含有單引號時, 可用連續兩個單引號來表示, 例如:

```
'Abcd'
'1234'
'SQL 伺服器 2016'
''                    ◀── 空字串
'I don''t know! '    ◀── 字串中內含單引號, 即用連續兩個單引號來表示
```

 TIP 如果將 QUOTED_IDENTIFIER 選項設為 OFF, 那麼也可以用雙引號 (") 來表示字串。

⦿ **Unicode 字串常數 (Unicode string)**：和字串常數表示法相同, 但必須在字串最前面加上一個大寫的 N：

```
N'Abcd'
N'SQL 伺服器 2016'
```

 TIP 請注意, Unicode 字串常數中的每個字元 (中文、字母、數字、符號 … 等) 都是佔用 2 Bytes。

⦿ **二元碼常數 (Binary constants)**：必須以 0x 開頭的 16 進位數值來表示, 前後不必加引號。例如：

```
0xAE
0x12Ef
0x69048AEFDD010E
0x                ◀── 空的二元碼常數, 長度為 0
```

⦿ **位元常數 (bit constants)**：只有 0 與 1 兩種值。

⦿ **日期時間常數 (datetime constants)**：必須用單引號括起來的日期或時間字串。日期的表示法主要有 3 種 (年份可任意使用 4 位數或 2 位數)：

有文字的, 例如 'April15, 2016 ' 或 'April15 , 16'

分隔式的, 例如 '4/15/2016'、'04-15-2016' 或 '4/15/16'、'04-15-16'

無分隔的, 例如 '20161215' 或 '161215'

TIP 如果使用 2 位數的年份, SQL Server 預設是以 49 為分界, 即 00～49 視為 2000～2049 年, 50～ 99 則視為 1950～1999 年。例如 '2/18/08' 表示 '2/18/2008'。

更改年月日的順序

剛才提到的 3 種日期表示法, 除了第 3 種固定使用 'ymd' (年月日) 順序外, 前兩種預設是使用'mdy' 順序。不過我們可以針對每個登入使用者設定不同的順序 ('dmy' 或 'ymd'), 方法是更改其所使用的語言 (Language)。

SQL Server 中文版預設的語言是**繁體中文** (Traditional Chinese), 順序是 'ymd'。若要更改使用者預設的語言, 可在 SQL Server Management Studio 中的 SQL Server 名稱上按右鈕, 執行『**屬性**』 命令後再切換到**進階**頁面:

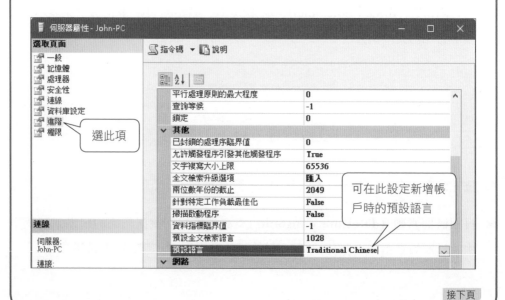

接下頁

如果想針對個別帳戶更改預設語言的
設定, 請如下操作:

1 切換到此處

2 雙按要變更的帳戶

3 在此更改要使用的語言

不過要注意, 以上設定是針對 T-SQL 語言所做的, 可適用於任何 T-SQL 敘述。但
若您是在 SQL Server Management Studio 中編輯資料, 那麼所使用的格式是依照
Windows 的**控制台/地區及語言選項**中的日期時間格式。

其實 SQL Server 是很聰明的, 只要您輸入的日期能明顯分辨出年月日, 則不論是用哪種年月日順序都可正確輸入;只有當無法明確辨認時 (例如 '1/2/3'), 才會依預設的順序來解譯。底下我們再列出一些關於日期、時間、及 "日期+時間" 的範例:

```
日期:                        時間:
'1999/3/8'                  ' 14:30:24'
'April 15, 1999'            '04:24 PM'
'15 April, 2002'            '02am'
'980415'
'04/15/08'   ◄── 2008 年

日期 + 時間:
'2013-10-10 15:30'
'5/22/133:10:14 pm'
```

若只有日期沒有時間, 則會填入預設時間:'12:00:00am' (午夜);若只有時間, 則預設日期為 '1900-1-1'。另外, 當您執行查詢時, 所傳回的日期時間格式為 'yyyy-mm-dd hh:mi:ss' 或 'yyyy-mm-dd hh:mi:ss:mmm' (均為 24 小時制)。

統一的日期表示法

當使用如 '01/02/03' 的日期時, 可能會因為當時使用了不同的語言而有不同的解釋。要避免因國別語言不同而造成的錯誤, 可用以下的方法:

● 如果是透過 OLE DB 或 ODBC 界面來存取資料, 那麼可使用 ODBC 的標準表達方式:

```
日期+ 時間:{ ts 'yyyy-mm-dd hh:mm:ss [.fff]' }
           如 { ts '2016-12-21 10:02:20' }

日期:{ d 'yyyy-mm-dd' } 如 { d '2012-12-21' }

時間:{ t ' hh :mm: ss ' } 如 { t '10:02:20' }
```

接下頁

以其他方式存取資料時, 可使用年月日順序固定的 'yyyymmdd' 格式, 例如 '20131221', 這樣就不會因國別而有不同。

您也可用 CONVERT (data_type, expression, style) 函數, 將字串依指定格式轉換為日期資料, 例如：

```
SELECT CONVERT(DATETIME, '7/19/2016', 101)
```

CONVERT 函數可以依照指定的日期格式, 在字串及日期資料間相互轉換, 其 style 參數所代表的格式如下：

style (yy)	style (yyyy)	符合標準	格式
-	0 或 100	預設值	mon dd yyyy hh:miAM(PM)
1	101	USA	mm/dd/yy
2	102	ANSI	yy.mm.dd
3	103	British/French	dd/mm/yy
4	104	German	dd.mm.yy
5	105	Italian	dd-mm-yy
6	106	-	dd mon yy
7	107	-	mon dd, yy
8	108	-	hh:mm:ss
-	9 或 109	預設值＋ 毫秒	mon dd yyyy hh:mi:ss:mmmAM(PM)
11	111	JAPAN	yy/mm/dd
10	110	USA	mm-dd-yy
12	112	ISO	yymmdd
-	13 或 113	Europe ＋毫秒	dd mon yyyy hh:mm:ss:mmm(24h)
14	114	-	hh:mi:ss:mmm(24h) 接下頁

接下頁

style (yy)	style (yyyy)	符合標準	格式
-	20 或 120	ODBC	yyyy-mm-dd hh:mi:ss(24h)
-	21 或 121	ODBC + 毫秒	yyyy-mm-dd hh:mi:ss.mmm(24h)
-	126	ISO8601	yyyy-mm-dd Thh:mm:ss:mmm
-	127	ISO8601 加時區 (Z) 標記	yyyy-mm-ddThh:mi:ss.mmmZ
-	130	Hijri	dd mon yyyy hh:mi:ss:mmmAM
-	131	Hijri	dd/mm/yy hh:mi:ss:mmmAM

上面 100 以下的 style 值是使用 'yy' 格式, 若加 100 則改用 'yyyy' 格式。但 0/100、9/109、13/ 113、20/120、21/121 一律使用 'yyyy'格式。

⊙ **整數常數** (Integer constants)：就是沒有小數的數值, 例如 1、3412。

⊙ **精確位數常數** (Decimal constants)：是指 numeric 或 decimal 型別的資料, 以含有小數點的數值表示, 例如：12.3、67432.2345。

⊙ **浮點常數** (Float and Real constants)：是指 float 或 real 型別的資料, 以科學記號表示, 例如：101.5E5、-0.5E-2。

⊙ **貨幣常數** (Money constants)：是指 money 或 smallmoney 型別的資料, 以 $ 開頭的數值表示, 例如：$12、$542023.14。

⊙ **標記常數** (Uniqueidentifier constants)：就是 uniqueidentifier 型別的資料, 可以用字串或二元碼常數表示, 例如：'6F9619FF-8B86-D011-B42D-00C04FC964FF' 或 0xf f19966f868b11d0b42d00c04fc964f f。

 一般數值常數之前均可加正、負號, 例如 +231、+123E-3、-$45.56、+$423456.99。

10-5 隱含式型別轉換

當不同型別的資料做運算時，系統會先將之轉換為相同的型別後才進行運算，並將運算結果以轉換後的型別傳回。例如一個 smallint 的資料與 int 的資料相加，那麼 smallint 的資料會先自動轉換成 int 型別，然後再相加，因此結果為 int 型別。

型別轉換的兩種類型

資料型別的轉換分成兩種類型，像剛才 smallint 和 int 的資料進行運算，SQL Server 會自動將 smallint 資料轉換成 int 型別，這樣的 "自動型別轉換" 就稱為**隱含式型別轉換** (Implicit conversion)；而需由我們主動以 CAST 或 CONVERT 函數來轉換型別時，則稱為**強迫式型別轉換** (Explicit conversion) 或稱**明確轉換**。

 TIP CAST 和 CONVERT 函數的用法請自行參閱 **SQL Server 線上叢書**。

轉換型別的優先順序

當發生**隱含式型別轉換**時，SQL Server 會儘量將資料都轉換成可以容納較多資料的型別，例如前述的 smallint 會轉換為 int 型別。那麼各種不同型別間到底是如何轉換呢？其實資料型別也是有轉換的優先順序，當兩筆資料要做運算時，系統會將優先順序較低的型別轉換成優先順序較高的型別。

資料型別的優先順序如下表所示：

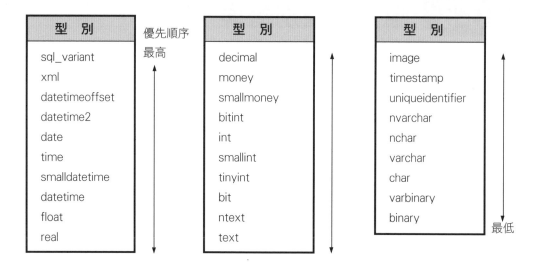

型別轉換的限制

當然，並不是每種型別都可以相互轉換的，例如 nchar 型別是無法轉換成 image 的；而有些型別只能用**強迫式型別轉換**而不允許**隱含式型別轉換**，例如 nchar 轉換成 binary。

另外，有些資料在轉換型別時會損失一些精確度，例如 3422.567 轉換為 int 時會變成 3422，小數部份會被捨去。如果只是小數位數縮減的轉換，則會做四捨五入，例如 CAST(23.359289 AS MONEY) 的結果為 $23.3593。

 有關型別轉換的更多細節，讀者可參考 **SQL Server 線上叢書**的 "轉換函數" 以及 "CAST 和 CONVERT" 標題。

10-6 T-SQL 的運算子

運算子是用來 "運算" 或 "判斷" 陳述式的值, 例如：+ (加)、- (減)、*
(乘)、/ (除)、AND、OR、> (大於)、= (等於)、< (小於) … 等等。T-SQL 的
運算子共分為 8 類, 底下我們就分類為各位詳細介紹。

指定運算子

指定運算子 (Assignment operator) 只有 1 個, 那就是 = (等號), 用來將數
值或字串等資料指定給欄位或變數。例如：

```
UPDATE 書籍
SET 價格 = 400      ◀—— 將 400 指定給價格欄位
WHERE 書籍名稱 = 'Windows Server 系統實務'
```

在下例中, 我們使用 '=' 將數值指定給變數 (變數要以 @ 開頭, 在第 13 章
會介紹)：

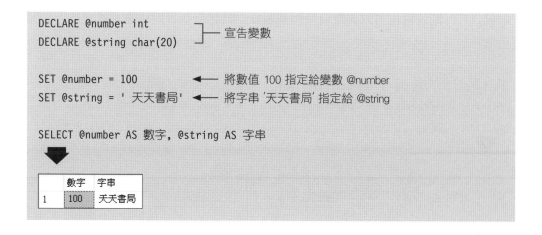

算數運算子

算數運算子 (Arithmetic operators) 包括 + (加)、- (減)、* (乘)、/ (除) 與
% (整數相除的餘數), 用來做為數值或日期的運算之用, 例如：

```
SELECT 書籍名稱, 價格 * 0.75 AS 特惠價   ◀—— 使用 * 乘法運算
FROM  書籍
```

	書籍名稱	特惠價
1	Windows Server 系統實務	300.000000
2	Outlook 快學快用	262.500000
3	AutoCAD 電腦繪圖與圖學	337.500000
4	Word 使用手冊	225.000000
5	抓住你的 Photoshop 中文版	337.500000
6	Linux 架站實務	375.000000
7	EXCEL 快速入門	262.500000
8	PHP 程式語言	345.000000
9	XOOPS 架站王	285.000000
10	防火牆架設實務	360.000000
11	Linux 系統管理實務	262.500000

 請注意, 如果是整數除以整數, 則結果仍然為整數喔！小數部份將被捨去。

另外, 日期資料也可以與數值做加減運算, 其意義為日期加幾天或減幾天, 例如：

```
PRINT CAST('2/20/2016' AS DATETIME) - 1      ◀—— 向前推 1 天
PRINT CAST('2/20/2016' AS DATETIME) + 3.25   ◀—— 向後加 3.25 天
```

```
02 19 2016 12:00AM   ◀—— 未指定時間時, 預設為 12:00AM
02 23 2016 6:00AM    ◀—— 注意時間也改變了
```

 PRINT 敘述可以將資料顯示出來, 常做為偵錯或顯示錯誤訊息之用。

比較運算子

比較運算子 (Comparison operators) 用來比較數字的大小, 或是字串的差異。包括以下 9 種:

運算子	說明	運算子	說明	運算子	說明
=	等於	>	大於	<	小於
>=	大於或等於	<=	小於或等於	<>	不等於
!=	不等於	!<	不小於	!>	不大於

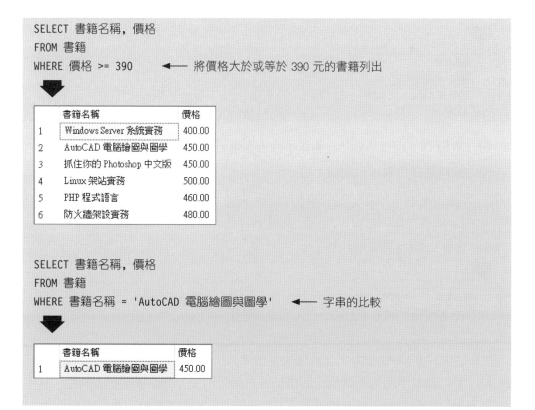

```
SELECT 書籍名稱, 價格
FROM 書籍
WHERE 價格 >= 390        ◄── 將價格大於或等於 390 元的書籍列出
```

	書籍名稱	價格
1	Windows Server 系統實務	400.00
2	AutoCAD 電腦繪圖與圖學	450.00
3	抓住你的 Photoshop 中文版	450.00
4	Linux 架站實務	500.00
5	PHP 程式語言	460.00
6	防火牆架設實務	480.00

```
SELECT 書籍名稱, 價格
FROM 書籍
WHERE 書籍名稱 = 'AutoCAD 電腦繪圖與圖學'        ◄── 字串的比較
```

	書籍名稱	價格
1	AutoCAD 電腦繪圖與圖學	450.00

邏輯運算子

邏輯運算子 (Logical operators) 用來判斷條件為 True 或 False, 總共有 10 個運算子, 其中的 ALL、ANY、SOME、EXISTS、以及 IN 在前面介紹子查詢時已說明過了, 底下再介紹剩下的 5 個, 以及 IN 的補充說明。

⊙ **AND、OR**: AND (且) 與 OR (或) 運算子是做為兩個陳述式的邏輯判斷之用, 例如:

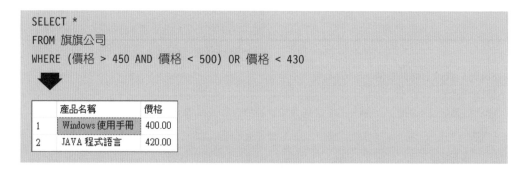

⊙ **BETWEEN**: BETWEEN 運算子表示在兩者之間, 因此只要是在給定條件之間的資料都符合要求。例如:

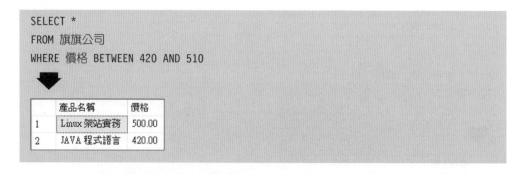

⊙ **IN**: IN 運算子用來判斷給定的值是否在指定的項目列表或是子查詢中, 其中子查詢的部份前面已經介紹過了, 下面範例則示範有關項目列表的使用方式:

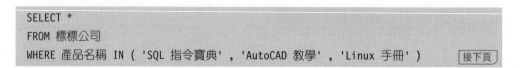

	產品名稱	價格
1	SQL 指令寶典	440.00

 TIP 項目列表要以小括號括起來, 其內的資料可以是任何型別, 如字串、數值等。

⊙ **LIKE**：LIKE 運算子是用指定的字串來找尋記錄, 例如要尋找內容中有 'SQL' 這個字的記錄：

```
SELECT *
FROM 標標公司
WHERE 產品名稱 LIKE '%SQL%'
```

LIKE 是使用部份字串來找尋記錄, 使用時可搭配萬用字元, 例如上面用的 "%"。LIKE 可使用的萬用字元如下表所示：

萬用字元	代表意義
%	不確定有幾個字元時使用。例如 ' 鋼%' 可找尋以 " 鋼" 開頭的所有記錄 (鋼筆)；'%鋼%' 可找尋有 "鋼" 這個字的記錄 (鋼筆、大鋼筆)。
_ (底線)	表示一個不確定的字元 (一個中文字也算一個字元)。例如：產品名稱 LIKE '_ _筆', 則可找出 '原子筆'、'螢光筆' 這些記錄。
〔 〕	指定可以選用的字元項目或字元的範圍。例如：〔S-W〕ea' 可找到 Sea、Tea；或是 〔STU〕ea' 只找以 S、T、U 開頭的字。在使用中文時, 一個中文即代表一個字元, 例如 〔鋼鉛原子〕筆' 可找到 ' 鋼筆' 與 ' 鉛筆', 但無法找到'原子筆', 因為 '原子' 是兩個字元, 而〔 〕只能代表一個字元。
〔^〕	與〔 〕的作用相反, 凡是被列入其中的字元都被排除, 例如 '〔^S-W〕ea' 會將 S 到 W 之間的字母排除, 而得到 Gea、Pea 之類的記錄。

 TIP 〔 〕內的字元列表中也可以有逗號、空白等, 例如 〔a, b〕x 則可找出 'ax'、', x'、'x'、及 'bx'。

- **NOT**：NOT 運算子可將邏輯運算元的值反向, 亦即原來 True 變成 False, 而 False 變成 True。NOT 也可以與 EXISTS、LIKE、BETWEEN、IN 合用, 以產生相反的結果。

```
SELECT *
FROM 標標公司
WHERE NOT EXISTS ( SELECT *
                   FROM 旗旗公司
                   WHERE 產品名稱 = 標標公司.產品名稱）
```

位元運算子

位元運算子 (Bitwise operators) 包括 & (AND)、| (OR) 與 ^ (Exclusive OR) 三種, 用來對位元進行邏輯運算。

- **&**：當此運算子前後的兩個運算元都為 1 的時候, 結果為 1。只要有一個不是 1, 則結果為 0。

- **|**：此運算子前後的兩個運算元只要有一個是 1, 則結果就是 1, 只有當兩個都是 0 的時候才會是 0。

- **^**：此為互斥運算子, 當兩個運算元的值不一樣的時候才會是 1, 否則為 0。

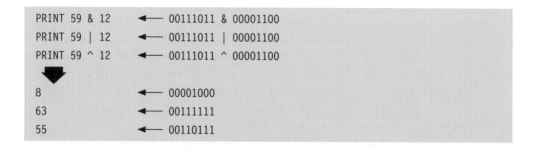

```
PRINT 59 & 12      ◄──── 00111011 & 00001100
PRINT 59 | 12      ◄──── 00111011 | 00001100
PRINT 59 ^ 12      ◄──── 00111011 ^ 00001100
    ▼
8                  ◄──── 00001000
63                 ◄──── 00111111
55                 ◄──── 00110111
```

字串連結運算子

字串連結運算子 (String concatenation operator) 是用來連結字串用的, 表示符號為 +。字串的資料型別必須是 char、varchar、或 text, 若有其它資料型別的資料要與字串相加, 則必須要能轉換為字串型別才行。

```
SELECT 'Linux 架站實務的價格是' + CONVERT(varchar , 價格) + '元'
FROM 標標公司
WHERE 產品名稱 = 'Linux 架站實務'
```

	(沒有資料行名稱)
1	Linux 架站實務的價格是 490.00 元

單一運算元運算子

單一運算元運算子 (Unary operators) 只作用於單一的運算元, 總共有 3 種: + (正號)、- (負號) 與 ~ (bitwise not, 補數)。其中補數是指位元的互補數字, 例如 1001 的補數是 0110。請看下面的範例:

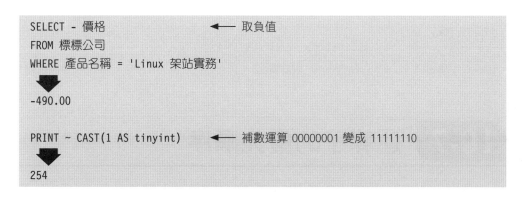

```
SELECT - 價格                    ◀── 取負值
FROM 標標公司
WHERE 產品名稱 = 'Linux 架站實務'
```
-490.00

```
PRINT ~ CAST(1 AS tinyint)       ◀── 補數運算 00000001 變成 11111110
```
254

TIP 將數值轉換為正整數型別 (tinyint), 是為了方便示範位元的變化。若直接使用整數, 則會產生負數, 例如 "PRINT ~1" 結果為 -2。

複合運算子

指定運算子也可與算術運算子、位元運算子結合成 『複合運算子』:

運算子	使用例	等同於
+ =	價格 += 100	價格 = 價格 + 100
- =	價格 -= 100	價格 = 價格 - 100
* =	價格 *= 100	價格 = 價格 * 100
/ =	價格 /= 100	價格 = 價格 / 100
% =	價格 %= 100	價格 = 價格 % 100
& =	x &= 12	x = x & 12
| =	x |= 12	x = x | 12
^ =	x ^= 12	x = x ^ 12

例如若想將 『Windows Server 系統實務』 的價格調高 100 元, 可以使用下面敘述:

```
UPDATE 書籍
SET 價格 += 100     ◄── 等同於 『SET 價格 = 價格 + 100 』
WHERE 書籍名稱 = 'Windows Server 系統實務'
```

10-7 運算子的優先順序

當使用多個運算子來組成運算式時, 優先順序較高的運算子會優先做運算。例如 "3+2*2" 的結果為 3+4=7, 而不是 5*2=10。如果希望某部份能夠優先運算, 那麼可用小括號括起來, 如果有多層的小括號, 則在內層的算式會先做運算, 例如 "3*(6/(4-2))" 的結果為 3*(6/2)=3*3=9。

右表我們將 T-SQL 運算子的優先順序，由高到低列出：

注意，在右表中同一層的運算子其優先順序相同，例如 *、/、和 %。如果運算式中各運算子的優先順序相同，則會以 "由左到右" 的順序進行運算。例如 "4-3+1" 的結果為 1+1=2。

運算子的優先順序 (由高到低)
＋ (正號), - (負號), ~ (位元 NOT)
*, /, %
＋ (加), ＋ (字元串接), - (減)
^, &, | (位元運算)
+=, -=, *=, /=, %=, &=, |=, ^= (複合運算子)
=, >, <, >=, <=, <>, !=, !>, !< (比較運算子)
NOT
AND
ALL, ANY, BETWEEN, IN, LIKE, OR, SOME
= (指定運算子)

10-8 處理欄位中的 NULL 值

NULL 代表的是一個未知的值，假如我們在查詢資料時，想要找出某欄位值是 NULL 的記錄該怎麼做呢？又 NULL 值可以做運算嗎？請看底下的介紹吧！

NULL 值的運算

NULL 代表一個不知道的值，因此任二個 NULL 值都不會相等，因為其內的值是不確定的；同理，像是 "5 > NULL"、"NULL <= 100" 的運算式都有問題。另外，任何資料與 NULL 值做運算，例如 "20 + NULL"，其值仍然是 NULL。

如果希望 NULL 值可以用等號做比較，那麼必須如下將系統選項 ANSI_NULLS 設為 OFF 才行 (預設是 ON)，否則比較的結果永遠是 FALSE。請看下面的範例：

```
SET ANSI_NULLS OFF     ◄── 將 ANSI_NULLS 設定為 "OFF"
SELECT *
FROM 員工
WHERE 主管編號 = NULL  ◄── 可以用等號做比較
```

接下頁

當 ANSI_NULLS 選項設為 OFF 時，除了相等 (=) 的比較外，其他用 NULL 值做大於、小於... 等的比較時，其結果均為 FALSE。

ISNULL( ) 函數

ISNULL( ) 函數可用來在輸出時替換 NULL 值，其語法如下：

```
ISNULL ( che ck_expression, replacement_value )
```

check_expression 是要接受檢查的運算式，檢查後，若其值為 NULL，就傳回 replacement_value；若不是 NULL，則將 check_expression 的原值傳回。下面來看個範例：

```
SELECT 姓名,
        ISNULL(CAST(主管編號 AS VARCHAR), ' 無') AS 主管
FROM 員工
```

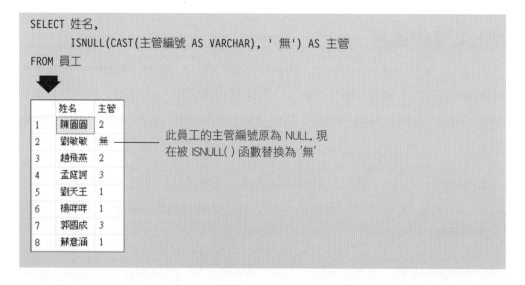

此員工的主管編號原為 NULL, 現在被 ISNULL( ) 函數替換為 '無'

請注意，replace_expression 的型別必須和 check_expression 相同才行！這就是為什麼在上例中要先用 CAST 函數轉換**主管編號**為字串型別的原因了。

檢查是否為 NULL 值

我們可以用 IS NULL 或 IS NOT NULL 來判斷 NULL 值, 例如:

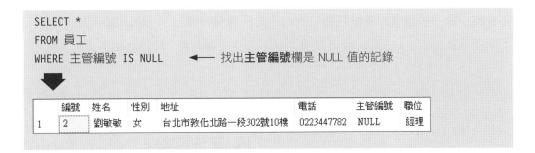

通常在資料庫中都會儘量避免過度使用 NULL 值, 以免在查詢時發生錯誤而不自覺; 例如彙總函數 (SUM、AVG...) 會自動略過 NULL 值不做計算。如果您想要將全部的 NULL 值都設為一個固定的正常值, 可以如下操作:

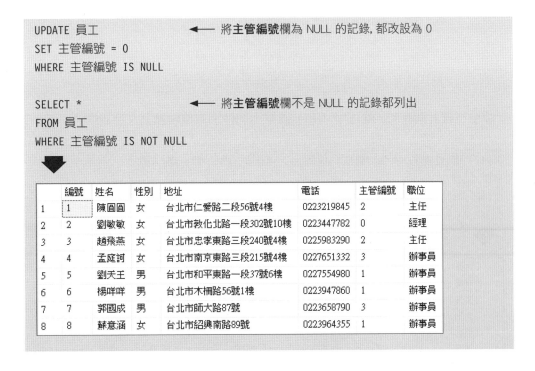

10-9 邏輯函數：IIF( )、CHOOSE ( )

　　IIF() 及 CHOOSE() 是 SQL Server 2016 新增的邏輯函數。有時我們會需要在查詢中做一些簡單的邏輯判斷，例如『當**性別**欄的值為 1 時即顯示為 '男生'、否則顯示為 '女生'』，這時就可以用 IIF() 函式來做判斷，其語法如下：

```
IIF (boolean_expression, true_value, false_value)
```

　　boolean_expression 為邏輯運算式，若為真則函數會傳回 true_value，否則傳回 false_value。例如**問卷**資料表的內容如右：

性別用 1 代表男生、0 代表女生

滿意度用 3 代表滿意、2 代表尚可、1 代表差勁

　　那麼在統計問卷時，就可用 IIF() 將以上的性別數值轉換為文字說明：

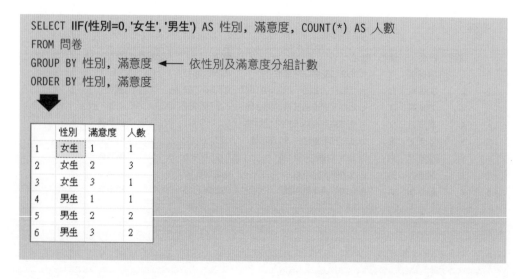

```
SELECT IIF(性別=0,'女生','男生') AS 性別, 滿意度, COUNT(*) AS 人數
FROM 問卷
GROUP BY 性別, 滿意度  ◀─── 依性別及滿意度分組計數
ORDER BY 性別, 滿意度
```

此外，在 IIF() 的參數中還可以有 IIF()，也就是巢狀的 IIF()，例如以下將滿意度轉換為易懂的文字：

TIP 巢狀的 IIF() 最多可以有 10 層。

```
SELECT IIF(滿意度=3, '滿意', IIF(滿意度=2, '尚可', '差勁')) 評價, COUNT(*) 人數
FROM 問卷
GROUP BY 滿意度      ◀── 依滿意度分組計數
ORDER BY 滿意度 DESC
```

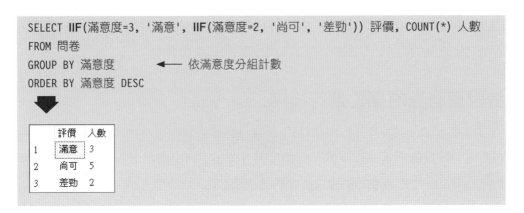

	評價	人數
1	滿意	3
2	尚可	5
3	差勁	2

另一個邏輯函數 CHOOSE()，則可依照第 1 個參數的數值 (1~N)，來決定要傳回後面的哪一個參數。其語法如下：

```
CHOOSE( index, va l_1, va l_2 [ , va l_n ] )
```

index 為一個數值，若為 1 會傳回 val_1，若為 2 則傳回 val_2，...以此類推；但若數值太大或太小而沒有對應的參數，則傳回 NULL。例如在前面的問卷統計中，可以用 CHOOSE() 來取代巢狀的 IIF()：

```
SELECT CHOOSE(滿意度, '差勁', '尚可', '滿意') 評價, COUNT(*) 人數
FROM 問卷
GROUP BY 滿意度      ◀── 依滿意度分組計數
ORDER BY 滿意度 DESC
```

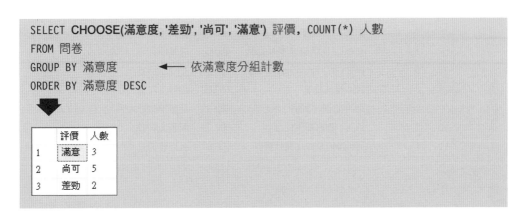

	評價	人數
1	滿意	3
2	尚可	5
3	差勁	2

10-10 排序函數：ROW_NUMBER( )、RANK( ) 與 DENSE_RANK( )

SQL Server 提供了數個排序函數：ROW_NUMBER( )、RANK( ) 與 DENSE_RANK()，讓您可以依照各種不同的需求，針對資料表的欄位進行排序，或是指定查詢的範圍，本節將為您說明如何使用這些函數。

針對資料表的欄位進行排序

ROW_NUMBER() 可以依照指定的欄位將所有記錄進行排序，然後再依照順序為每一筆記錄給定一個序號。例如我們可以如下列出書籍價格的排名，它遇到相同的價格時會依其他的依據來決定排名，因此名次均不會相同：

```sql
SELECT 書籍編號, 書籍名稱, 價格, 出版公司,
       ROW_NUMBER() OVER(ORDER BY 價格) AS 價格排名
FROM 書籍
```

輸出結果如下：

	書籍編號	書籍名稱	價格	出版公司	價格排名
1	4	Word 使用手冊	300.00	標標工作室	1
2	2	Outlook 快學快用	350.00	威威出版社	2
3	7	EXCEL 快速入門	350.00	立立出版社	3
4	11	Linux 系統管理實務	350.00	威威出版社	4
5	9	XOOPS 架站王	380.00	施施研究室	5
6	3	AutoCAD 電腦繪圖與圖學	450.00	施施研究室	6
7	5	抓住你的 Photoshop 中文版	450.00	立立出版社	7
8	8	PHP 程式語言	460.00	標標工作室	8
9	10	防火牆架設實務	480.00	威威出版社	9
10	6	Linux 架站實務	500.00	威威出版社	10
11	1	Windows Server 系統實務	500.00	施施研究室	11

在 OVER() 子句中的 ORDER BY... 是用來指定排序欄位，可以指定多個欄位(以逗號分隔)，也可以用 ASC(預設)、DESC 指定遞增、遞減排序。例如：『ROW_NUMBER() OVER(ORDER BY **出版公司, 價格 desc**) AS 價格排名』則會先依**出版公司**欄做**遞增**排序 (預設為遞增排序)，再依**價格**欄做**遞減**排序。

RANK() 函數和 ROW_NUMBER() 功能類似，但遇到相同的數值時會給相同的排名，其後的排名則會跳過。例如有三個第 2 名時，就不會有第 3 及第 4 名，它會從第 5 名開始。RANK() 的用法與 ROW_UNMBER() 是類似的：

```
SELECT 書籍編號, 書籍名稱, 價格, 出版公司,
    RANK() OVER(ORDER BY 價格) AS 價格排名
FROM 書籍
```

其輸出結果如下：

	書籍編號	書籍名稱	價格	出版公司	價格排名
1	4	Word 使用手冊	300.00	標標工作室	1
2	2	Outlook 快學快用	350.00	威威出版社	2
3	7	EXCEL 快速入門	350.00	立立出版社	2
4	11	Linux 系統管理實務	350.00	威威出版社	2
5	9	XOOPS 架站王	380.00	施施研究室	5
6	3	AutoCAD 電腦繪圖與圖學	450.00	施施研究室	6
7	5	抓住你的 Photoshop 中文版	450.00	立立出版社	6
8	8	PHP 程式語言	460.00	標標工作室	8
9	10	防火牆架設實務	480.00	威威出版社	9
10	6	Linux 架站實務	500.00	威威出版社	10
11	1	Windows Server 系統實務	500.00	施施研究室	10

因有三個第 2 名, 故此處由第 5 名開始

如果您不想如上例 "2、2、2、5" 自動跳過後面排名，而想要使用 "2、2、2、3" 這樣的排名方式，則只要將上例中的 RANK() 函數改為 DENSE_RANK() 函數即可：

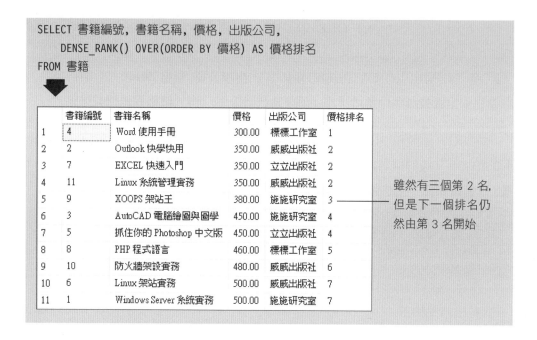

```
SELECT 書籍編號, 書籍名稱, 價格, 出版公司,
    DENSE_RANK() OVER(ORDER BY 價格) AS 價格排名
FROM 書籍
```

	書籍編號	書籍名稱	價格	出版公司	價格排名
1	4	Word 使用手冊	300.00	標標工作室	1
2	2	Outlook 快學快用	350.00	威威出版社	2
3	7	EXCEL 快速入門	350.00	立立出版社	2
4	11	Linux 系統管理實務	350.00	威威出版社	2
5	9	XOOPS 架站王	380.00	施施研究室	3
6	3	AutoCAD 電腦繪圖與圖學	450.00	施施研究室	4
7	5	抓住你的 Photoshop 中文版	450.00	立立出版社	4
8	8	PHP 程式語言	460.00	標標工作室	5
9	10	防火牆架設實務	480.00	威威出版社	6
10	6	Linux 架站實務	500.00	威威出版社	7
11	1	Windows Server 系統實務	500.00	施施研究室	7

雖然有三個第 2 名, 但是下一個排名仍然由第 3 名開始

指定查詢範圍

排序函數除了可以將所有記錄進行排序, 還能夠指定查詢排名後的第 M 筆到第 N 筆記錄, 例如查詢價格排名第 5 到 8 名的書籍。

過去在舊版的 SQL Server 要作上述查詢時, 必須使用第 9 章介紹的 TOP 敘述先查出資料的前 8 筆, 然後將這些記錄反向排序後再查詢前 4 筆。當資料筆數不多倒還無妨, 若是資料一多, 查詢起來既耗時又浪費系統資源。

不過現在只要使用排序函數, 配合第 9-7 節介紹過的 ORDER BY...OFFSET...FETCH... 子句, 便可以直接查詢某一個範圍內的記錄了。

下面的範例是查詢**書籍**資料表內依照價格排名的第 5 至 8 筆記錄：

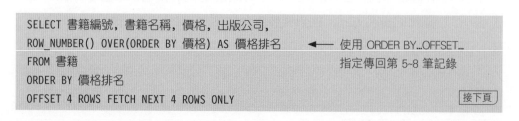

```
SELECT 書籍編號, 書籍名稱, 價格, 出版公司,
ROW_NUMBER() OVER(ORDER BY 價格) AS 價格排名
FROM 書籍
ORDER BY 價格排名
OFFSET 4 ROWS FETCH NEXT 4 ROWS ONLY
```

使用 ORDER BY...OFFSET... 指定傳回第 5-8 筆記錄

接下頁

分組排名

前面是針對所有的記錄進行排名，其實 OVER 子包也可以先將記錄依特定欄位分組後，再進行分組內的排名，寫法如下：

```
排序函數() OVER (PARTITION BY 分組欄位 ORDER BY 排名欄位) AS 別名
```

例如底下將**書籍**資料表依照**出版公司**做分組，然後進行分組內的**價格**排名：

```
SELECT 書籍編號，書籍名稱，價格，出版公司，
ROW_NUMBER() OVER(PARTITION BY 出版公司 ORDER BY 價格) AS 價格排名
FROM 書籍
```

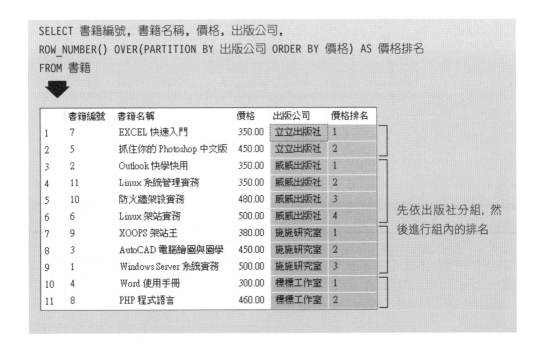

先依出版社分組，然後進行組內的排名

MEMO

Chapter

11

建立檢視表

所謂**檢視表**(View), 其實是執行查詢敘述後所得到的
查詢結果, 但這個查詢結果可以模擬成資料表來使用,
所以又有人稱它為**虛擬資料表**。

雖是 "虛擬" 資料表, 可是檢視表在操作上和資料表
是沒什麼分別的—凡是資料表可以出現的地方, 通
常也就是檢視表可以露臉的地方, 例如 "SELECT *
FROM 資料表名稱", 就可以換成"SELECT * FROM 檢
視表名稱"。

不過, 到底檢視表有什麼用途?我們又該如何來使用
它呢?請各位跟著本章來一探究竟吧!本章將使用
練習 11 資料庫為例說明, 請依關於光碟中的說明,
附加光碟中的資料庫到 SQL Server 中一起操作。

11-1 檢視表的用途

以往當我們要查詢資料時，一定是很認份地從設計 SELECT 敘述開始，然後執行查詢敘述得到所要的結果。現在我們就依照這個程序，從**練習 11** 資料庫的**訂單**與**客戶**資料表中，查詢**下單日期**、**客戶名稱**和**地址**等資訊。**訂單**與**客戶**這兩個資料表的結構及目前的內容如下：

```
CREATE TABLE 訂單
   ( 訂單編號 int PRIMARY KEY NOT NULL,
     下單日期 date NOT NULL,
     客戶編號 int NOT NULL )
```

	訂單編號	下單日期	客戶編號
1	1	2016-09-01	2
2	2	2016-09-01	5
3	3	2016-09-04	1
4	4	2016-09-05	1
5	5	2016-09-11	4
6	6	2016-09-13	5
7	7	2016-09-18	3
8	8	2016-09-19	2
9	9	2016-09-25	1
10	10	2016-09-28	6

```
CREATE TABLE 客戶
   ( 客戶編號 int PRIMARY KEY NOT NULL,
     客戶名稱 varchar(30) NOT NULL,
     聯絡人 char(10) NOT NULL,
     地址 varchar(50),
     電話 char(12))
```

	客戶編號	客戶名稱	聯絡人	地址	電話
1	1	十全書局	陳小草	台北市仁愛路56號	0223219845
2	2	大發書店	陳季瑄	台北市敦化南路一段1號	0223478158
3	3	天天書局	方永正	台北市忠孝東路一段30號	0225467887
4	4	大雄書局	孟庭亭	台北市南京東路三段34號	0227896456
5	5	愚人書店	王發財	台北市重慶南路一段57號	0227465808
6	6	新新書店	黎國民	台北市中山北路六段88號	0225576635
7	7	旗竿書局	王平立	台北市師大路67號	0223468970
8	8	聰明書店	蘇小小	台北市羅斯福路四段80號	0226753499
9	9	Flags Book Store	John Potter	270 Bayside Parkway Fremont, CA 94538, USA	+1.5106877123

接著我們設計如下的查詢鈙述所得所要的資料：

```
SELECT 下單日期, 客戶名稱, 地址
FROM   訂單, 客戶
WHERE  訂單.客戶編號 = 客戶.客戶編號
```

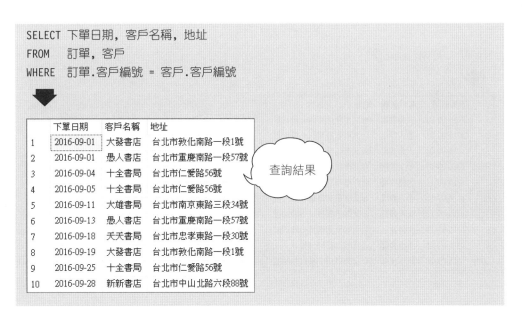

上述的流程似乎是理所當然，而且也不怎麼費事，但假如您經常要以同樣的條件來查詢資料時，那麼每次都要重複輸入相同的查詢敘述，可就太沒有效率了！若將這個經常要重複使用的查詢敘述建立成檢視表，就不用這麼麻煩了！請看底下的示範：

```
CREATE VIEW 下單記錄 ◄─ 將剛才的查詢敘述建立成檢視表, 下單記錄即為檢視表的名稱
AS
SELECT 下單日期, 客戶名稱, 地址
FROM   訂單, 客戶
WHERE  訂單.客戶編號 = 客戶.客戶編號
```

 有關建立檢視表 CREATE VIEW 敘述的詳細說明, 請參閱 11-3 節。

　　以後若要再用相同的條件來查詢資料時，只要輸入下面一行敘述就可以得到所要的查詢結果了：

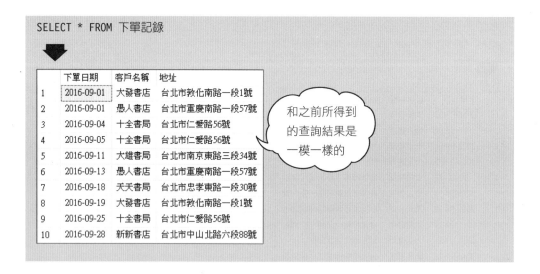

　　其實將查詢敘述建立成檢視表，不僅僅是簡化查詢的動作而已；更重要的是，檢視表具備資料表的特性，可以衍生出更多的應用，例如檢視表也可以像資料表一般，作為查詢的資料來源呢！

檢視表與資料表的差異

　　檢視表用起來雖然與資料表沒什麼兩樣，但還是要認清兩者本質上的不同。資料表是實際儲存記錄的地方，然而檢視表並不保存任何記錄，它儲存的是查詢敘述，其所呈現出來的記錄實際上是來自於資料表：

	訂單編號	下單日期	客戶編號
1	1	2016-09-01	2
2	2	2016-09-01	5
3	3	2016-09-04	1
4	4	2016-09-05	1
5	5	2016-09-11	4
6	6	2016-09-13	5
7	7	2016-09-18	3
8	8	2016-09-19	2
9	9	2016-09-25	1
10	10	2016-09-28	6

訂單資料表

	客戶編號	客戶名稱	聯絡人	地址	電話
1	1	十全書局	陳小草	台北市仁愛路56號	0223219845
2	2	大發書店	陳季瑄	台北市敦化南路一段1號	0223478158
3	3	天天書局	方永正	台北市忠孝東路一段30號	0225467887
4	4	大雄書店	孟庭亭	台北市南京東路三段34號	0227896456
5	5	愚人書店	王發財	台北市重慶南路一段57號	0227465808
6	6	新新書店	黎國民	台北市中山北路六段88號	0225576635
7	7	旗竿書局	王平立	台北市師大路67號	0223468970
8	8	聰明書店	蘇小小	台北市羅斯福路四段80號	0226753499
9	9	Flags Book Store	John Potter	270 Bayside Parkway Fremont, …	+1.5106877123

客戶資料表

```
CREATE VIEW 下單記錄
AS
SELECT 下單日期, 客戶名稱, 地址
FROM    訂單, 客戶
WHERE   訂單.客戶編號 = 客戶.客戶編號
```

	下單日期	客戶名稱	地址
1	2016-09-01	大發書店	台北市敦化南路…
2	2016-09-01	愚人書店	台北市重慶南路…
3	2016-09-04	十全書局	台北市仁愛路56號
4	2016-09-05	十全書局	台北市仁愛路56號
5	2016-09-11	大雄書店	台北市南京東路…
6	2016-09-13	愚人書店	台北市重慶南路…
7	2016-09-18	天天書局	台北市忠孝東路…
8	2016-09-19	大發書店	台北市敦化南路…
9	2016-09-25	十全書局	台北市仁愛路56號
10	2016-09-28	新新書店	台北市中山北路…

下單記錄檢視表

檢視表的資料來源

這裏要澄清一點, 檢視表的記錄是經由查詢而來的, 這個查詢的資料來源可以是單一資料表、多個資料表、甚至是其它檢視表! 但各位要知道, 檢視表的記錄即使是從其它檢視表中查詢而來的, 追本溯源, 這些記錄仍是存在資料表中, 而非檢視表裏。

正因為檢視表只存查詢敘述，不存記錄，所以在應用上相當具有彈性，因為我們可以依據各種查詢需要建立不同的檢視表，但不會因此而增加資料庫的資料量。

使用檢視表的優點

了解檢視表的用途及本質，最後總結一下使用檢視表的優點，這些優點同時也是我們為什麼要使用檢視表的原因：

◉ **增加可讀性**：在檢視表中可以使用較易了解的欄位名稱，方便使用者檢視查詢結果。

◉ **資料安全及保密**：針對不同的使用者，可以建立不同的檢視表，以限制其所能檢視或編輯的資料內容。

◉ **降低查詢的複雜度**：使用者可以透過檢視表來做複雜的查詢，而不需學習或使用複雜的查詢技巧。

◉ **方便程式維護**：如果應用程式使用檢視表來存取資料，那麼當資料表的結構改變時，只需更改檢視表的設定即可，不須更改程式。

總而言之，善用檢視表可以讓資料庫的設計、管理、及使用，都更加有效率、更加輕鬆愉快。

11-2 使用 SQL Server Management Studio 建立檢視表

首先介紹在 SQL Server Management Studio 的檢視表設計窗格中設計檢視表的方法。

建立檢視表

要建立檢視表請在
SQL Server Management
Studio 的**物件總管**窗格中
展開欲處理的資料庫 (以
練習 11 為例), 展開後於
檢視 項目上按滑鼠右鈕,
執行『**新增檢視**』命令:

1 選擇要使用的資料表

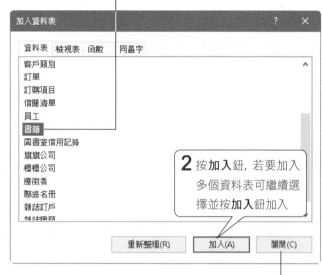

2 按**加入**鈕, 若要加入
多個資料表可繼續選
擇並按**加入**鈕加入

3 加入所需的資料表後, 請按**關閉**鈕

7 確認結果無誤後, 即
可按此鈕儲存檢視表

6 設定好查詢條件
後請按此鈕執行

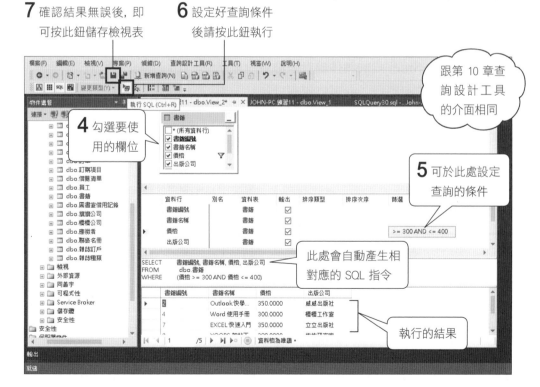

4 勾選要使
用的欄位

跟第 10 章查
詢設計工具
的介面相同

5 可於此處設定
查詢的條件

此處會自動產生相
對應的 SQL 指令

執行的結果

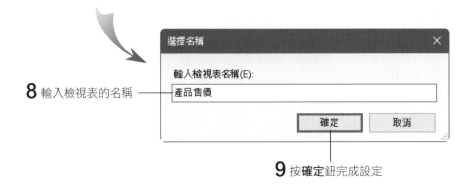

8 輸入檢視表的名稱

9 按**確定**鈕完成設定

　　建立檢視表的方法與操作介面，和第 10-3 節所介紹使用查詢設計工具設計 SQL 查詢的方法差不多，其差異僅在於設計好檢視表的查詢敘述後，別忘了按下 **儲存**鈕儲存檢視表。

觀察與修改檢視表的設計

　　建好的檢視表會集中放在資料庫的 **檢視**項目中，我們只要在 SQL Server Management Studio 的**物件總管**窗格中 展開資料庫的**檢視**項目，就可以看到已建 立的檢視表了：

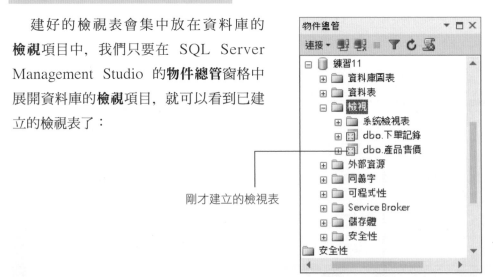

剛才建立的檢視表

　　如果要觀察或修改檢視表的內部設計 (即檢視表的 SELECT 敘述)，請在**物件 總管**中選取檢視表，然後按滑鼠右鈕執行『**設計**』命令。以下以 11-3 頁建立的 **下單記錄**檢視表為例：

按這些鈕可以分別開啟/關閉**圖表窗格**、
準則窗格、**SQL 窗格**與**結果窗格**

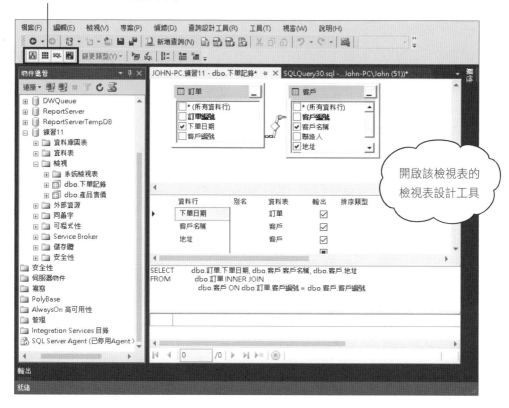

開啟該檢視表的
檢視表設計工具

 有關各窗格的詳細介紹, 請參考 10-3 節。

您可以在 **SQL 窗格**看到完整的 SELECT 敘述, 也可以直接修改 SELECT
敘述的內容。

更改檢視表名稱

檢視表名稱是可以更改的。在 SQL Server Management Studio 的**物件總管**
窗格中, 在欲更名的檢視表名稱上按一下後不要移動, 或選取檢視表後按滑鼠右
鈕執行『**重新命名**』命令, 讓檢視表名稱呈反白狀態, 此時就可輸入新的檢視表
名稱。

11-3 用 CREATE VIEW 敘述 建立檢視表

T-SQL 提供了 CREATE VIEW 敘述來建立檢視表。一般我們建立檢視表所使用的語法相當簡單：

```
CREATE VIEW view_name
AS
select_statement
```

實際上，CREATE VIEW 敘述的完整語法還包括自訂欄位別名、為建立檢視表的 SQL 敘述加密... 等等：

```
CREATE VIEW view_name [ (column [, ...n] ) ]
[WITH { ENCRYPTION | SCHEMABINDING } [, ...n] ]
AS
select_statement
[WITH CHECK OPTION]
```

CREATE VIEW 敘述中的 select_statement 不可以使用 INTO、ORDER BY、COMPUTE 或 COMPUTE BY 子句。例如下面這樣的寫法是錯誤的：

```
CREATE VIEW MyView
AS
SELECT mycol1, mycol2
FROM mytable1
ORDER BY mycol2      ◀── 不可出現 ORDER BY 子句
```

如果要排序，可以等到實際使用檢視表做查詢時再設定，例如：

```
SELECT * FROM MyView
ORDER BY mycol2
```

　　有關 CREATE VIEW 敘述的基本用法，我們在 11-1 節就已示範過，所以下面就直接介紹各參數的用法。

指定檢視表的欄位別名

　　若在 view_name 後面沒有指定要顯示的欄位別名，則檢視表將直接使用 SELECT 子句中的欄位名稱；而如果在 view_name 後有加上欄位別名(Alias)，則檢視表的欄位名稱便會使用此處所指定的別名。例如：

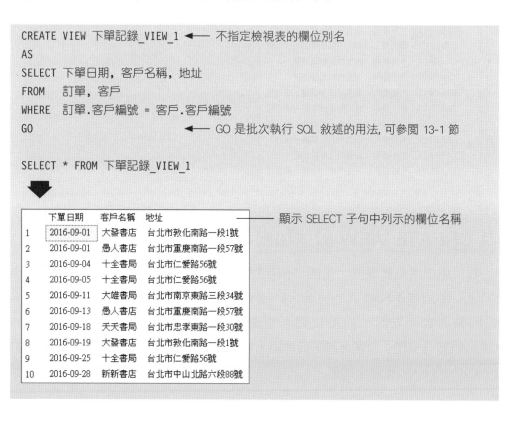

　　如果在建立檢視表的時候自行加上欄位別名，則顯示的效果也會不一樣：

```
CREATE VIEW 下單記錄_VIEW_2 (日期, 下單客戶, 客戶地址) ◀── 指定欄位別名
AS
SELECT 下單日期, 客戶名稱, 地址
FROM    訂單, 客戶
WHERE   訂單.客戶編號 = 客戶.客戶編號
GO


SELECT * FROM 下單記錄_VIEW_2
```

	日期	下單客戶	客戶地址
1	2016-09-01	大發書店	台北市敦化南路一段1號
2	2016-09-01	愚人書店	台北市重慶南路一段57號
3	2016-09-04	十全書局	台北市仁愛路56號
4	2016-09-05	十全書局	台北市仁愛路56號
5	2016-09-11	大雄書局	台北市南京東路三段34號
6	2016-09-13	愚人書店	台北市重慶南路一段57號
7	2016-09-18	天天書局	台北市忠孝東路一段30號
8	2016-09-19	大發書店	台北市敦化南路一段1號
9	2016-09-25	十全書局	台北市仁愛路56號
10	2016-09-28	新新書店	台北市中山北路六段88號

── 這裏出現的是別名

為 CREATE VIEW 敘述加密

資料庫中所有檢視表、規則、預存程序 (Stored Procedures)、觸發程序 (Trigger) 與條件約束 (Constraint) 的內部設計資訊, 都可由 sys.syscomments 系統檢視表來查詢。如果我們不想讓 sys.syscomments 檢視表中的 CREATE VIEW 敘述毫無防備地供人查閱, 在建立檢視表時, 可利用 WITH ENCRYPTION 參數來加密。

底下我們就來建立一個加密的檢視表:

```
CREATE VIEW 客戶聯絡電話
WITHENCRYPTION
AS
SELECT 客戶名稱, 聯絡人, 電話
FROM 客戶
```

在**練習 11** 資料庫中建立**客戶聯絡電話**檢視表後，您可按**新增查詢**鈕來開啟一個查詢頁次，輸入如下的指令查詢：

```
USE 練習 11
SELECT * FROM sys.syscomments
```

您可以看到下列的結果：

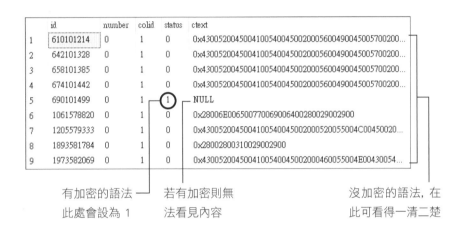

	id	number	colid	status	ctext
1	610101214	0	1	0	0x43005200450041005400450020005600490045005700200...
2	642101328	0	1	0	0x43005200450041005400450020005600490045005700200...
3	658101385	0	1	0	0x43005200450041005400450020005600490045005700200...
4	674101442	0	1	0	0x43005200450041005400450020005600490045005700200...
5	690101499	0	1	1	NULL
6	1061578820	0	1	0	0x28006E006500770069006400200029002900
7	1205579333	0	1	0	0x4300520045004100540045002000520055004C00450020...
8	1893581784	0	1	0	0x28002800310029002900
9	1973582069	0	1	0	0x43005200450041005400450020004600550045004E00430054...

有加密的語法 —   若有加密則無   沒加密的語法, 在
此處會設為 1   法看見內容   此可看得一清二楚

檢視表一旦加密之後就無法解密了，意思是說，我們無法再檢視或修改檢視表的設計。但這並不影響檢視表的使用，我們還是可以使用加密的檢視表作為查詢的資料來源，或查閱檢視表的資料內容。

如果想要修改加密檢視表的原始設計，唯一的辦法就是以新的設計取代原始設計。例如將原檢視表先刪除 (請參閱 11-7 節) 然後重新建立、或利用稍後介紹的 ALTER VIEW 敘述來重建檢視表。

結構描述繫結 WITH SCHEMABINDING

CREATE VIEW 敘述若加上 WITH SCHEMABINDING (結構描述繫結) 參數，則可限制此檢視表所用到的資料表或檢視表，都不允許用 ALTER 更改設計，或用 DROP 將之刪除。

請注意，當加上 WITH SCHEMABINDING 參數時，select_statement 中不可以用* 代表所有欄位，必須將欄位名稱寫出；同時使用到的資料表或檢視表名稱，必須用兩部份式名稱 (即 Schema.object，請參閱 13-13 節)，來表示，例如：

```
CREATE VIEW 下單記錄_VIEW
WITH SCHEMABINDING          ◀── 加上結構描述繫結參數
AS
SELECT 下單日期, 客戶名稱, 地址
FROM    dbo.訂單, dbo.客戶  ◀── 資料表必須用 Schema.object 表示
WHERE   訂單.客戶編號 = 客戶.客戶編號
```

在檢視表設計視窗中設定結構描述繫結選項

在**檢視表設計工具**中若要為檢視表設定**繫結至結構描述**，則只要在檢視表左邊的**屬性**窗格將**繫結至結構描述**項目設定為 "是" 即可。

如果檢視表沒有設定 WITH SCHEMABINDING，那麼在變更檢視表所使用資料表的結構設計時，必須執行『sp_refreshview '檢視表名稱'』來更新檢視表的內部資訊 (或執行稍後會介紹的 ALTER VEIW 來修改檢視表)，否則很可能會查到錯誤的資料。

檢查檢視表的資料變動

若在 CREATE VIEW 敘述的最後加上 WITH CHECK OPTION，則當此檢視表中的記錄被修改或新增時，若不符合原先建立檢視表時的條件，便會拒絕執行。例如：

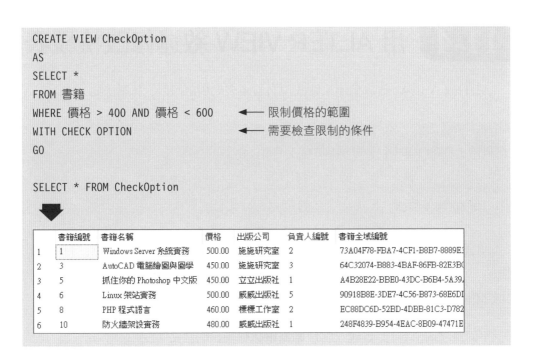

```
CREATE VIEW CheckOption
AS
SELECT *
FROM 書籍
WHERE 價格 > 400 AND 價格 < 600      ◀── 限制價格的範圍
WITH CHECK OPTION                   ◀── 需要檢查限制的條件
GO

SELECT * FROM CheckOption
```

	書籍編號	書籍名稱	價格	出版公司	負責人編號	書籍全域編號
1	1	Windows Server 系統實務	500.00	施施研究室	2	73A04F78-FBA7-4CF1-B8B7-8889E3
2	3	AutoCAD 電腦繪圖與圖學	450.00	施施研究室	3	64C32074-B883-4BAF-86FB-82E3B0
3	5	抓住你的 Photoshop 中文版	450.00	立立出版社	1	A4B28E22-BBE0-43DC-B6B4-5A39A
4	6	Linux 架站實務	500.00	威威出版社	5	90918B8E-3DE7-4C56-B873-68E6DI
5	8	PHP 程式語言	460.00	標標工作室	2	EC88DC6D-52BD-4DBB-81C3-D782
6	10	防火牆架設實務	480.00	威威出版社	1	248F4839-B954-4EAC-8B09-47471E

現在我們將 CheckOption 檢視表中，**書籍編號**為 3 的書籍降價為 350 (原來為 450)，看看會發生什麼事：

```
UPDATE CheckOption
SET 價格 = 350
WHERE 書籍編號 = 3
```

很不幸的，執行後將出現錯誤訊息，您知道錯在哪裏嗎？原來當初建立 CheckOption 檢視表時，有個條件是售價需在 400 ~ 600 之間，而現在若將售價降為 350，便不符合這項條件了，所以剛才的修改動作無法執行。

不過，如果建立檢視表時沒有加上 WITH CHECK OPTION 參數，則編輯 (新增或修改) 檢視表的記錄時，便不會去檢查是否符合檢視表的條件限制。但有一點要注意，如果編輯後的結果，使得那筆記錄不符合檢視表的條件限制，則下次執行檢視表時會看不到該筆記錄。

11-4 用 ALTER VIEW 敘述修改檢視表

ALTER VIEW 敘述可用來修改現有檢視表的內部設計, 其語法如下:

```
ALTER VIEW view_name [ (column [, ...n] ) ]
[WITH { ENCRYPTION | SCHEMABINDING } [, ...n] ]
AS
select_statement
[WITH CHECK OPTION]
```

ALTER VIEW 敘述的語法和 CREATE VIEW 敘述完全一樣, 只不過此處的 view_name 必須是已經建立的檢視表名稱。底下我們就直接舉例來說明 ALTER VIEW 敘述的用法。

下面是之前 11-13 頁建立**客戶聯絡電話**檢視表的語法:

```
CREATE VIEW 客戶聯絡電話
WITH ENCRYPTION
AS
SELECT 客戶名稱, 聯絡人, 電話
FROM 客戶
```

現在我們要將它修改為不加密, 並且還要設定欄位別名:

```
ALTER VIEW 客戶聯絡電話 (客戶, 聯絡人姓名, 聯絡電話) ◄── 加上欄位別名
AS                                    ◄── 省略 WITH ENCRYPTION 參數
SELECT 客戶名稱, 聯絡人, 電話
FROM 客戶
```

執行後, 您可到物件總管去檢查看看, **客戶聯絡電話**檢視表是否真的沒有加密了。

再來我們來修改 VIEW_CheckOption 檢視表, 這個檢視表是比照之前 CheckOption 檢視表的方式建立的:

```
CREATE VIEW VIEW_CheckOption
AS
SELECT *
FROM 書籍
WHERE 價格 > 400 AND 價格 < 600
WITH CHECK OPTION
```

現在我們用 ALTER VIEW 敘述來調整它的售價範圍：

```
ALTER VIEW VIEW_CheckOption
AS
SELECT *
FROM 書籍
WHERE 價格 > 300  ◄──── 改變限制的條件
WITH CHECK OPTION
```

執行後，VIEW_CheckOption 檢視表的資料內容就會以新的條件重新組合。

11-5 運用 UNION 設計檢視表

UNION 的作用我們在 10-1 節就介紹過了，它可合併多個 SELECT 敘述的查詢結果，這裏我們要教您利用 UNION 來設計檢視表。

假設旗旗公司的員工名單及客戶名單分別儲存在**員工**與**客戶**資料表中 (這兩個表結構都相同，只是存放的資料不一樣而已)，現在旗旗公司準備舉辦年終尾牙，要擬出一份結合**員工**和**客戶**資料表的參加人員名單，怎麼做呢？我們的做法是，運用 UNION 結合兩個資料表建立一個**尾牙參加人員名單**檢視表：

```
CREATE VIEW 尾牙參加人員名單
AS
SELECT 姓名, 地址 FROM 員工
UNION
SELECT 聯絡人, 地址 FROM 客戶
```

很簡單吧！不需新增任何資料就可輕而易舉達到我們的目的。其實運用 UNION 來建立檢視表，有助於分散資料表的資料量，亦即每個資料表可以不用存放過多的資料，不僅減輕負擔，同時因為資料量減少，查詢的效率還會比較好呢！

 請注意，用 UNION 所建立的檢視表，其記錄不能被編輯。

11-6 編輯檢視表中的記錄

基本上，我們可以如同編輯資料表的資料一般，編輯檢視表中的資料，而且操作技巧還完全相同。不過要編輯檢視表中的記錄其實有諸多限制，底下我們先來看看有哪些限制，再為您介紹編輯的技巧。

編輯檢視表記錄的前提

什麼樣的檢視表才可以接受編輯呢？我們知道檢視表的資料內容其實是查詢的結果，在 8-1 節曾提過要編輯整個查詢結果的一些限制，若您忘了的話，趕緊回去復習一下。

另外，就是欄位本身的問題，例如：

◉ 檢視表中的欄位，若源自於計算欄位，或是運用彙總函數、運算式所產生的，則該欄位的值不能在檢視表中更改。

◉ 來源資料表中不必 (也不可) 輸入的欄位，例如設定**識別**屬性或 Timestamp 型別的欄位，在檢視表中同樣也不必 (不能) 輸入或更改。

◉ 在檢視表中更動的內容最好只影響到單一資料表，以免發生出乎意料的結果。

而我們在 8-1 節提過的欄位限制同樣也不能忽略。總而言之，若要在檢視表中編輯資料，選擇愈單純的檢視表愈好，而且那個檢視表最好只有一個來源資料表，因為這樣比較容易確保資料能夠正確輸入或修正。

 在此要強調一點，我們雖是編輯檢視表中的記錄，可是檢視表僅能算是個媒介而已，我們實際更動的是資料表中的記錄。

用 INSERT、UPDATE、DELETE 敘述編輯檢視表

利用 INSERT、UPDATE、DELETE 敘述來編輯檢視表的內容，其實各位應該覺得駕輕就熟才對，因為這三個敘述的語法我們在第 8 章都介紹過了，各位只需將原本設定資料表名稱的地方改成檢視表名稱即可。例如我們想刪除**客戶聯絡電話**檢視表中的**天天書局**這筆記錄：

```
DELETE 客戶聯絡電話
WHERE 客戶 = '天天書局'
```

編輯檢視表資料比較棘手的地方應該是 "新增"。通常檢視表裏僅會顯示資料表的部份欄位，可是新增資料時，除了指定這些欄位的值，我們還要確保 SQL Server 知道如何為那些未顯示的資料表欄位填入資料，否則這項操作就會失敗。例如我們為**客戶聯絡電話**檢視表新增一筆記錄：

```
INSERT 客戶聯絡電話 (客戶, 聯絡人姓名, 聯絡電話)
VALUES ('企鵝書局', '陳佑淵', '0272114517')
```

這項操作是無法成功的，因為來源資料表**客戶**總共有 5 個欄位，上面的敘述僅指定 3 個欄位值，另外的**地址**欄允許 Null，所以不填沒關係；但**客戶編號**欄則不允許 NULL，也不會自動編號，亦沒有預設值，SQL Server 實在不知道怎麼辦才好，所以只好拒絕這項操作啦！

倘若**客戶編號**這個欄位允許 NULL，或是能夠自動產生值，則剛才那筆新增的敘述就能夠成功了。

在 SQL Sever Management Studio 中編輯檢視表

若要在 SQL Sever Management Studio 中編輯檢視表的資料內容，請在物件總管中選取欲編輯的檢視表，然後按滑鼠右鈕執行『**編輯前 200 個資料列**』命令，就可以編輯資料了：

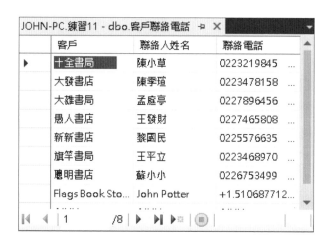

11-7　刪除檢視表

若建立的檢視表已經沒有利用價值，則可以將它刪除。您可以選擇在 SQL Server Management Studio 中刪除，或利用 DROP VIEW 敘述來刪除。

使用 SQL Server Management Studio 刪除檢視表

請先將**物件總管**窗格切換到資料庫的**檢視**項目，然後選取要刪除的檢視表，接著按滑鼠右鈕執行『**刪除**』命令 (或選擇功能表的『**編輯/刪除**』命令，或按 Delete 鍵)，此時會出現如下的交談窗：

按此鈕即可刪除

用 DROP VIEW 敘述刪除檢視表

DROP VIEW 敘述的語法如下：

```
DROP VIEW view_name [, ...n]
```

例如：

```
DROP VIEW 客戶聯絡電話, 下單記錄_VIEW_1
```

使用 DROP VIEW 敘述刪除檢視表請特別小心，因為這個方式不會顯示警告訊息，一旦執行就沒有反悔的餘地了！

MEMO

_____

_____

_____

_____

_____

_____

_____

_____

12

善用索引加快
查詢效率

在一大堆記錄中要搜尋某筆記錄時, 您是喜歡從頭
到尾一筆一筆地尋找, 還是使用比較有效率的方法
呢? 在 SQL Server 中, 我們可以針對一或多個欄位
的資料做『索引』(Index), 那麼在尋找這些欄位的
資料時, 就會比循序搜尋要快很多。

本章將使用**練習 12** 資料庫為例說明, 請依關於
光碟中的說明, 附加光碟中的資料庫到 SQL Server
中一起操作。

12-1 索引簡介

索引 (Index) 是甚麼? 對資料庫有甚麼好處? 您應該有去過圖書館吧! 在圖書館中將書籍分門別類, 英文書籍使用字母順序排列, 中文書籍可使用筆劃多寡來排列。管理員將這些資料記錄在小卡片上整齊地放好, 讀者從這些整理好的小卡片中很快就能找到自己需要的書籍; 而這些小卡片就是整個圖書館的索引。

在資料庫中查詢一筆記錄時, 如果我們將所有的記錄一筆一筆做比對, 就如同要在一堆散亂的書籍中找一本書一樣, 是非常沒有效率的。若是能夠善用索引的功能, 將記錄依照順序排列整齊, 如此就能夠提高查詢的效率。

索引雖可加快搜尋的速度, 但並非資料表的每個欄位都需要建立索引。因為多了索引之後, 當新增、修改、或刪除記錄時, 除了要將異動存入資料表之外, 伺服器還必須付出時間來更新索引, 而且索引也會佔用儲存空間, 因此一般只會建立在經常用來做搜尋的欄位上 (例如經常用在 WHERE 子句中的欄位)。

索引的結構

SQL Server 以最適合作為搜尋的 B-tree (Balanced Tree, 平衡樹) 結構來存放索引資料, 如下面的簡圖所示:

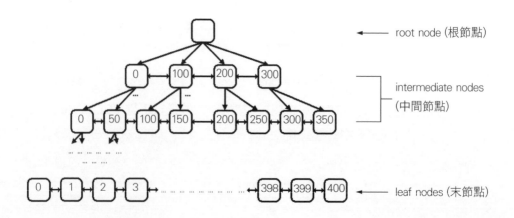

- root node (根節點)
- intermediate nodes (中間節點)
- leaf nodes (末節點)

假設以上索引中存放了『編號』欄的資料，那麼當我們要找編號為 288 的記錄時，即可從根節點開始往下找，假設整個樹共有 15 層，那麼最多也只要找 15 次即可找到。但若是不用索引而從第一筆記錄開始循序往後找，則共需找 288 次！由此可知，當資料量很大時，使用索引確實可以大幅提升搜尋的效率。

 以上只是 B-tree 結構的簡略示意圖，其實每個節點內都可存放多筆的索引資料，而且不同種類的索引在結構上也會有些差異，詳細情形可參閱附錄 E。

 相對於資料表中是用『資料頁』來存放記錄，在索引中則是以『索引頁』來存放索引資料，而 B-tree 中的每一個節點即是一個索引頁。

12-2 叢集索引與非叢集索引

索引可分為**叢集索引** (Clustered) 與**非叢集索引** (Non-clustered) 二種。這二者間最大的差異，在於設定**叢集索引**時，資料本身也會依照該索引的順序來存放，例如一個資料表中的記錄如下：

```
ID      Product      Price     Manufacturer
- - -   - - - - - -  - - - -   - - - - - - - - - - - - - - -
1023    電冰箱        8700      日力
1302    電暖氣機      1900      日力
1003    電腦          47000     滑瘦
1264    吹風機        350       暢昆
```

那麼將『ID』欄位設為**叢集索引**後 此資料表的內容便會自動依照 ID 的大小來排列：

```
ID      Product      Price     Manufacturer
- - -   - - - - - -  - - - -   - - - - - - - - - - - - - - -
1003    電腦          47000     滑瘦
1023    電冰箱        8700      日力
1264    吹風機        350       暢昆
1302    電暖氣機      1900      日力
```

若是再增加一筆 ID 為 1144 的記錄, 則這筆記錄會安插在 1023 與 1264 之間。反之, 若在沒有設定**叢集索引**的資料表中新增記錄時, 則此新增記錄會排在其他記錄的後面;也就是說, 記錄會依照輸入的先後順序來排列。

至於**非叢集索引**, 則不會影響資料的實際排列順序。這就像一本原文書後面所附的索引, 雖然是依照字母 A、B、C... 排列, 但書中的內容並不是依照索引的順序排列一樣;不過當我們要查詢資料時, 卻可以從索引中快速找到所需的資料。

由於**非叢集索引**不會影響資料的實際排列順序, 因此我們可以在資料表中設定多個**非叢集索引**;而**叢集索引**則最多只能設定一個, 因為實際資料只能有一種排列順序。有關**叢集索引**與**非叢集索引**的詳細結構說明, 有興趣的讀者請參閱附錄 E。

12-3 Unique 與 Composite 索引

不管是**叢集索引**或非叢集索引, 皆可再依下列二種標準做分類:

◉ **索引值是否唯一:**

如果索引值設為唯一 (不可重複), 則稱為**唯一索引**(Unique index), 表示資料表中任何兩筆記錄的索引值都不可以相同, 此與資料表的 Primary key 特性類似。事實上, **唯一索引**最常使用在 Primary key 的欄位上, 以區別每一筆記錄。

設成**唯一索引**的欄位最好也設為 NOT NULL, 否則只能輸入一筆為 NULL 的資料, 再輸入第二筆 NULL 資料時便會發生錯誤 (因為 NULL 值亦不可重複)。

◉ **是否只用單一欄位做索引：**

如果您使用兩個或多個欄位組合起來做索引，則稱為**複合索引**(Composite index)。如果**複合索引**同時也是**唯一索引**，那麼多個欄位組合起來的值就不可重複，但單獨的欄位則允許重複。

例如將姓名分為 "姓" 和 "名" 兩個欄位時，允許同姓或同名的多筆記錄存在，但不允許有任何兩筆記錄是同姓又同名時，就可將這兩個欄位設為**唯一的複合索引**。當我們利用某人的姓名來查詢記錄時，則可以用 "姓"+"名" 兩個欄位來搜尋。

不過請注意，SQL Server 只有當我們使用與**複合索引**第一個欄位有關的查詢時，才會利用該索引來查詢資料。例如在上例中，我們用 "楊" 或 "楊小雄" ("姓" 或 "姓+名") 查詢時會使用索引，但若用 "小雄" ("名") 來查詢就無法使用此索引了。

如果是以 A、B、C 三個欄位做複合索引呢?

一樣啊!必須用 "A"、"A+B"、"A+B+C" 的條件做查詢,才會使用到此索引

12-4 由系統自動建立的索引

在 SQL Server 中,索引不一定要由資料庫設計者自己建立。如果在建立資料表時,設定了 Primary key 或 UNIQUE 條件約束,SQL Server 就會自動幫我們建好索引。

UNIQUE 欄位

當資料表中有設為 UNIQUE 的欄位時,則 SQL Server 會用此欄位自動建立一個**非叢集索引**的**唯一索引**,以確保此欄位的唯一性,此自動建立的索引名稱為 "UQ_資料表名稱_xxxxxxxx" (這些 x 是由 server 自行產生的數字或英文字母)。如果不是由 SQL Server 自動產生的索引,則索引名稱就不一定是 "UQ_資料表名稱_xxxxxxxx" 這樣的格式。請在**練習 12** 資料庫中執行下面的 SQL 敘述:

```
CREATE TABLE TABLE_1
(
ID            smallint NOT NULL,
ProductName   char(30) UNIQUE ,   ◀── 此欄位被設為 UNIQUE
Price         smallmoney,
Manufacturer  char(30)
)
```

現在我們來看看 SQL Server 自動建立的索引,請在**物件總管**窗格中,選取資料庫下的**資料表**項目,再按右鈕執行『**重新整理**』命令,才會看到剛才以 SQL 敘述建立的資料表。

接著在 TABLE_1 資料表上按滑鼠右鈕,執行『**設計**』命令,再按 F4 鍵開啟**屬性**窗格,就可以在**屬性**窗格看到索引的資料:

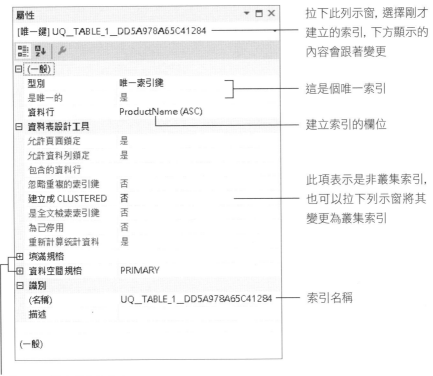

拉下此列示窗, 選擇剛才
建立的索引, 下方顯示的
內容會跟著變更

這是個唯一索引

建立索引的欄位

此項表示是非叢集索引,
也可以拉下列示窗將其
變更為叢集索引

索引名稱

可展開這些項目, 觀看更多的內容

　　關於其他幾個常用的屬性, 分別說明如下:

◉ **包含的資料行:**

　　顯示除了用來建立索引的欄位以外, 此索引還另外內含了哪些資料欄位, 每個
欄位將以逗號分隔。關於內含資料行的設定方法, 請參考 12-6 節的說明。

◉ **忽略重複的索引鍵:**

　　當索引具有唯一性時, 若此項設為**是**, 表示在資料表中加入一筆重複此索引欄
位的值時, 則雖然 INSERT 敘述會被執行, 但也會自動取消這筆新加入的記
錄。如果此選項設為**否**, 則 INSERT 敘述會出現錯誤而不會被執行。

因此這個選項無論是否啟用，都不允許輸入重複的索引值；而啟用此選項的目的，只是不希望會因為發生索引值重複的錯誤，而中斷了程式的執行而已。

這一項必須在具有唯一性的索引中才可使用，若不具唯一性時，則本來就允許有重複的記錄出現，因此無法設為**否**。

◉ **是全文索引索引鍵：**

顯示此索引是否為全文檢索索引，關於全文檢索索引的說明，請參考本書附錄 C。

◉ **已停用：**

顯示此索引目前是否停用，這是一個僅用於顯示資訊的唯讀欄位。SQL Server 會在升級時自動停用索引，此外，您也可以使用 ALTER INDEX DISABLE 語法手動停用索引，關於停用索引的詳細說明，請自行參考 **SQL Server 線上叢書**。

◉ **重新計算統計資料：**

在建立索引時，SQL Server 預設會建立此索引欄位的統計資料，以決定要如何使用索引來查詢資料，發揮最高的效率。當記錄有所改變時，該欄位的統計資料就不是最新的情況，因此 SQL Server 會自動重新統計。

若是將此設定為**否**，表示不要讓 SQL Server 自動更新索引欄位的統計資料，此時對資料表做查詢時，可能就無法達到最好的效率。因此建議將此設定為**是**，讓 SQL Server 自動去維護索引的統計資料。

要檢視索引的統計結果，請使用 DBCC SHOW_STATISTICS 指令：

```
DBCC SHOW_STATISTICS (table_name, index_name)
```

TIP 在 SQL Server 中 T-SQL 提供了一組 DBCC (Database Consistency Checker) 敘述，可檢查與修正資料庫中的資訊與問題。

⊙ **索引頁預留空間:**

在預設情況下, 每個中間節點索引頁都只留下一個位子供新增的索引存放。若開啟索引頁預留空間選項, 則可指定中間節點索引頁的填滿比率要和填滿因數 (於後文介紹) 相同。由於此時索引頁預留空間是使用填滿因數的比率來調整, 因此有指定填滿因數時, 索引頁預留空間才有用處。

⊙ **填滿因數:**

填滿因數是指在『建立』索引頁時, 每個末節點中填入資料的填滿比率 (中間節點索引頁預設只留下一個空間, 不受填滿因數影響)。填滿因數越小則每個末節點所存放的資料越少, 例如設為 40 時, 則在建立索引結構時, 每個末節點索引頁中只使用 40% 的空間放置索引, 而留下 60% 的空間不用, 以存放日後新增加的索引。

請注意, 填滿因數只有在剛建立索引時才有作用, 因為當索引建好之後, 每個索引頁中的空間就會隨記錄的增減而改變, 因此也就與原來所設定的填滿因數無關了。

當沒有設定填滿因數時, 其值預設為 0, 但 0 和 100 是同樣的意思, 表示末節點的索引頁中不會留下任何空間而全部填滿。

Fill factor	中間節點	末節點
0%	保留一個索引空間	不留空間
1%～99%	保留一個索引空間	**只使用指定百分比的空間**
100%	保留一個索引空間	不留空間

如果資料表的現有內容都已固定或很少變動, 那麼將填滿因數設為 100 可節省索引佔用的空間並加快搜尋效率 (因索引頁較少)。

反之，如果資料需要經常修修改改，那麼將填滿因數設低一點（例如 70 或 50）可減少在資料變動時，因資料頁或索引頁放不下新資料，而必須重排或分割索引頁的次數。

 如果資料在新增時其索引欄位值都是循序遞增的（例如使用自動編號功能），而在新增之後也很少會去修改記錄的索引欄位值，那麼使用預設值 (0) 就可以了。

◉ **檔案群或資料分割配置名稱：**

指定索引要存放在哪一個檔案群組 (File group)。在建立資料庫 (CREATE DATABASE) 時，每個資料庫都有一個預設的檔案群組稱為 PRIMARY，另外使用者也可以自行定義新的檔案群組。我們已經在第 6 章介紹過檔案群組，您可參考該處的說明。

Primary key 欄位

當資料表中有設定 Primary key（主索引鍵）時，則 SQL Server 會在 Primary key 欄位建立一個**叢集索引**，索引名稱為 "PK_資料表名稱_xxxxxxxx"。請執行下面的 SQL 敘述：

```
CREATE TABLE TABLE_2
(
   Product ID      smallint NOT NULL Primary Key,   ◄── 此欄位是 Primary key
   ProductName     char (30),
   Price           smallmoney,
   Manuf           acturerchar (30)
)
```

我們以相同方法來查看此資料表中的索引資料：

此為 Primary key
所建立的索引

這是唯一索引

是叢集索引

12-5 建立索引的注意事項

在資料表中建立索引可以提高搜尋資料的效率, 但是建立索引是有一些限制要注意的。以下是 SQL Server 對索引的限制條件:

⊙ 一個資料表中只能有一個**叢集索引**, 因為資料表會依照**叢集索引**來排列其內的記錄。在必要時, 我們可以將多個欄位組合起來做為**叢集索引**。

⊙ 一個索引所使用的欄位最多只能包括 16 個欄位, 而且 ntext、text、image、varchar(max)、nvarchar(max) 及 varbinary(max) 型別的欄位不能做為索引。

TIP 如果 ntext、text、image、varchar(max) 等大資料型別所衍生出來的計算欄位, 其使用的不是本身的大資料型別, 那麼這些欄位還是可以當成索引的『內含資料行』(詳見下一節)。舉例來説, 如果資料表中有一個 A 欄位, 其內容是計算 B 欄位 image 的檔案大小, 計算出來的結果是 N MB (使用 float 資料類型), 那麼 A 欄位仍可以當成索引的內含資料行。

◉ 做為索引的欄位（一或多個欄位）總長度限制在 900 bytes 以內，因此若某些欄位的加總長度超過限制時就不可當作索引。

◉ 一個資料表中最多可以有 249 個**非叢集索引**。

◉ 當資料表的內容很少時，例如只有幾十筆的記錄，那麼除了做為 Primary Key 或 Unique 欄用的索引外，不建議再增加其他索引。因為查閱索引時也要花一些額外的時間，而在資料不多的情況下，其效率可能比一筆一筆循序尋找還來得差呢！

◉ 如果欄位的內容同質性很高，例如『姓別』欄只有**男跟女**二種，那麼就不適合做索引，因為透過索引仍會找出大一堆的資料，還不如一筆一筆循序尋找來得有效率。

前面已對索引做了一些介紹，也看到 SQL Server 在特定的限制條件下會自動建立索引，接下來要告訴您如何自己建立索引。

12-6 使用 SQL Server Management Studio 的物件總管來建立與管理索引

現在我們要使用 SQL Server Management Studio 的物件總管來建立索引。請開啟**練習 12** 資料庫，其中已經建立了一個『員工』資料表。請先選取資料表，再按滑鼠右鈕執行『**設計**』命令來查看資料表：

	資料行名稱	資料類型	允許 Null
⚷	編號	int	☐
	姓名	varchar(20)	☐
	性別	char(2)	☑
	地址	varchar(50)	☑
	電話	varchar(12)	☑
	主管編號	int	☑
	職位	char(10)	☐
			☐

已經設定了 ⟶ 主索引

接著我們要新增索引。請先關閉**員工**資料表 (資料表在設計時，將不允許進行任何的索引作業)，接著在**物件總管**窗格中如下操作：

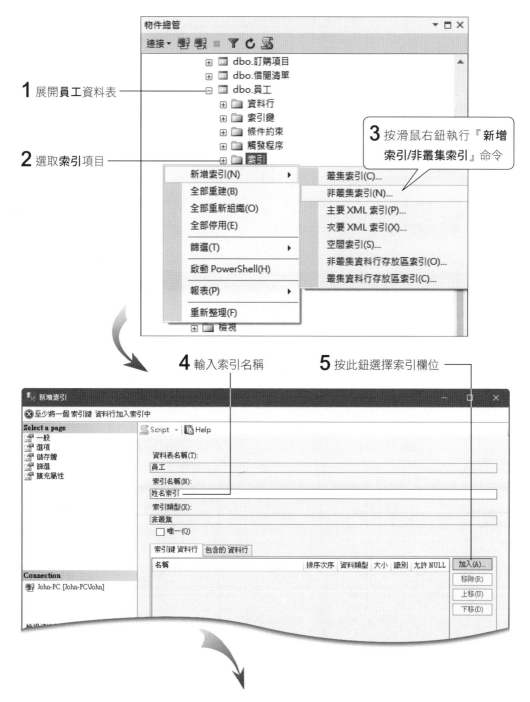

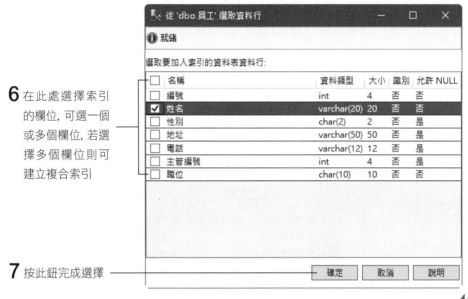

6 在此處選擇索引的欄位, 可選一個或多個欄位, 若選擇多個欄位則可建立複合索引

7 按此鈕完成選擇

此索引所包含的欄位

可設定索引的排序方式

如果使用複合索引時, 可用此 2 鈕調整欄位的先後順序。關於複合索引的說明請參考第 12-5 頁

8 選擇**包含的資料行**頁面

9 按加入鈕

10 選擇經常會隨著姓名一起被查詢
的資料行 (稍後會說明原因)

11 按**確定**鈕加入經
常查詢的資料行

12 按此鈕完成新增索引

　　因為電話是筆者資料庫中經常隨著姓名一起被查詢的資料,所以前面設定**電話**
資料行內含在**姓名**索引中,如此未來使用姓名查詢電話時,才能充分利用索引的
優點,快速找到資料。

為什麼要內含資料行?

如果前面筆者沒有設定**電話**資料行內含於**姓名**索引, 而資料表的內容也不多, 則使用姓名查詢電話資料時, SQL Server 還是會使用主索引進行查詢, 而不會使用**姓名**索引:

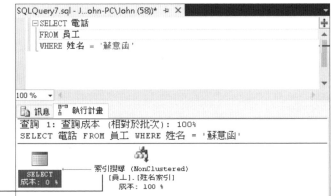

以姓名查詢電話時, 還是會使用主索引進行查詢 (查看索引使用情形的方法將於 12-9 節說明) ─

為什麼 SQL Server 不使用**姓名**索引來查詢呢? 這是由於當 SQL Server 在非叢集索引中找到某個姓名時, 還得使用索引中與該姓名一起儲存的 Primary Key 值, 再到叢集索引中去找出該筆記錄的**電話**資料, 所以此方法一共要搜尋 2 個索引。當資料量不大時, SQL Server 就會選擇直接搜尋叢集索引, 速度反而比較快。

如果將**電話**欄位內含到**姓名**非叢集索引中, 那麼在找到某個姓名時, 也可同時取得索引中一起儲存的**電話**資料, 如此就不用再到叢集索引中去搜尋了, 速度自然快很多!不過, 如果除了電話外還要查詢地址, 那麼就省不到時間了, 還是得乖乖回叢集索引去尋找**地址**資料。

那麼, 將**地址**也一起內含到索引中豈不更好? 其實儲存到索引中的資料越多, 則索引的儲存及維護成本會越高, 而索引的搜尋效率也會越低。因此只有經常會被查詢, 而且資料量也不大的欄位, 才會考慮內含到索引中。

如果想要查看或修改索引設定, 可在**物件總管**窗格中展開該資料表下的**索引**項目, 然後在索引名稱上按右鈕執行『**屬性**』命令, 開啟**索引屬性**交談窗來進行:

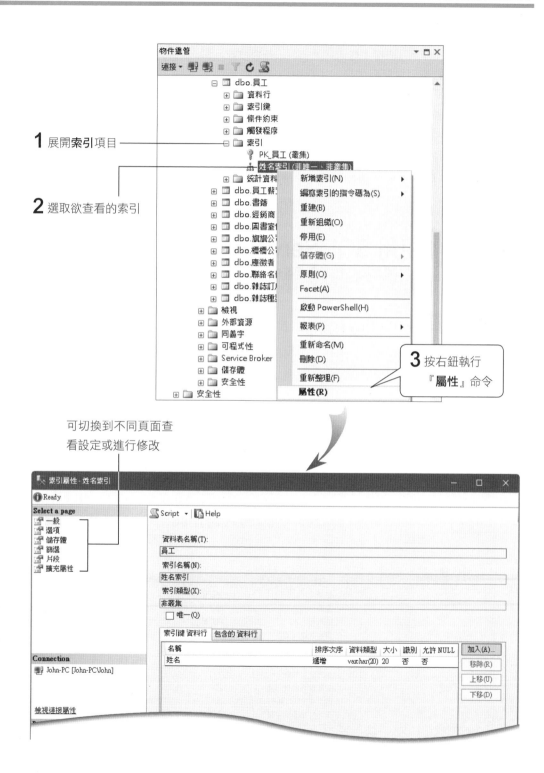

1 展開**索引**項目

2 選取欲查看的索引

3 按右鈕執行『**屬性**』命令

可切換到不同頁面查看設定或進行修改

TIP 當索引作業（新增、修改、刪除）正在進行時，預設會不允許對該資料表進行查詢。若希望在索引作業的過程中仍能查詢資料表，可在索引屬性交談窗中切到**選項**頁面，然後將**允許線上 DML 處理**屬性設為 True 即可。相關細節請參閱線上叢書中關於『線上執行索引作業』的說明。

　　若要刪除索引，請同樣在**物件總管**窗格中展開該資料表下的**索引**項目，在要刪除的索引上按右鈕執行『**刪除**』命令，然後在**刪除物件**交談窗中按**確定**鈕即可。

12-7 使用 SQL Server Management Studio 的資料表設計工具來建立與管理索引

　　先前我們介紹過在**物件總管**窗格中新增及管理索引，接著要介紹另一個方法，底下筆者以**客戶**資料表做示範。請在**物件總管**窗格選取**客戶**資料表，再按滑鼠右鈕執行『**設計**』命令。

　　開啟**客戶**資料表後，在功能表列便會出現**資料表設計工具**，請執行『**資料表設計工具 /索引/索引鍵**』命令，開啟**索引/索引鍵**交談窗：

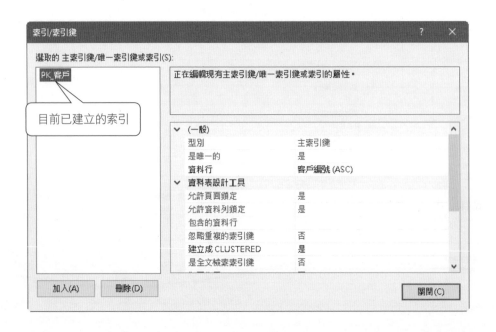

新增索引

在交談窗中按**加入**鈕即可新增索引：

這是新增的索引, 索引名稱會自動產生

2 按此處變更索引欄位

1 按此鈕新增索引

可在此變更
索引的設定

3 選擇要做為
索引的欄位

按此處可選擇第
2 個欄位, 此時
會成為複合索引

4 按此鈕完成選擇

TIP 若以多個欄位做為索引, 請務必注意欄位的先後順序 (在上面的優先)。例如使
用『客戶編號 + 客戶名稱』做為索引, 那麼當我們以『客戶名稱』當成查詢條
件時, 將不會使用此索引。

回到**索引/索引鍵**交談窗後, 按**關閉**鈕便完成新增索引。

修改或刪除索引

修改或刪除索引的步驟, 其實和新增索引的步驟差不多, 請依新增索引的方式操作, 開啟**索引/索引鍵**交談窗:

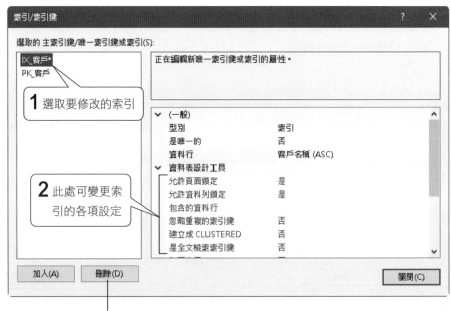

若是在選取索引後按此鈕, 則會刪除該索引

為什麼無法刪除索引?

我們介紹過兩種刪除索引的方法, 在操作時您或許會發現在**物件總管**窗格中刪除索引時, 有些索引會出現錯誤訊息而無法刪除:

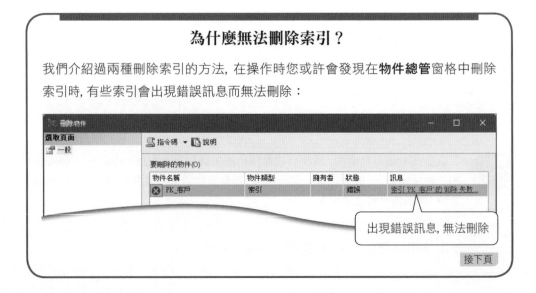

接下頁

這是因為由 SQL Server 自動建立的索引因受到**條件約束**, 所以無法在直接在**物件總管**窗格中刪除, 此時便必須利用上一頁介紹的方法刪除索引。

另外, 當資料表設定了 PRIMARY KEY, 便會自動建立**叢集索引**。雖然我們可以將這個索引改為**非叢集索引**或直接刪除, 但這樣資料表的 PRIMARY KEY 也會跟著被取消, 請您務必注意。

12-8 用 SQL 語法處理索引

這一節我們要使用 SQL 語法來建立、重建與刪除索引。

建立索引的語法

使用 SQL 語法來建立索引相當容易, 其語法一般可分為基本與完整兩種使用方式, 差別在於使用參數的多寡。

建立最基本的索引

首先我們使用最基本的語法, 熟悉一下如何建立索引:

```
CREATE INDEX index_name
 ON table_name (column_1, column_2, ...)
```

index_name 為索引的名稱, table_name 是要建立索引的資料表名稱。整句即表示要在 table_name 資料表中挑選 column_1、column_2 等欄位, 來建立名稱為 index_name 的索引。

您可以如下建立一個資料表, 然後用它來練習:

```
CREATE TABLE TABLE_3          ◄── 建立資料表
(
c1 int NOT NULL Primary key,
c2 char (4),
c3 char (6),
c4 char (30)
)

CREATE INDEX MyIndex_1        ◄── 為 c1 欄位建立索引
ON Table_3 (c1)
CREATE INDEX MyIndex_2        ◄── 為 c2, c3 欄位建立複合索引
ON Table_3 (c2, c3)
```

　　然後我們可以在資料表上按滑鼠右鈕, 執行『**設計**』命令再按 F4 鈕, 便可以在**屬性**窗格看到剛才建立的索引:

這 2 個是剛才新建立的索引。自行建立索引時, 預設是**非叢集索引**、不具**唯一性**, 而且索引的欄位資料以**遞增**排序

這是主索引

建立索引的完整語法

從前面各節中，您應該知道索引還有好幾種屬性可以設定，例如是否為**叢集索引**、是否有唯一性、填滿因數 (Fill factor) 為多少、是否忽略重複的資料...等，以下就是 CREATE INDEX 語法的詳細說明：

```
CREATE [UNIQUE]              ◀─── 指定唯一
[CLUSTERED | NONCLUSTERED]   ◀─── 指定叢集/非叢集
INDEX index_name
ON table_name
( column [ASC | DESC] [ , ...n ] )   ◀─── 可指定排序方式(預設為升冪 ASC)
[ INCLUDE ( column [ , ...n ] ) ]    ◀─── 將其他資料行包含於此索引內
[ WHERE <filter_predicate> ]         ◀─── 建立篩選的索引 (詳見 12-12 節)
[WITH [PAD_INDEX]                    ◀─── 索引頁預留空間
      [, FILLFACTOR=x]               ◀─── 填滿因數
      [, IGNORE_DUP_KEY]             ◀─── 忽略重複值
      [, DROP_EXISTING]              ◀─── 卸除現成的索引
      [, STATISTICS_NORECOMPUTE]]    ◀─── 不重新計算統計資料
      [ON filegroup]                 ◀─── 指定檔案群組
```

這些項目其實在 12-4 節就已經解釋過它們代表的意義，若是忘記則請您翻回去複習一下，接下來請看範例的說明。

此範例是以 ProductName 建立一個唯一性的非叢集索引，並且將 price 欄位內含於此索引中，此外還設定 PAD_INDEX (索引頁預留空間)、FILLFACTOR (填滿因數) 與 IGNORE_DUP_KEY (忽略重複值) 等屬性：

```
CREATE TABLE TABLE_4
(
ProductID smallint NOT NULL Primary Key ,
Produc tName char (30) ,
Price  smallmoney ,
Manufacturerchar (30) )

CREATE UNIQUE NONCLUSTERED INDEX index_3
ON TABLE_4 (ProductName) INCLUDE (price)
WITH PAD_INDEX, FILLFACTOR=30, IGNORE_DUP_KEY
```

觀看資料表中有哪些索引

要看資料表的索引, 除了前述的方法外, 還可以直接執行 sp_helpindex 系統預存程序:

```
EXEC sp_helpindex TABLE_4
```

如此即可列出索引的資訊, 包括 index_name、index_description 與 index_keys:

	index_name	index_description	index_keys
1	index_3	nonclustered, ignore duplicate keys, unique located...	ProductName
2	PK__TABLE_4__B40CC6ED4FF42E64	clustered, unique, primary key located on PRIMARY	ProductID

刪除索引

刪除索引的語法

當不再需要資料表中的某些索引時, 則可以將該索引刪除, 所使用的 SQL 語法如下:

```
DROP INDEX table_name1.index_name1 [ , table_name2. index_name2, . . . ]
```

例如:

```
DROP INDEX Table_4.index_3
```

不可刪除的索引

資料表中有些特殊的索引是不能用上述語法刪除的, 那就是在資料表中設定 Primary key 或 UNIQUE 條件約束時, 由 SQL Server 自動產生的索引。如果要刪除此類索引, 則會發生錯誤。請看下面這個範例:

```
CREATE TABLE MyTable
(
  Product ID      small int NOT NULL Primary key,
  Product Name    char(30) UNIQUE,
  Price           smallmoney,
  Manufacturer    char (30)
)
EXEC sp_helpindex MyTable
```

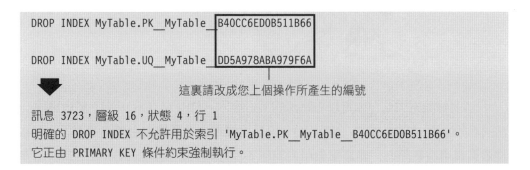

	index_name	index_description	index_keys
1	PK__MyTable__B40CC6ED0B511B66	clustered, unique, primary key located on PRIMARY	ProductID
2	UQ__MyTable__DD5A978ABA979F6A	nonclustered, unique, unique key located on PRIMA...	ProductName

這些編號是自動產生的, 可能和您操作的結果不同

若您要使用下面這兩個敘述刪除索引, 一定會發生錯誤:

```
DROP INDEX MyTable.PK__MyTable__B40CC6ED0B511B66

DROP INDEX MyTable.UQ__MyTable__DD5A978ABA979F6A
```

這裏請改成您上個操作所產生的編號

訊息 3723, 層級 16, 狀態 4, 行 1
明確的 DROP INDEX 不允許用於索引 'MyTable.PK__MyTable__B40CC6ED0B511B66'。
它正由 PRIMARY KEY 條件約束強制執行。

若真的需要刪除這種索引, 請使用 ALTER TABLE 敘述刪除該欄位的條件約束, 則系統會自動將之刪除。刪除條件約束的語法如下:

```
ALTER TABLE MyTable DROP CONSTRAINT constraint_name
```

例如:

```
ALTER TABLE MyTable DROP CONSTRAINT PK__MyTable__B40CC6ED62500D63
ALTER TABLE MyTable DROP CONSTRAINT UQ__MyTable__DD5A978ADF45C5FA
```

修改或重建索引

使用 DROP_EXISTING 修改索引

如果我們要用修改索引的方式，建立一個新的索引來取代原本已存在、且名稱相同的索引 (採用此作法的原因後述)，只需要在 CREATE INDEX 敘述中加上 DROP_EXISTING 即可 (如果在原資料表中並沒有一個同名的索引存在時，則加上 DROP_EXISTING 會發生錯誤)：

```
CREATE UNIQUE NONCLUSTERED INDEX MyIndex_1
ON TABLE_3 (c2)
WITH PAD_INDEX, FILLFACTOR=30, IGNORE_DUP_KEY, DROP_EXISTING
```

如此這個新的索引就可以取代原先的索引了

我們要修改索引時，也可以先將舊的索引刪除 (DROP INDEX)，然後再建一個同名的索引 (CREATE INDEX)。但是這種做法對**叢集索引**來說並不好，因為當**叢集索引**被刪除時，**非叢集索引**會對應不到原本的資料頁，因而會自動重建**非叢集索引**。之後，再度建立一個同名索引時，**非叢集索引**要再對應到**叢集索引**，又要再重建一次，如此工程相當浩大，故一般不建議使用這種方式重建索引。

TIP 如果要刪除資料表中全部的索引，建議您先刪除**非叢集索引**再刪除**叢集索引**；若次序顛倒，則在刪除**叢集索引**時，**非叢集索引**會自動重建，如此當資料量很大時必然會浪費許多時間。

使用 DBCC DBREINDEX 重建索引

如果只想重建索引 (而不修改索引的相關設定), 那麼使用 DBCC DBREINDEX 敘述會比較方便, 而且使用時也可指定重建的填滿因數。其語法如下:

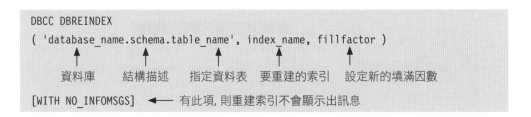

其中 'database.schema.table_name' 這一項, 若我們要使用此完整的名稱, 則前後的單引號 (' ') 不可省略。我們也可以省略資料庫名稱與結構描述, 只使用資料表名稱, 此時前後的單引號就可以省略。

在第二項可指定要重建的索引名稱, 若要重建資料表中所有的索引, 則可在第二項的位置使用 2 個單引號 (' ')。而若需要改變索引的填滿因數, 則可以在第 3 項加上新的填滿因數值。若設為 0, 則表示仍然使用此索引之前所使用的填滿因數。

例如:

```
DBCC DBREINDEX (客戶, PK_客戶, 70)
```

12-9 檢視查詢的執行計劃

如果想要看看在建立索引之後, 實際執行查詢時是否有使用到索引, 可以在輸入查詢的 SQL 敘述後, 按下工具列的**顯示估計執行計劃鈕** , 便能檢視查詢的方式。我們以 12-6 節建立在**員工資料表**的**姓名索引**為例。筆者輸入以下敘述:

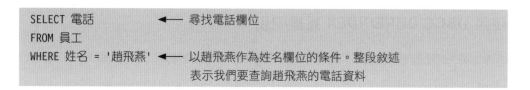

敘述輸入完成後先不要執行查詢, 請按下工具列的**顯示估計執行計劃鈕** 🔲 :

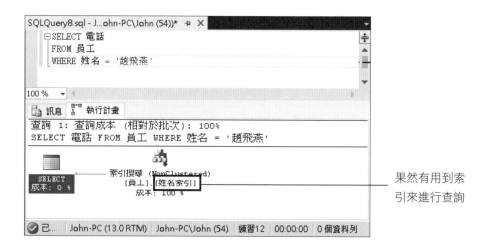

果然有用到索引來進行查詢

如果我們將**員工**資料表中的姓名索引刪除, 然後再執行以上的查詢時:

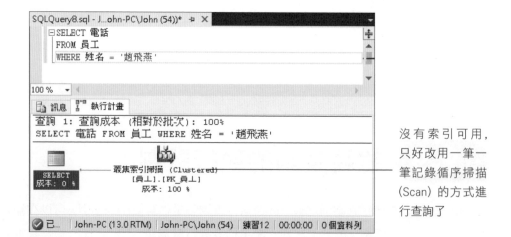

沒有索引可用, 只好改用一筆一筆記錄循序掃描 (Scan) 的方式進行查詢了

 您也可以執行 『**查詢/顯示估計執行計劃**』 命令, 來檢視預估的執行計劃。

12-10 設定計算欄位的索引

在 SQL Server 中,不僅可以在資料表中建立計算欄位的功能,還可以針對計算欄位做索引!例如我們有一個內含多筆記錄的『客戶』資料表,而且經常需要以『地址』做為查詢的條件,那麼可以建立一個『簡要地址』計算欄位並設定索引,以加快查詢效率:

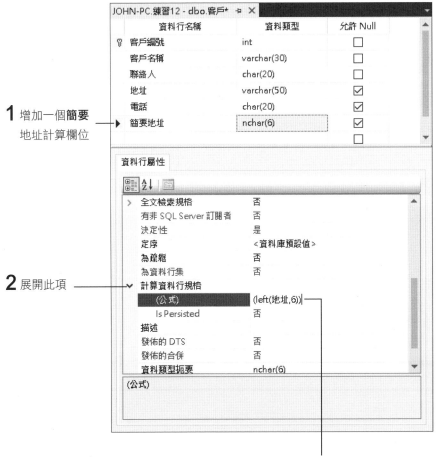

1 增加一個**簡要**地址計算欄位

2 展開此項

3 輸入計算公式:『(left (地址, 6))』, 取**地址**欄左邊 6 個字

將計算欄位新增完成並儲存後, 我們可以開啟資料表來觀看:

多了一個**簡要地址**計算欄位

	客戶編號	客戶名稱	聯絡人	地址	電話	簡要地址
1	1	十全書局	陳小草	台北市仁愛路56號	0223219845	台北市仁愛路
2	2	大發書店	陳季瑄	台北市敦化南路一段1號	0223478158	台北市敦化南
3	4	大雄書局	孟庭亭	台北市南京東路三段34號	0227896456	台北市南京東
4	5	愚人書店	王發財	台北市重慶南路一段57號	0227465808	台北市重慶南
5	6	新新書店	黎國民	台北市中山北路六段88號	0225576635	台北市中山北
6	7	旗竿書局	王平立	台北市師大路67號	0223468970	台北市師大路
7	8	聰明書店	蘇小小	台北市羅斯福路四段80號	0226753499	台北市羅斯福
8	9	Flags Book Store	John Potter	270 Bayside Parkway Fremont, CA 94538, USA	+1.5106877123	270 Ba

接著我們要為**簡要地址**欄位建立索引。請在**物件總管**窗格選取**客戶**資料表下的**索引**項目, 再按滑鼠右鈕執行『**新增索引/非叢集索引**』命令:

1 輸入索引名稱

2 按此鈕選擇剛才建立好的**簡要地址**計算欄位

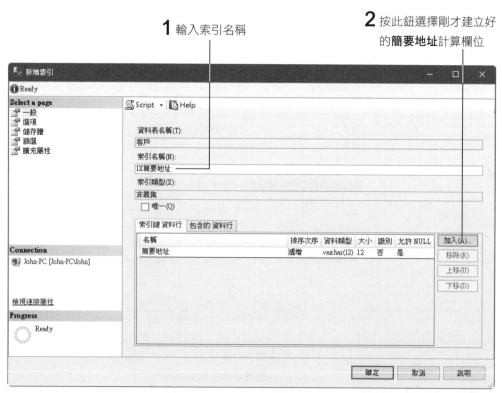

3 選擇**包含資料行**頁面

4 按此鈕選取資料行

5 通常我們只會查詢**客戶名稱**, 所以將**客戶名稱**加入內含資料行

6 按**確定**鈕繼續

7 按此鈕完成新增索引

設定完成後, 當我們下次要用地址做查詢時, 應可發現速度有明顯的提升。例如:

```
SELECT 客戶名稱
FROM 客戶
WHERE 簡要地址 Like '%仁愛路%'  ◀── 以仁愛路為關鍵字進行查詢
```

如果想確定執行查詢時是否有使用到索引，可再按下工具列的**顯示估計執行計劃鈕** ，觀看查詢的方式：

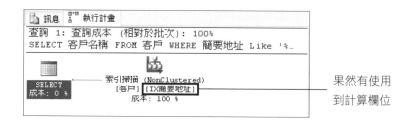

果然有使用
到計算欄位

計算欄位索引的限制

要設定計算欄位索引，必須符合以下的條件才行：

◉ 計算欄位的值必須是『決定性的』(Deterministic)，也就是當計算欄位中的來源資料都不變時，其輸出結果也不會改變。例如我們建一個公式為 "GETDATE( )" 的計算欄位，那麼每次查詢都會傳回不同的結果，因此無法建立索引。

計算欄位必須符合以下 3 點才算是『決定性的』：

1. 計算公式中沒有使用到其他資料表中的欄位資料。

2. 公式中沒有計算多筆記錄的統計資料，例如使用 SUM 彙總函數來加總多筆記錄的金額。

3. 公式中所用到的系統函數或自訂函數都必須是『決定性的』，例如 GETDATE() 就不是『決定性的』的函數，因為每次傳回的值都可能不一樣。有關自訂函數及『決定性』函數的說明，在第 15 章會有詳細介紹。

> **TIP** 您可使用 COLUMNPROPERTY(OBJECT_ID('table_name'), 'column_name', 'IsDeterministic') 函數來檢查欄位是否具有決定性。

⦿ 計算欄位的值必須是『精確的』(Precise), 也就是公式中沒有用到任何 float
型別的資料做計算。

您可使用 COLUMNPROPERTY(OBJECT_ID('table_name'), 'column_name', 'IsPrecise')
函數來檢查欄位是否具有精確性。

⦿ 計算欄位 6 回的值不可以是 text、ntext、image、varchar(max)...等大資
料型別。但在計算公式中則可包含這類的資料, 只要傳回值不是大資料型別
即可。例如在某資料表中, **備忘**欄是 text 類型, 而我們又建了一個公式為
"SUBSTR([備忘], 1, 5)" 的計算欄位, 那麼該計算欄位可以設定索引。

⦿ 在建立資料表時, 當時的 ANSI_NULLS 選項必須設為 ON (預設即為
ON)。如果您更改了所屬資料庫的預設選項, 那麼在建立資料表之前, 可用 "
SET ANSI_NULLS ON" 來開啟此選項。

您可用 OBJECTPROPERTY(OBJECT_ID('table_name'), 'IsAnsiNullsOn') 函數來檢查資
料表是否符合條件。

⦿ 在建立計算欄位索引時, 或對包含建立計算欄位索引的資料表進行 INSERT、
UPDATE、DELETE 時, 有 6 個 SQL 選項必須設為 ON, 有 1 個 SQL
選項必須設為 OFF:

SQL 選項	設定值
ANSI_NULLS	ON
ANSI_PADDING	ON
ANSI_WARNINGS	ON
ARITHABORT	ON
CONCAT_NULL_YIELDS_NULL	ON
QUOTED_IDENTIFIER	ON
NUMERIC_ROUNDABORT	**OFF**

　　另外, 在使用 SELECT 做查詢時若未正確設定這 7 個選項, 則雖然仍可正確執行, 但 SQL Server 卻不會使用任何的計算欄位索引, 那麼查詢的效率就可能會因此而大打折扣。

SQL 選項的設定優先順序

每一個與 SQL Server 的連線都可以有不同的 SQL 選項, 而我們也可經由許多方法來設定這些 SQL 選項, 底下就是這些設定方法的優先順序 (由高而低):

● 在連線後, 以 SET 敘述設定的 SQL 選項優先順序最高, 會覆蓋掉以其他方法所做的設定。不過請注意, 在預存程序中用 SET 所做的設定, 會在該預存程序結束時失效, 有關預存程序請參閱第 14 章。

● 前端應用程式 (例如 SQL Server Management Studio 或其他應用程式) 在透過 OLE DB 或 ODBC 連接 SQL Server 時所做的選項設定, 其優先順序次高。

● 對於前 2 步驟中未做設定的選項, 則會使用 OLE DB Provider for SQL Server 或 SQL Server ODBC driver 的預設值 (如果有預設值的話)。前述 7 個選項中除了 ARITHABORT 選項在此沒有預設值外, 其他的選項在預設值中均已正確設定。

● 對於前 3 步驟中未做設定的選項, 即採用資料庫中所儲存的選項。我們可用 sp_dboption 系統預存程序或 ALTER DATABASE 來設定這些資料庫選項。例如 "EXEC sp_dboption 練習 12, 'ARITHABORT', 'ON'", 而執行 "EXEC sp_dboption 練習 12" 則會列出目前設為 ON 的資料庫選項。

● 最後, 在資料庫選項中未設定為 ON 的選項, 則使用伺服器本身的選項設定。您可在 SQL Server Management Studio 中的伺服器名稱上按右鈕並執行『**屬性**』命令, 然後切換到**連接**頁次, 在**預設連接選項**列示窗中勾選要設定的選項 (其內的選項均預設為 OFF)。

由於大部份的前端程式都是透過 OLE DB 或 ODBC 來連接 SQL Server, 因此只要前端程式沒有修改前述的 7 個選項設定, 則只有 ARITHABORT 選項可能不符合要求。此時為了安全起見, 最好先以 sp_dboption 將資料庫的 ARITHABORT 選項設為 ON, 或在 SQL Server Management Studio 中將整個何服器的 ARITHABORT 選項設為 ON。

接下頁

資料庫及伺服器的選項都會永久儲存, 只需設定一次即可; 而用 SET 敘述所做的設定則只在該次連線有效。

在資料庫選項或伺服器選項中都有許多種類的設定值, 而 SQL 選項只是其中的一部份而已。

12-11 設定檢視表的索引

在 SQL Server 中, 不僅計算欄位可以建索引, 連檢視表也可以建立索引!替檢視表建立索引的好處, 當然就是可以提高檢視表的查詢效率, 例如:

◉ 當檢視表是由多個資料表 JOIN 起來的, 而每個資料表中的記錄都很多時。

◉ 當檢視表中包含很多複雜的運算, 或針對大量資料做統計時。

此時如果該檢視表**經常使用到**, 而查詢的內容又**很少會有異動**的話, 那麼就可替檢視表設定索引, 以加快查詢速度。此時除了在查詢該檢視表時可以受惠外, 當我們對其底層資料表做類似的查詢時, 也可以因檢視表的索引而提高效率呢!這我們稍後會用實例為您示範。

替檢視表建立索引

要替檢視表建立索引, 其實需要符合很多的先決條件, 這些稍後再談。此處先來看看如何替檢視表建立索引, 底下是筆者已建立好的**訂單**及**訂購項目**二個資料表:

	訂單編號	下單日期	客戶編號
1	1	2016-09-01	2
2	2	2016-09-01	5
3	3	2016-09-04	1
4	4	2016-09-05	1
5	5	2016-09-11	4
6	6	2016-09-13	5
7	7	2016-09-18	3
8	8	2016-09-19	2
9	9	2016-09-25	1
10	10	2016-09-28	6

訂單資料表

	訂單編號	項目編號	書籍編號	數量
1	1	1	2	2
2	1	2	3	1
3	2	1	1	3
4	3	1	5	1
5	4	1	1	2
6	4	2	3	2
7	4	3	4	2
8	5	1	5	1

訂購項目資料表

```
-- 先設定建立索引時的 7 個必要選項
SET ARITHABORT, CONCAT_NULL_YIELDS_NULL,
QUOTED_IDENTIFIER, ANSI_NULLS,
ANSI_PADDING, ANSI_WARNINGS ON
SET NUMERIC_ROUNDABORT OFF
GO
```

CREATE VIEW dbo.產品日報

```
WITH SCHEMABINDING          ◀── 這是要建立索引的必要設定 (後述)
AS
SELECT 下單日期 AS 日期, 書籍編號 AS 書號,
SUM (數量) AS 每日銷售量, COUNT_BIG (*) AS 每日訂單數
FROM dbo.訂單 INNER JOIN dbo.訂購項目
          ON 訂單.訂單編號 = 訂購項目.訂單編號
GROUP BY 下單日期, 書籍編號          ◀── 依下單日期、書籍編號做分組統計
GO
```

```
SELECT * FROM 產品日報
```

	日期	書號	每日銷售量	每日訂單數
1	2016-09-01	1	3	1
2	2016-09-05	1	2	1
3	2016-09-01	2	2	1
4	2016-09-01	3	1	1
5	2016-09-05	3	2	1
6	2016-09-05	4	2	1
7	2016-09-04	5	1	1
8	2016-09-11	5	1	1

銷售總額

訂單數量

彙總函數 COUNT_BIG() 的功能和 COUNT() 相同, 但前者的傳回值為 bigint 型別, 而後者的傳回值為 int 型別。在索引檢視表中只能使用 COUNT_BIG (*) 來計數, 這部份稍後會再說明。

建立唯一性叢集索引

接著我們來設定這個檢視表的唯一性叢集索引:

```
CREATE UNIQUE CLUSTERED INDEX PK_產品日報
ON 產品日報 (日期, 書號)    ◄── 以 "日期＋書號" 做為唯一索引
```

 用 CREATE INDEX 替檢視表建立索引的語法, 和建立資料表索引時完全相同。

我們可以在檢視表中建立多個索引, 但第一個建立的則必須是**唯一的叢集索引** (相當於資料表的主索引)。此時系統會將檢視表的查詢結果以資料表的格式儲存起來並建立索引, 而每當底層資料表的內容有異動時, 所儲存的資料及索引也都會自動更新。

有人說檢視表就是虛擬的資料表, 因為其內只存放一個查詢敘述, 而不會儲存任何資料。但是替檢視表建立叢集索引後, 其內就會儲存所查詢到的資料, 並且能夠與底層的資料表同步更新。這樣做的好處, 是在查詢檢視表時可以直接取出資料, 而不必每次都要全部重新 JOIN 或計算一次;而當底層資料表有異動時, 檢視表中也只需更新有異動的部份即可。

 如果底層資料表經常異動、或檢視表的內容不多、或是檢視表的運算不複雜, 那麼建立索引的效用就不大, 有時甚至反而效率更差, 因為更新或使用索引都要花費額外的時間。

建立非叢集索引

在建立好唯一性叢集索引後，如果還想要建立其他的非叢集索引以利查詢，可再使用 CREATE INDEX 敘述陸續地建立。當然，若底層資料表的內容有異動，這些索引也都會同步更新。底下是一個範例：

```
CREATE INDEX IX_書號
ON 產品日報(書號)          ◄── 以書號做為索引
INCLUDE (日期, 每日銷售量)
```

使用 SQL Server Management Studio 管理檢視表的索引

在 SQL Server Management Studio 中管理檢視表索引的方法，和管理資料表索引是一樣的。請在**物件總管**窗格中如右操作：

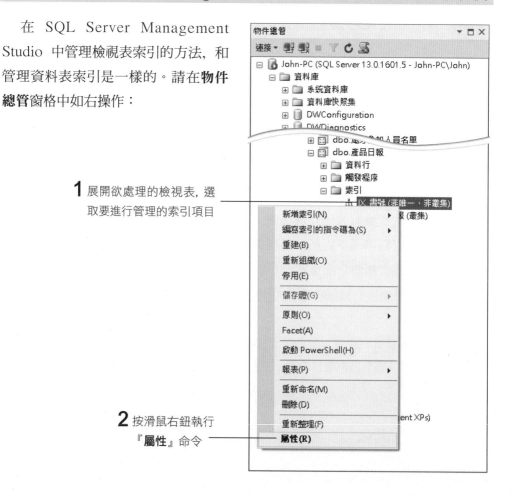

1 展開欲處理的檢視表，選取要進行管理的索引項目

2 按滑鼠右鈕執行
『**屬性**』命令

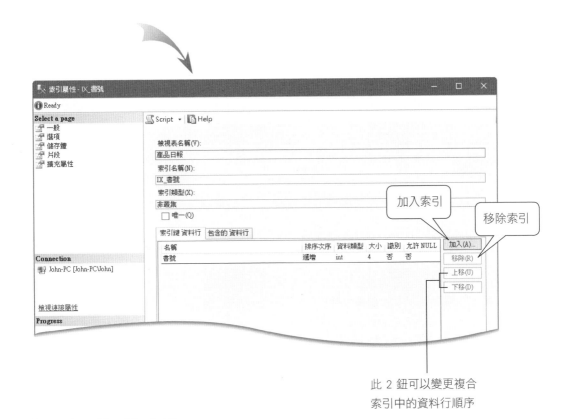

此 2 鈕可以變更複合
索引中的資料行順序

使用索引加快查詢

建好索引之後, 除了在查詢該檢視表時可以因索引而提高效率外, 在直接針對
底層資料表做類似的查詢時, 也可因檢視表而受惠! 底下來看幾個查詢實例:

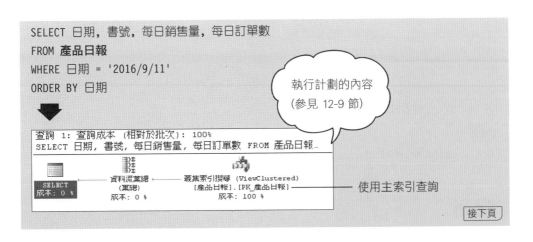

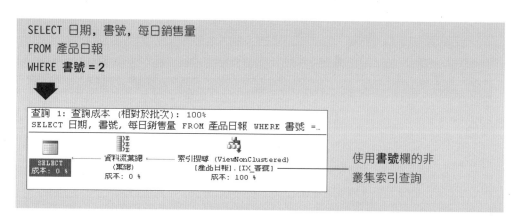

```
SELECT 日期, 書號, 每日銷售量
FROM 產品日報
WHERE 書號 = 2
```

使用**書號**欄的非
叢集索引查詢

接著我們來示範直接對底層資料表做查詢時，受惠於檢視表索引的例子：

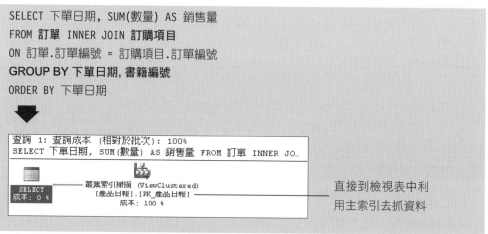

```
SELECT 下單日期, SUM(數量) AS 銷售量
FROM 訂單 INNER JOIN 訂購項目
ON 訂單.訂單編號 = 訂購項目.訂單編號
GROUP BY 下單日期, 書籍編號
ORDER BY 下單日期
```

直接到檢視表中利
用主索引去抓資料

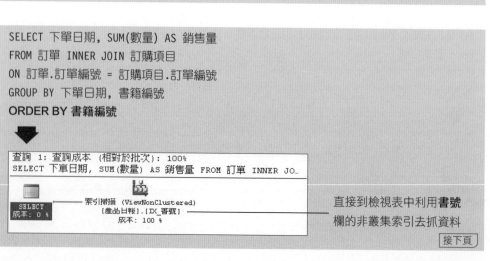

```
SELECT 下單日期, SUM(數量) AS 銷售量
FROM 訂單 INNER JOIN 訂購項目
ON 訂單.訂單編號 = 訂購項目.訂單編號
GROUP BY 下單日期, 書籍編號
ORDER BY 書籍編號
```

直接到檢視表中利用**書號**
欄的非叢集索引去抓資料

接下頁

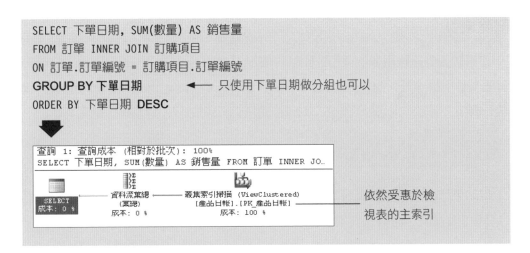

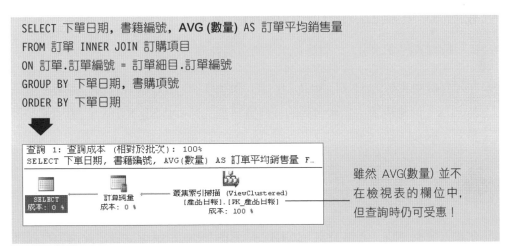

　　在上一個的程式中，當我們針對底層資料表以彙總函數 AVG() 來查詢訂單的**平均**銷售量時，由於在**產品日報**檢視表中已有 SUM (數量) 及 COUNT_BIG (*) 欄位，因此 SQL Server 會很聰明地將這二個數值相除來算出 AVG(數量) 的值。

刪除索引

如果想要刪除檢視表的索引, 除了可使用 SQL Server Management Studio 管理工具中操作外, 也可以執行 DROP INDEX view_name.index_name 敘述。例如:

```
DROP INDEX 產品日報.PK_ 產品日報
```

但如果您刪除了檢視表的主索引 (唯一性的叢集索引), 那麼所有的非叢集索引也都會自動刪除, 而檢視表中儲存的資料集也會一起刪除。

在檢視表中建立索引時的限制

要替檢視表建立索引, 必須符合以下的多項條件:

◉ 在建立檢視表時, ANSI_NULLS 及 QUOTED_IDENTIFIER 選項必須設為 ON。而檢視表中所參考到的任何資料表, 其 ANSI_NULLS 選項都必須設為 ON 才行。

> **TIP** 您可用 OBJECTPROPERTY(OBJECT_ID('table_or_view_name'), '參數') 函數, 以 ExecIsAnsiNullsOn、ExecIsQuotedIdentOn 為參數來查詢檢視表是否符合條件。

◉ 在建立檢視表時, 必須設定 SCHEMABINDING 選項。設定此選項可保護檢視表中所參考到的底層資料表, 不會被修改結構 (以 ALTER 敘述)或刪除 (以 DELETE 敘述)。同理, 在檢視表定義中若使用到自訂函數, 那麼這些函數也必須是 SCHEMABINDING 的。

> **TIP** 有關檢視表及自訂函數的 SCHEMABINDING 選項, 可分別參考第 11 及 15 章的介紹。

◉ 檢視表中所有的欄位都必須是『決定性的』; 而設為索引的欄位還必須是『精確的』(但未設為索引的欄位則可以不精確)。這部份的限制和在計算欄位設定索引時相同, 詳細說明可參考上一節。

◉ 檢視表中不可參考到其他任何的檢視表；而檢視表與其所參考的底層資料表則必須位於同一個資料庫中, 而且他們的擁有者必須相同。

◉ 在檢視表的定義中, 資料表與自訂函數都必須使用二段式的名稱 (例如 dbo.訂單), 而不可為一段式、三段式、或四段式名稱 (例如：訂單、訂單資料庫.dbo.訂單、Server.訂單資料庫.dbo.訂單)。

 關於名稱的說明, 請參考 13-13 節。

◉ 檢視表的 SELECT 敘述中不可包含下列的語法元素：

1. SELECT 的欄位清單中不可有 "*" 或 "table_name.*", 而必須明確指出實際的欄位名稱才行。但 COUNT_BIG(*) 則可以, 這是唯一的例外。

2. SELECT 欄位清單中不可出現重複的欄位名稱, 例如 "SELECT A, B, A"。但若欄位是用在運算式中則不受此限, 例如 "SELECT A, SUM(A), A+B"。

3. 不可以使用衍生資料表 (Derived Table, 就是在 FROM 子句中的子查詢), 例如 "SELECT A FROM (SELECT B FROM X)"。也不可以有任何的子查詢, 例如 "SELECT A FROM W WHERE EXISTS (SELECT B FROM X)"。

4. 不可使用資料集函數 (Rowset functions), 就是會傳回資料集的函數, 例如 OPENQUERY()、OPENROWSET() 等。

5. 不可使用 TOP、DISTINCT、及全文檢索的 CONTAINS 或 FREETEXT 關鍵字。

6. 不可有 UNION、OUTTER(FULL) JOIN、SELF JOIN、ORDER BY、COMPUTE (或 COMPUTE BY) 子句。

7. 不可使用除了 SUM() 及 COUNT_BIG() 之外的彙總函數, 包括 AVG、MAX、MIN、STDEV、STDEVP、VAR、及 VARP 等彙總函數。雖然檢視表能使用的彙總函數只有 SUM() 及 COUNT_BIG(), 但 SQL Server 仍可以自動使用這 2 個函數作不同的運算。舉例來說, 雖然檢視表不能使用 AVG 彙總函數, 但如果索引檢視表中有使用 SUM() 及 COUNT_BIG() 來計算的資料, 那麼還是可以利用 SUM() 及 COUNT_BIG() 函數來計算出 AVG() 函數的結果, 就如同 12-41 頁所述的例子。

8. SUM 函數中不能包含可能會傳回 NULL 值的欄位或運算式。

⊙ 檢視表中不可包含任何的 text、ntext、或 image 欄位。

⊙ 如果未指定 GROUP BY, 則檢視表的欄位清單中不可包含任何的彙總函數。若有指定 GROUP BY, 則檢視表的欄位清單中必須包含 COUNT_BIG(*) 運算式, 並且在檢視表定義中不可使用 HAVING、CUBE、或 ROLLUP。

⊙ 在建立檢視表索引 (執行 CREATE INDEX 敘述) 時必須符合下列限制:

1. 必須先建好唯一的叢集索引, 然後才可建立其他的非叢集索引。

2. 執行 CREATE INDEX 敘述的使用者必須是檢視表的擁有者。

3. 若檢視表的 SELECT 敘述中包含了 GROUP BY 子句, 那麼主索引鍵 (唯一性叢集索引的索引鍵) 便只能是 GROUP BY 子句中有出現的欄位。

4. 和建立計算欄位索引相同, 在執行 CREATE INDEX 敘述時, 有 7 個選項必須正確設定:ANSI_NULLS、ANSI_PADDING、ANSI_WARNINGS、ARITHABORT、CONCAT_NULL_YIELDS_NULL、及 QUOTED_IDENTIFIERS 必須設為 ON, 而 NUMERIC_ROUNDABORT 必須設為 OFF。

◉ 在替檢視表建立好索引之後，當我們要去異動 (INSERT、UPDATE、
DELETE) 檢視表的底層資料表時，前述的 7 個選項也都必須正確設定，否
則會顯示錯誤訊息並取消異動。同理，當我們在進行查詢時，也只有在這 7
個選項都正確設定的情況下，系統才會使用檢視表的索引來加快查詢速度。

12-12 篩選的索引

一般建立索引時，索引的範圍為整個資料表，不過有時候可能不需要建立包含
整個資料表的索引。例如某人力公司的客戶只需要徵求女性員工，此時若是可以
篩選出女性應徵者來建立索引，則可降低索引的大小，進而提升查詢的效率。這
種依照篩選條件建立的索引便稱為**篩選索引**。

 篩選索引屬於非叢集索引。

下圖是**應徵者**資料表的內容，以下我們要針對女性應徵者建立篩選索引：

	編號	姓名	性別	地址	電話	自傳	文件類型
1	1	戚莉秀	女	台北市新興路一段10-1號10樓	(02)22796641	0xD0CF11E0A1B11AE...	DOC
2	2	吳玉婷	女	台北市民有街150巷2號1樓	(02)23745877	0xD0CF11E0A1B11AE...	DOC
3	3	林雅君	女	台北市信義路四段300號2-2樓	(02)29312098	0xD0CF11E0A1B11AE...	DOC
4	4	黃彥政	男	台北市博愛路二段130號3樓	(02)27778344	NULL	NULL
5	5	黃家瑋	男	台北市忠信路65號3樓	(02)27276535	NULL	NULL
6	6	汪羽新	男	台北市漢生路一段24號	(02)23916643	NULL	NULL
7	7	陳弘順	男	台北市復興北路15-1號	(02)23939800	NULL	NULL
8	8	賴培娥	女	台北市育英街130號5樓	(02)27376544	NULL	NULL
9	9	王惠馨	女	台北市復興北路65號	(02)27743998	NULL	NULL
10	10	陳曉萍	男	台北市忠孝西路一段3號4樓	(02)23928890	0xD0CF11E0A1B11AE...	DOC

使用 SQL Server Management Studio 建立索引時，請如下設定篩選的條
件：

1 依照 12-6 節的說明, 在這些
頁面中輸入索引的各項設定

3 輸入篩選的條件

2 選擇篩選頁面

4 按此鈕完成

若使用 SQL 語法建立篩選索引, 則請如下將 WHERE 子句加入 CREATE INDEX 語法 (完整的語法請參考 12-8 節)：

```
CREATE INDEX 女性應徵者索引
ON 應徵者 (姓名)
WHERE 性別 = '女'      ◀── 篩選的條件
```

如此即可建立篩選索引, 當我們使用下面語法查詢時, 便可以利用篩選索引來加快查詢的速度：

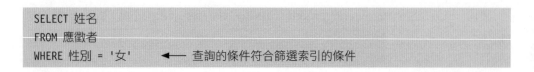

```
SELECT 姓名
FROM 應徵者
WHERE 性別 = '女'      ◀── 查詢的條件符合篩選索引的條件
```

由於 SQL Server 會自動選擇較快的索引, 在資料筆數不多的狀況下, SQL Server 大多會直接使用叢集索引進行查詢, 所以請重複執行下面語法, 新增大約 200 筆測試資料到**應徵者**資料表:

```
INSERT INTO 應徵者 (姓名, 性別)
VALUE S ( '男應徵者' , '男' ),
( '女應徵者' , '女' ),
( '男應徵者' , '男' ),
( '男應徵者' , '男' ),
( '男應徵者' , '男' )
```

然後檢視執行計畫, 即可看到 SQL Server 使用篩選索引查詢資料:

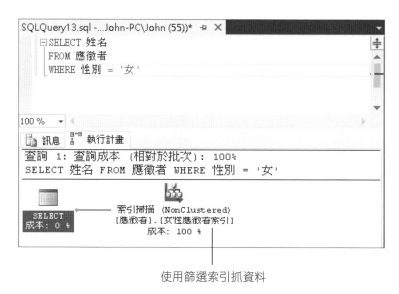

使用篩選索引抓資料

其實篩選索引通常是用在資料量很大的資料表上, 例如內含十萬筆記錄的**出貨單**資料表, 如果我們通常都只會查詢最近幾個月的出貨單, 那麼就可用**日期**做為篩選索引的條件, 例如:

```
CREATE INDEX [出貨單 2012 下半年索引]
...
WHERE 日期 >= '2016/7/1'
```

那麼以下的查詢都可受惠於篩選索引而加快速度：

```
SELECT ...
WHERE 日期 > '2016/10/1' AND 日期 < '2016/10/31'

SELECT ...
WHERE 金額 > 1000 AND 日期 > '2016/10/5'
```

Chapter

13

T-SQL 程式設計

在前面的章節中，我們學會了各項 SQL 的資料庫操作語法，能夠用來靈活地存取 SQL Server 資料庫。然而，如果每個 SQL 敘述都只能單兵作戰或循序執行，那麼其功能將大為減弱！因此 T-SQL 除了基本的 SQL 語言外，又擴充了許多適合批次執行（一次執行許多敘述）的指令，不僅可以定義暫時性的變數來使用，還可以精確控制整個執行的流程喔！

本章將使用**練習 13** 資料庫為例說明，您也可以依關於光碟中的說明，附加光碟中的資料庫到 SQL Server 中一起操作。

13-1 批次執行

在存取資料庫時，我們所下的 SQL 敘述不一定要一個一個地執行，也可以利用批次(Batch) 的方式，將一個或多個 SQL 敘述打包，一起送到 SQL Server 去處理。SQL Server 會將一個批次中所包含的數個 SQL 敘述當做一個執行單元 (Unit)，一起編譯成為**執行計劃** (Execution plan)，然後再加以執行。例如在下例中我們一次執行 2 個敘述：

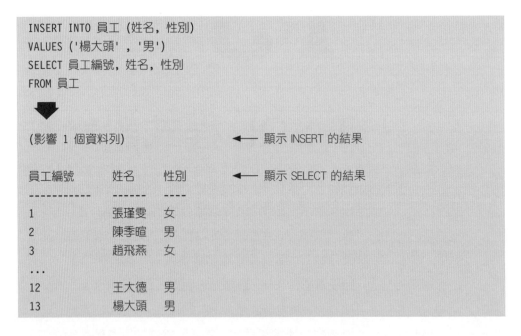

```
INSERT INTO 員工 (姓名，性別)
VALUES ('楊大頭'，'男')
SELECT 員工編號，姓名，性別
FROM 員工
```

| (影響 1 個資料列) | | | ← 顯示 INSERT 的結果 |

員工編號	姓名	性別	← 顯示 SELECT 的結果
1	張瑾雯	女	
2	陳季暄	男	
3	趙飛燕	女	
...			
12	王大德	男	
13	楊大頭	男	

不過請注意，並非所有 SQL 敘述皆可放在同一個批次內執行，例如 CREATE VIEW、CREATE DEFAULT、CREATE RULE、CREATE PROCEDURE 及 CREATE TRIGGER 敘述只能單獨放在一個批次中執行，不能與其他敘述合併執行。

用 GO 分隔不同的批次

因為不是所有 SQL 敘述都可以放在同一個批次，或是有些情況下，您可能會希望讓某些敘述分開執行。假設您有三個敘述需要執行，如果三個敘述全部放在同一批次，則當第 1 個敘述失敗時，批次就會停止，而不會繼續執行第 2、3 個敘述，若是能夠將第 1 與第 2、3 個敘述隔開，就可以確保後面敘述可以順利執行。

所以 SQL Server 提供了一個 GO 指令，讓您可以隔開 SQL 敘述，將之分為多個批次。下面是一個簡單的範例：

當 SQL Server Management Studio 遇到 GO 指令時，會將 GO 當作傳送批次的訊號，例如遇到第 1 個 GO 的時候，會將 GO 前面的敘述傳送給伺服器進行處理 (編譯成執行計劃並加以執行)。而遇到第 2 個 GO 指令時，再將兩個 SELECT 敘述傳送給伺服器處理，如此就產生兩個批次。

請注意，GO 只有 SQL Server 所附的公用程式才能辨識並處理。意即 GO 指令只能使用在 SQL Server Management Studio、osql 等公用程式中執行，若是您撰寫應用程式 (例如用 Visual Basic 撰寫) 時使用 GO 指令，那麼 SQL Server 將會因不認得而產生錯誤訊息。

批次錯誤時系統的處理方式

SQL Server 是以批次為處理單位，當批次中的敘述有錯誤時，會視狀況採用以下的處理方式：

- ◉ **編譯錯誤時**：批次中的敘述必須全部先編譯成執行計劃，然後才能執行。而在編譯發生錯誤（例如語法錯誤）時，則會立即中止批次而傳回錯誤訊息，也因此不會有任何的敘述被執行。

- ◉ **執行中發生較大的錯誤時**：當批次編譯無誤而開始執行後，若遇到較嚴重的執行錯誤（例如找不到指定的資料表），則會立即中止執行而傳回錯誤訊息，此時除了造成執行錯誤的敘述外，排在此敘述後面的所有敘述也都不會被執行；但之前已經正確執行的敘述則不會被取消。

- ◉ **執行中發生輕微的錯誤時**：例如在新增或更改資料時違反資料表條件約束 (Constraint)，則只會取消該錯誤敘述的執行，而該敘述之後的敘述則仍會繼續執行。

由此觀之，如果批次發生編譯錯誤，那麼我們不必擔心會有任何的敘述被執行；但若是發生執行錯誤，則批次中可能已有部份的敘述被執行了，而這些已執行的操作並不會自動取消。

每個批次都是獨立執行的，並不會相互影響。也就是說，無論前一個批次是否執行正確，下一個批次仍會繼續執行。

如果您想要在批次中判斷是否發生錯誤，或是想要依照各種錯誤狀況進行不同的處理，則請參考 13-7 節的說明。

13-2 使用註解 (Comment)

我們有時會將常用的 SQL 敘述儲存下來，以便日後直接執行，或是需要將一些 SQL 敘述提供給其他人使用。在這樣的狀況下，為了避免自己忘記或是其他人看不懂這些敘述的意義，可以在批次中加上註解以增加可讀性，凡是標示為註解的文字都會被忽略掉而不執行。註解的撰寫格式有 2 種，一種是用 /* 及 */ 包起來的註解，另外一種是以 -- 開頭的註解，例如：

```
/ * 這是註解 * /
- - 這也是註解

SELECT *            /*   註解可以在這兒 */
FROM   員工          - - 當然也可以在這裡
```

  -- 的效力只到該行結束的地方，也就是由 -- 開始到行尾之間的文字均視為註解，因此如果有多行的註解，那麼在每一行註解的最前面都必須加上--。而 /*...*/ 則可以跨越數行，甚至可以放在 SQL 敘述之內，因此除了做為註解之外，還可以用來將敘述中的某部份暫時設為註解，以測試執行結果。例如：

```
SELECT 客戶編號, 聯絡人 /* , 地址 AS 送貨地址, 電話 */
FROM 客戶
WHERE 客戶編號 > 5 /* AND 聯絡人 LIKE "江*"
ORDER BY 電話 */
/ *
UPDATE 訂單細目
SET     數量 = 15
WHERE 訂單序號 = 201
* /
```

  以上粗體的文字都被暫標為註解，在測試之後將 /* 及 */ 刪除，即可回復成原來的程式內容。

  在 SQL Server Management Studio 中，我們可以先選取要設為註解的多行程式，然後利用 [≣]、[?≣] 工具鈕來快速設定或移除『--』註解：

1 選取要設為註解的多行程式　　　　　　　　　　**2** 按**註解選取行**鈕

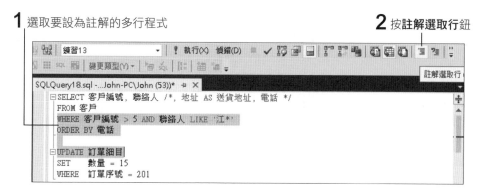

3 所有選取行都加上-- 註解了

4 按**取消註解選取行**鈕,
可取消選取行的 -- 註解

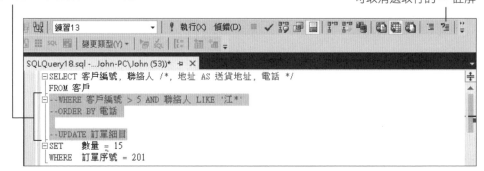

> **TIP**
>
> 每按一次 ▤ 鈕就會加上一組 -- 註解符號, 因此若連按 3 次則會變成 "------";
> 此時要按 3 次 ▤ 鈕才能取消註解。

13-3 區域變數與全域變數

在 T-SQL 中的變數可以分為區域變數 (Local variable, 以 @ 為變數名稱開頭) 與全域變數 (Global variable, 以 @@ 為名稱開頭), 兩者的用法與設定方法也不相同。區域變數是由使用者自訂的變數, 在 SQL 的批次中, 我們可用這些變數來儲存數值、字串等資料。而全域變數則是由系統所提供, 用來儲存一些系統的資訊, 例如@@ ERROR、@@ ROWCOUNT 等。只有區域變數才可由我們自行定義, 底下即為您介紹。

區域變數是使用於 SQL 批次、使用者自訂函數、或預存程序中, 用來保存指定的資料或函式、預存程序所傳回的值。在宣告區域變數時是使用 DECLARE 敘述, 並且用 SET 敘述來指定變數的值, 語法如下所示:

```
DECLARE @variable_name [AS] data_type
SET @variable_name = value
```
└─ 變數名稱前要加上@符號

其中的 AS 可以省略, 例如:

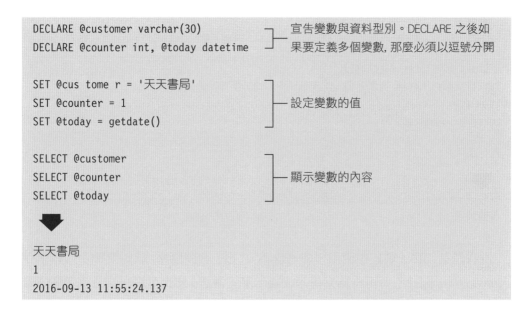

```
DECLARE @customer varchar(30)                宣告變數與資料型別。DECLARE 之後如
DECLARE @counter int, @today datetime        果要定義多個變數,那麼必須以逗號分開


SET @cus tome r = '天天書局'
SET @counter = 1                             設定變數的值
SET @today = getdate()


SELECT @customer
SELECT @counter                              顯示變數的內容
SELECT @today
```

天天書局
1
2016-09-13 11:55:24.137

此外, 在宣告變數時也可以用 = 直接指定初值, 如此就可以省去使用 SET 的麻煩了。例如:

```
DECLARE @customer varchar(30) = '大雄書局',
        @counter int = 1
SELECT  @customer, @counter
```

大雄書局   1

區域變數除了可以使用=或 SET 敘述來設定其值, 也可以使用 SELECT 敘述來設定, 例如下面這二段程式的用法:

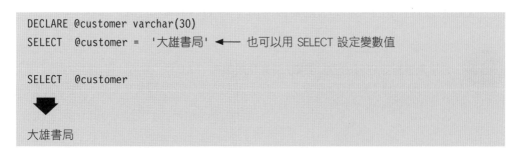

```
DECLARE @customer varchar(30)
SELECT  @customer =  '大雄書局'  ←── 也可以用 SELECT 設定變數值


SELECT  @customer
```

大雄書局

或是:

```
DECLARE @customer varchar(30)
SELECT @customer = 客戶名稱      ◀── 將查詢結果指定給變數
FROM  客戶
WHERE 客戶編號 = 4


SELECT @customer
```

```
--------------
英雄書店
```

當我們在 SELECT 中使用 "@var=xxx" 時, 會將原來 xxx 要顯示的結果存入 @var 中, 因此不會再將結果傳回或顯示了。當然, 您也可以一次設定多個值給多個變數 (此時每一欄都要指定給一個變數才行), 例如:

```
DECLARE @name char(10), @sex char (10)  ◀── 定義 2 個變數
SELECT  @name = 姓名, @sex = 性別        ◀── 一次設定多個變數
FROM    員工
WHERE   員工編號 = 3

SELECT @name AS '名字', @sex
```

```
名字    沒有資料行名稱      ◀── 性別欄的標題未指定, 所以標題
-----   ------                的部分會顯示沒有名稱的訊息
趙飛燕   女
```

請注意, 如果查詢會傳回 2 筆以上的記錄, 那麼只有最後一筆才會存入變數中。又如果沒有查到任何資料, 則變數的值不變 (保持原來的值)。

 如果未曾指定任何的值給變數, 則其預設值為 NULL。

另外請特別注意，區域變數的生命期是由 DECLARE 開始，然後到批次結束時即一起結束。因此區域變數的宣告與使用不可分開在不同批次中執行，否則會發生不認得變數名稱的情況：

```
DECLARE @customer varchar(30)
SELECT @customer = '大雄書局'
GO

SELECT @customer
```

分兩批次來執行，則宣告的變數 @customer 只有在上面認得，下面的就不認得了，這就是區域變數的特性；若將敘述中的 GO 刪除，就會成為一個批次，執行時就不會出現錯誤訊息了

13-4 table 型別的變數

table 型別的用法和暫存資料表類似，皆可用來暫時存放一組資料表型式的資料集，以供稍後處理使用。不過 table 型別只能用在 T-SQL 中 (用來定義區域變數、預存程序或自訂函數的參數及傳回值)，而不能做為資料表欄位的型別。

TIP 一般來說, table 變數的執行效率會比暫存資料表好, 在使用上也比較方便。

宣告 table 型別區域變數的語法如下：

```
DECLARE @local_variable TABLE ( <table_definition> )
```

<table_definition> 的內容就和在 CREATE TABLE 敘述中定義欄位、條件約束一樣，不過 table 變數只能使用 PRIMARY KEY、UNIQUE KEY、以及 NULL 這 3 種條件約束。

table 變數可以如同一般的資料表，在 SELECT、INSERT、UPDATE、DELETE 敘述中使用，但不能用在 SELECT ... INTO ... 的 INTO 子句中。另外，table 變數會在定義它的批次、預存程序、或自訂函數結束時，自動被清除 (就像區域變數一樣)。

還有一點要注意, 如果在敘述中要使用到 table 變數的欄位, 則必須使用資料表別名來參照。底下我們來看範例:

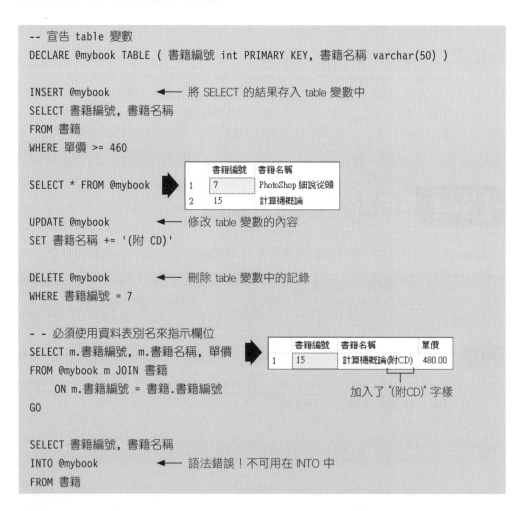

```
-- 宣告 table 變數
DECLARE @mybook TABLE ( 書籍編號 int PRIMARY KEY, 書籍名稱 varchar(50) )

INSERT @mybook          ◄—— 將 SELECT 的結果存入 table 變數中
SELECT 書籍編號, 書籍名稱
FROM 書籍
WHERE 單價 >= 460
```

	書籍編號	書籍名稱
1	7	PhotoShop 細說從頭
2	15	計算機概論

```
SELECT * FROM @mybook ►

UPDATE @mybook          ◄—— 修改 table 變數的內容
SET 書籍名稱 += '(附 CD)'

DELETE @mybook          ◄—— 刪除 table 變數中的記錄
WHERE 書籍編號 = 7

- - 必須使用資料表別名來指示欄位
SELECT m.書籍編號, m.書籍名稱, 單價
FROM @mybook m JOIN 書籍
    ON m.書籍編號 = 書籍.書籍編號
GO
```

	書籍編號	書籍名稱	單價
1	15	計算機概論(附CD)	480.00

加入了 "(附CD)" 字樣

```
SELECT 書籍編號, 書籍名稱
INTO @mybook            ◄—— 語法錯誤!不可用在 INTO 中
FROM 書籍
```

TIP 修改、刪除 table 變數中的資料, 並不會影響任何資料表的內容。

13-5 條件判斷與流程控制

在一般程式語言中 (例如 Visual Basic 或 C) 經常會使用到條件判斷或是迴圈等流程控制, 依執行的情況而決定下一步的動作, 在 SQL 程式中一樣也具有這樣的功能。

BEGIN...END

BEGIN...END 通常會與 IF...ELSE 或 WHILE 等一起使用, 其用處是用來表示一個區塊, 凡是在 BEGIN...END 之間的程式碼都是屬於同一個流程控制。語法為:

```
BEGIN
  expression_1
  expression_2
  ...
END
```

底下是一個搭配 IF 使用的範例:

```
IF @id > 5
    BEGIN
        SET @count = 20
        SELECT @name = 姓名
        FROM 員工
        WHERE 編號 = @id
        PRINT @name
    END
```

如果 IF 條件成立,
要執行這些敘述

IF...ELSE 條件判斷

IF...ELSE 條件判斷的意思就是 "如果是...則..., 否則就...", 語法是:

```
IF boolean_expression ◄── 如果 boolean_expression 為真 (true), 便會執行此敘述
    then_statement
[ELSE
    else_statement] ◄── 如果 boolean_expression 為假 (false), 則會執行這個敘述
```

 TIP boolean_expression 為邏輯運算式 (或稱條件式), 會傳回真 (true) 或假 (false), 供程式進行判斷。本節隨後會詳細說明邏輯運算式的應用。

如果 then_statement 或 else_statement 有好幾行的時候, 就需要加上 BEGIN...END 區塊, 表示在區塊中的程式都是屬於同一個條件判斷:

```
IF boolean_expression
    BEGIN
        then_statement1
        then_statement2
        ...
    END
[ELSE
    BEGIN
        else_statement1
        else_statement2
        ...
    END
]
```

如果不需要 "否則就" 的敘述, 可以省略 ELSE 的部分, 例如:

```
IF boolean_expression
    statement

statementB
```

此時若 boolean_expression 為真, 就會執行 statementA, 然後執行 statementB, 但是若 boolean_expression 為假, 便會跳過 statementA, 直接執行 statementB。

下面的範例先計算『標標公司』所有產品的總價, 然後判斷是否超過 1100 元:

```
IF (SELECT SUM(價格) FROM 標標公司) > 1100
    PRINT '標標公司產品總價大於 1100 元'
ELSE
    PRINT '標標公司產品總價小於 1100 元'
```

```
標標公司產品總價大於 1100 元
```

TIP 在條件式中的 SQL 敘述必須以小括號括起來, 例如上例中的 (SELECT SUM(價格) FROM 標標公司)。

IF...ELSE 也可以是巢狀的, 也就是 IF...ELSE 之中還有 IF...ELSE, 例如:

```
DECLARE @avg_price int
SET @avg_price = (SELECT AVG(單價) FROM 書籍)

IF @avg_price > 600
    PRINT '書籍平均價格太高'
ELSE
    IF @avg_price > 400    ◀── 在 ELSE 中的 IF...ELSE
        PRINT '書籍平均價格適中'
    ELSE
        PRINT '書籍平均價格太低'
```

TIP 其實所有的流程控制敘述都可以相互包含, 例如 IF...ELSE 內可以有 WHILE (稍後介紹), 而此 WHILE 之中則還可以再有 IF...ELSE。

善用 BEGIN...END 避免錯誤並增加可讀性

像上例的巢狀 IF...ELSE 結構中, 到底哪一個 ELSE 要配哪一個 IF 常容易弄混, 因此最好加上 BEGIN...END 來加以釐清:

```
IF @avg_price > 600
    PRINT '書籍平均價格太高'
ELSE
    BEGIN
        IF @avg_price > 400
            PRINT '書籍平均價格適中'          在 ELSE 中
        ELSE                                的 IF...ELSE
            PRINT '書籍平均價格太低'
    END
```

邏輯運算式的應用

只要是會傳回真或假的運算式, 即稱為**邏輯運算式** (Boolean expression, 或稱為**條件式**)。它可用於需要判斷真偽的地方, 包括 WHERE、HAVING、IF、WHILE 等的敘述中。因此, 在流程控制的邏輯運算式中, 我們也可以使用如 IN、ANY、SOME、ALL、EXISTS、NOT EXIST、IS NULL、IS NOT NULL 等算運子, 例如:

```
IF 'Windows 使用手冊' IN(SELECT 書籍名稱 FROM 書籍)    ◄── 尋找是否有 Windows
    PRINT '有 Windows 使用手冊'                            使用手冊這本書
ELSE
    PRINT '無 Windows 使用手冊'
▼
有 Windows 使用手冊
```

```
IF 1000 > ALL (SELECT 單價 FROM 書籍)
    PRINT '沒有任何書籍超過 1000 元'
▼
沒有任何書籍超過 1000 元
```

```
IF (SELECT 書籍名稱 FROM 書籍 WHERE 書籍編號 = '1001') IS NULL
    PRINT '1001 的編號未輸入'
ELSE
    PRINT '1001 的編號已輸入'
```

或

```
IF EXISTS (SELECT 書籍名稱 FROM 書籍 WHERE 書籍編號 = '1001')
    PRINT '1001 的編號已輸入'
ELSE
    PRINT '1001 的編號未輸入'
```

WHILE 迴圈

WHILE 是用來處理迴圈，當判斷條件是 true 的時候，則進入迴圈執行。

```
WHILE boolean_expression
    BEGIN
        statement_1
        statement_2
        ...
        [BREAK]

        statement_a
        statement_b
        ...
        [CONTINUE]
    END
```

若要中途離開迴圈的話，可使用 BREAK 或 CONTINUE 敘述。BREAK 可以跳出目前執行所在的迴圈，因此若有好幾層迴圈時，表示跳出現在的這一層迴圈，回到上一層迴圈。若使用 CONTINUE，表示迴圈執行到此，立刻回到迴圈的開頭繼續做 WHILE 的判斷。

　　下面的範例同時使用 WHILE、CONTINUE、BREAK 及 IF...ELSE, 來顯示書籍單價小於 400 的記錄, 並且每輸出 3 筆資料即以 '......' 分隔:

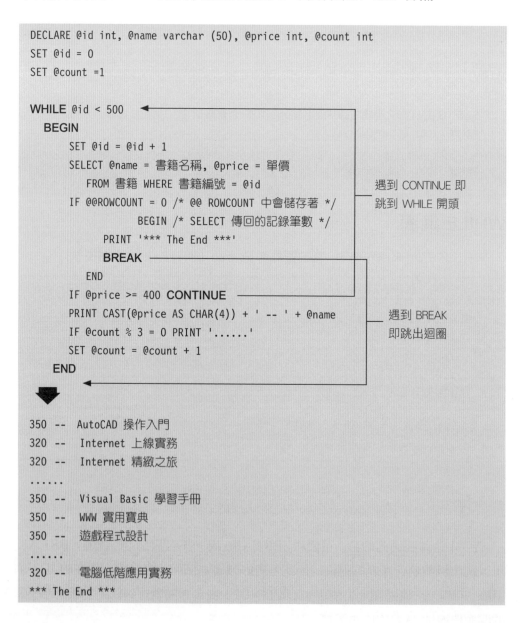

```
DECLARE @id int, @name varchar (50), @price int, @count int
SET @id = 0
SET @count =1

WHILE @id < 500  ◀
    BEGIN
        SET @id = @id + 1
        SELECT @name = 書籍名稱, @price = 單價
            FROM 書籍 WHERE 書籍編號 = @id
        IF @@ROWCOUNT = 0 /* @@ ROWCOUNT 中會儲存著 */
                BEGIN /* SELECT 傳回的記錄筆數 */
            PRINT '*** The End ***'
            BREAK
            END
        IF @price >= 400 CONTINUE
        PRINT CAST(@price AS CHAR(4)) + ' -- ' + @name
        IF @count % 3 = 0 PRINT '......'
        SET @count = @count + 1
    END
```

遇到 CONTINUE 即
跳到 WHILE 開頭

遇到 BREAK
即跳出迴圈

```
350 --  AutoCAD 操作入門
320 --   Internet 上線實務
320 --   Internet 精緻之旅
......
350 --  Visual Basic 學習手冊
350 --  WWW 實用寶典
350 --  遊戲程式設計
......
320 --  電腦低階應用實務
*** The End ***
```

在程式中, 預設將 WHILE 設為要執行 500 次 (@id 由 0 到 499), 但當 SELECT 依指定 id 查詢不到資料時, 即執行 BREAK 跳出迴圈。另外, 我們用 "IF @price >= 400" 來判斷單價是否大於等於 400, 若是則執行 CONTINUE 跳到迴圈的開頭繼續下一迴圈。

當使用 CONTINUE 跳到迴圈開頭時, 仍會計算 WHILE 的條件式, 以判斷是否要繼續迴圈或跳出迴圈。

如果想快速將現有的程式碼用 BEGIN...END、IF、或 WHILE 敘述包起來, 可先選取要被包住的程式碼, 然後在選取區上按右鈕執行『**範圍陳述式**』命令, 再選取要包的敘述 (BEGIN、IF、或 WHILE)即可。

CASE 函數

前面介紹的 IF...ELSE 只能做單一條件的判斷 (True 或 False), 若條件有很多種狀況, 那麼就必須用巢狀的 IF...ELSE 來判斷:

```
IF @a = 1 PRINT "IS A"        ◀── @a 的值有多種情況要判斷
ELSE IF @a = 2 PRINT "IS B"
    ELSE IF @a = 3 PRINT "IS C"
        ELSE IF @a = 4 PRINT "IS D"
            ELSE PRINT "IS OTHERS"
```

```
IF @a > 500 PRINT ">500"      ◀── 以 500、300 將 @a 的值分為 3 個範圍
    ELSE IF @a >300 PRINT ">300"
        ELSE PRINT "<=300"
```

但當條件的判斷種類很多時, 使用巢狀 IF...ELSE 會變得很複雜而不易閱讀, 這時就可以改用 CASE 做判斷。在一般的程式語言中, CASE 大都是流程控制指令, 不過在 SQL Server 中, CASE 的性質為函數 (和第 10-10 節介紹過的 IIF() 很類似, 但功能更強), 不會改變程式流程, 只會傳回條件判斷後的值, 所以使用上與 IF...ELSE 不同, 隨後將詳細說明 CASE 的使用方法。

CASE 的格式有兩種, 分別適用於上面兩個例子的狀況:

單一值的比對

```
CASE input_expr
    WHEN when_expr THEN result_expr
    [ ...n ]
    [ ELSE else_result_expr ]
END
```

 **TIP** expr 代表運算式 (Expression)。

在 CASE 中 input_expr 的值會與每一個 WHEN 中 when_expr 的值做比對, 若相同則將 THEN 之後的運算式值傳回。如果沒有任何一個 when_expr 符合, 此時若有 ELSE..., 則傳回 ELSE 之後的運算式值, 否則傳回 NULL 值。例如:

```
DECLARE @a INT, @answer CHAR(10)
SET @a = 3

SET @answer = CASE @a
                WHEN 1 THEN 'A'
                WHEN 2 THEN 'B'
                WHEN 3 THEN 'C'
                WHEN 4 THEN 'D'
                ELSE 'OTHERS'
              END
PRINT 'IS' + @answer

▼

IS C
```

請注意, 當條件成立時 CASE 會傳回一個運算式的值, 而不是執行指定的一或多個敘述。因此, 在程式中也必須對 CASE 的傳回值做處理, 例如將傳回值存入變數中, 或是使用在如下的 SELECT 敘述中:

```
SELECT '<' +
    CASE RIGHT(書籍名稱, 2)          ◀── 取欄位最右邊 2 個字做比對
        WHEN '手冊' THEN '1 入門'
        WHEN '實務' THEN '2 實例'
        WHEN '應用' THEN '3 技巧'
        WHEN '秘笈' THEN '4 技術'
        ELSE '5 未分'
    END + '類>' AS 類別
    , 書籍名稱
FROM 書籍
ORDER BY 類別
```

▼

```
類別              書籍名稱
-----------     -------------------------
<1 入門類>       Linux 使用手冊
<1 入門類>       Excel 使用手冊
<1 入門類>       PowerPoint 使用手冊
<1 入門類>       Visual Basic 學習手冊
<1 入門類>       Windows 使用手冊
<1 入門類>       Word 使用手冊
<1 入門類>       Flash 學習手冊
<2 實例類>       電腦低階應用實務
<2 實例類>       Internet 上線實務
<5 未分類>       Internet 精緻之旅
<5 未分類>       WWW 實用寶典
<5 未分類>       遊戲程式設計
<5 未分類>       計算機概論
<5 未分類>       PhotoShop 細說從頭
<5 未分類>       AutoCAD 操作入門
```

總之，我們應該將整個 CASE...END 當成是一個函式，用來做各種狀況的判斷，然後取得一個結果值來顯示、存入變數、或做其他應用。

多種條件的判斷

CASE 也可以做多種條件的判斷，其語法如下：

```
CASE
    WHEN Boolean_expr THEN result_expr
    [ ...n ]
    [ ELSE else_result_expression ]
END
```

若 CASE 之後不接任何的運算式，則 WHEN 之後必須為一邏輯運算式，當運算式為真時即將 THEN 之後的值傳回。例如以下的例子：

```
SET @answer =
    CASE
        WHEN @a > 700 THEN 'A'
        WHEN @a > 500 THEN 'B'
        WHEN @a > 300 THEN 'C'
        ELSE 'D'
    END
PRINT @answer
```

請注意，一旦某一個判斷為真時，CASE 就不會繼續進行其他後續判斷。所以上面對於 @a 的判斷應該由大到小，否則如果將 "@a > 300" 放在最前面，那麼當 @a 的值為 1000 時，會因為一開始即符合 "@a > 300" 的判斷，而產生 "C" 傳回值，並且不會繼續再往下進行判斷。

GOTO 跳躍控制

在程式中執行到某個地方，可以使用 GOTO 跳到另一個使用 LABEL 標示的地方繼續執行。GOTO 的語法如下：

```
label:
...
GOTO label
```

以下範例用來判斷一個整數是否為 3 的倍數：

```
DECLARE @number smallint
SET @number = 99


IF (@number % 3) = 0
    GOTO Three  --------------------
ELSE GOTO NotThree ---------------

Three: ◄------------------------
    PRINT '三的倍數'
    GOTO TheEnd --------------------
NotThree: ◄-------------
    PRINT '不是三的倍數'
TheEnd: ◄--------------------
```

三的倍數

　　label 的位置可以在 GOTO 之前或之後, 並沒有限制。其實 GOTO 大多是
用來跳出多層的巢狀迴圈 (而 BREAK 每次只能往外跳出一層), 例如：

```
WHILE ...
    WHILE ...
        WHILE ...
            BEGIN
            ...
            IF ... GOTO skip ----
            ...
            END                     一次跳出多個迴圈
...
skip : ◄------------------
...
```

GOTO 只能由 WHILE 或 IF...ELSE 的內部往外跳, 而不能由外往內跳。另外, GOTO
也只能在同一個批次中做跳躍, 而不能跳到其他的批次中。

13-6 特殊的程式控制

WAITFOR 時間延遲

WAITFOR 可用來延遲後續的執行動作, 或等到指定的時間才執行後續動作。其語法如下:

```
WAITFOR { DELAY | TIME } 'time'
```

其中 DELAY 表示要暫停一段時間後才往下執行, 而 TIME 則表示要等到某個時間才往下執行；至於 'time' 則為一個 datetime 型別的資料或字串。

下面例子會嘗試插入一筆 『員工記錄』 資料, 如果失敗則等待 5 秒再試, 直到更新成功, 或更新失敗超過 5 次為止:

```
DECLARE @count INT
SET @count = 0
WHILE @count < 5                /* 此迴圈最多做 5 次*/
BEGIN
    INSERT 員工記錄(異動日期, 員工編號, 薪資)
    VALUES ( '2012/10/6' , 15, 30000)
    IF @@error = 0 BREAK        /* 如果成功即跳出迴圈*/
    SET @count = @count + 1
    WAITFOR DELAY '00:00:05'   /* 等待 5 秒*/
END
```

 (執行後會等 25 秒, 然後顯示以下訊息共 5 次)

訊息 547, 層級 16, 狀態 0 , 行 5
INSERT 陳述式與 FOREIGN KEY 條件約束 "FK_ 員工記錄_ 員工" 衝突。衝突發在資料庫 "練習 02" , 資料表 "dbo.員工" , column' 員工編號'。
陳述式已經結束。

因為**員工**與**員工記錄**資料表間有 FOREIGN KEY 關聯, 所以上面例子插入的員工編號 15 的記錄, 會因為**員工**資料表中沒有這個員工編號, 而無法成功插入該記錄。我們必須在等待的過程中, 將此員工的資料輸入**員工**資料表中, 那麼以上的程式才會插入成功。

下面是一個使用 WAITFOR TIME 的範例, 假設想要將**訂單**資料表內所有內容複製到**訂單備份**資料表, 因為**訂單**資料表的內容可能很多, 若是在日常時間進行, 會影響資料庫的速度, 所以可以等到半夜較少人使用時, 再來進行這項複製工作:

```
WAITFOR TIME '23:50'
SELECT * INTO 訂單備份
FROM 訂單
```

RETURN 傳回值

RETURN 會終止目前批次的執行, 並可由程式中傳回一個數字 (也可不傳回任何值), 用來表示執行結果的狀態。RETURN 通常是使用於預存程序或自訂函數中, 我們看一個簡單的例子:

```
CREATE PROCEDURE CheckOrder AS / * 建立自訂的預存程序 * /

IF EXISTS (SELECT * FROM 訂單 WHERE 客戶編號 = 2)
    RETURN 1                    / * 如果查詢到訂單,則傳回 1 * /
ELSE
    RETURN 2                    / * 沒有訂單就傳回 2 * /

GO

DECLARE @value int
EXEC @value = CheckOrder       / * 執行自訂預存程序 * /
PRINT @value
```

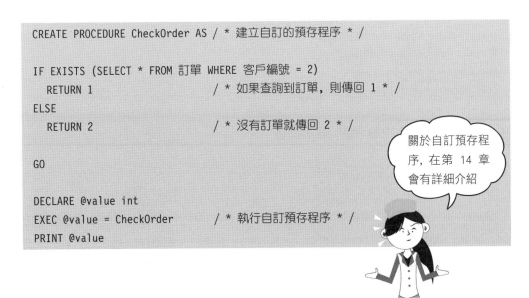

關於自訂預存程序, 在第 14 章會有詳細介紹

EXECUTE 執行預存程序或 SQL 字串

EXECUTE (或 EXEC) 可用來執行預存程序, 或是執行儲存於字串中的
SQL 批次敘述。其語法分別說明如下:

◉ **執行系統的或自訂的預存程序:**

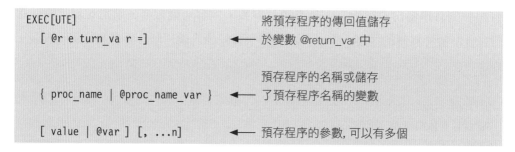

```
EXEC[UTE]
   [ @re turn_va r =]              將預存程序的傳回值儲存
                            ◀──    於變數 @return_var 中

   { proc_name | @proc_name_var }  預存程序的名稱或儲存
                            ◀──    了預存程序名稱的變數

   [ value | @var ] [, ...n]  ◀──  預存程序的參數, 可以有多個
```

TIP 以上只是簡要語法, 更詳細的用法我們留到下一章介紹預存程序時再說明。

底下來看二個例子:

```
-- 執行系統預存程序, 並指定 3 個參數
EXEC sp_dboption '練習 13', 'ARITHABORT', 'ON'

-- 作用同上一個範例, 但使用變數來指定預存程序名稱
DECLARE @pname varchar(30)
SET @pname = 'sp_dboption'
EXEC @pname '練習 13', 'ARITHABORT', 'ON'
```

◉ **執行儲存於字串中的 SQL 批次敘述:**

```
EXEC[UTE] (string_expression)
```

string_expression 運算式中可包含一或多個 T-SQL 敘述, 我們利用這項功
能, 就可以在程式執行中動態產生 SQL 批次來執行。例如有一個『暫存資料表
清單』資料表, 裡面記錄著各項『暫存資料表名稱』及『建立日期』, 則我們可
用下面的程式來找出建立日期超過 7 天的暫存資料表, 然後將之刪除掉:

```
DECLARE @tablename varchar(20)
WHILE 1 = 1 ◀── 1=1 永遠為 True
  BEGIN
    SELECT @tablename = 暫存資料表名稱          ◀── 從『暫存資料表清單』資料表中
                                                 取得『暫存資料表名稱』欄位內
    FROM 暫存資料表清單                           的值, 並且指定給 @tablename

    WHERE 建立日期 < getdate( ) -7

    IF @@ROWCOUNT > 0   ◀── @@ROWCOUNT 儲存著傳回的記錄筆數
      BEGIN
        EXEC ( 'DROP TABLE ' + @tablename )
        DELETE 暫存資料表清單
        WHERE 暫存資料表名稱 = @tablename
      END
    ELSE
      BREAK           ◀── 找不到時即跳出迴圈
  END
```

 TIP 在執行 "EXEC(...)" 時, 被執行的預存程序或 SQL 字串會編譯成一個獨立的批次來執行。

NULL 值的處理

在我們的程式中, 經常會遇到 NULL 值的問題, 例如:

```
IF (SELECT SUM(數量) FROM 訂單細目 WHERE 書籍編號 = 123) < 100
    PRINT '訂購數量未達標準'
ELSE
    PRINT '訂購數量高於標準'
```

這段程式在一般情況下沒有問題, 但是當書籍 123 根本沒訂單時, SELECT 會傳回 NULL 值, 以致 IF 判斷為假而執行 ELSE 中的程式, 則結果變成 "訂購數量高於標準"！要避免這樣的情形, 除了可以在 IF、WHILE 等語法中使用 IS NULL 或 IS NOT NULL 做判斷外, SQL Server 還提供了幾個好用的函數:

⊙ **COALESCE (expr1, expr2, expr3, ...)**

此函數會由左到右計算 expr1, expr2, expr3, ... 的值, 當遇到非 NULL 的值時即將之傳回；若全部都是 NULL 則傳回 NULL 值。

⊙ **NULLIF (expr1, expr2)**

當 expr1 等於 expr2 時會傳回 NULL 值, 否則傳回 expr1 的值。

⊙ **ISNULL (expr1, expr2)**

當 expr1 為 NULL 時, 即傳回 expr2 的值, 否則傳回 expr1 的值。此函數可確保傳回一個非 NULL 的值。例如下例中, 當 SELECT 傳回 NULL 時即以 0 取代：

```
IF ISNULL((SELECT SUM(數量) FROM 訂單細目
            WHERE 書籍編號 = 123), 0) < 100
    PRINT '訂購數量未達標準'
ELSE
    PRINT '訂購數量高於標準'
```

13-7 錯誤處理

本節將介紹如何自訂與產生錯誤訊息, 並且將說明如何判斷是否發生錯誤, 以及如何依照各種錯誤狀況進行不同的處理。

使用 RAISERROR 引發錯誤訊息

RAISERROR 可以直接引發一個錯誤訊息 (或稱為例外狀況), 就像真的發生錯誤一樣, 而且所指定的錯誤編號也會存入全域變數 @@ERROR 中。

　　RAISERROR 除了可以引發系統預設的各項錯誤訊息外, 我們也可以先用 sp_addmessage 預存程序建立自訂的訊息 (此訊息會被儲存在 sys.messages 檢視表中), 然後在程式中使用 RAISERROR 來引發此自訂的錯誤訊息。

　　在建立自訂訊息時, 首先要建立英文的版本, 接著才能建立其他語言的版本。以下這個例子會建立英文和繁體中文版本的訊息:

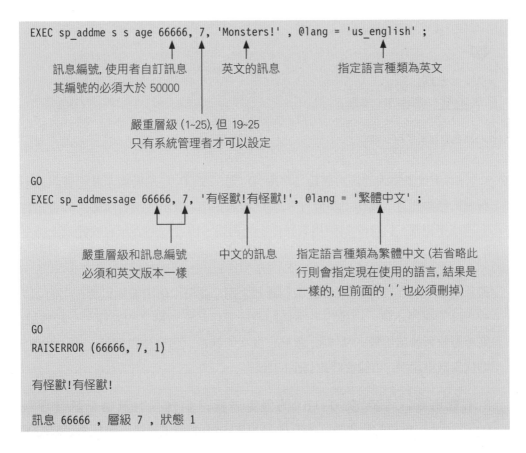

TIP 在 master 系統資料庫的 sys.messages 檢視表中, 存放著該 SQL Server 全部的錯誤訊息資料, 包含錯誤代碼、訊息文字、嚴重層級...等, 讀者可自行將之打開來看看。

TIP 如果要自訂的訊息編號已經存在, 可在 sp_addmessage 後面加上『@replace = 'replace'』參數, 即可進行取代。

RAISERROR 的簡易語法如下：

```
RAISERROR ( {msg_id | msg_string }, severity, state )
```

◉ **{msg_id | msg_string }**：第一個參數可以是錯誤訊息的編號或字串。若使用字串，則可顯示任意的訊息，而且訊息編號固定為 50000，例如：

```
RAISERROR ('失敗為成功之母', 9, 1)
```

失敗為成功之母
訊息 50000 ，層級 9 ，狀態 1

此時訊息編號固定為 50000

◉ **severity**：代表錯誤的嚴重層級，可由 0 到 25。0-9 用於顯示狀態資訊或不嚴重的錯誤訊息 (其作用類似 PRINT 敘述)，10 表示使用者所輸入的資訊有問題或不正確，11-16 為使用者操作上的錯誤，17-25 則表示有軟體或硬體上的錯誤。

嚴重層級 0-16 的訊息通常是做為通知之用，並可由使用者加以更正；而 17 或更高的錯誤訊息，則操作者應通知系統管理員來做適當的處理。一般來說，嚴重層級大於或等於 19 時，會終止批次的執行 (但有少數例外)，而 20-25 則代表嚴重錯誤，可能會終止目前的連線。

所有使用者皆可指定 0-18 的嚴重層級，但是只有具備系統管理員 (sysadmin) 角色的使用者，才能指定 19 以上的嚴重層級，而且還必須如下搭配 WITH LOG 選項：

```
RAISERROR ('發生嚴重錯誤！', 20, 1) WITH LOG
```

關於每個嚴重層級的詳細說明，可參閱 **SQL Server 線上叢書**的 "Database Engine 錯誤嚴重性"主題。

⊙ **state**：代表錯誤的狀態, 可由 0 到 255。其意義可由我們自訂, 例如可用
state 來代表錯誤所在的行號。

TIP 我們也可在訊息字串中加入一些參數符號, 詳情請參考 sp_addmessage 與
RAISERROR 的線上說明。

TIP THROW 也可用來引發錯誤, 主要是搭配 TRY…CATCH… 一起使用, 細節稍後再
介紹。

RAISERROR vs PRINT vs SELECT

RAISERROR 與 PRINT 都可以用來顯示訊息：

```
RAISERROR ('此訊息由 RAISERROR 產生', 0, 1)
PRINT '此訊息由 PRINT 產生'
```

而 SELECT 也具有類似的功能, 但訊息會顯示在**結果**窗格中：

```
SELECT '此訊息由 SELECT 產生'
```

其實 RAISERROR 及 PRINT 都是用來顯示訊息的, 但 RAISERROR 有更多的功能 (如
前所述, 而且較嚴重的錯誤訊息還可記錄於資料庫或 Windows Server 的 LOG 中)。

而 SELECT 的功能則不相同, 因為它傳回的是一個二維的資料集 (RecordSet), 其中可
以包含多欄及多列的資料。以上例來說, SELECT 傳回的資料集為單欄單筆資料 "此
訊息由 SELECT 產生" (且沒有欄位名稱), 而傳回的訊息則為 "(1 個資料列受到影響)"。

使用 @@ERROR 判斷是否發生錯誤

前面 13-1 節曾經說明批次發生錯誤時系統的處理方式, 如果您希望批次在發生執行錯誤時, 能夠取消全部已執行的操作 (回復到批次未執行前的狀態), 那麼可以使用 SQL Server 的**交易 (Transaction)** 功能, 搭配 @@ERROR 全域變數加以判斷, 例如：

```
BEGIN TRANSACTION          ◀─── 開始交易
INSERT 旗旗公司(產品名稱, 價格)
    VALUES ('PHP 程式語言', 500)


UPDATE 訂單
    SET 是否付款= 1
    WHERE 訂單序號= 3
IF @@ERROR != 0 OR @@ROWCOUNT = 0   ◀─── 如果發生 UPDATE 執行錯誤
    ROLLBACK TRANSACTION            ◀─── 取消 (回復) 交易
ELSE
    COMMIT TRANSACTION                      ◀─── 否則確認 (完成) 交易
```

以上範例為一個批次, 其中包含 2 個更改資料的敘述, 當發生錯誤時可執行 ROLLBACK 來取消整個交易。

 關於交易的功能, 我們會在第 18 章做詳細的介紹。

其中 @@ERROR 是一個系統的全域變數, 當發生錯誤時系統會將錯誤代碼 (一個非零的數值) 存入該變數中, 以供程式判別之用；如果執行無誤, 則會將 @@ERROR 的值設為 0。而 @@ROWCOUNT 則儲存著前一次操作所影響到的記錄筆數, 若為 0 表示沒有任何一筆記錄受影響 (例如沒有訂單序號為 3 的記錄, 那麼結果就 UPDATE 了 0 筆記錄)。

使用 TRY...CATCH 進行錯誤處理

我們雖然可以使用 @@ERROR 變數來判斷是否發生錯誤，以便進行相關的處理，不過如果撰寫複雜的程式時，就會發現相當麻煩，因為您必須在每一個可能發生錯誤的地方加上 "IF @@ERROR" 的敘述，才能檢查是否發生問題，而且如果您想要讓程式結構化，將錯誤處理的程式獨立出來，就必須再使用 GOTO 敘述跳到某一個 LABEL，完全違反了結構化程式的原則。

TRY...CATCH 的語法

為了改善上面所提到的問題，SQL Server 使用了 TRY...CATCH 敘述，讓您可以使用更方便、更結構化的錯誤處理方法。TRY...CATCH 的語法如下：

```
BEGIN TRY
  sql_statement
END TRY

BEGIN CATCH
      sql_statement
END CATCH
```

只要將程式放在 BEGIN TRY...END TRY 區塊中，當發生錯誤時，就會自動跳到 BEGIN CATCH...END CATCH 區塊，讓您進行相關的錯誤處理。如果 BEGIN TRY...END TRY 區塊沒有發生錯誤，則執行完該區塊內的敘述後，就會直接跳到 END CATCH 之後的敘述繼續執行。

請注意，BEGIN TRY...END TRY 與 BEGIN CATCH...END CATCH 兩個區塊必須緊鄰，中間不能放入任何敘述，否則會發生錯誤。

另外，TRY…CATCH 允許巢狀結構，所以在 TRY…CATCH 中可以使用另一層 TRY…CATCH。不過，在使用者自訂函數內，不允許使用 TRY…CATCH。

取得錯誤訊息、嚴重層級等資訊的函數

在 BEGIN CATCH...END CATCH 區塊中，您可以使用下面函數取得錯誤訊息、嚴重層級...等資訊：

- **ERROR_MES SAGE( )**：此函數會傳回完整的錯誤訊息，也就是前面介紹 RAISERROR 的 msg_string 參數。

- **ERROR_NUMBER()**：傳回訊息編號，等於 RAISERROR 的 msg_id 參數。

- **ERROR_SEVERITY()**：傳回嚴重層級，等於 RAISERROR 的 severity 參數。

- **ERROR_STATE()**：傳回錯誤狀態代碼，等於 RAISERROR 的 state 參數。

- **ERROR_PROCEDURE()**：傳回發生錯誤的預存程序或觸發程序的名稱。

- **ERROR_LINE()**：傳回批次或程序內造成錯誤的行號 (由批次或程序內第 1 行敘述開始算起)。

以下是一個簡單的範例：

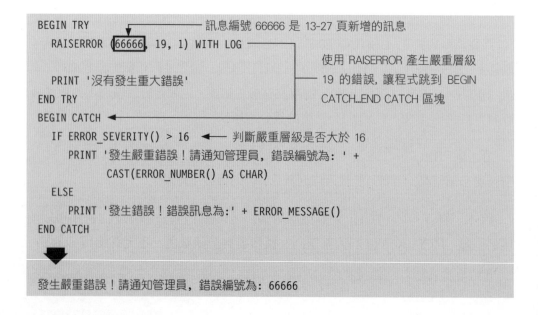

前面例子中, 因為 RAISERROR 產生了嚴重層級 19 的錯誤, 所以會直接跳到 BEGIN CATCH...END CATCH 區塊, 如果您將 RAISERROR 敘述設為註解, 則程式就不會跳出, 所以會顯示 "沒有發生重大錯誤" 的訊息。

請小心, 一旦程式跳入 BEGIN CATCH...END CATCH 區塊之後, 除非使用 PRINT 或其他敘述來顯示 ERROR_MESSAGE()、ERROR_NUMBER () 等訊息, 否則使用者將完全看不到任何錯誤訊息。所以如果在 CATCH 區塊中無法將問題妥善解決, 最好能用程式顯示出相關的錯誤訊息, 或用稍後會介紹的 THROW 來重新引發相同的錯誤, 以免使用者不知為何執行結果總是不正常。

TRY…CATCH 無法處理的錯誤

嚴重層級 10 以下表示顯示狀態資訊、或使用者輸入的資訊有問題, 所以 TRY...CATCH 會忽略所有嚴重層級 10 以下的錯誤。您可以在前面例子中, 將 RAISERROR 第二個參數由 19 改成 10, 便可以看到程式會直接輸出由 RAISERROR 產生的錯誤, 而不會跳到 BEGIN CATCH...END CATCH 區塊。

而嚴重層級為 20-25 代表嚴重錯誤, 可能會立刻終止連線, 所以如果發生嚴重層級 20 以上的錯誤而且程式立刻停止時, 將根本毫無機會跳到 BEGIN CATCH...END CATCH 區塊。

此外, 如果程式中有語法錯誤或是物件不存在的情形, 因為會直接終止批次, 所以 TRY…CATCH 也無法處理這些錯誤。例如下面範例使用的 "資料表 ABC" 是一個不存在的資料表, 所以 TRY…CATCH 無法處理:

```
BEGIN TRY
    SELECT * FROM 資料表 ABC
END TRY
BEGIN CATCH
    PRINT 'TRY…CATCH 發現一個錯誤 : ' + ERROR_MESSAGE()
END CATCH
```
⬇
訊息 208 , 層級 16 , 狀態 1 , 行 2
無效的物件名稱 '資料表 ABC'。

　　如果您想要處理這種錯誤, 可以將原本 BEGIN TRY...END TRY 區塊中的敘述放入預存程序 (預存程序的詳細說明請參考第 14 章), 然後區塊內改為執行該預存程序, 如此當預存程序發生錯誤時, 只會終止預存程序, 而不會直接停止 TRY…CATCH 所在的批次:

```
CREATE PROCEDURE testTRYCATCHProc  ◄── 建立預存程序
AS
    SELECT * FROM 資料表 ABC
GO


BEGIN TRY
    EXECUTE testTRYCATCHProc      ◄── 執行預存程序, 當預存程序發生錯誤
END TRY                              時, 會由 TRY…CATCH 進行處理
BEGIN CATCH
    PRINT 'TRY…CATCH 發現一個錯誤 : ' + ERROR_MESSAGE()
END CATCH
```

```
TRY…CATCH    發現一個錯誤 : 無效的物件名稱 '資料表 ABC'。
```

TIP 發生錯誤時, 如果已經在 BEGIN TRY...END TRY 區塊中開啟交易 (交易的詳細介紹請參考第 18 章), 必須在 BEGIN CATCH...END CATCH 區塊中使用 XACT_STATE() 函數得知交易的狀態, 以便判斷是否應該認可或回復交易。關於 XACT_STATE() 的相關說明, 請自行參考 **SQL Server 線上叢書**。

使用 THROW 引發錯誤

　　除了可使用 RAISERROR() 來引發錯誤外, 也可改用 THROW 敘述來引發錯誤。THROW 的語法如下:

```
THROW [error_number , message, state]
```

◉ **error_number**：int 型別的錯誤編號, 和前面 RAISERROR 語法中的 msg_id 相同。不過這裡的 error_number 必須大於等於 50000, 而且不需要預先定義在 sys. messages 中。

◉ **message**：nvarchar(2048) 型別的錯誤訊息字串, 和前面 RAISERROR 語法中的 msg_string 相同。

◉ **state**：tinyint 型別的錯誤狀態, 可由 0 到 255, 和前面 RAISERROR 語法中的 state 相同。

由 THROW 引發的錯誤其嚴重層級 (severity) 固定為 16, 因此不必在參數中指定。

THROW 一般是用於 TRY 區塊中引發錯誤, 若用於 TRY 區塊以外的地方, 則在引發錯誤後會立即終止目前的批次。另外, 若將 THROW 的參數省略掉, 那麼只能用於 CATCH 區塊中, 可將 TRY 區塊中發生的錯誤再重新引發一次。

請注意！如果批次中的 THROW 敘述之前還有其他敘述, 則 THROW 之前的敘述必須以 ; (分號) 結尾, 否則會視為語法錯誤。

RAISERROR 與 THROW 的差異

RAISERROR 與 THROW 的差異如下表所示：

項目	RAISERROR	THROW
錯誤編號和錯誤訊息	只能擇一指定 (若指定錯誤訊息, 則錯誤編號固定為 50000)	必須同時指定
錯誤編號	必須已定義在 sys.messages 中(包含系統內建及使用者自訂的錯誤)	必須大於等於 50000, 與 sys.messages 無關
嚴重層級	必須指定	不能指定 (固定為 16)

底下來看 2 個範例, 首先我們直接用 THROW 產生一個編號 51000 的自訂錯誤:

```
THROW 51000, '這是由 THROW 產生的自訂錯誤.', 1
     ↓
訊息 51000,層級 16,狀態 1,行 1
這是由 THROW 產生的自訂錯誤.
```

接著將上面的敘述包在 TRY 區塊中, 並在 CATCH 區塊中使用沒有參數的 THROW, 來重新引發 TRY 中發生的錯誤:

```
BEGIN TRY
    THROW 51000, '這是由 THROW 產生的自訂錯誤.', 1
END TRY
BEGIN CATCH
    PRINT '●進入 CATCH 區塊';
        THROW
    PRINT '●正常結束 CATCH 區塊'
END CATCH
PRINT '●批次結束'
    ⬇
●進入 CATCH 區塊
訊息 51000 ,層級 16 ,狀態 1 ,行 3
這是由 THROW 產生的自訂錯誤.
```

以上在 CATCH 中執行到 THROW 時, 會引重新發在 TRY 中發生的錯誤, 並立即結束該批次的執行, 因此不會執行到其後的 2 個 PRINT 敘述。

13-8 偵錯：找出程式錯誤的地方

上一節介紹了如何處理程式執行時可能發生的錯誤，但有時我們根本不知道是哪裡出了問題，或是不知道為什麼會出問題！

這時就可使用 SQL Server Management Studio 的偵錯工具，來幫忙找出錯誤的地方。**偵錯**工具提供以下功能：

◉ 可逐步執行程式碼 (每執行一個敘述即暫停)，以便觀察執行的流程，或檢視當時各變數的值。

◉ 可設定中斷點 (要暫停的敘述位置)，然後直接執行到中斷點才暫停。

◉ 在逐步執行到預存程序、自訂函數、或觸發程序時，可決定是否要進入程序中逐步執行，或將整個程序當成一個敘述來執行 (而不逐步執行程序內的敘述)。

為了方便示範，請先執行以下程式建立一個預存程序：

```
-- 建立可傳回訂單筆數的預存程序
CREATE PROCEDURE CountOrder
AS
    DECLARE @cnt INT
    SELECT @cnt = COUNT(*) FROM 訂單
    RETURN @cnt -- 傳回訂單筆數
```

接著按工具列的**偵錯**鈕 偵錯(D) (或按 Alt + F5 鍵、或執行『**偵錯/開始偵錯**』命令)，以**偵錯**模式執行以下程式：

 TIP 如果只要偵錯批次中的某一小段程式，可先選取該段程式，然後再按 偵錯(D) 鈕。

```
DECLARE @value int, @msg varchar(30)
SET @msg = '訂單筆數為：'


EXEC @value = CountOrder        /* 執行預存程序 */
IF @value > 0
        SET @msg += CAST(@value AS varchar)
ELSE
        SET @msg += '沒有訂單'
PRINT @msg
```

一開始偵錯時, 會先暫停, 等待我們下達偵錯指令：

黃色箭頭指出下一
個要執行的敘述　　　**偵錯**工具列　　　此處標示目前正在『 偵錯模式』 中

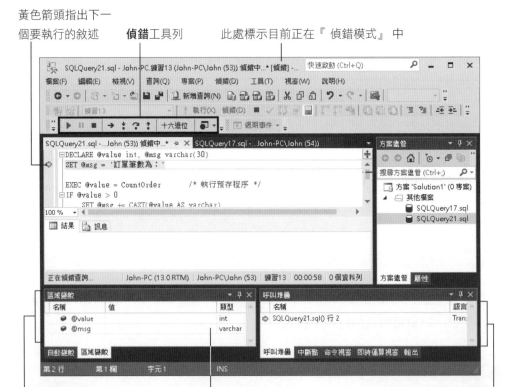

區域變數窗格會顯示目　　　目前區域變數的值　　　**呼叫堆疊**窗格會顯示目前敘
前批次、程序、或函數　　　均為 NULL, 必要時可　　　述的程序 (或函式) 呼叫歷
中的區域變數資訊　　　以手動更改其內容　　　程, 目前在最上層的批次中

TIP 在偵錯模式中, 您可以執行『**偵錯/視窗**』命令, 來開啟/關閉**區域變數**、**呼叫堆疊**…等窗格。

由於第 1 行的 DECLARE... 為宣告敘述, 系統會立即配置記憶體給變數 (而不需要執行), 所以黃色箭頭會停在第 2 行, 表示其為下一個要執行的敘述。

逐步執行

偵錯的第一個技巧就是『逐步執行』, 請按**偵錯**工具列的**逐步執行**鈕 🔽 (或 `F11` 鍵):

執行完『SET @msg = '訂單筆數為:'』後, 即暫停在下一個敘述

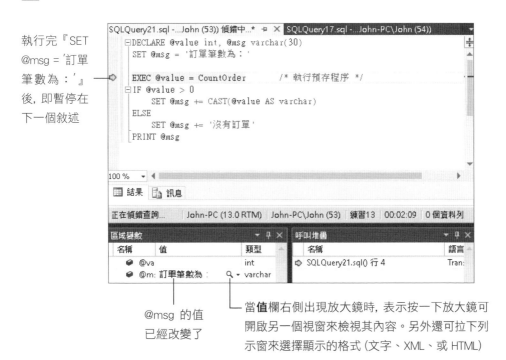

@msg 的值已經改變了

當**值**欄右側出現放大鏡時, 表示按一下放大鏡可開啟另一個視窗來檢視其內容。另外還可拉下列示窗來選擇顯示的格式 (文字、XML、或 HTML)

TIP 您也可直接將滑鼠指標移到變數上, 就會出現**快速監看**框來顯示其值, 例如:

按圖釘可讓**快速監看**框
固定顯示在程式右側:

切換是否要隨著程式捲動

關閉此框

切換是否顯示註解

利用『逐步執行』的技巧, 我們就可以追蹤整個程式的執行流程, 並隨時檢視變數值的變化。

[↓] 鈕 (F11 鍵) 和 [↷] 鈕 (F10 鍵) 的功能類似, 均為逐步執行, 但其差異是當執行到預存程序、自訂函數、或觸發程序時, [↓] 鈕會進入程序中逐步執行, 而 [↷] 鈕則會將程序當成一個敘述來執行 (不會逐步執行到程序內)。

接著下一行會執行預存程序, 請按 [↓] 鈕進入程序中逐步執行:

逐步執行到預
存程序中了

會開啟預存程序專用的查詢視窗,
並以程序的名稱為頁籤的名稱

這是預存程序
內的區域變數

目前是在 CountOrder
預存程序中

這是上一層的批次 (越上層
的呼叫程式會顯示在越下面)

此時我們可按  鈕或 🔁 鈕逐步執行到程序結束, 即可回到上一層的批次中。另外, 也可按 ⬆ 鈕來快速執行到程序結束並返回上一層, 請按 ⬆ 鈕看看:

果然立即執行到程序結束, 然後返回
上一層, 停在下一個要執行的敘述上

@value 的值變成 28 了　　　　　　　　已回到最上層的批次

在偵錯的過程中如果發現程式錯誤, 可以直接修改程式; 但如果是已經執行過的程式, 則必須按 **停止偵錯** 鈕, 然後重新啟動偵錯才能看到效果:

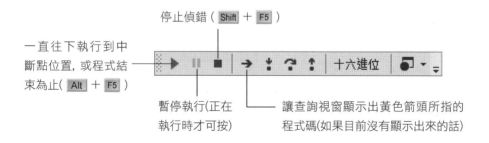

停止偵錯(Shift ＋ F5)

一直往下執行到中
斷點位置, 或程式結
束為止(Alt ＋ F5)

暫停執行(正在
執行時才可按)

讓查詢視窗顯示出黃色箭頭所指的
程式碼(如果目前沒有顯示出來的話)

接著請按 ▶ 鈕直接執行到程式結束, 看看執行結果如何:

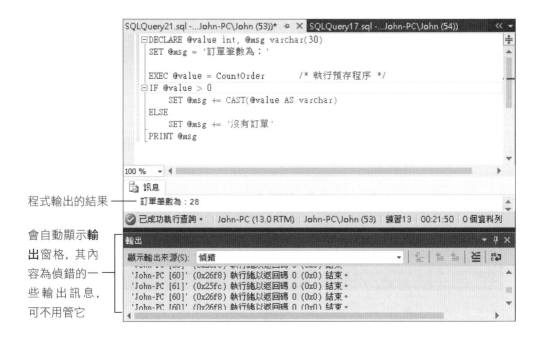

程式輸出的結果 ── 訂單筆數為：28

會自動顯示**輸出**窗格，其內容為偵錯的一些輸出訊息，可不用管它

使用中斷點

如果只想針對程式中特定的幾個敘述進行偵錯，則可在這些敘述上設定中斷點，然後按 ▶ 鈕快速執行到中斷點的地方：

有紅圈圈的地方即為中斷點。在敘述左側的灰色
區域上按鈕 (或按 F9 鍵)，即可設定或刪除中斷點

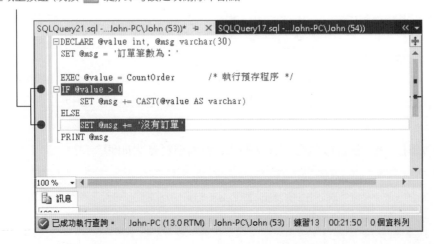

　　無論是在開始偵錯之前, 或在偵錯之中均可設定中斷點。但如果想要在程序或
函數中設定中斷點, 則必須先逐步執行到該程序中, 此時會開啟該程序專用的偵
錯視窗, 我們即可在其中設定中斷點:

CountOrder 的偵
錯視窗 (頁籤為
程序的名稱)

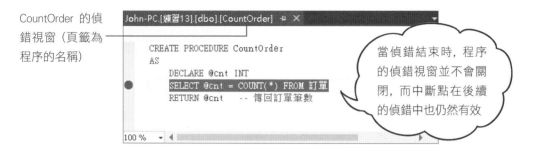

 您無法在程序或函數中啟動偵錯, 因為程序或函數只能被其他程式呼叫, 而不能
自己執行。

　　在偵錯時如果想檢視目前總共設定了哪些中斷點, 可在右下窗格的底部切換到
中斷點頁次:

在中斷點圖示上按右鈕, 可刪除或停用中斷點

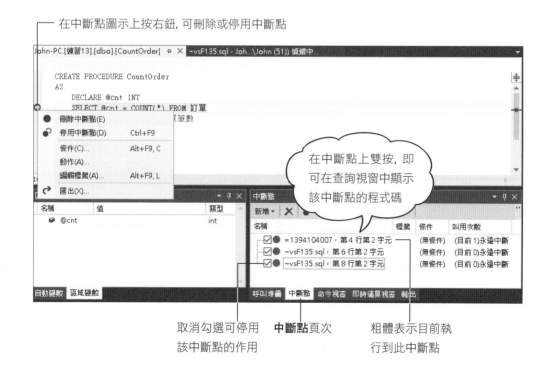

取消勾選可停用　　**中斷點**頁次　　粗體表示目前執
該中斷點的作用　　　　　　　　　行到此中斷點

在中斷點圖示(見上圖) 或**中斷點**窗格中的中斷點上按右鈕 ，除了可執行命令來刪除、停用/啟用中斷點外，還可執行其他的命令做進一步設定，其中較常用的有以下 3 個命令：

◉ **條件**：設定中斷點在什麼條件下才生效。

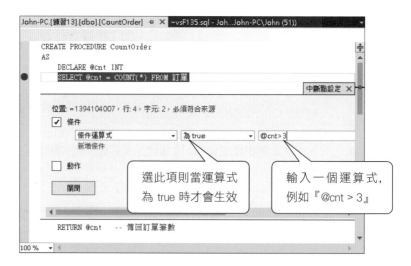

◉ **動作**：設定當中斷點執行時，將指定關鍵字的資訊列印至輸出視窗，例如：「.$ ADDRESS」關鍵字可以列出目前指令的位址；「$CALLER」關鍵字可以列出是哪個函數呼叫目前所在的函數... 等。

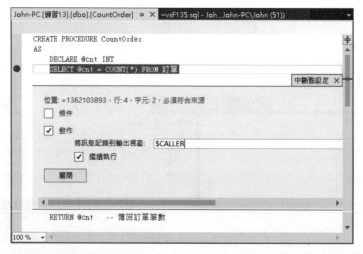

TIP 當您在**將訊息記錄到輸出視窗**欄位填入**$**符號, 底下會自動列出所有支援的關鍵字。

◉ **編輯標籤**：替中斷點設定一個容
易辨識的標籤名稱，此名稱會顯
示在**中斷點**窗格中。

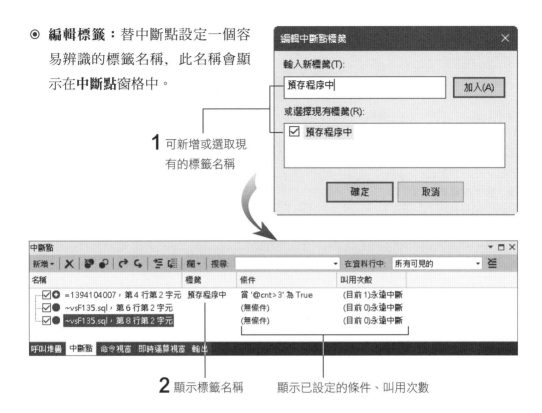

1 可新增或選取現
有的標籤名稱

2 顯示標籤名稱　　　顯示已設定的條件、叫用次數

監看各種變數的值

在偵錯時，除了可在**區域變數**窗格中監看當時的區域變數外，也可自行在**監看式**窗格中輸入區域變數、全域變數、或程序/函數的參數、或一個運算式來監看其值。一共有 4 個**監看式**窗格可用，執行『**偵錯/視窗/監看式/監看式 1** (或 2、3、4)』命令即可將**監看式 1** (或 2、3、4) 窗格顯示出來：

在**監看式**窗格中可直接輸入要監看的
變數、參數、或運算式, 即可監看其值

TIP　在**監看式**的頁籤上按右鈕執行『**隱藏**』命令, 可以隱藏該頁次。

另外, 如果只是想臨時看一下某個變數的值, 還可執行『**偵錯/快速監看式**』命令來快速查看:

會自動填入程式中插入點所在或選取的字串, 並顯示其值。也可手動修改, 然後按**重新評估**鈕來顯示其值

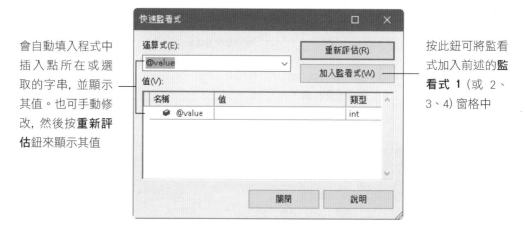

按此鈕可將監看式加入前述的**監看式 1** (或 2、3、4) 窗格中

13-9 使用 CTE 進行遞迴查詢

自 SQL Server 2005 開始新增了一個名為 CTE (Common Table Expression, 一般資料表運算式) 的語法, 您可以將 CTE 看成一個暫時的檢視表, 只不過檢視表可以永遠存在, 而 CTE 的生命週期只存在於該批次的執行期間, 只要批次執行完畢, CTE 便立刻失效, 再也無法使用。

CTE 的作用和語法

以下例子將讓您看看 CTE 為什麼可以看成暫時的檢視表。前面 11-11 頁曾經在**練習 11** 資料庫中, 建立了一個**下單記錄_VIEW_1** 檢視表。現在我們也可以使用類似的語法, 在**練習 13** 資料庫如下建立並查詢**下單記錄_VIEW** 檢視表:

```
CREATE VIEW 下單記錄_VIEW        ◀── 建立下單記錄_VIEW 檢視表
AS
SELECT 日期, 客戶名稱, 地址
FROM 訂單, 客戶
WHERE 訂單.客戶編號 = 客戶.客戶編號
GO
```

接下頁

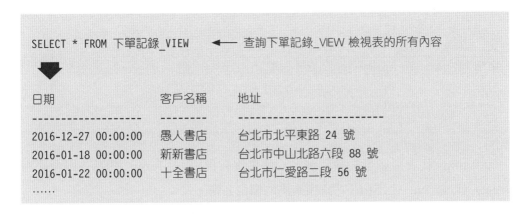

```
SELECT * FROM 下單記錄_VIEW     ◄── 查詢下單記錄_VIEW 檢視表的所有內容
```

日期   客戶名稱   地址
------------------ -------- ------------------------
2016-12-27 00:00:00 愚人書店   台北市北平東路 24 號
2016-01-18 00:00:00 新新書店   台北市中山北路六段 88 號
2016-01-22 00:00:00 十全書店   台北市仁愛路二段 56 號
......

上面所建立的檢視表，也可以如下使用 CTE 的語法產生相同的效果：

```
WITH 下單記錄_CTE     ◄── 建立名為下單記錄_CTE 的 CTE
AS (
    SELECT 日期，客戶名稱，地址
    FROM 訂單，客戶
    WHERE 訂單.客戶編號 = 客戶.客戶編號
)

SELECT * FROM 下單記錄_CTE     ◄── 查詢下單記錄_CTE 的所有內容
```

日期   客戶名稱   地址
------------------ -------- ------------------------
2016-12-27 00:00:00 愚人書店   台北市北平東路 24 號
2016-01-18 00:00:00 新新書店   台北市中山北路六段 88 號
2016-01-22 00:00:00 十全書店   台北市仁愛路二段 56 號
......

上面例子中，您可以看到 CTE 的語法與建立檢視表的 "CEREATE VIEW" 相當類似，產生的作用也相同，只不過 CTE 會在批次執行完後失效，而檢視表除非刪除否則可以永遠使用。

CTE 的語法如下：

```
WITH CTE_name [ ( column [ , ...n ] ) ]
AS (
    select_statement
)
```

column 代表要顯示的欄位別名，如果沒有指定 column 的話，則會使用 select_statement 中 SELECT 所查詢的欄位名稱。

 TIP 請注意！如果批次中的 CTE 敘述之前還有其他敘述，則 CTE 之前的敘述必須以 ;(分號) 結尾，否則會視為語法錯誤。

使用 CTE 進行遞迴查詢的語法

除了將 CTE 當成暫存的檢視表來用以外，其實 CTE 最特別功能在於它可以『自己查詢自己』，也就是一般程式設計中經常使用的『遞迴』功能。過去舊版的 SQL Server 中若要進行遞迴查詢，必須使用複雜程式碼才能完成，不過現在透過 CTE，就可以很方便地設計遞迴的效果。

下面是使用 CTE 進行遞迴查詢的語法：

```
WITH CTE_name [ ( column [ , ...n ] ) ]
AS (
    select_statement1
    UNION ALL
    select_statement2
)
```

select_statement1 稱為錨點成員 (Anchor member)，而 select_statement2 稱為遞迴成員 (Recursive member)，中間必須使用 "UNION ALL" 連接。錨點成員的作用在於產生初始的基本資料，接著則由遞迴成員依據錨點成員所產生的資料，開始自己查詢自己進行遞迴查詢。

使用 CTE 進行遞迴查詢的範例

目前**練習 13** 資料庫中員工
資料表的資料如右：

	員工編號	姓名	性別	主管員工編號	職稱	區域
1	1	張瑾雯	女	0	經理	NULL
2	2	陳季暄	男	0	經理	NULL
3	3	趙飛燕	女	0	經理	NULL
4	4	李美麗	女	1	銷售員	北區
5	5	劉天王	男	3	銷售員	北區
6	6	黎國明	男	3	銷售員	中區
7	7	郭國斌	男	2	銷售員	南區
8	8	蘇涵蘊	女	1	銷售員	中區
9	9	孟庭亭	女	2	銷售員	北區
10	10	賴俊良	男	1	銷售員	南區
11	11	何大樓	男	3	銷售員	南區
12	12	王大德	男	2	銷售員	中區
13	13	楊大頭	男	NULL	NULL	NULL

每位員工記錄都有一個**主管員工編號**的欄位，可以根據此欄位查詢其主管，若
該員工沒有主管，則該欄位的值為 0。

如果現在想要依照這些記錄，產生一個下面形式的階層式樹狀表：

```
| 主管 1
| - - 員工 A
| - - 員工 B
| 主管 2
| - - 員工 C
......
```

要產生這樣的樹狀表，首先必須先查詢位於第 1 層最高階的主管，也就是**主管
員工編號**欄位值為 0 的記錄，這是錨點成員需要做的事情。

假設查出了 3 筆記錄，其員工編號分別是 2、5、9，則接著遞迴成員就要根
據這 3 個號碼，首先查詢哪些員工的**主管員工編號**為 2，將這些記錄儲存下來，
然後再找出哪些員工的**主管員工編號**是 5，最後則是**主管員工編號**為 9 的員工。

依照前述的邏輯，下面是產生階層樹狀表的範例程式：

```
WITH 員工階層_CTE (員工編號, 姓名, 主管員工編號, level, sort)
AS (
```

level 與 sort 欄位是我們自訂的新欄位，將分別用來記錄層級與排序值。sort 欄中將儲存『主管姓名-員工姓名』的字串, 可同時做為排序及顯示之用

```
        / * 錨點成員先找出第 1 層的主管 * /
        SELECT 員工編號,
                姓名,
                主管員工編號,
                1 , 因為是第一層, 所以指定 level 欄位的值為 1
                    CONVERT(varchar (255), 姓名)   ◀─
```
將查到的姓名轉為 varchar (255) 型別, 然後存入 sort 欄位

```
        FROM 員工
        WHERE 主管員工編號 = 0
        UNION ALL


        / * 遞迴成員接著以自我呼叫的方式, 找出各主管的員工 * /
        SELECT 員工.員工編號,
                員工.姓名,
                員工.主管員工編號,
                level+1,   ◀─
```
將原本的 level 欄位值加 1, 所以第一次遞迴查到的記錄, 其 level 欄位的值皆為 2, 第二次遞迴的值則為 3, 依序增加

```
                CONVERT (varchar(255), sort + '-' + 員工.姓名)  ◀─
```
將原本的 sort 欄位值加上該次遞迴查到的員工姓名, 所以第一次遞迴查到的記錄, 其 sort 欄位將是 "主管名-員工名", 第二次遞迴則會是"主管名-員工名-員工名", 其餘依此類推

```
        FROM 員工
        JOIN 員工階層_CTE ON 員工.主管員工編號 = 員工階層_CTE.員工編號
```
進行自我查詢, 前面錨點成員找到主管的記錄後, 會存入員工階層_CTE。當第一次遞迴時, 會找出哪些員工的主管員工編號等於員工階層_CTE 內的員工編號, 再存入員工階層_CTE。之後, 第二次遞迴時再依照同樣方式尋找第 3 層的員工

```
)
```

```
SELECT '|' + REPLICATE( '-' , level*2) + 姓名 AS 員工層級,
```

依照 level 欄位值, 使用 REPLICATE
重複顯示 "-" 字元, level 欄位值越
高, 表示位於樹狀圖越末端, 因此
顯示的 "-" 也會越多

```
                員工編號, 主管員工編號, level, sort
FROM     員工階層_CTE
ORDER BY sort  ◄──── 依照 sort 欄位進行排序
```

	員工層級	員工編號	主管員工編號	level	sort
1	├-張瑾雯	1	0	1	張瑾雯
2	├--李美麗	4	1	2	張瑾雯-李美麗
3	├---賴俊良	10	1	2	張瑾雯-賴俊良
4	├---蘇涵蘊	8	1	2	張瑾雯-蘇涵蘊
5	├-陳季暄	2	0	1	陳季暄
6	├---王大德	12	2	2	陳季暄-王大德
7	├--孟庭亭	9	2	2	陳季暄-孟庭亭
8	├--郭國璽	7	2	2	陳季暄-郭國璽
9	├-趙飛燕	3	0	1	趙飛燕
10	├---何大樓	11	3	2	趙飛燕-何大樓
11	├---劉天王	5	3	2	趙飛燕-劉天王
12	├---黎國明	6	3	2	趙飛燕-黎國明

　　您可能會覺得上面的程式碼有點複雜, 其實只要先將錨點成員產生的初始記錄
單獨拉出來看, 就會比較清楚:

```
SELECT 員工編號, 姓名, 主管員工編號, 1, CONVERT(varchar (255), 姓名)
    FROM 員工
    WHERE 主管員工編號 = 0
```

員工編號	姓名	主管員工編號	(level)	(sort)
--------	------	------------	-------	--------
1	張瑾雯	0	1	張瑾雯
2	陳季暄	0	1	陳季暄
3	趙飛燕	0	1	趙飛燕

上面是**員工階層_CTE** 的初始資料, 後面的遞迴成員會根據這些資料, 分別去找哪些員工的**主管員工編號**是 1、2 或 3。找到了之後, 會將 level 欄位的值加 1, 表示這是第 2 層員工, 而且 sort 欄位則會再加上員工姓名, 變成類似 "張瑾雯-李美麗" 的值。因為 sort 欄位值具有主從關係, 所以日後顯示時, 只要依據 sort 欄位排序, 便會直接依照階層關係來顯示了。

以上針對遞迴成員的查詢結果, 是查出**員工編號**為 4~12 的記錄。接著會進行第 2 次遞迴成員的查詢, 並以第 1 次的查詢結果做為輸入, 但由於沒有任何**主管員工編號**是在 4~12 之間, 所以傳回 0 筆記錄, 此時即會自動結束遞迴查詢。

如果第 2 次遞迴查詢時有傳回記錄, 那麼就會以傳回的記錄做為輸入, 再進行第 3 次的遞迴查詢..., 如此不斷遞迴下去, 直到傳回 0 筆記錄為止。最後會將所有查詢到的記錄合併 (UNION ALL) 起來, 做為整個 CTE 的查詢結果。

請將前面的 CTE 範例程式改為查詢**員工多層**資料表, 則會傳回多層的主管階層:

	員工編號	姓名	性別	主管員工編號	職稱	區域
1	1	張瑾雯	女	0	經理	NULL
2	2	陳季暄	男	0	經理	NULL
3	3	趙飛燕	女	0	經理	NULL
4	4	李美麗	女	1	銷售員	北區
5	5	劉天王	男	3	銷售員	北區
6	6	黎國明	男	5	銷售員	中區
7	7	郭國斌	男	2	銷售員	南區
8	8	蘇涵蘊	女	4	銷售員	中區
9	9	孟庭亭	女	2	銷售員	北區
10	10	賴俊良	男	1	銷售員	南區
11	11	何大樓	男	6	銷售員	南區
12	12	王大德	男	8	銷售員	中區

員工多層資料表

	員工層級	員工編號	主管員工編號	level	sort
1	├-張瑾雯	1	0	1	張瑾雯
2	├--李美麗	4	1	2	張瑾雯-李美麗
3	├----蘇涵蘊	8	4	3	張瑾雯-李美麗-蘇涵蘊
4	├------王大德	12	8	4	張瑾雯-李美麗-蘇涵蘊-王大德
5	├--賴俊良	10	1	2	張瑾雯-賴俊良
6	├-陳季暄	2	0	1	陳季暄
7	├--孟庭亭	9	2	2	陳季暄-孟庭亭
8	├--郭國斌	7	2	2	陳季暄-郭國斌
9	├-趙飛燕	3	0	1	趙飛燕
10	├--劉天王	5	3	2	趙飛燕-劉天王
11	├----黎國明	6	5	3	趙飛燕-劉天王-黎國明
12	├------何大樓	11	6	4	趙飛燕-劉天王-黎國明-何大樓

第 3 層
第 4 層

13-10 使用 MERGE 來合併資料

有時候我們會用一份『來源資料』去更新『目標資料』，例如某公司要進行部門的異動，其原來的**部門**資料表如右：

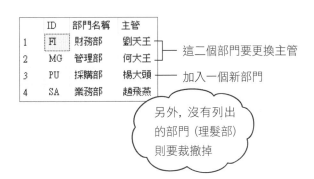

現在總經理製作了一個新的**部門草案**資料表如右：

這二個部門要更換主管

加入一個新部門

另外，沒有列出的部門 (理髮部) 則要裁撤掉

此時如果要用**部門草案**資料表的內容來更新**部門**資料表，那麼使用 **MERGE** 敘述最為方便了，因為可以針對**部門**資料表，同時進行必要的新增、修改、及刪除動作：

```
MERGE 部門 t          ◄── 目的資料表 (要被更新的資料表)
USING 部門草案 s       ◄── 來源資料表
ON t.ID = s.ID        ◄── 指定二個資料表的配對 (JOIN) 條件
WHEN MATCHED AND t.主管 <> s.主管 THEN ◄── 條件符合且主管不同時，就修改主管
    UPDATE
    SET t.主管 = s.主管
WHEN NOT MATCHED BY TARGET THEN ◄── 不在目的資料中的(但在來源資料中),就新增
    INSERT ( ID, 部門名稱, 主管)
    VALUES ( s.ID, s .部門名稱, s.主管)
WHEN NOT MATCHED BY SOURCE THEN ◄── 不在來源資料中的(但在目的資料中), 就刪除
    DELETE;           ◄── 最後必須加上分號表示結束
```

 TIP 請注意, 在 MERGE 敘述的最後必須加上分號 (;) 表示結束, 否則會引發錯誤。

如此一來，就省去分別撰寫新增、修改、刪除敘述的麻煩了，而且在執行效率上也提升不少。MERGE 的語法如下：

```
MERGE [INTO] 目標資料        ◄── 可以是資料表、或檢視表 (INTO 可有可無)
USING 來源資料               ◄── 可以是資料表、檢視表、或查詢 (須加上別名)
ON 配對撮合的條件
WHEN MATCHED [ AND <額外的篩選條件> ] THEN
    UPDATE SET 或 DELETE 子句
WHEN NOT MATCHED [BY TARGET] [ AND <額外的篩選條件> ] THEN
    INSERT 子句
WHEN NOT MATCHED BY SOURCE [ AND <額外的篩選條件> ] THEN
    UPDATE SET 或 DELETE 子句
[OUTPUT <output_clause> ] ;  ◄── 最後要加上分號表示結束
```

前面 3 行的 MERGE...USING...ON... 有點類似 ...JOIN...ON... 的配對效果；而配對的結果，則會依配對符合狀況交由接下來的 WHEN 子句處理：

⊙ WHEN 子句的順序可任意出現，並且都可以用 AND 來加上額外的篩選條件。

⊙ 3 種 WHEN 子句不一定都要出現，但至少要出現一個。

⊙ 『WHEN NOT MATCHED』和『WHEN NOT MATCHED BY TARGET』是相同的，就是不在目標資料中的記錄 (但有在來源資料中)，此時可用 INSERT 子句來加入目標資料中。

⊙ 『WHEN MATCHED』和『WHEN NOT MATCHED BY SOURCE』則分別代表配對成功、及不在來源資料中 (但在目標資料中) 的記錄，此時可使用 UPDATE 或 DELETE 子句來變更目標資料。

最後一行 OUTPUT 子句在 8-7 節已介紹過，可將異動前 (deleted) 或異動後 (inserted) 的資料傳回或存入指定資料表中。不過由於 MERGE 可同時新增、修改、刪除記錄，所以 SQL Server 多提供了一個型別為 nvarchar(10) 的 $action 欄位，它會自動依狀況而輸出 'INSERT'、'UPDATE' 或 'DELETE' 字串，以供我們判別。

請執行以下批次：

```
SELECT * FROM 部門

MERGE 部門 d
USING 部門草案 s
ON t.ID = s.ID              ◄── 指定二個資料表的配對 (JOIN) 條件
WHEN MATCHED AND t.主管 <> s.主管 THEN
    UPDATE
    SET t.主管 = s.主管
WHEN NOT MATCHED BY TARGET THEN
    INSERT (ID, 部門名稱, 主管)
    VALUES (s.ID, s.部門名稱, s.主管)
WHEN NOT MATCHED BY SOURCE THEN
    DELETE
OUTPUT $action,            ◄── 將異動前、後的資料傳回, $action 欄會傳回異動的種類
    deleted.ID, deleted.部門名稱, deleted.主管,
    inserted. ID, inserted.部門名稱, inserted.主管;

SELECT * FROM 部門
```

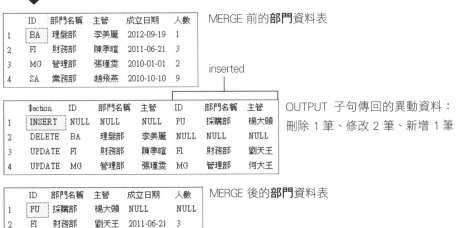

MERGE 前的**部門**資料表

	ID	部門名稱	主管	成立日期	人數
1	BA	理髮部	李美麗	2012-09-19	1
2	FI	財務部	陳季暄	2011-06-21	3
3	MG	管理部	張瑾雯	2010-01-01	2
4	SA	業務部	趙飛燕	2010-10-10	9

inserted

OUTPUT 子句傳回的異動資料：
刪除 1 筆、修改 2 筆、新增 1 筆

	$action	ID	部門名稱	主管	ID	部門名稱	主管
1	INSERT	NULL	NULL	NULL	PU	採購部	楊大頭
2	DELETE	BA	理髮部	李美麗	NULL	NULL	NULL
3	UPDATE	FI	財務部	陳季暄	FI	財務部	劉天王
4	UPDATE	MG	管理部	張瑾雯	MG	管理部	何大王

MERGE 後的**部門**資料表

	ID	部門名稱	主管	成立日期	人數
1	PU	採購部	楊大頭	NULL	NULL
2	FI	財務部	劉天王	2011-06-21	3
3	MG	管理部	何大王	2010-01-01	2
4	SA	業務部	趙飛燕	2010-10-10	9

TIP　在執行 MERGE 之後, @@ROWCOUNT 的內容會是新增、修改、和刪除記錄的筆數加總。

再來看一個記錄股票張數
的例子：

	股票名稱	張數
1	中鋼	10
2	台塑	5
3	華碩	8

股票庫存
(記錄目前擁有多少股票)

	序號	股票名稱	購買張數	已處理
1	1	台塑	5	1
2	2	中鋼	10	1
3	3	華碩	8	1
4	4	統一	20	0
5	5	台塑	3	0
6	6	中鋼	-10	0

股票交易記錄
(買或賣了多少股票)

只須處理『未
處理』的記錄

正數為買入, 負數為賣出

接著我們要利用**股票交易記錄**中**已處理**欄為 0 (False) 的記錄, 來更新**股票庫
存**中的股票張數, 而且當張數減為 0 時, 就要刪除該筆記錄：

```
MERGE 股票庫存 t
USING (SELECT * FROM 股票交易記錄 WHERE 已處理 = 0) s
ON t.股票名稱 = s.股票名稱
WHEN MATCHED AND t.張數 + s.購買張數 = 0 THEN      ◄──── 賣光現有股票時
        DELETE
WHEN MATCHED THEN                                 ◄──── 買、賣現有股票時
        UPDATE SET t.張數 = t.張數 + s.購買張數
WHEN NOT MATCHED THEN                             ◄──── 買新股票時
        INSERT (股票名稱, 張數)
        VALUES (s.股票名稱, s.購買張數)
OUTPUT $action,
        deleted.股票名稱, deleted.張數,
        inserted.股票名稱, inserted.張數;


SELECT * FROM 股票庫存
```

	$action	股票名稱	張數	股票名稱	張數
1	DELETE	中鋼	10	NULL	NULL
2	UPDATE	台塑	5	台塑	8
3	INSERT	NULL	NULL	統一	20

	股票名稱	張數
1	台塑	8
2	統一	20
3	華碩	8

OUTPUT 傳回的異動資料, 分別
新增、修改、刪除了一筆記錄

MERGE 處理後的
股票庫存資料表

以上程式中有 2 個 WHEN MATCHED 子句, 第一個當是庫存數量等於賣出數量時 (賣光了), 就將該股票刪除; 而第 2 個子句則是沒有賣光的狀況, 此時就用購買張數來修改庫存量。

這個程式還有一個潛在的問題, 就是如果重複買了 2 次相同的新股票時, 例如:

買了 2 次相同的新股票, 執行 MERGE 時就會在**股票庫存**中新增 2 筆同名的股票!

要避免這個問題, 只需修改 USING 子句中的資料來源即可 (將同名的股票加總起來):

```
MERGE ...
USING (SELECT 股票名稱, SUM(購買張數) AS 購買張數
        FROM 股票交易記錄
        WHERE 已處理 = 0
        GROUP BY 股票名稱) s
ON...
...
```

13-11 SQL Script

將一或多個 SQL 敘述存成文字檔案即稱為 SQL Script (指令碼)。當我們在 SQL Server Management Studio 中輸入 SQL 敘述 (可有一或多個批次, 批次之間以 GO 分開) 後, 可以直接將之儲存為 SQL Script, 以便日後再將之載入使用:

1 按此鈕　　　　這裡出現 "*" 表示未命名

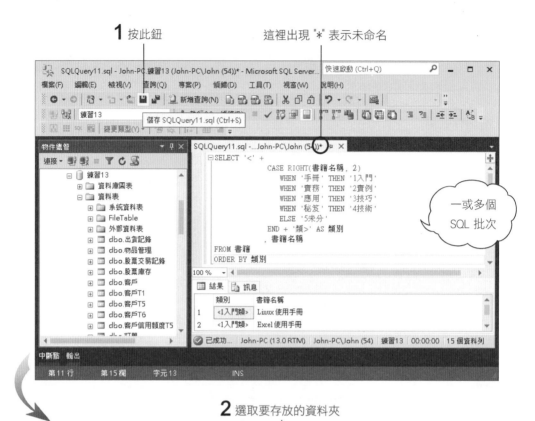

一或多個 SQL 批次

2 選取要存放的資料夾

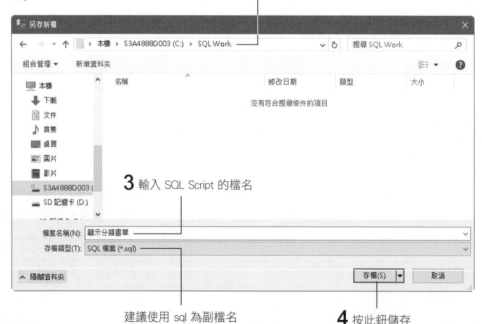

3 輸入 SQL Script 的檔名

建議使用 sql 為副檔名　　　　**4** 按此鈕儲存

如果又修改了 SQL Script 的
內容, 直接按此鈕即可儲存   這裡顯示檔名

TIP 執行 『**檔案/另存 xxx.sql 為**』 命令可以另存新檔, xxx 表示目前的檔名。

當我們想要在 SQL Server Management Studio 中載入 SQL Script 時, 只要執行『**檔案/開啟/檔案**』命令 (或按**開啟舊檔**鈕), 然後如下操作:

1 選取資料夾 ——   **2** 選取要開啟的 SQL Script

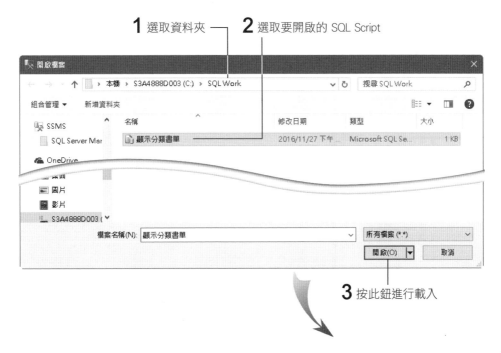

3 按此鈕進行載入

4 選擇要連接的伺服器

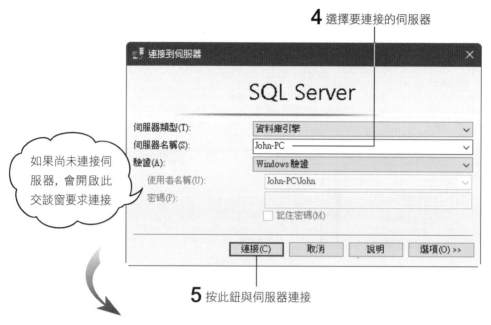

如果尚未連接伺服器，會開啟此交談窗要求連接

5 按此鈕與伺服器連接

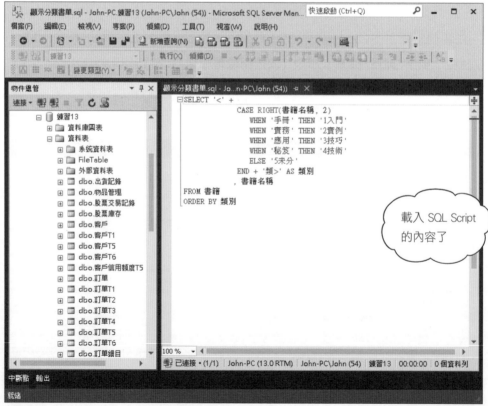

載入 SQL Script 的內容了

命令提示字元下的 SQL 執行工具

SQL Server 也提供了 1 個命令提示字元下的 SQL 執行工具:osql.exe。 osql 是透過 ODBC 來與 SQL Server 連接, 底下我們示範如何用 osql 來執行 SQL Script:

```
C:\Work>osql /S FLAG /d 練習 02 /U s a /P abc / i 顯示分類書單.sql
```

● **/S KEN:** 指定要連接的 SQL Server。

● **/d 練習 02:** 指定要使用的資料庫名稱, 相當於在 Script 最前面加上 "USE 練習 02" 敘述。

● **/U sa:** 使用者登入帳號。

● **/P pwd:** 登入密碼, 若無密碼則不必指定。

● **/i 顯示分類書單.sql:** 指定要執行的 SQL Script 檔名。若未指明路徑, 則為目前的資料夾。

以上的參數字串中若包含空白, 則必須以雙引號括起來, 例如:/S "Fg Server"。另外, 參數的大小寫是不同的, 例如 /D 和 /d 是不一樣的。底下是執行的結果:

```
C:\Work>osql /S FLAG /d 練習 13 /U s a /P abc / i 顯示分類書單.sql ◀─────
                                                                    按 Enter 鍵
1> 2> 3> 4> 5> 6> 7> 8> 9> 10> 11> 12> ◀─┐
                                          顯示執行的行號
    類別        書籍名稱
----------  --------------------------------
<1 入門類>   Linux 使用手冊
<1 入門類>   Excel 使用手冊
<1 入門類>   Powe rPoint 使用手冊
. . . .
<5 未分類>   PhotoShop 細說從頭
<5 未分類>   AutoCAD 操作入門

(15 列受影響)
```

接下頁

如果您希望將輸出結果改存到檔案中, 可以使用 /o 參數, 例如 :

```
C:\Work>osql /S FLAG /d 練習 13 /U sa /P abc /i 顯示分類書單.sql /o
    result.txt
```

 TIP 有關 osql.exe 的詳細用法, 有興趣的讀者可參閱 **SQL Server 線上叢書**。

13-12 自動產生 SQL Script

當我們在 SQL Server 中建立了一些物件之後 (例如資料庫、資料表、檢視表、索引等), 如果也希望能在另一台 SQL Server 中產生相同的物件, 此時不需要一步一步重頭做起, 因為 SQL Server Management Studio 能自動將物件建立過程做成 SQL Script (指令碼), 我們只要在另一台 SQL Server 中執行此 SQL Script 即可。

SQL Server Management Studio 可以針對資料庫物件自動產生各種操作的 SQL Script, 例如 CREATE、SELECT、UPDATE、DELETE...等, 讓我們快速產生各類 Script, 省去查閱語法或欄位名稱的麻煩。

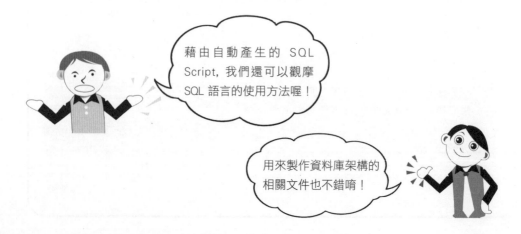

使用 SQL Server Management Studio 自動產生 SQL Script

在自動產生 SQL Script 物件時，我們可以針對選取的物件來自動產生 CREATE、DROP、SELECT、UPDATE、DELETE 等指令碼，讓撰寫 SQL 敘述變成輕鬆愉快的工作。以下為 CREATE 資料表的範例：

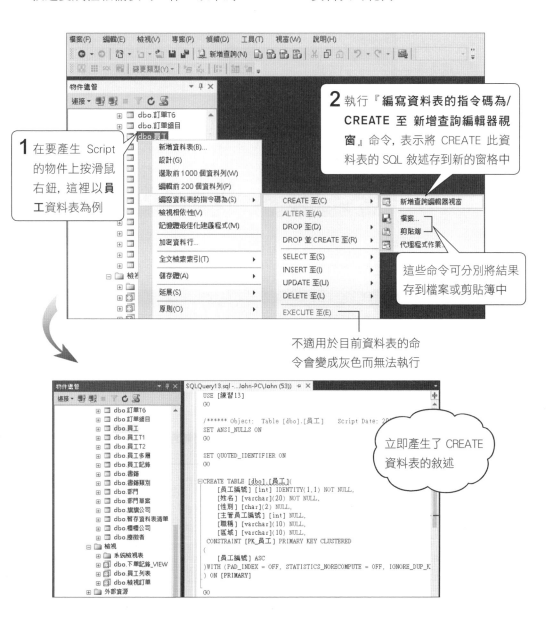

　　除了可以對物件產生 CREATE、SELECT 等 SQL 敘述, 當我們對物件屬性做修改時, 也可以將修改的動作自動產生 SQL 敘述。操作方法如下:

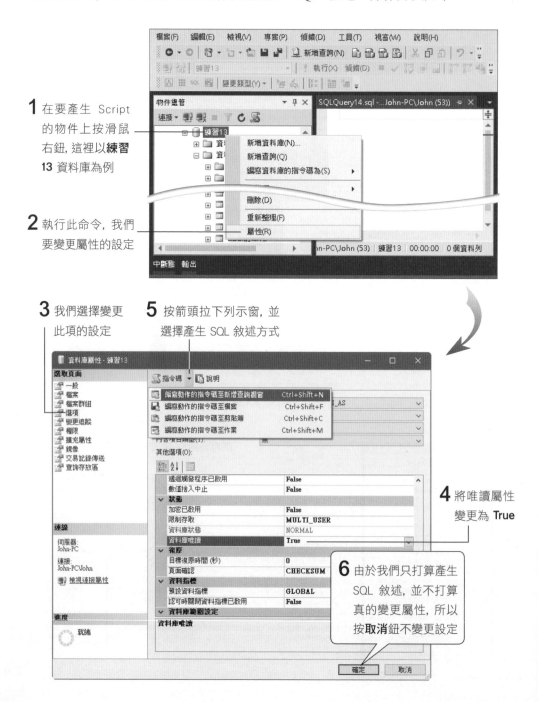

1 在要產生 Script 的物件上按滑鼠右鈕, 這裡以**練習 13** 資料庫為例

2 執行此命令, 我們要變更屬性的設定

3 我們選擇變更此項的設定

5 按箭頭拉下列示窗, 並選擇產生 SQL 敘述方式

4 將唯讀屬性變更為 True

6 由於我們只打算產生 SQL 敘述, 並不打算真的變更屬性, 所以按**取消**鈕不變更設定

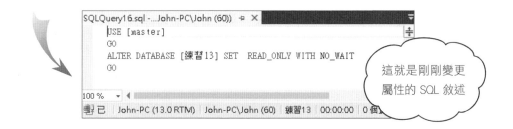

13-13 使用不同資料庫或不同 Server 中的物件

通常我們會先用 USE 敘述來選擇資料庫, 例如 "USE 練習 13", 然後才使用該資料庫中的物件。其實每個資料庫物件都有一個完整名稱 (Fully qualified name) 可以直接存取, 不需要再事先選擇資料庫, 本節將說明如何使用物件的完整名稱。

物件的完整名稱

完整名稱包含了 4 段名稱:

```
伺服器名稱.資料庫名稱.結構描述.物件名稱
例如:
FLAG.練習 13.dbo.客        ◀── FLAG 為 SQL Server 的名稱
```

每一個物件的 "完整名稱" 都必須是唯一而不可重複的, 例如在 A 資料庫及 B 資料庫中都可以有名為 Sales 的資料表, 因為它們的完整名稱並不相同; 而在 A 資料庫中也可以有二個同名的 Sales 資料表, 只要它們的結構描述 (SCHEMA)不相同即可。若是連結構描述都相同, 那我們就無法指定要使用二個同名資料表中的哪一個了, 因此不被允許這樣做。

TIP 結構描述的意義與用途將於隨後說明。

其實完整名稱就像是硬碟中的資料夾目錄一樣，而磁碟機代號（C:、D:、...）則相當於資料庫名稱；在不同的資料夾中可以有同名的檔案，因為它們的絕對路徑不會相同，而在同一個資料夾中則不可有同名的檔案。

然而，每次都要寫完整名稱似乎太麻煩了，因此如果是存取目前使用中資料庫的物件，那麼只須指明物件名稱即可。事實上，物件名稱可以視狀況寫成如下的格式：

```
伺服器名稱.資料庫名稱. 結構描述. 物件名稱
伺服器名稱.資料庫名稱. . 物件名稱
伺服器名稱..結構描述. 物件名稱
伺服器名稱...物件名稱
資料庫名稱.結構描述. 物件名稱
資料庫名稱..物件名稱
結構描述.物件名稱
物件名稱
```

> 除了物件名稱外，其他部份都可視情況而省略！

當我們省略某部份的名稱後仍能明確指出該物件時，即表示可以使用省略的格式。例如要存取目前資料庫中的物件，只要資料庫中沒有名稱相同的物件，那麼資料庫名稱即可省略。

結構描述的意義與用途

在完整名稱中，伺服器名稱、資料庫名稱、物件名稱等都具有相當直覺的意義，一般人望文生義應該不會對這些名稱有所疑惑，不過對於結構描述（SCHEMA）可能就不太能瞭解其意義了。

其實在 SQL Server 2000 與更早的版本中，完整名稱原本是：伺服器名稱.資料庫名稱.**擁有者**.物件名稱，這樣的完整名稱雖然比較直覺，但是卻具有一些缺點。假設 SQL Server 2000 中一個資料表的完整名稱為"FLAG.產品部資料庫.TONY.銷售資料表"，表示其擁有者為 TONY 使用者。不過如果有一天 TONY 離職了，那麼管理者在刪除 TONY 這個使用者前，必須先將 "FLAG.產品部資料庫.TONY.銷售資料表"改名為其他名稱，如 "FLAG.產品部資料庫.JOE.

銷售資料表"，然後才能刪除 TONY 使用者。此外，改名之後，如果原先有其他
應用程式會存取 "FLAG.產品部資料庫.TONY.銷售資料表"，則必須一一手動修
正設定，改為存取 "FLAG.產品部資料庫.JOE.銷售資料表"。

所以過去資料庫管理者為了避免麻煩，常常會將所有物件的擁有者都設定為
dbo(database owner，系統預設的資料庫擁有者)，於是放眼望去，全部物件都是
dbo.xxx，就像將所有檔案通通放在同一個資料夾一樣，不僅難以區別各物件，也
失去使用完整名稱的意義了。

於是從 SQL Server 2005 開始便將完整名稱中的擁有者改為結構描述，變成
"伺服器名稱.資料庫名稱.**結構描述**.物件名稱"，前面說資料庫名稱就像是磁碟機
代號(C:、D:)，那麼結構描述便可以想像成資料夾，可以用來讓各物件分門別類。

所以前述的例子中，物件的完整名稱便可以設定為"FLAG.產品部資料
庫.SALES.銷售資料表"，然後設定 TONY 帳號具有 SALES 這個結構描述的擁
有權，那麼 TONY 就可以存取 SALES 結構描述下的所有物件。而當 TONY
離職時，只要將 SALES 結構描述的擁有權改為其他人即可，而且刪除 TONY
帳號時也不需要更改物件的完整名稱，對於管理上可說是方便多了！

為了與 SQL Server 2000 及之前的版本相容，後續版本的 SQL Server 中均預設有一
個 dbo 結構描述，所有未指定結構描述的物件也都會採用 dbo 做為預設的結構描
述，因此過去習慣使用 dbo.xxx 的管理者便不用擔心升級後會發生不相容的問題。

預設結構描述

前面提到資料庫名稱可以視情況省略，同樣地，結構描述也可以在許多情況
下省略。每個使用者的設定值內都有一個**預設結構描述**項目 (請參見 3-34 頁)，
可以指定這個使用者預設要使用的結構描述，假設 TONY 的**預設結構描述**為
SALES，那麼 TONY 執行 "SELECT * FROM 銷售資料表" 時，系統會先找
SALES.銷售資料表，若找不到則會再找 dbo.銷售資料表，如果都找不到才會回
應一個物件不存在的錯誤。所以當使用者存取預設結構描述或是 dbo 結構描述
內的物件時，便可以省略結構描述。

請注意, 雖然每個使用者都可以自由設定其預設要使用哪一個結構描述 (設定方法請參見 3-34 頁), 例如 TONY 可以自由設定其**預設結構描述**為 SALES, 但是這並不表示 TONY 就具備 SALES 結構描述的擁有或存取權, 如果管理者並未賦予 TONY 擁有或是可存取 SALES 結構描述的權限, 那麼 TONY 執行 "SELECT * FROM 銷售資料表" 時, 雖然系統找得到 SALES.銷售資料表, 但是仍會回應 『拒絕 SELECT 權限』 的訊息。

使用不同資料庫中的物件

只要利用"資料庫名稱.結構描述.物件名稱"的格式, 我們就可以輕鬆地存取位在不同資料庫中的物件了！例如下例將 2 個不同資料庫中的資料表做 JOIN：

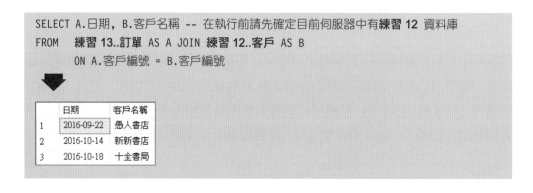

```
SELECT A.日期, B.客戶名稱 -- 在執行前請先確定目前伺服器中有練習 12 資料庫
FROM    練習 13..訂單 AS A JOIN 練習 12..客戶 AS B
        ON A.客戶編號 = B.客戶編號
```

	日期	客戶名稱
1	2016-09-22	愚人書店
2	2016-10-14	新新書店
3	2016-10-18	十全書局

您必須擁有資料庫的存取權限, 才能存取該資料庫喔!

使用不同 Server 中的物件

SQL Server 可以使用另一台 SQL Server 或其他資料庫伺服器中的物件, 在此我們以連線到另一個 SQL Server 作為範例。

在此例中, 而我們利用 SQL Server 的遠端連接功能來使用另一台 SQL Server (FLAG2) 的物件。但 SQL Server 預設不允許遠端連接, 所以我們要先啟用 SQL Server 的遠端連接功能。以下的操作請在第二台 SQL Server 上進行。請按開始鈕, 執行 『**所有程式 / Microsoft SQL Server 2016 / 組態工具 / SQL Server 2016 組態管理員**』 命令:

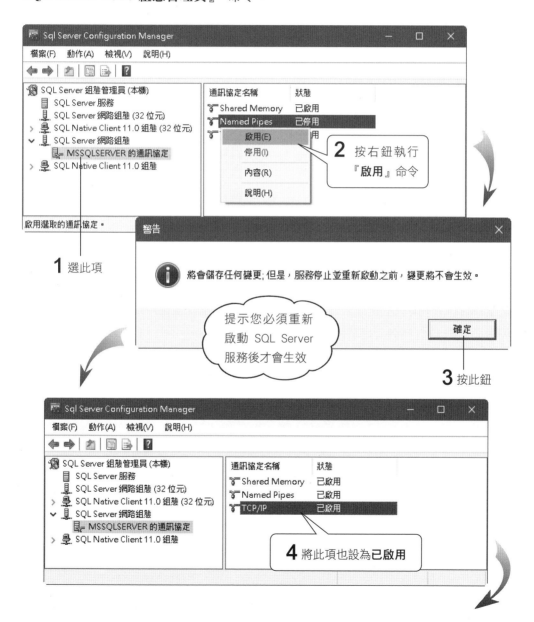

5 選此項

6 在 SQL Server 項目上按右鈕, 執行此命令來重新啟動

設定好之後, 如果有使用防火牆, 那麼也要開啟 TCP 1433 連接埠 (這是 SQL Server 預設使用的連接埠) 才行。底下以 Windows 10 內建的防火牆為例。

請執行 『**開始/控制台**』 命令, 然後點按**系統及安全性/Windows 防火牆**項目開啟防火牆設定視窗。接著按**進階設定**連結並如下設定:

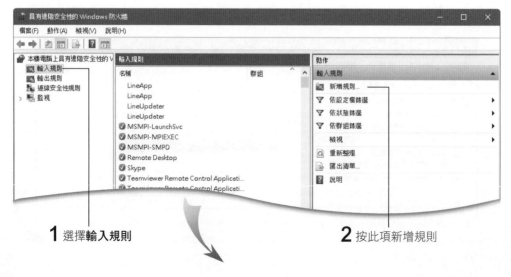

1 選擇**輸入規則**

2 按此項新增規則

3 選擇**連接埠**項目

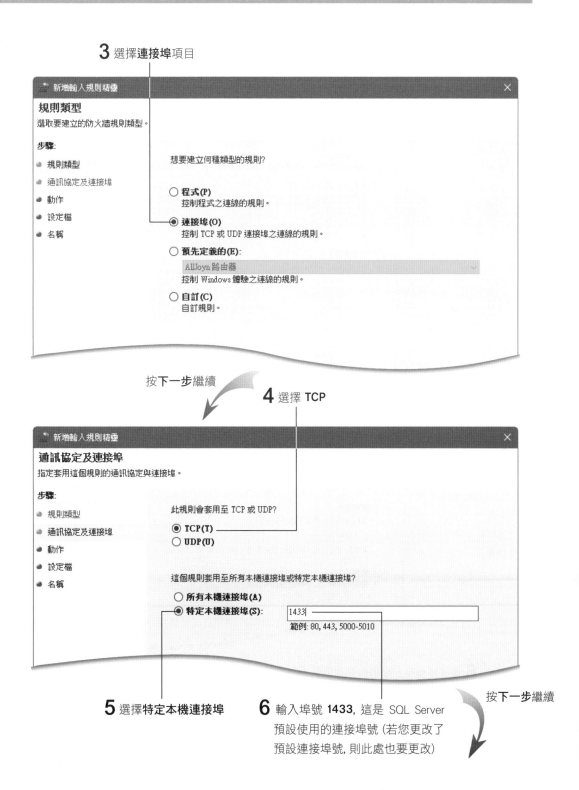

按**下一步**繼續

4 選擇 TCP

5 選擇**特定本機連接埠**

6 輸入埠號 **1433**, 這是 SQL Server
預設使用的連接埠號 (若您更改了
預設連接埠號, 則此處也要更改)

按**下一步**繼續

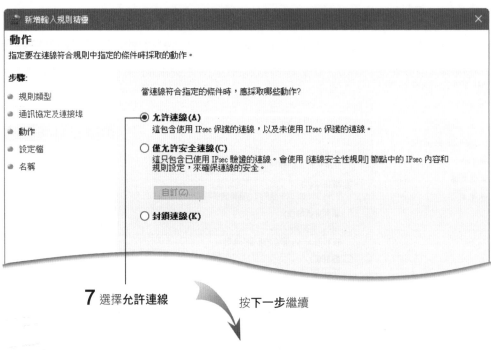

7 選擇**允許連線**

按**下一步**繼續

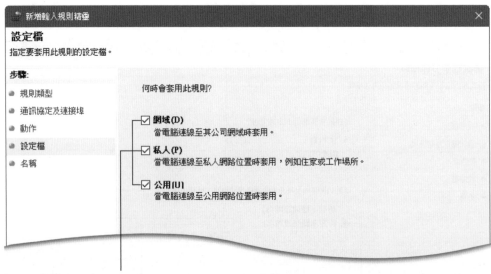

8 選擇要套用此規則的網路位置

按**下一步**繼續

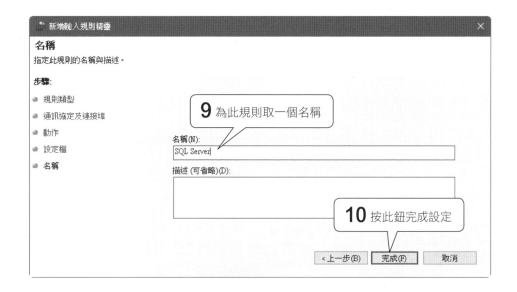

回到防火牆的設定視窗後，請按**允許程式通過 Windows 防火牆通訊**連結檢視
目前開放的程式：

啟用遠端連接功能後, 接著必須將 FLAG2 連結到目前使用的 SQL Server 中才行, 而連結的方法則是建立**連結的伺服器** (Linked Server)。下列是將 "FLAG2" 伺服器連結到 "目前使用" 伺服器的操作方法, 請在目前使用伺服器的 SQL Server Management Studio 中進行操作:

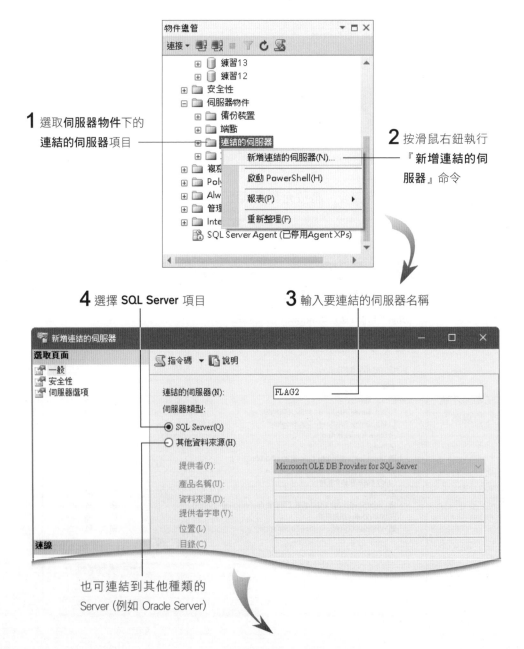

1 選取**伺服器物件**下的 **連結的伺服器**項目

2 按滑鼠右鈕執行 『**新增連結的伺 服器**』命令

4 選擇 **SQL Server** 項目

3 輸入要連結的伺服器名稱

也可連結到其他種類的 Server (例如 Oracle Server)

5 選擇**安全性**頁面

6 若目前的伺服器和要連接的伺服器
有相同的帳號及密碼, 則可以選擇此
項；否則請參見本節最後 2 段的說明

7 按**確定**鈕完成

這是新加入的
連結伺服器

連結成功之後, 並不表示任何使用者都可在 FLAG 伺服器中去存取 FLAG2 的物件, 因為系統預設會以使用者目前的登入帳號及密碼去登入 FLAG2, 因此 使用者必須在 FLAG2 中有相同的登入帳號及相關物件的使用權限才行。由於 筆者在目前及連結的 Server 中都有相同的系統管理者帳號, 因此可以直接存取 FLAG2 中的資料:

```
SELECT *
FROM FLAG2.練習 13.dbo.書籍      ◀── 此時記得指明其伺服器名稱是 FLAG2
```

如果兩台主機沒有設定相同的使用者, 但是想要讓 FLAG 上的使用者可以存 取 FLAG2 上的物件, 則可以在前面步驟 6 中, 改為選擇**使用此安全性內容建 立**, 然後在下面輸入 FLAG2 上的 SQL Server 驗證帳號與密碼, 如此 FLAG 上所有使用者便會以此帳號存取 FLAG2 的物件。這個方法雖然方便, 但是請 小心安全問題, 例如您輸入了 FLAG2 的 sa 帳號 (此為 SQL Server 管理者 帳號), 那麼 FLAG 所有使用者都能以 sa 帳號存取 FLAG2, 便等於是具備了 FLAG2 的 sa 權限。

 關於 SQL Server 驗證的帳號及權限, 請參閱第 3-6 節的說明。

 如果使用遠端的 sa 帳號來連結時出現錯誤, 可先檢查該帳號是否已停用 (圖示 中有向下箭頭即表示已停用, 此時可雙按帳號再切到**狀態**頁次來啟用), 接著再檢 查該伺服器是否可接受 SQL Server 驗證 (可在**物件總管**中的伺服器名稱上按右 鈕執行 『**屬性**』 命令, 然後切到**安全性**頁次檢查**伺服器驗證**區的設定)。

比較完善的做法, 則是在前面交談窗右上方加入『本機登入帳號』與遠端『連 結伺服器登入帳號』的對應, 則 SQL Server 在存取連結伺服器時, 會優先使用 目前登入帳號所對應的遠端帳號來存取:

本機的登入帳號

遠端連結伺服器中
的登入帳號及密碼

若勾選此項, 表示用
本機的登入帳號及密
碼來存取連結伺服器

當目前登入的帳號不在
上表中時, 才會依此處
的選項來決定如何存取

M E M O

Chapter

14

預存程序

『預存程序』(Stored Procedure) 就是將常用的或很複雜的工作,預先以 SQL 程式寫好,然後指定一個程序名稱儲存起來,那麼以後只要使用 EXECUTE 敘述來執行這個程序,即可自動完成該項工作。

本章將使用**練習 14** 資料庫為例說明,請依關於光碟中的說明,附加光碟中的資料庫到 SQL Server 中一起操作。

14-1 預存程序簡介

預存程序的優點

預存程序中可以包含資料存取敘述、流程控制敘述、錯誤處理敘述...等, 在使用上非常有彈性。其優點有:

- **執行效率高:** SQL Server 會預先將預存程序編譯成一個執行計劃並儲存起來, 因此每次執行預存程序時都不需要再重新編譯, 如此可以加快執行速度。由此可知, 我們應該將經常使用的一些操作寫成預存程序, 來提高 SQL Server 的運作效率。

- **統一的操作流程:** 我們可以將複雜的工作製做成預存程序, 如此除了節省人力操作的時間外, 對於一般使用者來說, 也可以維持一致的資料操作流程, 並避免使用者不小心的操作錯誤。例如當某項資料變更時, 必須更動到 5 個資料表的內容, 那麼將更新步驟寫成預存程序來執行, 不但省事, 而且也不怕漏掉任何一個資料表。

- **重複使用:** 預存程序還可模組化 (將大的程序分解成許多較小而且可以獨立運作的程序), 以方便除錯、維護、或重複使用於不同的地方。例如當我們要將『地址』資料分解成『市、街、號、樓』4 個字串時, 可寫一個預存程序來處理, 那麼以後在任何地方只要執行此預存程序, 即可完成分解地址的工作。

- **安全性:** 當資料表需要保密時, 我們可以利用預存程序來作為資料存取的管道。例如當使用者沒有某資料表的存取權限時, 我們可以設計一個預存程序供其執行, 以存取該資料表中的某些資料, 或進行特定的資料處理工作。此外, 預存程序的內容還可以加密編碼, 這樣別人就看不到預存程序中的程式了。

透過檢視表或預存程序, 來存取沒有使用權限的資料表

為了資料的安全性或保密性, 我們通常會將某些資料表的權限設定為一般使用者
不可存取, 然後建立檢視表或預存程序供使用者操作; 此時使用者只能透過檢視
表看到部份的資料表內容, 或是透過預存程序進行特定的操作:

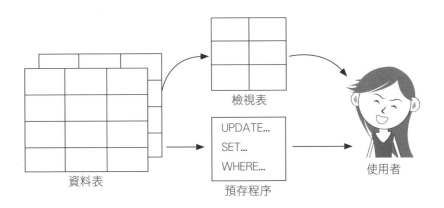

在使用這種方法時, 預存程序內最好使用 "結構描述.物件名稱" 明確指定物件, 否
則使用者可能會無法找到物件 (參見 16-3 節), 而且使用者也要擁有開啟檢視表或
執行預存程序的權限才行。

預存程序的種類

預存程序可分為 3 類:

◉ **系統預存程序 (System stored procedures)**

系統預存程序一律以 sp_ 開頭, 例如 "sp_dboption"。此類預存程序為 SQL
Server 內建的預存程序, 通常是用來進行系統的各項設定、取得資訊或相關
管理工作。

◉ **延伸預存程序 (Extended stroed procedures)**

延伸預存程序通常是以 xp_ 開頭, 例如 "xp_logininfo" 。此類程序大多是以傳統的程式語言 (例如 C++) 撰寫而成, 其內容並不是儲存在 SQL Server 中, 而是以 DLL 的形式單獨存在。

我們可以把延伸預存程序看成是 SQL Server 的外掛程式, 它可以擴充 SQL Server 的功能, 例如 SQL Server 沒有從網頁中萃取資料的能力, 則我們可以撰寫一個 DLL 的延伸預存程序, 以供 SQL Server 將之載入並執行。

 SQL Server 內建的系統及延伸預存程序超過 1000 個, 都是存放在 master 資料庫中。有興趣的讀者可以在 **SQL Server 線上叢書**中, 以 "系統預存程序" 為關鍵字來查閱相關使用説明。

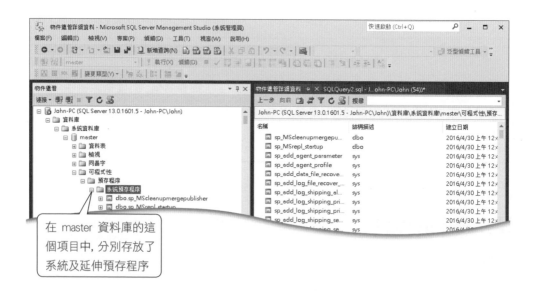

在 master 資料庫的這個項目中, 分別存放了系統及延伸預存程序

◉ **使用者自訂的預存程序 (User-defined stored procedures)**

就是我們自己設計的預存程序, 其名稱可以任意取, 但最好不要以 sp_ 或 xp_ 開頭, 以免造成混淆。自訂的預存程序會被加入所屬資料庫的**可程式性/預存程序**項目中, 並以物件的形式儲存。

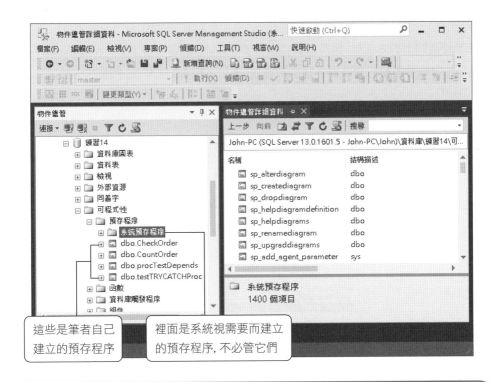

這些是筆者自己建立的預存程序

裡面是系統視需要而建立的預存程序, 不必管它們

"sp_" 的特殊意義

當我們執行以 sp_ 開頭的預存程序時, 系統會優先到 master 資料庫中尋找該預存程序來執行。也就是說, 我們無論在任何的資料庫中, 都可直接執行存放在 master 中並以 sp_ 開頭的預存程序, 而不必用完整名稱 (例如 "master..sp_help") 來指定其所在位置。

但是, 以 xp_ 開頭的延伸預存程序則無此特性, 因此我們必須先指明其所在位置, 以下我們以 xp_cmdshell 預存程序為例說明。由於 SQL Server 為了安全性的原因預設會關閉 xp_cmdshell 預存程序的功能, 所以請先執行下列敘述將此功能開啟:

```
                         設定進階 (具危險性) 組態前, 必須先執行這行敘述
EXEC sp_configure 'show advanced options', 1  ◀──
RECONFIGURE    ◀── 更改組態後, 要執行此敘述 (或重新啟動伺服器) 才會生效
EXEC sp_configure 'xp_cmdshell', 1  ◀── 1 表示允許 (True), 0 表示禁用
RECONFIGURE
```

接下頁

除了使用以上的方法外, 也可改用視窗界面來設定, 就是在 SQL Server Management Studio 中**物件總管**的伺服器名稱上按右鈕, 執行『**Facet**』 命令, 然後如下設定:

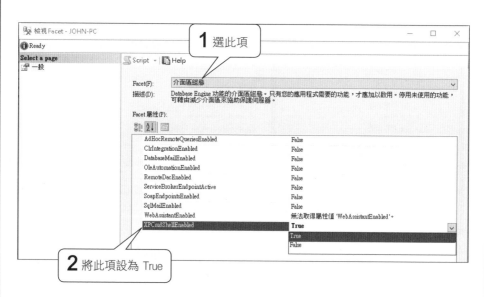

接著請如下執行 xp_cmdshell 預存程序:

```
EXEC master..xp_cmdshell 'DIR C:\TEMP'
```
◀── 執行 DOS 的 DIR 命令

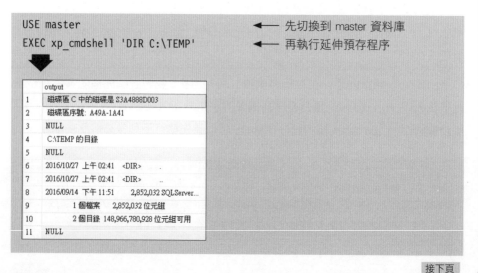

```
USE master
EXEC xp_cmdshell 'DIR C:\TEMP'
```
◀── 先切換到 master 資料庫
◀── 再執行延伸預存程序

	output
1	磁碟區 C 中的磁碟是 S3A4888D003
2	磁碟區序號: A49A-1A41
3	NULL
4	C:\TEMP 的目錄
5	NULL
6	2016/10/27 上午 02:41 <DIR> .
7	2016/10/27 上午 02:41 <DIR> ..
8	2016/09/14 下午 11:51 2,852,032 SQLServer...
9	1 個檔案 2,852,032 位元組
10	2 個目錄 148,966,780,928 位元組可用
11	NULL

接下頁

TIP SQL Server 可以透過 xp_cmdshell 延伸預存程序來執行 DOS (命令提示字元模式) 或 Windows 的指令, 而其傳回值即為如上的單欄多筆記錄。

由於延伸預存程序在執行上並不方便, 因此有些延伸預存程序也是以 sp_ 開頭, 以方便我們直接執行。另外, 如果您有些預存程序要提供給其他的資料庫使用, 也可以在 master 資料庫中建立以 sp_ 開頭的預存程序。

14-2 預存程序的建立、使用與修改

在了解預存程序的功能、優點及種類之後, 我們再來看看如何自己建立預存程序。

用 SQL 語言建立預存程序

建立預存程序是使用 CREATE PROCEDURE 敘述, 其語法如下:

```
CREATE PROC[EDURE] procedure_name [;number]
    [ @parameter data_type [VARYING] [= default] [OUTPUT] [READONLY] ]
    [, ...n]
    [WITH { RECOMPILE | ENCRYPTION | RECOMPILE, ENCRYPTION } ]
    [FOR REPLICATION]
AS sql_statement [...n]
```

◉ **CREATE PROC[EDURE] procedure_name [;number]**

建立預存程序可以使用 CREATE PROCEDURE 或 CREATE PROC, 後面接著是程序的名稱。程序名稱後面可以再加上 ;number , 例如 CREATE PROC MyProc;1, CREATE PROC MyProc;2, 則 MyProc;1 與 MyProc;2 會被視為同屬於 MyProc 群組的預存程序, 如此可以方便管理一組預存程序 (例如要刪除同群組的全部預存程序時, 只須以群組名稱來刪除即可)。

◉ **@parameter data_type [VARYING] [= default] [OUTPUT] [READONLY]**

此為預存程序的參數, parameter 為參數名稱; data_type 是參數的資料型別。每個預存程序最多可以有 2100 個參數, 而所有的型別, 包括 text、ntext、image、table 等都可使用於參數上。=default 則可用來指定參數的預設值, 例如 "@QTY INT =100" 即指定 @QTY 的預設值為 100, 在執行預存程序時若未指定此參數, 則以預設值取代。

OUTPUT 選項表示此參數的值是可以傳回的, 由於預存程序本身只能用 RETURN 敘述傳回一個整數值, 因此如果要傳回其他資料, 可以利用參數來傳回。另外在執行此預存程序時, 也必須以變數做為參數, 而且同樣要加入 OUTPUT 選項, 例如:

```
DECLARE @地址 VARCHAR(100)
EXEC Lookup '楊小雄' @地址 OUTPUT     ◀── 查詢到的地址可由 @地址傳回
```

VARYING 選項是指此傳回值是可以改變的, 只能 (而且必須) 用於 CURSOR 上。當使用 CURSOR 做為參數時, 必須同時指定 VARYING 及 OUTPUT 選項。

 TIP 有關 CURSOR 的詳細說明, 請參閱第 17 章。

READONLY 表示在預存程序中不可更改該參數的值。所有 table 型別的參數都必須指定 READONLY 選項。

◉ **WITH { RECOMPILE | ENCRYPTION | RECOMPILE, ENCRYPTION }**

RECOMPILE 表示每次執行此預存程序時皆重新編譯一次, 這樣做的好處是每次都可以用最佳化的方式來處理資料 (因為編譯時會依現況來產生最佳的執行計劃)。如果預存程序的參數值, 或所使用的資料表經常有很大的變化, 則可以考慮使用此選項。另外, 如果沒有指定 RECOMPILE 選項, 我們仍可在執行預存程序時要求系統重新編譯一次, 例如:

```
EXEC MyProc WITH RECOMPILE       ◀── 請求系統先重新編譯一次再執行
```

ENCRYPTION 則表示在 master 資料庫的 sys.syscomments 系統檢視表中, 所記錄的 CREATE PROCEDURE 敘述會被加密編碼, 這樣別人就看不到此預存程序的內容了。

⊙ FOR REPLICATION

加此選項表示該預存程序僅供複寫 (Replication) 時使用。

底下我們來舉幾個建立預存程序的例子, 您可以使用**練習 14** 資料庫自己試試看:

```
CREATE PROCEDURE MyProc1                    / * 建立預存程序 * /
AS SELECT * FROM 標標公司 WHERE 價格 > 400
GO
EXEC MyProc1                                / * 執行預存程序 * /
```

	產品名稱	價格
1	Linux 架站實務	490.00
2	SQL 指令寶典	440.00

下面這個範例, 我們為新增記錄的動作建立預存程序, 用來示範設定參數的用法:

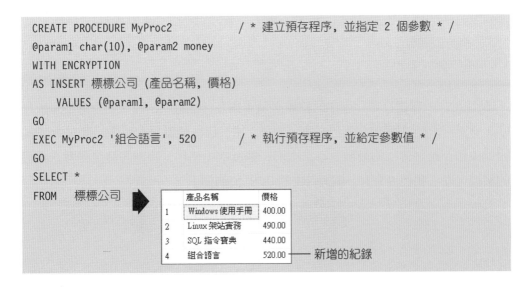

```
CREATE PROCEDURE MyProc2            / * 建立預存程序, 並指定 2 個參數 * /
@param1 char(10), @param2 money
WITH ENCRYPTION
AS INSERT 標標公司 (產品名稱, 價格)
    VALUES (@param1, @param2)
GO
EXEC MyProc2 '組合語言', 520        / * 執行預存程序, 並給定參數值 * /
GO
SELECT *
FROM   標標公司
```

	產品名稱	價格	
1	Windows 使用手冊	400.00	
2	Linux 架站實務	490.00	
3	SQL 指令寶典	440.00	
4	組合語言	520.00	── 新增的紀錄

接下來的範例，我們要建立可經由參數來傳回值的預存程序，並且將此傳回值再傳給另一個預存程序：

```
/* MyProc3 預存程序 */              此為可傳回值的參數
CREATE PROCEDURE MyProc3
@param1 char(10), @param2 money, @param3 money OUTPUT
AS      INSERT 標標公司 (產品名稱, 價格)
        VALUES (@param1, @param2)
        SELECT @param3 = SUM(價格)
        FROM 標標公司
GO


/* MyProc4 預存程序 */
CREATE PROCEDURE MyProc4
@param1 money
AS PRINT '目前的總價為:' + CONVERT(varchar, @param1)
GO

DECLARE @sum money
EXEC MyProc3 'MATHLAB 手冊', 320, @sum OUTPUT ◄─── 執行 MyProc3 預存程序並且
                                                    將傳回值指定給 @sum


EXEC MyProc4 @sum                           ◄─── 再將 MyProc3 的傳回值
                                                 @sum 傳給 MyProc4
▼


( 1 個資料列受到影響)
目前的總價為: 2170.00
```

請注意，一個建立預存程序的敘述必須單獨為一個批次，因此在查詢中可使用 GO 來表示預存程序的定義已結束。另外，由於區域變數只在所屬的批次中有效，因此由預存程序傳回的變數也必須在同一個批次中使用，否則將發生變數未定義的錯誤。底下我們再來看一個有 RETURN 值的例子：

```
CREATE PROCEDURE 取得客戶地址
@客戶編號 int ,
@地址 varchar(100) OUTPUT
AS SELECT @地址 = 地址
   FROM 客戶
   WHERE 客戶編號 = @ 客戶編號

IF @@rowcount > 0
     RETURN 0       /* 如果查詢到則傳回 0 * /
  ELSE
     RETURN 1       /* 沒有查到就傳回 1 */
GO

DECLARE @ret int, @地址 varchar(100)
EXEC @ret = 取得客戶地址 4, @地址 OUTPUT    /* 用 @ret 接收傳回值 */
IF @ret = 0
   PRINT @ 地址
ELSE
   PRINT '找不到！'
```

台北市南京東路三段 3 號

接下來這個範例要示範建立一個群組的預存程序:

```
/ * 建立 MyProc5 預存程序群組的第 1 個程序 * /

CREATE PROCEDURE MyProc5;1
AS
   SELECT *
   FROM 旗旗公司
GO
```

```
/* 建立 MyProc5 預存程序群組的第 2 個程序 * /

CREATE PROCEDURE MyProc5;2
AS
SELECT *
```

接下頁

14-11

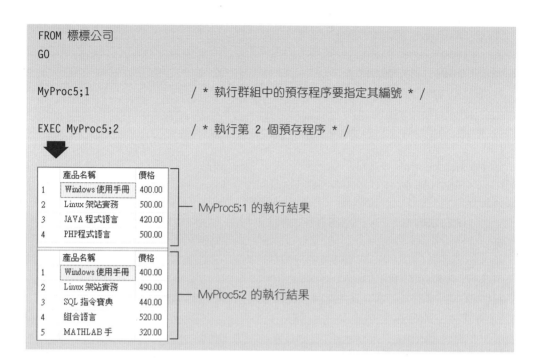

```
FROM 標標公司
GO

MyProc5;1                    / * 執行群組中的預存程序要指定其編號 * /

EXEC MyProc5;2               / * 執行第 2 個預存程序 * /
```

	產品名稱	價格
1	Windows 使用手冊	400.00
2	Linux 架站實務	500.00
3	JAVA 程式語言	420.00
4	PHP程式語言	500.00

— MyProc5;1 的執行結果

	產品名稱	價格
1	Windows 使用手冊	400.00
2	Linux 架站實務	490.00
3	SQL 指令寶典	440.00
4	組合語言	520.00
5	MATHLAB 手	320.00

— MyProc5;2 的執行結果

 TIP 當執行預存程序的敘述位在批次的最前面時, EXECUTE 關鍵字可以省略。

希望您能從這些簡單的範例中, 了解自訂預存程序的建立與使用方法

使用 SQL Server Management Studio 建立預存程序

請使用**練習 14** 資料庫如下操作：

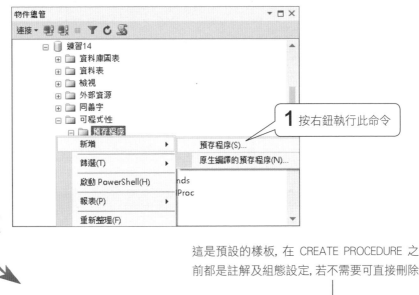

1 按右鈕執行此命令

這是預設的樣板, 在 CREATE PROCEDURE 之前都是註解及組態設定, 若不需要可直接刪除

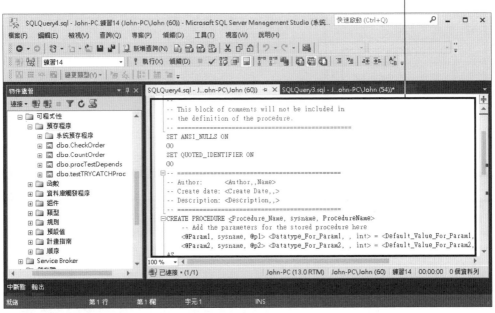

3 設計完成後, 可按此鈕執行　　　**2** 我們改成自己的敘述

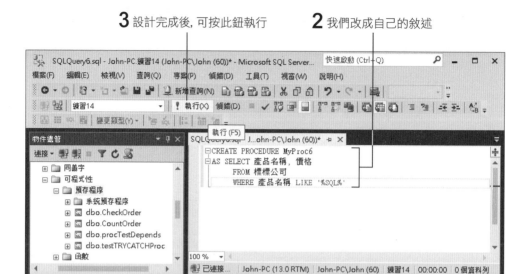

要在物件的根節點上按右鈕執行 『**重新整理**』 命令, 新建立的物件才會顯示出來!

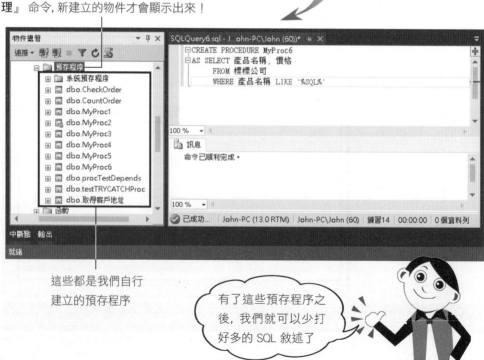

這些都是我們自行
建立的預存程序

有了這些預存程序之
後, 我們就可以少打
好多的 SQL 敘述了

更改預存程序的名稱

直接在**物件總管**窗格或右邊窗格的**物件總管詳細資料**頁次中找到要更名的預存程序, 按右鈕執行『**重新命名**』命令即可更改預存程序名稱:

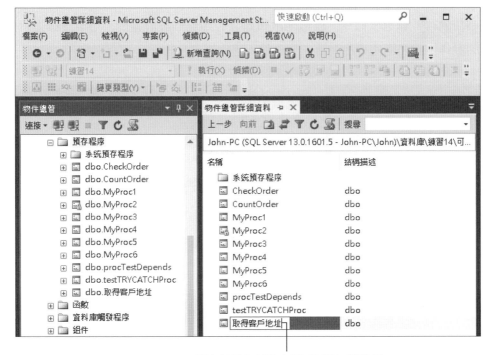

可在此輸入新的名稱, 然後按 Enter 鍵

 TIP 您也可以使用 sp_rename 系統預存程序來更名, 例如 sp_rename 'aaa', 'bbb' 即可將 aaa 更名為 bbb。

修改與刪除自訂預存程序

修改預存程序

要用 SQL 語言修改預存程序可使用 ALTER PROCEDURE 敘述, 其語法與 CREATE PROCEDURE 相同, 因此我們不再列出, 僅以下例來說明:

```
ALTER PROCEDURE MyProc2          /* 可直接將原來的預存程序改掉 */
AS SELECT *
    FROM 標標公司
```

另外在 SQL Server Management Studio 中只要在要修改的預存程序名稱上按右鈕執行『**修改**』命令，就會開啟與建立時類似的設計畫面，可以直接進行修改的動作。我們用此方法來看一下之前所建立的 MyProc6 預存程序：

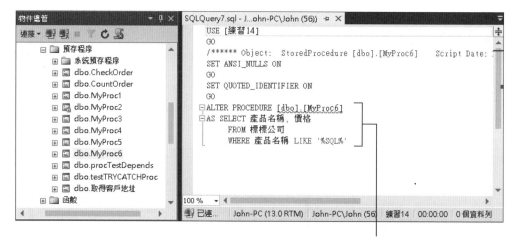

可在此修改預存程序的內容, 改好後按工具列的**執行**鈕進行更改

無法修改加密的預存程序

在使用 CREATE PROC 建立預存程序時, 若指定了 WITH ENCRYPTION 加密選項, 則該預存程序將無法修改, 此時若要修改, 就只能刪除後再新建一個了, 或是使用前面介紹的 ALTER PROCEDURE 敘述, 以新的預存程序內容覆蓋舊的。

刪除預存程序

刪除預存程序的語法相當簡單, 只要使用 DROP PROCEDURE 敘述即可：

```
DROP PROCEDURE procedure_name [, ...n]
```

如果要刪除同一群組的預存程序，則可直接指定其群組名稱，而不用一個一個刪除，例如 MyProc5 中已經有 MyProc5;1 與 MyProc5;2 兩個預存程序，則只要執行 "DROP PROCEDURE MyProc5" 即可刪除整個群組的預存程序。

若是在 SQL Server Management Studio 中要刪除預存程序，只要在該預存程序上按 Delete 鍵或按右鈕執行『刪除』命令，然後在開啟的交談窗中按確定鈕即可。

使用 SQL Server Management Studio 執行、管理預存程序

在 SQL Server Management Studio 中除了可以執行 SQL 敘述外，也有相當方便的視窗界面供我們操作預存程序，例如要測試某個預存程序的執行狀況，只須在**物件總管**中的預存程序上按右鈕，然後如下操作：

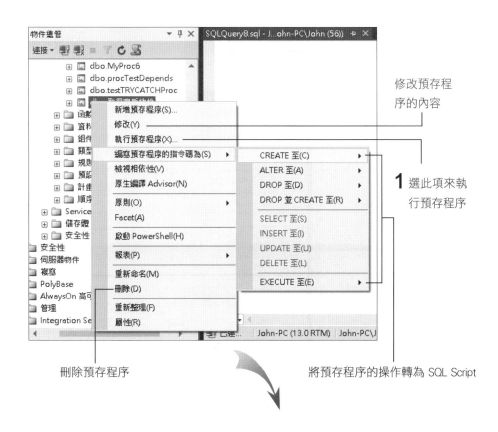

修改預存程序的內容

1 選此項來執行預存程序

刪除預存程序

將預存程序的操作轉為 SQL Script

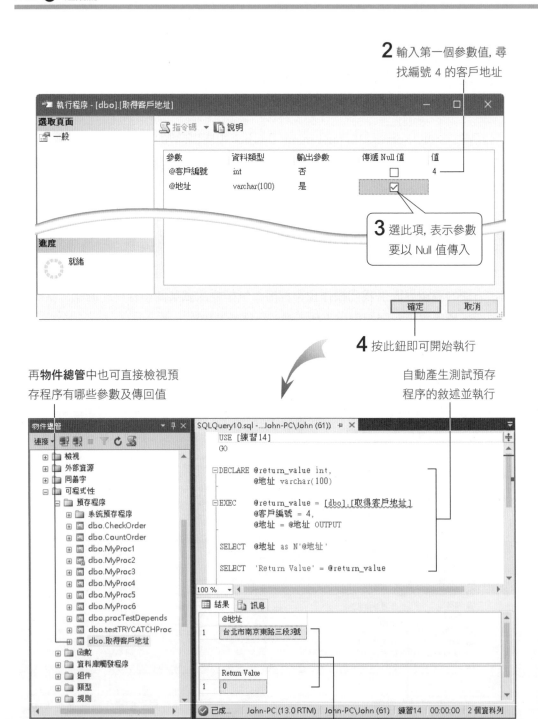

2 輸入第一個參數值, 尋找編號 4 的客戶地址

3 選此項, 表示參數要以 Null 值傳入

4 按此鈕即可開始執行

再**物件總管**中也可直接檢視預存程序有哪些參數及傳回值

自動產生測試預存程序的敘述並執行

執行的結果

14-3 設計預存程序的技巧

在預存程序中使用敘述的限制

在預存程序中使用敘述時，須注意以下的限制：

◉ 在預存程序中，有
些敘述不可使用，
包括：

CREATE AGGREGATE	CREATE RULE
CREATE DEFAULT	CREATE SCHEMA
CREATE/ALTER FUNCTION	CREATE/ALTER FUNCTION
CREATE/ALTER PROCEDURE	CREATE/ALTER VIEW
SET PARSEONLY	SET SHOWPLAN_ALL
SET SHOWPLAN_TEXT	SET SHOWPLAN_XML
USE 資料庫名稱	

而除上表所列以外的其他敘述則可以使用，甚至我們可以在預存程序中建立物
件(例如 CREATE TABLE) 並進行存取；也就是說，在編譯預存程序時，其
內所參照到的物件可以不存在，只要在該敘述實際執行時，所參照的物件已經
存在即可。

TIP　上述表列中有部分的敘述由於篇幅因素本書沒有介紹，若需要詳細的說明，
請自行參考 **SQL Server** 線上叢書。

◉ 在同一個資料庫中，只要使用不同的結構描述，便可以建立相同名稱的物件，
例如 dbo.test、abc.test、sales.test 三個資料表可同時存在。因此如果在預
存程序中未指明結構描述時 (例如 SELECT * FROM test)，那麼預設會以
該預存程序所屬的結構描述去尋找；例如 myproc 所屬的結構描述為 sales，
則 sales.myproc 在執行時，其內的 SELECT 敘述會參照到資料表 sales.
test，若找不到 sales.test 則會去找 dbo.test，如果還是找不到則產生錯誤訊
息。

換句話說，不管執行者是誰，只要預存程序中未指明物件的結構描述，都會先找以**預存程序所屬的結構描述**來尋找物件，找不到的話再換用"dbo.物件"，若都找不到則產生錯誤訊息。

 TIP 關於結構描述的詳細説明, 請參考 13-66 頁。

讓我們來看一個例子, 假設已建立好 4 個預存程序及 4 個資料表：

預存程序	所屬的結構描述
procAll	dbo
procAll	abc
procAll	sales
procsales	sales

資料表	所屬的結構描述
tabAll	dbo
tabAll	abc
tabAll	sales
tabsales	sales

而在每個 procAll 預存程序中都會存取到 tabAll 及 tabsales 資料表, 但均未指明資料表的結構描述。現在, 我們來看看每一個使用者在執行這些預存程序, 而且都未指明程序建立者時的狀況：

使用者	使用者預設的結構描述	執行 procAll	在 procAll 中存取 tabAll	在 procAll 中存取 tabsales	執行 procsales
dbo	dbo	dbo.procAll	dbo.tabAll	名稱錯誤	名稱錯誤
ken	sales	sales.procAll	sales.tabAll	sales.tabsales	sales.procsales
joe	abc	abc.procAll	abc.tabAll	名稱錯誤	名稱錯誤
john	dbo	dbo.procAll	dbo.tabAll	名稱錯誤	名稱錯誤

那麼, 如果使用者 joe 執行 sales.procAll 時會如何呢？由於 sales.procAll 結構描述為 sales, 因此在此預存程序中會存取到 sales.tabAll 及 sales.tabsales。反之, 如果是 ken 執行 abc.procAll, 那麼在預存程序中可存取到 tabAll (abc.tabAll), 但因為 abc.tabsales 及 dbo.tabsales 均不存在, 所以存取 tabsales 時會發生錯誤。

⊙ 有些指令在執行時若未指定結構描述，會固定以**目前使用者**的**預設結構描述**來尋找或建立物件，這些指令包括：

CREATE TABLE	DROP TABLE
ALTER TABLE	TRUNCATE TABLE
CREATE INDEX	DROP INDEX
UPDATE STATISTICS	DBCC

因此在預存程序中使用這些敘述時，最好要同時指明結構描述，以免其他使用者在執行時發生預期之外的結果。例如使用者 joe 建立了一個 abc.book 資料表，以及底下的預存程序：

```
CREATE PROCEDURE abc.test
AS
ALTER TABLE book          ◄── book 未指明結構描述
ADD writer varchar (30)
```

那麼當另一個使用者 ken（預設結構描述為 sales）來執行此預存程序時，該預存程序便會去企圖修改 sales.book 資料表，但因為不存在所以就 Error 了。

參數傳遞的技巧

當我們執行預存程序時，若未指明參數名稱（指明的方法後述），則必須依照預存程序所需的參數依序傳過去；而且除非該參數有指定預設值並且是在最後面，否則不可以省略。底下來看一個例子：

```
CREATE PROCEDURE test
@a int ,
@b int = NULL,
@c int = 3
AS
SELECT @a, @b, @c
GO                                                    接下頁
```

```
EXEC test                /* 錯誤, 第一個參數不可省 */
GO
EXEC test1               /* OK, 第 2 、3 參數用預設值 */
GO
EXEC test1, DEFAULT      /* OK, 可用 DEFAULT 表示使用預設值 */
GO
EXEC test1, DEFAULT, 5   /* OK */
GO
EXEC test1, 2, 5         /* OK */
GO
```

在傳入的參數中若要使用預設值, 可用 DEFAULT 關鍵字代表。另外, 我們也可以使用在預存程序中宣告的參數名稱, 以 "@name = value" 格式來指明傳入參數的對應位置, 例如 (承接上例):

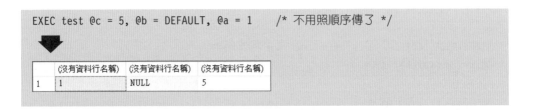

使用 "@name = value" 的方式, 我們就可以使用任意的順序來傳遞參數了, 而且若位在中間位置的參數有預設值, 也可直接省略而不必使用 DEFAULT 來傳遞, 例如上例中的 "@b = DEFAULT" 即可省略。下面再來看幾個例子:

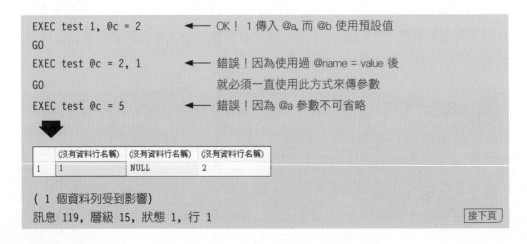

(1 個資料列受到影響)
訊息 119, 層級 15, 狀態 1, 行 1

接下頁

> 必須以 '@name = value ' 傳遞參數編號 2 及後續參數。使用 '@name = value' 格
> 式之後,所有後續的參數都必須以 '@n ame = value' 的格式來傳遞。
> 訊息 201 , 層級 16, 狀態 4, 程序 test, 行 0
> 程序或函數 'test' 必須有參數 '@a', 但是並未提供。

在傳遞多個參數時, 預設是依序傳遞, 但若其中有一個使用 "@name = value" 來傳, 則順序便會被打亂, 因此該參數之後的各參數均需以 "@name = value" 的方式傳遞。

預存程序的 3 種傳回值

在執行預存程序時, 其實可以有 3 種傳回值:

◉ 在程序中以 "RETURN n" 傳回整數值。

◉ 在參數中指定 OUTPUT 選項的參數。

◉ 預存程序中執行敘述 (例如 SELECT) 所傳回的資料集 (RecordSet) 及通知訊息。

底下來看一個例子:

```
CREATE PROCEDURE TestRetVal
@TableName varchar(30) OUTPUT
AS
DECLARE @sqlstr varchar(100)
SET @sqlstr = 'SELECT * FROM ' + @TableName
EXEC (@sqlstr)                        /* 執行字串中的 SQL 敘述 */

IF @@ERROR = 0
    BEGIN
        SET @TableName = 'Hello'
        RETURN 0
    END
ELSE
    RETURN 1
```

接下頁

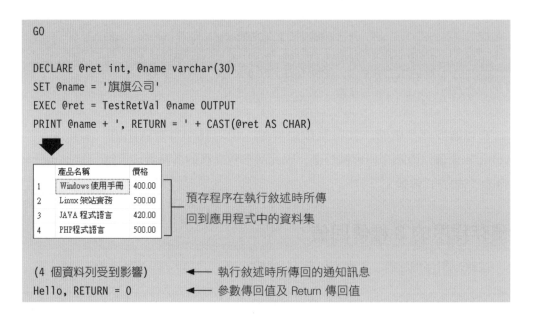

```
GO

DECLARE @ret int, @name varchar(30)
SET @name = '旗旗公司'
EXEC @ret = TestRetVal @name OUTPUT
PRINT @name + ', RETURN = ' + CAST(@ret AS CHAR)
```

	產品名稱	價格
1	Windows 使用手冊	400.00
2	Linux 架站實務	500.00
3	JAVA 程式語言	420.00
4	PHP程式語言	500.00

◀── 預存程序在執行敘述時所傳回到應用程式中的資料集

```
(4 個資料列受到影響)    ◀── 執行敘述時所傳回的通知訊息
Hello, RETURN = 0       ◀── 參數傳回值及 Return 傳回值
```

由此可知, OUTPUT 的參數及 RETURN 的傳回值都可以在批次程式中用變數來接收；而第 3 種傳回值 (資料集與通知訊息) 則是直接傳回到執行批次的應用程式中, 無法在批次程式中使用。

另外, 在上例中我們是用 RETURN 值來判斷預存程序是否執行正確, 其實我們也可改用 RAISERROR 來產生錯誤訊息, 然後在執行完預存程序之後立即檢查@@ERROR 的值, 來判斷是成功或失敗。

自訂預存程序傳回資料集的格式

在使用 EXEC 執行預存程序時, 還可以使用 WITH RESULT SETS 來指定傳回資料集的格式, 例如：

```
CREATE PROCEDURE testWithResultSet    ◀── 建立預存程序
AS SELECT * FROM 旗旗公司
GO
```

```
EXEC tes tWi thResul tSet              ◀── 執行預存程序
```

```
EXEC tes tWi thResul tSet              ◀── 執行預存程序並自訂傳回資料集格式
```

接下頁

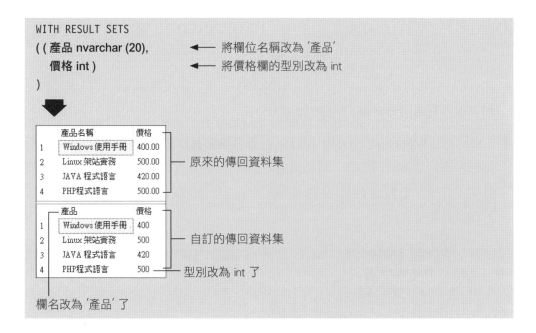

底下是 EXEC ... WITH RESULT SETS ... 的簡要語法：(完整語法請參關線上叢書中的 EXECUTE 主題)

```
EXEC . . .
WITH RESULT SETS
( ( { column_name data_type [ NULL | NOT NULL ] }
     [, ...n] )
)
```

◉ **column_name**：欄位的名稱, 可以和原始的欄位名稱相同或不同。

◉ **data_type**：欄位的資料型別, 會以『隱含式型別轉換』(參見第 10-5 節) 來轉換型別, 若轉換失敗則會視為錯誤而中止批次。

◉ **[NULL | NOT NULL]**：指定是否允許 NULL, 若不允許 NULL 卻有傳回NULL, 則會視為錯誤而中止批次。

請注意, 自訂欄位的數量必須和傳回的資料集相同, 否則會視為錯誤而中止批次。除了以上的語法外, 還有以下 3 種特別語法：

- EXEC … WITH RESULT SETS **UNDEFINED**：不指定傳回資料集的格式，也就是省略 WITH RESULT SETS … 時的預設值。

- EXEC … WITH RESULT SETS **NONE**：指定不可傳回任何資料集。如果預存程序有傳回資料集，則會中止批次。

- EXEC … WITH RESULT SETS **((資料集定義), (資料集定義), …)**：當預存程序傳回多個資料集時，則必須指定相同數量的 "(資料集定義)"，並以逗號分開；若資料集數量不符，則會視為錯誤而中止批次。例如以下的範例會傳回 2 個資料集：

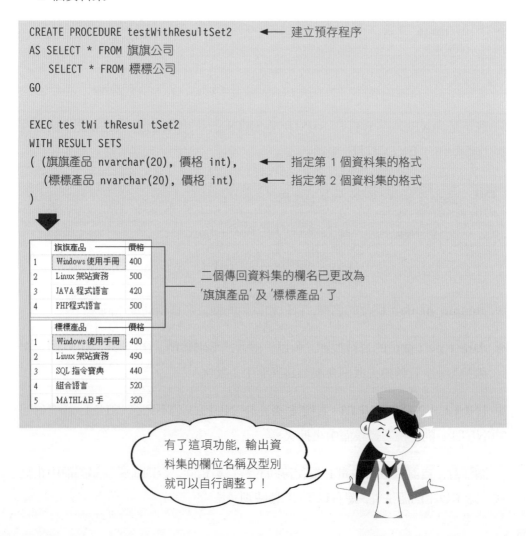

```
CREATE PROCEDURE testWithResultSet2        ◀── 建立預存程序
AS SELECT * FROM 旗旗公司
    SELECT * FROM 標標公司
GO

EXEC tes tWi thResul tSet2
WITH RESULT SETS
( (旗旗產品 nvarchar(20), 價格 int),     ◀── 指定第 1 個資料集的格式
   (標標產品 nvarchar(20), 價格 int)     ◀── 指定第 2 個資料集的格式
)
```

二個傳回資料集的欄名已更改為 '旗旗產品' 及 '標標產品' 了

有了這項功能，輸出資料集的欄位名稱及型別就可以自行調整了！

SET NOCOUNT 選項

在執行各類查詢或修改資料的 SQL 敘述時，都會傳回該敘述影響了多少筆記錄的通知訊息，例如上例的 "(4 個資料列受到影響)"。有時我們不希望傳回這些訊息，以免干擾應用程式的運作或浪費網路頻寬，此時可以更改 NOCOUNT 選項，語法如下：

```
SET NOCOUNT {ON | OFF}
```

設為 ON 後即不會再顯示影響筆數的通知訊息了，不過實際影響的筆數仍會儲存到 @@ROWCOUNT 系統變數中，以供我們查閱。

SET QUOTED_IDENTIFIER 及 SET ANSI_NULLS 選項

當我們執行 SET QUOTED_IDENTIFIER ON 後，雙引號便會用來標示物件的識別名稱，例如我們使用 "訂單 資料表" 或 [訂單 資料表] 都可以，而字串便只能以單引號表示。若設為 OFF 則雙引號可用來標示字串，而不可用於識別名稱。

另外，執行 SET ANSI_NULLS ON 後，任何資料與 NULL 做等於 (=) 或不等於 (< >) 的比較時都會是 False。若設為 OFF，則 NULL 值與 NULL 值做 = 比較時將為 True，而且非 NULL 值與 NULL 值做 < > 比較時亦 True；此時我們就可以用 = 或 < > 來判斷欄位值是否為 NULL 了：

```
SELECT *
FROM 客戶
WHERE 聯絡人 = NULL     ◀── 找出未填寫聯絡人的記錄
```

由於 QUOTED_IDENTIFIER 及 ANSI_NULLS 這二個選項與程式有密切關係，因此在儲存預存程序 (或觸發程序) 時，系統會將這二個選項當時的設定也一起儲存，並在未來程序執行時也會自動使用所儲存的選項設定，以保證程式能正確執行。

SET 敘述是用來設定目前連線 (Session) 的選項, 當連線結束即無效了。另外, 若 SET 使用在程序中, 則其設定只在程序中有效。

 QUOTED_IDENTIFIER 及 ANSI_NULLS 選項的預設值, 是取自資料庫中所儲存的選 項設定。若要修改資料庫的選項設定, 則可執行 sp_dboption 預存程序來進行 (例如 sp_dboption '練習 14', 'ANSI NULLS', 'true'), 或是執行 ALTER DATABASE 來 修改選項 (例如 ALTER DATABASE 練習 14 SET ANSI_NULLS ON)。但其設定效果 要等到下次重新開啟資料庫時才會生效。

除了這二個選項外, 如果程序中的程式與某些其他的 SET 選項有關, 那麼在 程序開頭處最好先用 SET 設定好, 以策安全。請注意, 在程序中用 SET 所做的 設定只在該程序中有效, 當程序結束時即會還原為設定前的狀態。

暫存性的預存程序

『暫存預存程序』(Temporary procedures) 的功能和『暫存資料表』相同, 都是一種因暫時需求而產生的物件, 它和一般正常預存程序的不同點在於:

◉ 暫存預存程序會存放在 **tempdb** 資料庫中。

◉ 當暫存預存程序的使用者都離線之後, 暫存預存程序會自動被刪除。

　 暫存預存程序依使用權限可分為兩種: **區域 (Local)** 和**全域 (Global)**

◉ 區域暫存預存程序的名稱以 **#** 開頭, 只有建立它的人可以使用。當建立它的 使用者離線後, SQL Server 會自動刪除它。

◉ 全域暫存預存程序的名稱以 **##** 開頭, 所有的使用者都可以使用它。當建立 它的使用者離線後, 其他使用者即無法再執行此程序, 但已在執行中的則可繼 續執行, 直到所有執行都結束後, SQL Server 即會自動將此程序刪除掉。

暫存預存程序的建立方式和一般預存程序相同, 只需在名稱前加上 **#** 或 **##** 即可, 例如:

```
CREATE PROCEDURE #tempproc
AS PRINT 'Test'
GO


EXEC #tempproc
```

⬇

```
Test
```

巢狀呼叫

在預存程序中當然也可以執行另外一個預存程序，此時即稱為巢狀呼叫；每呼叫一次，巢狀的層數即加 1，最多可到 32 層，一旦超過此數目即會產生錯誤並中斷目前的連線。我們可用全域變數 @@NESTLEVEL 來查看目前程序所在的層數：

```
CREATE PROCEDURE proc3
AS PRINT 'Proc3: at level ' + CAST(@@NESTLEVEL AS CHAR)
GO

CREATE PROCEDURE proc2
AS PRINT 'Proc2 start: at level ' + CAST(@@NESTLEVEL AS CHAR)
   EXEC proc3
   PRINT 'Proc2 end: at level ' + CAST(@@NESTLEVEL AS CHAR)
GO

CREATE PROCEDURE proc1
AS PRINT 'Proc1 start: at level ' + CAST(@@NESTLEVEL AS CHAR)
   EXEC proc2
   PRINT 'Proc1 end: at level ' + CAST(@@NESTLEVEL AS CHAR)
GO

EXEC proc1
```

⬇

```
Proc1 start:at level 1
Proc2 start:at level 2
Proc3: at level 3
Proc2 end: at level 2
Proc1 end: at level 1
```

TIP 若是在預存程序中又執行自己, 則稱為遞迴呼叫 (Recursion)。我們雖然可以這樣設計, 但其效率並不如使用迴圈來得好。

檢視預存程序的使用與被使用關係

在物件總管中的預存程序上按右鈕, 執行『**檢視相依性**』命令:

使用到 MyProc2 的預存程序 (或其他物件)

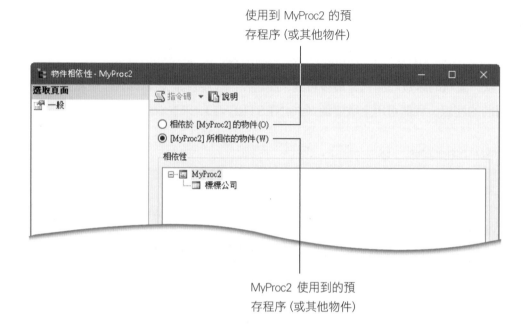

MyProc2 使用到的預存程序 (或其他物件)

執行遠端 SQL Server 中的預存程序

在上一章 (13-13 節) 中我們曾介紹過如何建立連結伺服器 (Linked Server), 並存取其中的資料表等資源。其實除了存取資料外, 透過連結伺服器的 RPC (Remote Procedure Call) 功能, 我們甚至可以啟動遠端伺服器中的預存程序, 並將其在遠端伺服器中執行的結果傳回來使用!底下來看一個例子:

在 FLAG2 伺服器的『練習 12』
中建立一個 TestRPC 預存程序

　我們打算在 John-PC 伺服器執行 FLAG2 伺服器的預存程序, 所以除了要
連結 John-PC 伺服器和 FLAG2 伺服器 (伺服器遠端連結的操作請參閱 13-13
節), 還要設定允許執行遠端程序。操作步驟如下:

1 在**物件總管**窗格中
選取遠端伺服器

2 按右鈕執行『**屬性**』命令

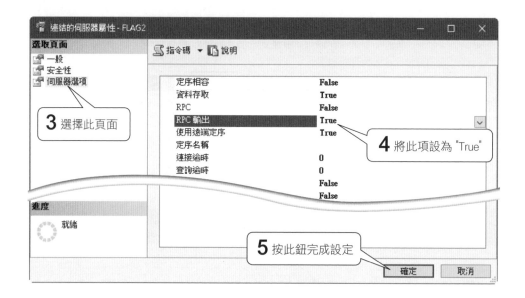

接著就可以從 John-PC 伺服器遠端執行剛才在 FLAG2 建立的預存程序了：

在 John-PC 伺服器中執行 FLAG2
伺服器的 TestRPC 預存程序

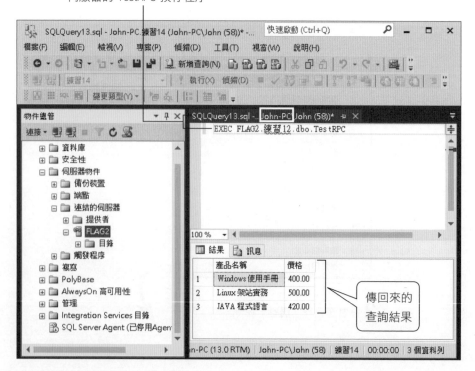

除了可執行遠端程序來存取資料外，我們也可用它來進行遠端伺服器的管理，例如在遠端伺服器中撰寫一些設定權限、進行備份、檢查資料等的預存程序，如此就可以對遠端電腦進行各項管理工作的遙控了。

14-4 使用 table 型別的參數

有時候我們會希望預存程序也能處理查詢的結果 (例如 SELECT 傳回的資料集)，這時就可先將查詢結果存入 table 型別的變數中，然後再將變數傳入預存程序中進行處理。

要在預存程序中使用 table 型別的參數，首先必須用 CREATE TYPE 建立一個『使用者定義資料表類型』(相關細節請參見附錄 B-3)，然後用此自訂型別來定義預存程序的參數、以及要傳入預存程序的變數。

底下我們建立一個『找出最大者』預存程序，它能接收 table 變數，並傳回其中數值最大的一筆 (或多筆) 記錄：

```
CREATE TYPE IntTableType AS TABLE          ◀── 建立『使用者定義資料表類型』，
(名稱 VARCHAR(20), 數值 INT )                   內含名稱、數值 2 個欄位
GO


CREATE PROC 找出最大者
@title varchar(30), @tab IntTableType READONLY
AS

  DECLARE @maxv INT

  SELECT @maxv = MAX(數值) FROM @tab      -- 找出最大值

  SELECT @title 說明, 名稱 最大者, @maxv 數量
  FROM @tab
  WHERE 數值 = @maxv
GO
```

建立好之後，我們就可用此預存程序來找出各類資料中的最大者了，例如底下
出貨記錄中『出貨量最大的客戶』，或是**股票交易記錄**中『庫存最多的股票』：

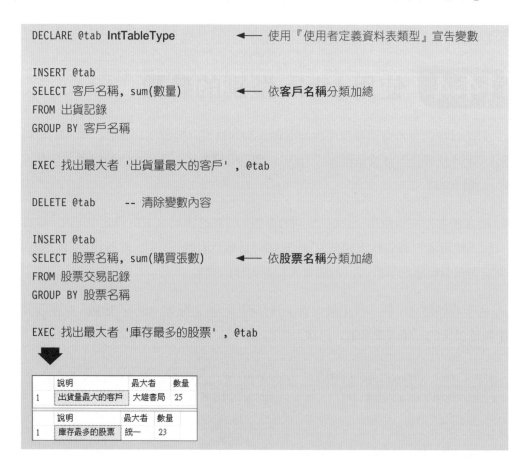

```
DECLARE @tab IntTableType          ←── 使用『使用者定義資料表類型』宣告變數

INSERT @tab
SELECT 客戶名稱, sum(數量)         ←── 依客戶名稱分類加總
FROM 出貨記錄
GROUP BY 客戶名稱

EXEC 找出最大者 '出貨量最大的客戶' , @tab


DELETE @tab        -- 清除變數內容


INSERT @tab
SELECT 股票名稱, sum(購買張數)      ←── 依股票名稱分類加總
FROM 股票交易記錄
GROUP BY 股票名稱

EXEC 找出最大者 '庫存最多的股票' , @tab
```

	說明	最大者	數量
1	出貨量最大的客戶	大雄書局	25

	說明	最大者	數量
1	庫存最多的股票	統一	23

Chapter

15

自訂函數與
順序物件

當我們在撰寫 SQL 程式時, 多少都會用到一些系統內建的函數, 例如 GETDATE()、CAST (...) 等。而 SQL Server 的『使用者自訂函數』功能, 則讓我們也可以自己來建立函數, 然後直接應用於 SQL 敘述或運算式中。

另外,『順序物件』提供了自動編號的功能, 讓我們更方便地取得各種序號來使用, 例如由 100 開始遞增給號, 或 1、3、5...奇數給號, 或由 1 到 10 不斷循環給號等等。

本章將使用**練習 15** 資料庫為例說明, 請依關於光碟中的說明, 附加光碟中的資料庫到 SQL Server 中一起操作。

15-1 自訂函數的特色

　　自訂函數其實和預存程序是很類似的, 都是由多行 T-SQL 敘述所組成的程式單元。不過它們之間還是有一些明顯的差異：

◉ 預存程序只能傳回一個整數值；而自訂函數則可傳回各種資料型別的值 (但 text、ntext、image、cursor 及 rowversion (timestamp) 除外), 甚至包括了 sql_variant 及 table 型別。

 有關 sql_variant 及 rowversion 資料型別的說明請參閱『附錄 D』。

◉ 預存程序可以經由參數來傳回資料 (將參數設為 OUTPUT)；但自訂函數則只能接收參數, 不可由參數傳回資料。

◉ 在預存程序中可以做任何的資料異動, 例如新增或修改資料、更改資料庫的設定... 等；但自訂函數則不允許更改資料庫的狀態或內容。

◉ 預存程序必須以 EXECUTE 來執行，因此不能使用在運算式之中，例如
  myProc 會傳回 2，那麼『SET @var = myProc』或『SELECT * FROM
  myProc』都會造成錯誤。而自訂函數則除了可用 EXECUTE 來執行外，也可
  用於運算式中，並以傳回值來取代其名稱，例如假設 myFun(3) 會傳回 'Good'，
  則『SET @var = myFun(3) + '!'』就相當於『SET @var = 'Good' + '!'』。

◉ 在預存程序中，可以使用 TRY...CATCH 敘述來處理錯誤狀況。但在自訂函
  數中則禁止使用。

　　一般來說，預存程序比較適合做一些對資料庫的操作或設定，其執行結果通常
不必傳回，或將結果傳回到執行該程序的應用程式中 (例如將 SELECT 敘述的
結果傳回到 SQL 查詢或前端應用程式中)；而自訂函數則適用於計算或擷取資
料，然後將結果傳回給呼叫它的運算式或 SQL 敘述 (例如 SELECT 或 FROM
子句) 中使用。

　　底下我們來看 2 個呼叫自訂函數的例子，這 2 個自訂函數會在稍後建立及介
紹，現在只要大致瀏覽過即可：

　　在上述程式中，我們首先利用自訂函數找出 2016 年最賣座的產品，然後再利
用另一個自訂函數找出該項產品的相關銷售人員。由此觀之，當我們在撰寫 SQL
敘述時，若需要一些方便使用的副程式來擷取或計算資料，然後將結果用於後續
的程式中，那麼使用自訂函數是最恰當不過了。

15-2 自訂函數的建立、使用與修改

您可以在 SQL Server Management Studio 中建立自訂函數, 其操作方法也和預存程序差不多, 只是 SQL 語法有所不同而已:

程式類型	建立	修改	刪除
預存程序	CREATE PROC	ALTER PROC	DROP PROC
自訂函數	CREATE FUNCTION	ALTER FUNCTION	DROP FUNCTION

自訂函數依傳回值及函數內容可分為兩大類:

◉ **純量值函數** (Scalar-valued function):這類函數會傳回單一的資料值, 而資料值的型別可以是除了 text、ntext、image、cursor、及 rowversion (timestamp) 之外的任何型別。若是傳回 table 型別的資料, 則歸屬於下列二類函數。

◉ **資料表值函數** (Table-valued function):這類函數可傳回一個 table 型別的資料集 (Rowset) , 依其定義語法的不同, 又分為 2 小類:

● **內嵌資料表值函數** (Inline table-valued function):或稱為『**行內資料集函數**』。函數的內容僅有一個 SELECT 敘述, 而傳回值即是該 SELECT 的查詢結果。

● **多重陳述式資料表值函數** (Multistatement table-valued function):或稱為『**多敘述資料集函數**』。函數內容包含許多的敘述, 而最後也會傳回一個 table 型別的資料集。

TIP 資料表值 (Table-value) 和資料集 (Rowset) 其實都是指相同的東西, 就是一份『多欄 × 多列』的資料。

TIP 有許多系統內建函數也會傳回資料集, 例如 OPENQUERY()、OPENXML()...等, 而這類的函數統稱為『資料集函數』(Rowset function)。

底下我們就來看看這些函數的建立方法與使用技巧。

純量值函數

建立純量值函數 (Scalar-valued function) 的 SQL 語法如下：

```
CREATE FUNCTION function_name
( [ {@par am_name scalar_data_type [=defaul t ] [READONLY] } [,...n] ] )
RETURNS scalar_return_data_type
[ WITH <function_option> [ [, ]...n ] ]
[ AS ]
BEGIN
   function_body
   RETURN scalar_expression
END

< function_option > ::=
   { ENCRYPTION | SCHEMABINDING }
```

⊙ **CREATE FUNCTION function_name**

function_name 中也可包含結構描述名稱 (Schema name)，例如 sales.
myfun。

⊙ **@param_name scalar_data_type [=default] [READONLY]**

函數的參數，可有 0 或多個 (最多可有 2100 個參數)，而參數的名稱前要加
上"@"。參數列的最前及最後必須用小括號括起來，即使沒有參數，小括號也
不可省略。當然，您也可以用 = 來替參數指定預設值，或是用 READONLY
來指定參數是唯讀的 (不允許在函式中被修改)。例如：

```
CREATE FUNCTION myFunct
(@a char(10) READONLY, @b int = 500)
.....
```

參數的型別必須是純量型別 (scalar_data_type)，包括 text、ntext、image、bigint 及 sql_variant 等都算。而 rowversion(timestamp) 及非純量型別的 Cursor、table 等則不可使用；但『使用者定義資料表類型』(參見附錄 B-3) 卻是允許的，不過必須指定為 READONLY，例如：

```
CREATE TYPE NameValueTable AS TABLE      ◀── 定義『使用者定義資料表類型』，
(名稱 varchar(50) , 數值 int )                內含名稱、數值 2 個欄位
GO

CREATE FUNCTION 傳回最大者
(@tab NameValueTable READONLY)           ◀── 使用 NameValueTable 型別的參數
...
```

 TIP Cursor 為資料指標，請參考第 17 章的說明。

◉ **RETURNS scalar_return_data_type**

宣告傳回值的型別，可以是任何的純量型別，但 text、ntext、image 及 rowversion (timestamp) 除外；而非純量型別的 cursor、table 等也不可使用。

 TIP 請注意，這裡的 RETURNS 後面有加 S，不要跟稍後會介紹、沒有加 S 的 RETURN 搞混了喔！

◉ **WITH <function_option> [[,] ...n]**

設定函數的選項。指定 ENCRYPTION 時表示函數的內容要加密，如此在函數建立之後即無法檢視其程式內容了。若要修改加密的函數，則必須以 ALTER FUNCTION 敘述重新指定函數內容，或先將之刪除後再重新建立。

若指定 SCHEMABINDING (結構描述繫結) 選項，則可限制在函數中所使用到的各資料庫物件，都不允許用 ALTER 更改設計，或用 DROP 將之刪除；此限制只有在該函數被刪除，或取消 SCHEMABINDING 選項後才會解除。

在設定 SCHEMABINDING 選項時, 您必須對那些被繫結 (Binding) 的資料庫物件 (就是在函數中使用到的各物件), 擁有『參考』(References) 的權限才行。有關設定此選項的一些限制, 請參閱下一節最後面。

⊙ **AS**

此關鍵字可有可無, 並沒有任何影響。

⊙ **function_body**

就是函數的程式內容, 可有一到多行的敘述。當函數被呼叫時, 會由第一行敘述開始往下執行, 直到遇到 RETURN 為止。

⊙ **RETURN scalar_expression**

用來結束函數的執行, 並將 scalar_expression 運算式的值傳回。在函數中可以出現多個 RETURN 敘述, 其位置也不一定要放在函數的最後面; 但函數的最後一個敘述則必須是 RETURN 敘述。

底下我們就來看一個建立並執行純量值函數的例子, 請開啟**練習 15** 資料庫來練習。目前訂單及訂單細目資料表的內容如下, 接著我們要來自訂一個函數, 查詢並傳回在指定年度中最暢銷的書籍:

	訂單序號	日期	客戶編號	是否付款	備註
1	1	2016-09-22	5	1	NULL
2	2	2016-10-14	6	1	NULL
3	3	2016-10-18	1	1	NULL
4	4	2016-10-19	2	1	NULL
5	5	2016-11-03	8	0	\<Long Text>
6	6	2016-11-05	5	1	NULL
7	9	2016-11-06	4	1	NULL
8	10	2016-11-06	6	1	NULL
9	11	2016-11-06	3	1	NULL
10	12	2016-11-06	3	1	NULL

訂單資料表

	細目序號	訂單序號	數量	書籍編號
1	1	1	40	4
2	2	1	9	2
3	3	1	40	10
4	4	2	20	4
5	5	3	15	3
6	6	3	10	8
7	7	3	22	12
8	8	3	20	6

訂單細目資料表

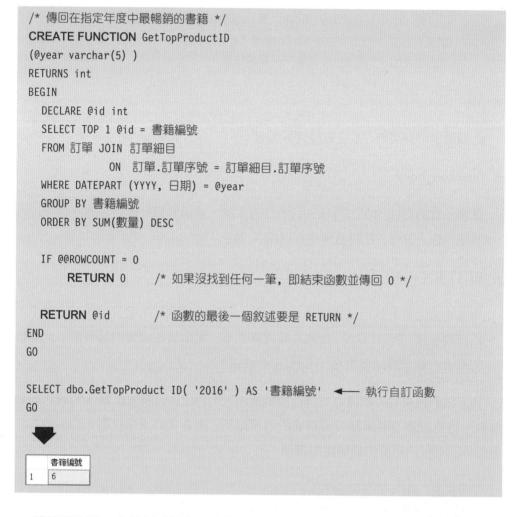

```
/* 傳回在指定年度中最暢銷的書籍 */
CREATE FUNCTION GetTopProductID
(@year varchar(5) )
RETURNS int
BEGIN
  DECLARE @id int
  SELECT TOP 1 @id = 書籍編號
  FROM 訂單 JOIN 訂單細目
            ON 訂單.訂單序號 = 訂單細目.訂單序號
  WHERE DATEPART (YYYY, 日期) = @year
  GROUP BY 書籍編號
  ORDER BY SUM(數量) DESC

  IF @@ROWCOUNT = 0
      RETURN 0        /* 如果沒找到任何一筆, 即結束函數並傳回 0 */

  RETURN @id          /* 函數的最後一個敘述要是 RETURN */
END
GO


SELECT dbo.GetTopProduct ID( '2016' ) AS '書籍編號'      ◄── 執行自訂函數
GO
```

	書籍編號
1	6

請特別注意：在執行『純量』自訂函數時必須要指明該函數所屬的結構描述才行，例如 dbo.test(5)。

 TIP 在執行傳回『資料集』的自訂函數時, 卻可以不用指明結構描述, 我們稍後會介紹。有關結構描述的詳細說明, 可參考 13-66 頁。

底下再來看一個參數型別為『使用者定義資料表類型』的範例，此函數可傳入一個包含**名稱**及**數值**二欄的 table 變數，然後依**名稱**欄分組加總，最後傳回數值加總最大者的名稱：

```
CREATE TYPE NameValueTable AS TABLE          ◀── 定義『使用者定義資料表類型』,
(名稱 varchar(50) , 數值 int )                     內含名稱、數值 2 個欄位
GO


CREATE FUNCTION 傳回最大者
(@tab NameValueTable READONLY)               ◀── 接收 NameValueTable 型別的參數
RETURNS varchar(50)                          ◀── 傳回字串
BEGIN
     DECLARE @maxName varchar(50)

     SELECT TOP 1 @maxName = 名稱            ◀── 取加總數量的最大者
     FROM @tab
     GROUP BY 名稱                            ◀── 依名稱分組
     ORDER BY SUM(數值) DESC                  ◀── 加總數量並遞減排序

     RETURN @maxName
END
GO


DECLARE @tab NameValueTable

INSERT @tab
SELECT 客戶名稱, 數量
FROM 出貨記錄

SELECT '出貨量最大的客戶為 : ' + dbo.傳回最大者(@tab)


DELETE @tab                                  ◀── 刪除 table 變數的內容


INSERT @tab
SELECT 股票名稱, 購買張數
FROM 股票交易記錄

SELECT '庫存最多的股票為 : ' + dbo.傳回最大者(@tab)
```

(沒有資料行名稱)
1	出貨量最大的客戶為 : 大雄書局

(沒有資料行名稱)
1	庫存最多的股票為 : 統一

內嵌資料表值函數

建立內嵌資料表值函數 (Inline table-valued function) 的 SQL 語法如下：

```
CREATE FUNCTION function_name
( [ {@parameter_name scalar_data_type [=default ] [READONLY]} [ , ...n] ] )
RETURNS TABLE
[WITH < function_option > [ [, ]...n] ]
[AS]
RETURN [( ] select-statement [ )]


< function_option > ::=
    { ENCRYPTION | SCHEMABINDING }
```

其中大部份的語法我們前面都已介紹過，底下只說明不同的地方：

⊙ **RETURNS TABLE**

由於這是傳回資料表值 (資料集) 的函數，因此這裡的型別固定是 table。

⊙ **RETURN [( ] select-statement [ )]**

內嵌函數的程式內就固定只有一個 SELECT 敘述，而其查詢結果即是傳回值。SELECT 敘述前後的小括號則可有可無。

右圖是目前**書籍**資料表的內容，底下將自訂一個內嵌資料表值函數，可查詢在指定價格範圍內的書籍：

	書籍編號	書籍名稱	單價	負責人
1	1	AutoCAD 操作入門	350.00	3
2	2	Linux 使用手冊	420.00	3
3	3	Excel 使用手冊	450.00	1
4	4	Internet 上線實務	320.00	3
5	5	Internet 精緻之旅	320.00	2
6	6	Flash 學習手冊	400.00	2
7	7	PhotoShop 細說從頭	980.00	2
8	8	PowerPoint 使用手冊	450.00	1
9	9	Visual Basic 學習手冊	350.00	3

書籍資料表

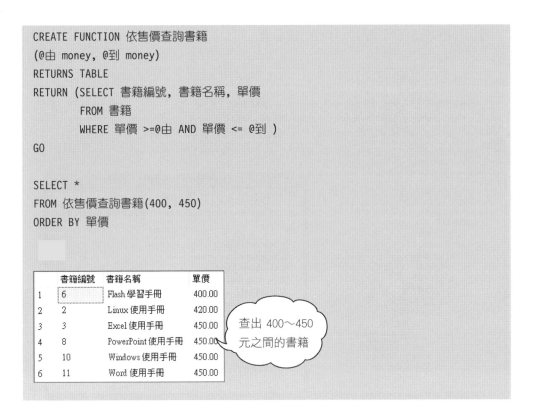

```
CREATE FUNCTION 依售價查詢書籍
(@由 money, @到 money)
RETURNS TABLE
RETURN (SELECT 書籍編號, 書籍名稱, 單價
        FROM 書籍
        WHERE 單價 >=@由 AND 單價 <= @到 )
GO

SELECT *
FROM 依售價查詢書籍(400, 450)
ORDER BY 單價
```

	書籍編號	書籍名稱	單價
1	6	Flash 學習手冊	400.00
2	2	Linux 使用手冊	420.00
3	3	Excel 使用手冊	450.00
4	8	PowerPoint 使用手冊	450.00
5	10	Windows 使用手冊	450.00
6	11	Word 使用手冊	450.00

查出 400～450 元之間的書籍

請注意, 在執行『資料表值』函數時可不必加上結構描述, 只有『純量』函數才有需要。但若想要執行系統資料庫 master 中的內建函數, 則要在函數名稱前加上 "::", 例如：

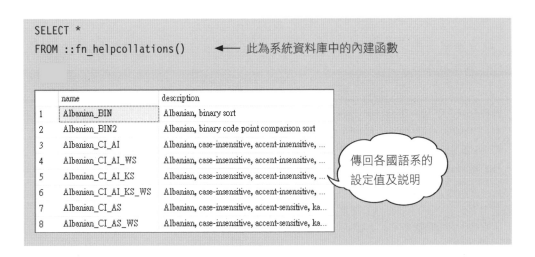

```
SELECT *
FROM ::fn_helpcollations()        ← 此為系統資料庫中的內建函數
```

	name	description
1	Albanian_BIN	Albanian, binary sort
2	Albanian_BIN2	Albanian, binary code point comparison sort
3	Albanian_CI_AI	Albanian, case-insensitive, accent-insensitive, ...
4	Albanian_CI_AI_WS	Albanian, case-insensitive, accent-insensitive, ...
5	Albanian_CI_AI_KS	Albanian, case-insensitive, accent-insensitive, ...
6	Albanian_CI_AI_KS_WS	Albanian, case-insensitive, accent-insensitive, ...
7	Albanian_CI_AS	Albanian, case-insensitive, accent-sensitive, ka...
8	Albanian_CI_AS_WS	Albanian, case-insensitive, accent-sensitive, ka...

傳回各國語系的設定值及説明

若想知道系統資料庫內所有的內建函數，可以如下查詢（以 master 資料庫為例）：

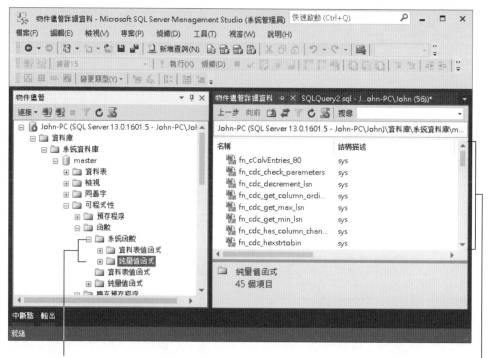

系統函數項目下的內容均為系統內建函數　　　　　　　　這些都是 master 資料庫中的內建函數

多重陳述式資料表值函數

建立多重陳述式資料表值函數（Multistatement table-valued function）的 SQL 語法如下：

```
CREATE FUNCTION function_name
( [ {@parameter_namescalar_data_type [=default ] [READONLY]} [ ,...n] ] )
RETURNS @return_variable TABLE ( <table_type_definition> )
[WITH <function_option> [[, ]...n]]
[AS]

BEGIN
  function_body
  RETURN
```

接下頁

```
END

<function_option> ::=
  { ENCRYPTION | SCHEMABINDING }

< table_type_definition> ::=
  { column_definition | table_constraint } [,...n]
```

其中許多部份前面都已介紹過, 底下只說明不同的地方:

⦿ **RETURNS @return_variable TABLE <table_type_definition>**

此行用來定義一個將被函數傳回的 table 變數, 我們在函數中必須將要傳回的資料存入此變數中, 以便在函數結束時將該變數傳回。其中的 <table_type _ definition> 是用來宣告 table 變數中的欄位結構及條件約束, 稍後會有實例示範。

⦿ **RETURN**

此類函數同樣是利用 RETURN 關鍵字來結束函數, 但 RETURN 之後不必接任何的資料或變數, 因為我們之前已用 "RETURNS @return_variable..." 來宣告要傳回的變數了。

接著我們就快來看例子吧!此例用到 2 個資料表:

	書籍編號	書籍名稱	單價	負責人
1	1	AutoCAD 操作入門	350.00	3
2	2	Linux 使用手冊	420.00	3
3	3	Excel 使用手冊	450.00	1
4	4	Internet 上線實務	320.00	3
5	5	Internet 精緻之旅	320.00	2
6	6	Flash 學習手冊	400.00	2
7	7	PhotoShop 細說從頭	980.00	2
8	8	PowerPoint 使用手冊	450.00	1
9	9	Visual Basic 學習手冊	350.00	3
10	10	Windows 使用手冊	450.00	1

書籍資料表

	員工編號	姓名	性別	主管員工編號	職稱	區域
1	1	張瑾雯	女	0	經理	NULL
2	2	陳季暄	男	0	經理	NULL
3	3	趙飛燕	女	0	經理	NULL
4	4	李美麗	女	1	銷售員	北區
5	5	劉天王	男	3	銷售員	北區
6	6	黎國明	男	3	銷售員	中區
7	7	郭國斌	男	2	銷售員	南區
8	8	蘇涵蘊	女	1	銷售員	中區
9	9	孟庭亭	女	2	銷售員	北區
10	10	賴俊良	男	1	銷售員	南區

員工資料表

　　請注意, 在**員工**資料表中有一個**主管員工編號**欄, 其中記錄著該員的主管是誰。而底下的函數, 則是依照傳入的**書籍編號**, 找出該書的負責人 (經理), 然後再經由**主管員工編號**欄找出其所有的部屬 (銷售員):

```
/ * 找出所有負責銷售指定書籍的相關人員 * /
CREATE FUNCTION GetEmployeeFromProdId
(@ProductIdint)
RETURNS @Employee TABLE
                ( 員工編號 int NOT NULL,
                  姓名 varchar(20) NOT NULL
                  性別 char(2) ,
                  主管員工編號 int ,
                  職稱 varchar(10), 區域 varchar(10))

BEGIN
    /* 將產品負責人的資料加入要傳回的 @Employee 中* /
    INSERT @Employee
    SELECT 員工.*
    FROM 員工 JOIN 書籍 ON 員工編號 = 負責人
    WHERE 書籍編號 = @ProductId

    / * 將負責人的員工編號存入 @id 中 * /
    DECLARE @id int
    SELECT @id = 員工編號
    FROM @Employee

    /* 將負責人的直屬部屬也加入要傳回的 @Employee 中* /
    INSERT @Employee
    SELECT *
    FROM 員工
    WHERE 主管員工編號 = @id

    RETURN
END

GO
SELECT *
FROM GetEmployeeFromProdId(6)

SELECT 姓名
```

接下頁

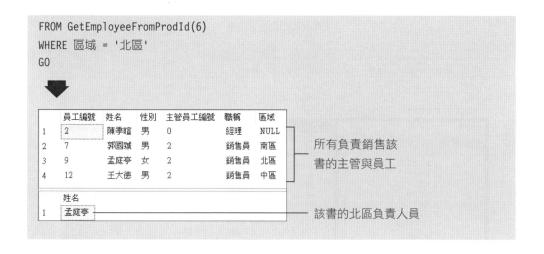

```
FROM GetEmployeeFromProdId(6)
WHERE 區域 = '北區'
GO
```

	員工編號	姓名	性別	主管員工編號	職稱	區域
1	2	陳季暄	男	0	經理	NULL
2	7	郭國斌	男	2	銷售員	南區
3	9	孟庭亭	女	2	銷售員	北區
4	12	王大德	男	2	銷售員	中區

所有負責銷售該
書的主管與員工

	姓名
1	孟庭亭

該書的北區負責人員

如何建立、修改、或刪除自訂函數

自訂函數的建立、修改、刪除或更名, 其操作方法都和預存程序是相同的, 您可參考上一章來操作。若要更改自訂函數內容, 只要將 CREATE FUNCTION 敘述中的 CREATE 換成 ALTER 即可, 其他部份的語法則完全相同。

底下我們示範使用 SQL Server Management Studio 管理工具的操作:

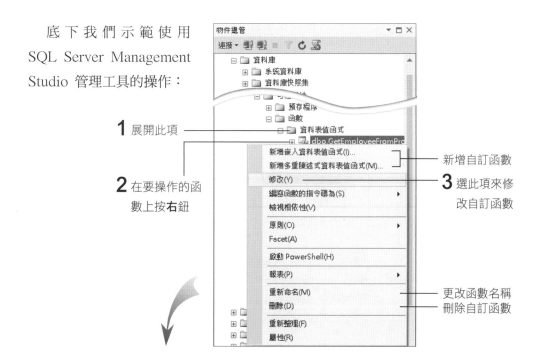

1 展開此項

2 在要操作的函數上按右鈕

新增自訂函數

3 選此項來修改自訂函數

更改函數名稱

刪除自訂函數

按**剖析**鈕可檢查語法

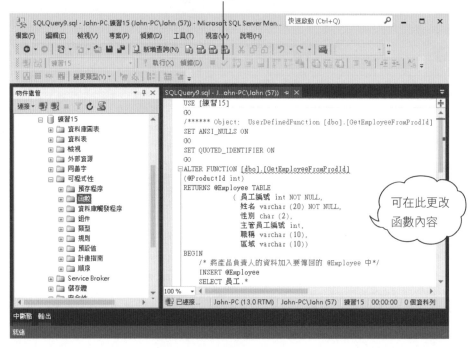

可在此更改
函數內容

若在自訂函數上按右鈕執行『**檢視相依性**』命令，則可檢視該函數與其他資料
庫物件的相依性：

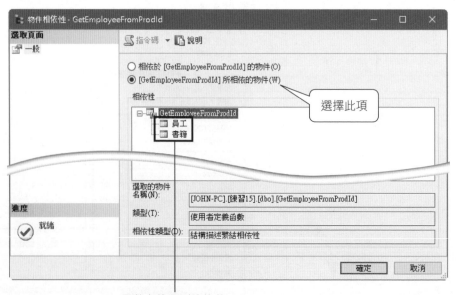

選擇此項

函數中使用到的物件

15-3 自訂函數的使用技巧

執行自訂函數時的注意事項

首先要注意的，是在執行純量值函數時要記得不可省略『結構描述』(例如 dbo.GetData(3))，而資料集函數則無此限制。

其次，當我們在執行『預存程序』時，若參數有預設值且排在最後面，則可以將之省略掉。但在執行『函數』時，卻是每個參數都不可省略；即使要採用參數的預設值，也必須用 Default 關鍵字來指明。例如：

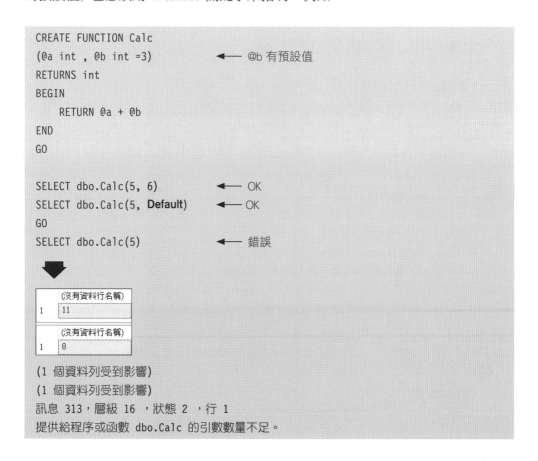

```
CREATE FUNCTION Calc
(@a int , @b int =3)            ◄── @b 有預設值
RETURNS int
BEGIN
    RETURN @a + @b
END
GO


SELECT dbo.Calc(5, 6)           ◄── OK
SELECT dbo.Calc(5, Default)     ◄── OK
GO
SELECT dbo.Calc(5)              ◄── 錯誤
```

	(沒有資料行名稱)
1	11

	(沒有資料行名稱)
1	8

(1 個資料列受到影響)
(1 個資料列受到影響)
訊息 313，層級 16 ，狀態 2 ，行 1
提供給程序或函數 dbo.Calc 的引數數量不足。

在資料表的設定中使用函數

即然函數可用於運算式中，那當然也可用在資料表的欄位預設值 (DEFAULT)、檢查 (CHECK) 等運算式中啦！底下來看一個文字式的自動編號函數，可用於欄位的預設值設定：

出貨記錄資料表的編號為文字式

	編號	日期	客戶名稱	書籍編號	數量
1	A0001	2016-12-01	天天書局	2	10
2	A0002	2016-12-02	天天書局	5	5
3	A0003	2016-12-02	大雄書局	12	7
4	A0004	2016-12-02	大雄書局	6	2
5	A0005	2016-01-05	天天書局	3	6
6	A0006	2017-01-10	大雄書局	5	8
7	A0007	2017-02-20	大雄書局	11	2
8	A0008	2017-02-25	大雄書局	1	6

```
CREATE FUNCTION NewID()
RETURNS varchar(5)
BEGIN
    DECLARE @id varchar(5), @i int

    / * 找出目前最大的編號 * /
    SELECT TOP 1 @id = 編號
    FROM 出貨記錄
    ORDER BY 編號 DESC

    IF @@ROWCOUNT = 0        /* 如果沒有記錄 */
        RETURN 'A0001'

    SET @i = CAST(RIGHT(@id, 4) AS int) + 1
    SET @id = CAST(@i AS varchar)
    RETURN 'A' + REPLICATE('0', 4-LEN(@id)) + @id
END
GO


SELECT dbo.NewID()
```

▼

	(沒有資料行名稱)	
1	A0009	──── 找出下一個號碼了

接著，我們就可將此函數設為**出貨記錄**資料表中，**編號**欄的預設值了：

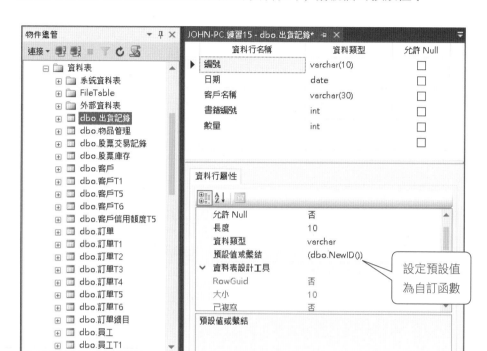

底下我們再來看一個用自訂函數建立計算欄位的例子：

	書籍編號	書籍名稱	單價	負責人	封面照片	類別編號
1	1	AutoCAD 操作入門	350.00	3	0x151C2D000200...	1
2	2	Linux 使用手冊	420.00	3	0x151C2D000200...	1
3	3	Excel 使用手冊	450.00	1	0x151C2D000200...	1
4	4	Internet 上線實務	320.00	3	0x151C2D000200...	2
5	5	Internet 精緻之旅	320.00	2	0x151C2D000200...	3
6	6	Flash 學習手冊	400.00	2	0x151C2D000200...	1
7	7	PhotoShop 細說從頭	980.00	2	NULL	4
8	8	PowerPoint 使用手冊	450.00	1	NULL	1

書籍資料表

	類別編號	類別名稱	折扣	備註
1	1	入門	0.8	NULL
2	2	實例	0.75	NULL
3	3	技巧	0.9	NULL
4	4	技術	0.88	NULL

書籍類別資料表

接著我們先撰寫一個自訂函數來計算每項產品的優惠價 (單價×折扣)：

```
CREATE FUNCTION 計算優惠價
(@ 類別編號 int , @ 單價 money)
RETURNS money
BEGIN
    DECLARE @優惠價 money
    SELECT @ 優惠價 = 折扣 * @ 單價
    FROM 書籍類別
    WHERE 類別編號 = @ 類別編號
    RETURN @優惠價
END
GO


SELECT dbo.計算優惠價(1, 20)
```

(沒有資料行名稱)	
1	16.00

—— 類別 1 是打 8 折

函數測試 OK 後, 就可用來在**書籍**資料表中建立計算欄位了 :

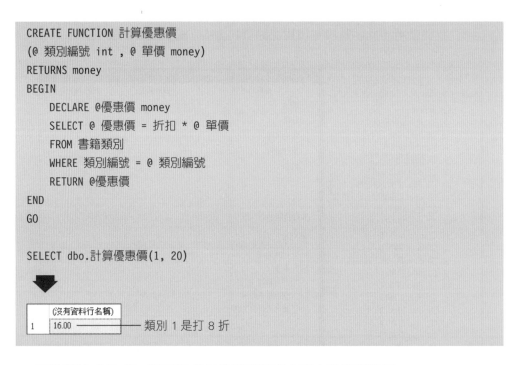

1 加入新的
計算欄位

2 輸入自訂函數
名稱及參數,
然後按 🖫 鈕
儲存設定

顯示資料
表內容

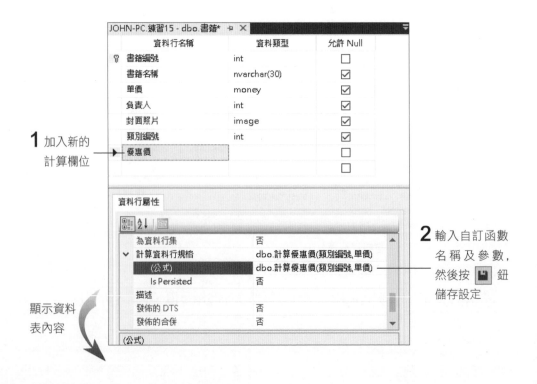

	書籍編號	書籍名稱	單價	負責人	封面照片	類別編號	優惠價
1	1	AutoCAD 操作入門	350.00	3	0x151C2D00020000000B0...	1	280.00
2	2	Linux 使用手冊	420.00	3	0x151C2D00020000000B0...	1	336.00
3	3	Excel 使用手冊	450.00	1	0x151C2D00020000000B0...	1	360.00
4	4	Internet 上線實務	320.00	3	0x151C2D00020000000B0...	2	240.00
5	5	Internet 精緻之旅	320.00	2	0x151C2D00020000000B0...	3	288.00
6	6	Flash 學習手冊	400.00	2	0x151C2D00020000000B0...	1	320.00
7	7	PhotoShop 細說從頭	980.00	2	NULL	4	862.40
8	8	PowerPoint 使用手冊	450.00	1	NULL	1	360.00
9	9	Visual Basic 學習手冊	350.00	3	NULL	1	280.00
10	10	Windows 使用手冊	450.00	1	NULL	1	360.00
11	11	Word 使用手冊	450.00	2	NULL	1	360.00
12	12	WWW 實用寶典	350.00	2	NULL	3	315.00
13	13	遊戲程式設計	350.00	3	NULL	4	308.00
14	14	電腦低階應用實務	320.00	1	NULL	2	240.00
15	15	計算機概論	480.00	2	NULL	1	384.00

計算欄位完成了！

在自訂函數中使用敘述的限制

下面列出可以使用在自訂函數中的敘述及限制，其他未列出的敘述則不可使用。

◉ 可用 DECLARE 敘述來宣告要使用於函數中的變數，而這些變數的有效範圍只限於函數中；當函數結束時，宣告的變數也會跟著消失。

◉ 可用 SET 敘述將資料指定給變數。

◉ 若使用 SELECT 敘述，則必須將查詢結果指定給變數。

◉ 可使用 INSERT、UPDATE、DELETE 敘述針對函數中的 table 變數做處理。

◉ 可使用流程控制敘述，如 IF、WHILE 等，但禁用 TRY...CATCH 敘述。

◉ 可用 EXECUTE 敘述來執行延伸預存程序。其他預存程序或 SQL 字串則不可執行。

⊙ 可在函數中建立 CURSOR、前後移動 CURSOR 中的記錄位置、或使用 FETCH...INTO 將資料存入變數中。

 有關 CURSOR 的說明請參閱第 17 章。

其實您也不用死背以上的各項可用敘述, 只要掌握以下 2 個原則即可:

⊙ 在函數中不可更改到資料庫的任何設計、設定、或資料表內容。我們只能擷取、計算資料, 或是修改在函數中宣告的變數內容。

⊙ 所執行的敘述不可直接傳回資料集給應用程式, 例如不可用 "SELECT 姓名 FROM ...", 而應改為 "SELECT @var= 姓名 FROM ... " 將查詢結果存入變數中。

另外, 在自訂函數中雖然不可執行預存程序 (延伸預存程序除外), 但卻可以呼叫其他的自訂函數或系統內建函數, 因為函數是使用在運算式中, 而運算式則可出現在各類的敘述之中。不過, 在自訂函數中禁止呼叫某些『非決定性』系統內建函數, 如下表所示:

NEWID	RAND
NEWSEQUENTIALID	TEXTPTR

有關『非決定性』函數的說明, 請接著往下看下面的說明

決定性與非決定性函數

函數又可分為『決定性』(Deterministic) 與『非決定性』(Nondeterministic) 二種：

◉ **決定性函數：**每次執行函數時，只要傳入的參數不變，其傳回值也不會改變。例如每次執行 UPPER("abc") 都固定會傳回 "ABC"。

◉ **非決定性函數：**每次執行函數時，即使傳入相同的參數，其傳回值也可能會不同。例如每次執行 GETDATE() 時，可能會因日期不同而傳回不同的值。

在系統內建的函數中，組態函數、資料指標 (Cursor) 函數、中繼資料 (Metadata) 函數、安全性函數、及系統統計函數均為非決定性函數。此外，其他類別中也有一些非決定性的函數，詳細情形請自行參閱線上叢書。

當我們在建立自訂函數時，SQL Server 也會自動設定其『決定性』屬性。凡是完全符合下列準則的函數即設為『決定性』，否則歸類為『非決定性』：

◉ 自訂函數已設定了 SCHEMABINDING 選項。

◉ 在自訂函數中沒有呼叫任何『非決定性』的自訂函數或內建函數。

◉ 在自訂函數中沒有使用到任何的資料庫物件 (但在函式中宣告的 table 變數除外)，例如資料表、檢視表等。

◉ 自訂函數中沒有呼叫任何的延伸預存程序。

那麼『決定性』和『非決定性』函數在使用上有什麼差異呢？其實只有 2 點，而且都是針對『非決定性』函數所做的限制：

◉ 當資料表或檢視表的計算欄位中有使用到『非決定性』函數時，該欄位將不允許用來建立索引。

◉ 當檢視表中有使用到『非決定性』函數時，則該檢視表將不允許建立叢集索引 (Clustered index)。

設定 SCHEMABINDING 時的限制

如上一節所述，若自訂函數設定了 SCHEMABINDING 選項，則在函數中所使用到的各資料庫物件，都不允許用 ALTER 更改設計，或用 DROP 將之刪除。此外，在設定時還有一些限制：

◉ 在自訂函數中所使用到的檢視表及其他自訂函數，都必須是已經設定為 SCHEMABINDING 的。

◉ 自訂函數與其中使用到的所有物件，都必須位於同一個資料庫內。

◉ 建立函數的人，必須對函數中使用到的所有物件 (資料表、檢視表、及自訂函數) 擁有 References 權限：

設定 References 權限

若未能符合以上 3 點條件，則 SCHEMABINDING 的自訂函數將無法建立。

其實除了在資料表間可設定彼此的參考完整性之外,檢視表及自訂函數也都可利用 SCHEMABINDING 選項,來設定與其他物件之間的參考完整性。善用這個選項,可以有效防止因函數 (或檢視表) 中所使用到的資料庫物件被更改結構或刪除,而造成無法執行的錯誤。

15-4 使用順序物件

『順序』(Sequence) 物件是 SQL Server 2016 新增的自動編號機制,可讓我們更方便地取得各種序號來使用,例如由 1 開始遞增給號,由 100 開始遞減給號,由 1、3、5... 奇數給號,或由 1 到 10 不斷循環給號等等。

每個順序物件都能獨立運作,而不像識別欄位必須設定在資料表欄位上。底下先看一個簡單的例子:

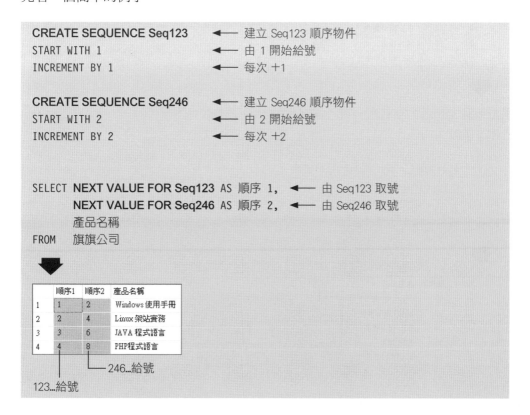

```
CREATE SEQUENCE Seq123        ◄──  建立 Seq123 順序物件
START WITH 1                  ◄──  由 1 開始給號
INCREMENT BY 1                ◄──  每次 +1


CREATE SEQUENCE Seq246        ◄──  建立 Seq246 順序物件
START WITH 2                  ◄──  由 2 開始給號
INCREMENT BY 2                ◄──  每次 +2


SELECT  NEXT VALUE FOR Seq123 AS 順序 1,  ◄──  由 Seq123 取號
        NEXT VALUE FOR Seq246 AS 順序 2,  ◄──  由 Seq246 取號
        產品名稱
FROM    旗旗公司
```

	順序1	順序2	產品名稱
1	1	2	Windows 使用手冊
2	2	4	Linux 架站實務
3	3	6	JAVA 程式語言
4	4	8	PHP程式語言

└── 246...給號

123...給號

CREATE SEQUENCE Seq123 可以建立名為 Seq123 的順序物件, 並可指定開始值、遞增量等。一旦建立好順序物件, 即可用 NEXT VALUE FOR Seq123 來取號。

無論何時何地使用 NEXT VALUE FOR 向順序物件取號, 號碼都會一直往下編, 除非重設開始值 (或設為循環編號)。例如底下使用前例的 Seq123 繼續查詢另一個資料表, 然後重設 Seq123 的開始值為 -2, 接著再查詢一次:

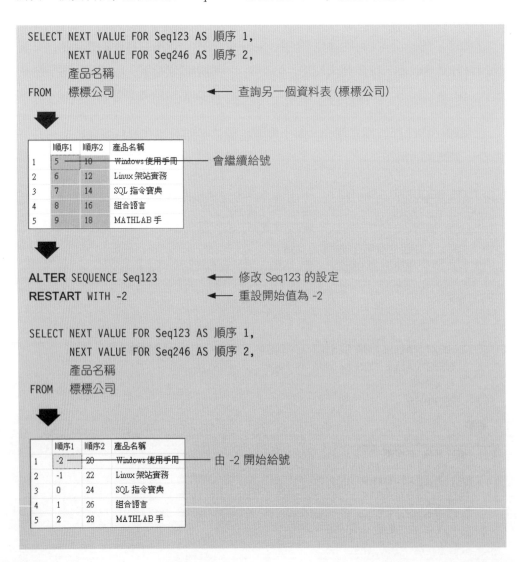

```
SELECT NEXT VALUE FOR Seq123 AS 順序 1,
       NEXT VALUE FOR Seq246 AS 順序 2,
       產品名稱
FROM   標標公司                    ◀── 查詢另一個資料表 (標標公司)
```

	順序1	順序2	產品名稱
1	5	10	Windows 使用手冊
2	6	12	Linux 架站實務
3	7	14	SQL 指令寶典
4	8	16	組合語言
5	9	18	MATHLAB 手

◀── 會繼續給號

```
ALTER SEQUENCE Seq123            ◀── 修改 Seq123 的設定
RESTART WITH -2                  ◀── 重設開始值為 -2

SELECT NEXT VALUE FOR Seq123 AS 順序 1,
       NEXT VALUE FOR Seq246 AS 順序 2,
       產品名稱
FROM   標標公司
```

	順序1	順序2	產品名稱
1	-2	20	Windows 使用手冊
2	-1	22	Linux 架站實務
3	0	24	SQL 指令寶典
4	1	26	組合語言
5	2	28	MATHLAB 手

◀── 由 -2 開始給號

接著, 在 SQL Server Management
Studio **物件總管**的**順序**項目上按右鈕
執行『**重新整理**』命令, 即可看到剛才
建立的二個順序物件:

位在**可程式性**
下的**順序**項目

剛才建立的二個順序物件

用 SQL 語法建立順序物件

建立順序物件的語法如下:

```
CREATE SEQUENCE sequence_name
[ ASinteger_type ]
[ START WITH <constant> ]
[ INCREMENT BY <constant> ]
[ { MINVALUE [ <constant> ] } | { NO MINVALUE } ]
[ { MAXVALUE [ <constant> ] } | { NO MAXVALUE } ]
[ CYCLE | { NO CYCLE } ]
[ { CACHE [ <constant> ] } | { NO CACHE } ]
```

⊙ **CREATE SEQUENCE sequence_name**

建立順序物件, 在 sequence_name 中也可包含結構描述 (Schema), 例如 sales.mySeq 。

⊙ **AS integer_type**

指定順序物件的數值型別, 必須為下表中的整數型別, 或是小數位數為 0 的 numeric (decimal)。若不指定則預設為 bigint。

整數型別	數值範圍
tinyint	0 到 255
smallint	-32, 768 到 32, 767
int	-2, 147, 483, 648 到 2, 147, 483, 647
bigint	-9, 223, 372, 036, 854, 775, 808 到 9, 223, 372, 036, 854, 775, 807

⊙ **START WITH <constant>**

指定開始值, 此值必須符合所屬型別的數值範圍。若不指定, 則預設為所屬型別的數值範圍之最小值, 例如當型別為 tinyint 時, 其預設的開始值為 0。

TIP 注意, 預設的最小值除了 tinyint 型別為 0 外, 其他型別均為負數。

⊙ **INCREMENT BY <constant>**

指定遞增量, 不可為 0, 若為負值則會遞減。若不指定則預設為 1。

⊙ **MINVALUE <constant> 、MAXVALUE <constant>**

指定順序物件的最小值、最大值。若不指定 (或指定為 NO MINVALUE/ NO MAXVALUE), 則預設為所屬型別的最小值與最大值。

⦿ **CYCLE | { NO CYCLE }**

指定是否要循環編號, 若不指定則預設為不循環編號 (NO CYCLE)。

要循環編號時, 當給號超出其最大值 (遞增編號時) 或最小值 (遞減編號時), 會從順序物件的最小值 (遞增編號時) 或最大值 (遞減編號時) 重新給號。若設為不循環編號, 當給號超出最大或最小值時會引發錯誤狀況。

 請注意,循環編號在循環時是從最小值或最大值重新給號, 而不是從開始值重新給號。

⦿ **CACHE [<constant>] | NO CACHE**

指定是否啟用快取功能, 以提升給號效率並減少磁碟存取次數。例如 CACHE 50 可指定要快取 50 筆的編號;若只設定 CACHE 而省略筆數, 則快取的筆數由系統自行決定。

若未指定此參數, 則預設為啟用快取, 且快取的筆數由系統自行決定。除非有特殊需要, 否則一般使用預設的設定即可。

順序物件的快取原理

假設順序物件的開始值及遞增值均為 1, 且快取設為 50 筆, 那麼取號的狀況如下:

● 第 1 次取號時, 系統會先由順序物件中取出 50 個編號 (1~50), 並將最後一次取出的值 (50) 存回順序物件中 (此時會有檔案存取動作), 然後傳回編號 1 給取號程式, 並在記憶體中保存二個值:1 (最後一次的給號) 及 49 (剩下的編號數量)。

● 第 2 次取號時, 會傳回 2 並將記憶體中的二個值改為 2 及 48。由於此時沒有檔案存取動作, 因此效率很高。接著以此類推, 第 3~50 次的取號都會由記憶體中取號, 當取完第 50 次時, 記憶體中的值變成 50 (最後一次的給號) 及 0 (剩下的編號數量)。

接下頁

● 第 51 次取號時, 系統會再由順序物件中取出 50 個編號 (51~100), 並將最後一次取出的值(100) 儲存到順序物件中 (此時會有檔案存取動作), 然後傳回編號 51 給取號程式, 並在記憶體中保存二個值：51 (最後一次的給號) 及 49 (剩下的編號數量)。

雖然快取可以加快給號的效率, 但若 SQL Server 發生不正常的停止運作時 (例如停電), 那麼記憶體中的編號將會遺失, 而造成編號的間隙。例如在前面例子中, 若取到 40 號後發生不正常停止運作, 那麼下一次取號時將會取到 51 號。

 當 SQL Server 正常停止運作時, 會自動將記憶體中的編號存回順序物件中, 因此不會發生編號間隙的狀況。

接著來看範例, 底下建立一個 0~3 循環編號的順序物件：

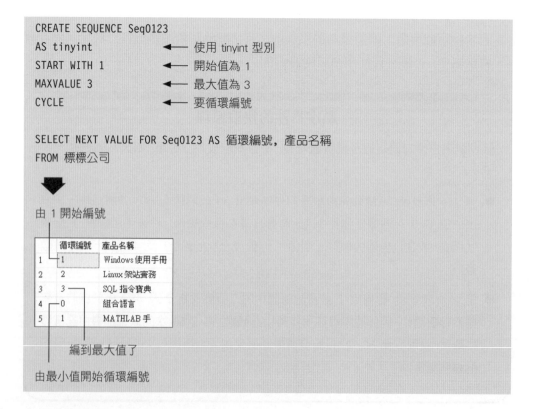

```
CREATE SEQUENCE Seq0123
AS tinyint          ◀── 使用 tinyint 型別
START WITH 1        ◀── 開始值為 1
MAXVALUE 3          ◀── 最大值為 3
CYCLE               ◀── 要循環編號

SELECT NEXT VALUE FOR Seq0123 AS 循環編號, 產品名稱
FROM 標標公司
```

由 1 開始編號

	循環編號	產品名稱
1	1	Windows 使用手冊
2	2	Linux 架站實務
3	3	SQL 指令寶典
4	0	組合語言
5	1	MATHLAB 手

編到最大值了

由最小值開始循環編號

用 SQL 語法修改順序物件或重新開始編號

使用 ALTER SEQUENCE 可以修改順序物件的各項設定，其語法和 CREATE SEQUENCE 大致相同，只有二點不同：

1. 沒有 AS integer_type：因為順序物件在建立好之後就不能更改型別。若要更改型別，可先將順序物件刪除後再重建一個。

2. 須將 START 改為 RESTART：表示要重新開始編號，也就是將下一次的給號重設為開始值。

ALTER SEQUENCE 的語法如下：

```
ALTER SEQUENCE sequence_name
[ RESTART [ WITH <新的開始值> ] ]
[ INCREMENT BY <constant> ]
[ { MINVALUE [ <constant> ] } | { NO MINVALUE } ]
[ { MAXVALUE [ <constant> ] } | { NO MAXVALUE } ]
[ CYCLE | { NO CYCLE } ]
[ { CACHE [ <constant> ] } | { NO CACHE } ]
```

如果 RESTART 之後有加 WITH <新的開始值>，則會重設為新的開始值，否則重設為原來的開始值。其他的參數都和 CREATE SEQUENCE 相同，就不再贅述。

接續前例，底下先用 RESTART 重新開始編號，然後再用 RESTART WITH 3 將開始值改為 3 並重新開始編號：

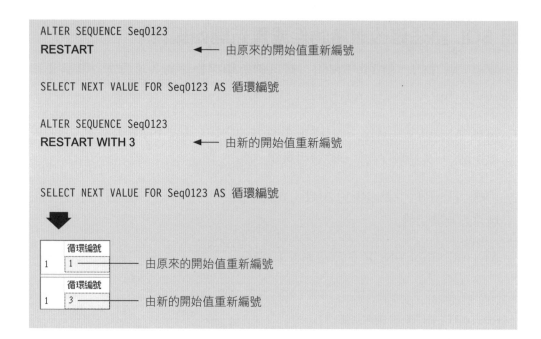

```
ALTER SEQUENCE Seq0123
RESTART              ← 由原來的開始值重新編號

SELECT NEXT VALUE FOR Seq0123 AS 循環編號

ALTER SEQUENCE Seq0123
RESTART WITH 3       ← 由新的開始值重新編號

SELECT NEXT VALUE FOR Seq0123 AS 循環編號
```

用 SQL 語法刪除順序物件

使用 DROP SEQUENCE 可以刪除順序物件, 語法如下:

```
DROP SEQUENCE sequence_name [ , ...n ]
```

例如底下將最後建立的 2 個順序物件刪除:

```
DROP SEQUENCE Seq246, Seq0123
```

在 SSMS 中新增、修改、更名、刪除順序物件

在 SQL Server Management Studio 中也可以輕鬆地新增、修改、刪除順序物件。要新增順序物件時, 可在**順序**項目上按右鈕執行『**新增順序**』命令, 開啟如下交談窗:

預設會以 "Sequence-現在的日期-時間" 為名稱, 可自行修改

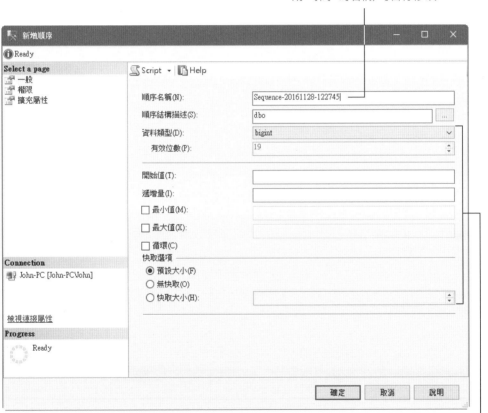

這些設定值在前面都介紹過了

　　若要更改順序物件，可在要更改的順序物件上按右鈕執行『**屬性**』命令，開啟如下交談窗進行修改：

型別不能更改　　打勾後即可重設開始值

這是目前值 (最後一次給
的值), 下次取號時會給 3

　　另外，在順序物件上按右鈕執行『**重新命名**』或『**刪除**』命令，則可更改名稱或將之刪除。

NEXT VALUE FOR 的使用技巧

NEXT VALUE FOR 可以使用在許多的場合，除了前面已經介紹過的之外，底下再舉一些常見的用法：

⊙ **在 DECLARE、SET、或 SELECT 子句中設定變數的值：**

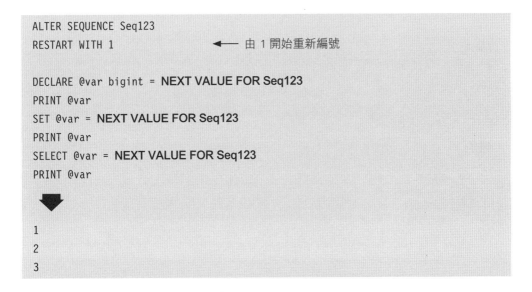

```
ALTER SEQUENCE Seq123
RESTART WITH 1                    ◀── 由 1 開始重新編號

DECLARE @var bigint = NEXT VALUE FOR Seq123
PRINT @var
SET @var = NEXT VALUE FOR Seq123
PRINT @var
SELECT @var = NEXT VALUE FOR Seq123
PRINT @var
```

🔻

```
1
2
3
```

⊙ **使用 SELECT...INTO 或 INSERT...VALUES 來新增記錄：**

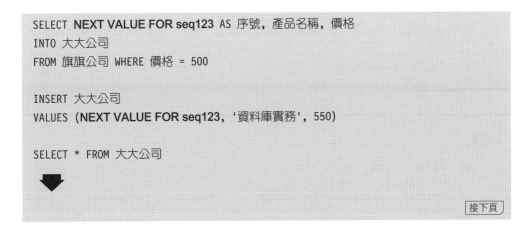

```
SELECT NEXT VALUE FOR seq123 AS 序號, 產品名稱, 價格
INTO 大大公司
FROM 旗旗公司 WHERE 價格 = 500

INSERT 大大公司
VALUES (NEXT VALUE FOR seq123, '資料庫實務', 550)

SELECT * FROM 大大公司
```

🔻

接下頁

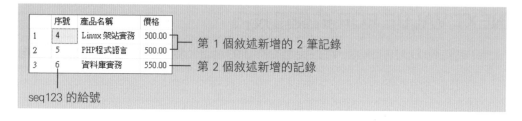

● **使用於 UPDATE 子句更改記錄:**

```
UPDATE 大大公司
SET 序號 = NEXT VALUE FOR seq123
WHERE 價格 = 500

SELECT * FROM 大大公司
```

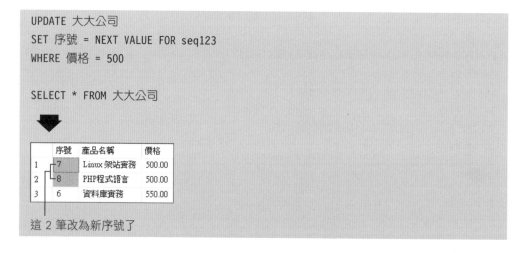

● 用來做為欄位的預設值。底下將順序物件設為**序號**欄的預設值:

```
ALTER TABLE 大大公司
ADD DEFAULT NEXT VALUE FOR seq123 FOR 序號          ◀── 設定欄位預設值

INSERT 大大公司 (產品名稱, 價格)                       ◀── 新增 2 筆記錄
VALUES ('SQL 聖經', 780) , ('精通 SQL', 720)

SELECT * FROM 大大公司
```

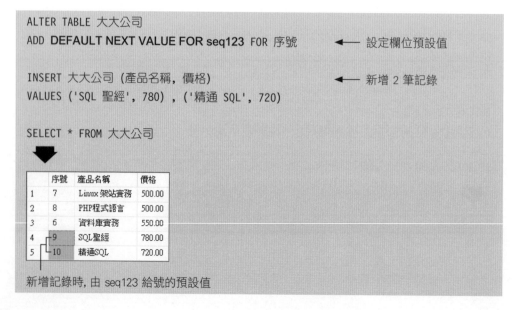

⊙ 順序物件用於 SELECT 敘述時若需要排序, 不可使用 ORDER BY 子句來
排序(會視為錯誤), 而必須改用 OVER(ORDER BY...) 子句才行:

 TIP 有關 OVER 子句已在第 10-11 節介紹過了。

```
ALTER SEQUENCE Seq123
RESTART WITH 1

SELECT NEXT VALUE FOR seq123 OVER(ORDER BY 價格 DESC) AS 價格排名, *
FROM 大大公司
```

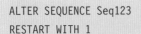

	價格排名	序號	產品名稱	價格
1	1	9	SQL聖經	780.00
2	2	10	精通SQL	720.00
3	3	6	資料庫實務	550.00
4	4	7	Linux架站實務	500.00
5	5	8	PHP程式語言	500.00

依價格排名 (遞減排序並依序給號)

NEXT VALUE FOR 不適用的場合

NEXT VALUE FOR 不能使用於下列的場合:

● 當資料庫在唯讀模式中。

● 不能做為資料表值函式、彙總函式的參數。

● 不能用於子查詢、檢視表、使用者自訂函數、或計算欄位中。

● 不能用在包含 DISTINCT、UNION、UNION ALL 的敘述中。

● 不能用在包含 ORDER BY 子句的敘述中 (但可以搭配 OVER (ORDER BY...) 子句
來排序)。

● 不能用在下列子句中: FETCH、OVER、OUTPUT、ON、PIVOT、UNPIVOT、
GROUP BY、HAVING、或 FOR XML。

接下頁

- 在使用 CASE、CHOOSE、COALESCE、IIF、ISNULL 或 NULLIF 的條件運算式中。

- 不能用在 WHERE 子句、或不屬於 INSERT 陳述式的 VALUES 子句中。

- 不能用在**檢查**條件約束的定義中 (但可以用在**預設值**條件約束的定義中)。

- 不能用在規則物件或預設值物件的定義中, 也不能做為使用者定義資料表類型的預設值 (有關規則物件、預設值物件、及使用者定義資料表類型, 可參見附錄 B)。

- 不能用在包含 TOP、OFFSET 的敘述中，或是設定 ROWCOUNT 選項時。

- 不能用在 MERGE 敘述中 (除非 NEXT VALUE FOR 已用於目標資料表的預設值條件約束中, 而且預設值用於 MERGE 陳述式的 CREATE 敘述中)。

◉ **如果想要向順序物件一次取得 "連續的" 多個編號, 可改用 sp_sequence_get_range 預存程序來取號**, 例如：

```
DECLARE @ 第一值 sql_variant,        ◀── 宣告 2 個變數來儲存取得的序號
        @ 最後值 sql_variant

EXEC sp_sequence_get_range N'Seq123', 5, ◀── 由 Seq123 取得 5 個連續編號
        @ 第一值 OUTPUT, @ 最後值 OUTPUT   ◀── 由參數傳回編號的第一值及最後值

SELECT  @ 第一值 AS 第一值, @ 最後值 AS 最後值
```

	第一值	最後值
1	6	10

取得 5 個連續編號 (6~10) 了

 TIP 有關 sp_sequence_get_range 的更多說明, 請自行參考線上叢書。

16

觸發程序

『觸發程序』(Trigger) 是一種與資料表緊密結合
的預存程序, 當該資料表有新增(INSERT)、更改
(UPDATE)、或刪除(DELETE) 事件發生時, 所設定
的觸發程序即會自動被執行, 以進行維護資料完整
性, 或其他一些特殊的資料處理工作。簡單的說,
觸發程序就是當資料表內容被更改時, 會自動執行
的預存程序。

本章將使用**練習 16** 資料庫為例說明, 請依關於光
碟中的說明, 附加光碟中的資料庫到 SQLServer 中
一起操作。

16-1 觸發程序的用途

在 SQL Server 中, 可使用二種方法來設定自動化的資料處理規則:

◉ **條件約束** (Constraint) 可以直接設定於資料表內, 通常不需另外撰寫程式。但此方法只能進行比較單純的運作, 包括自動填入預設值 (DEFAULT), 確保欄位資料不得重複 (PRIMARY KEY/UNIQUE KEY)、限制輸入值在某個範圍內 (CHECK)、維護資料表間的參考完整性 (FOREIGN KEY)...等。

◉ **觸發程序** (Trigger) 是針對單一資料表所撰寫的特殊預存程序, 當該資料表發生 INSERT、UPDATE 或 DELETE 時會自動被觸發 (執行), 以進行各項必要的處理工作。由於是撰寫程式, 因此無論是單純或複雜的工作都可一手包辦。

當然, 如果只是單純的自動化工作, 我們應儘量利用條件約束來完成, 因為這樣做一方面容易設定及維護, 另一方面執行效率也會比較好。只有當條件約束無法滿足實際需求時, 才應考慮使用觸發程序來處理。

那麼, 觸發程序到底有什麼特異功能呢?底下來看幾個例子:

◉ **檢查所做的更改是否允許**

雖然我們可以用資料表的條件約束來維護資料完整性, 例如 CHECK、PRIMARY KEY/UNIQUE KEY、FOREIGN KEY 等, 但觸發程序可以做更多樣、更複雜的檢查。例如同時檢查許多個資料表, 或使用 IF...ELSE 等來做更有彈性的檢查。

 如果資料表同時設有條件約束及觸發程序, 那麼二者都會被執行, 至於誰先誰後, 則視觸發程序的種類而定。當任何一者發現有錯誤時, 也都可以立即回復該次的資料異動。

 一個資料表中可以設定許多的條件約束, 也同樣可以設定許多的觸發程序。

◉ **進行其他相關資料的更改動作**

例如當某筆訂單被取消時，我們可以利用觸發程序去自動刪除相關的送貨單資料，並將業務員的獎金扣一半；或是在更改員工的薪資時，將更改的日期及原薪資存入另一個薪資異動資料表中。

◉ **發出更改或預警的通知**

例如當有新進員工的資料被輸入時，觸發程序可以自動發 Mail 通知該部門的所有人員；或是當庫存量小於安全存量時，即發 Mail 通知倉庫管理員要趕快進貨。

◉ **自訂錯誤訊息**

當操作不符合條件約束時，所回應給前端應用程式的錯誤訊息都是固定的內容。利用觸發程序，則可以回應我們自訂的錯誤訊息。

◉ **更改原來所要進行的資料操作**

利用 SQL Server 的 INSTEAD OF 觸發程序，我們可以撰寫程式來取代原本應該進行的資料操作。例如當新增一筆記錄時，我們可以將該記錄的資料另做處理，而不存入資料表中。

◉ **檢視表也可以有觸發程序**

檢視表中的計算欄位通常是不允許更改的，但只要利用 INSTEAD OF 觸發程序，我們可以打破這個限制，將預備要更改的資料攔截出來另外處理。例如可將使用者輸入的地址先分解成**縣市**與**街道**二部份，再分別存入**縣市**與**街道**欄位。

其實觸發程序就像是倉庫的管理員一樣，當有貨物要進出時，管理員即會出面做查核或協調，以維護整個倉庫的正常運作。因此，如果您是資料庫的管理者 (DBA, DataBase Administrator)，那麼就應該好好利用觸發程序的功能，為每個重要的資料表都設計一個最佳的倉庫管理員，這樣就不用擔心使用者胡作非為，或是不按照牌理出牌了。

上面所述的觸發程序被稱為 DML (Data Manipulation Language, 資料操作語言) 觸發程序, 當**資料表**或**檢視表**中的資料發生修改時, 會自動執行 DML 觸發程序; 另外還有二種, 一種是 DDL (Data Definition Language, 資料定義語言) 觸發程序, 被用於**資料庫**結構發生變動時, 例如執行 CREATE、ALTER 和 DROP 等敘述, 就會自動執行 DDL 觸發程序。另一種則是**登入(LOGON)** 觸發程序, 當使用者登入成功後、在建立連線之前會自動執行此程式。本章主要介紹 DML 觸發程序, 至於其他二種觸發程序, 請參閱 **SQL Server 線上叢書**的說明。

16-2 觸發程序的種類與觸發時機

觸發程序可分為 2 類:

◉ **AFTER 觸發程序:** 這類的觸發程序要在資料已變動完成之後(AFTER), 才會被啟動並進行必要的善後處理或檢查。若發現有錯誤, 則可用 ROLLBACK TRANSATION 敘述將此次更動的資料全部回復。

整個執行過程為:檢查條件約束→變動資料表→啟動觸發程序。

◉ **INSTEAD OF 觸發程序:** INSTEAD OF 是 "取代" 的意思, 就是這類觸發程序會取代原本要進行的操作 (例如新增或更改資料的動作), 因此會在資料變動之前就發生, 而且資料要如何變動也完全取決於觸發程序。

整個執行過程為:啟動觸發程序→若觸發程序中有更動資料表則檢查條件約束。

INSTEAD OF 觸發程序能夠適用於資料表及檢視表(View) 上;而 AFTER 觸發程序則只能使用於資料表。

另外，當我們在建立觸發程序時，還必須指定程序要被觸發的操作時機：INSERT、UPDATE 或 DELETE，至少要指定一種，當然一個觸發程序也可同時指定二種或三種時機。在同一個資料表中，我們可以建立許多的 AFTER 觸發程序，但 INSTEAD OF 觸發程序針對每種操作(INSERT 、UPDATE 、DELETE) 最多只能各有一個。

如果針對某操作同時設定了 INSTEAD OF 及 AFTER 觸發程序，那麼只有前者會被觸發，後者未必會被觸發。詳情請參考 16-6 節。

 使用 MERGE 敘述 (參見 13-10 節) 可以同時進行 INSERT、UPDATE、DELETE 的操作，此時也會自動引發相對應的觸發程序。此外，如果 MERGE 敘述中的某項操作會引發 INSTEAD OF 觸發程序，則 MERGE 中的其他操作也都必須設有對應的 INSTEAD OF 觸發程序才行。

16-3 觸發程序的建立、修改、與停用

用 SQL 建立與修改觸發程序

用 SQL 建立觸發程序的簡易語法如下：

```
CREATE TRIGGER trigger_name
ON {table | view}
[WITH ENCRYPTION]
{ FOR | AFTER | INSTEAD OF} { [INSERT] [, ] [UPDATE] [, ] [DELETE] }
AS
sql_statements
```

⊙ **CREATE TRIGGER trigger_name**

trigger_name 為觸發程序的名稱，就像其他的資料庫物件一樣，觸發程序的名稱在所屬資料庫中必須是唯一的。

由於觸發程序是建立在資料表或檢視表中, 因此常讓人誤以為只要是在不同的資料表中, 觸發程序的名稱就可以相同; 但事實上觸發程序的全名(server. database.schema.object) 必須是唯一的, 這點與所屬的資料表或檢視表名稱無關。

⊙ **ON {table | view}**

指定觸發程序所屬的資料表或檢視表。請注意, 只有 INSTEAD OF 觸發程序才能設定在檢視表上。

 有設定 WITH CHECK OPTION 的檢視表不允許建立 INSTEAD OF 觸發程序。

 當我們透過檢視表去更改資料表時, 該資料表的觸發程序也會被執行。

⊙ **WITH ENCRYPTION**

ENCRYPTION 表示 SQL Server 所記錄的 CREATE TRIGGER 敘述會被加密編碼, 這樣任何人都看不到此觸發程序的內容了。

⊙ **{ FOR | AFTER | INSTEAD OF}**

使用 FOR 或 AFTER 是相同的意思, 就是要建立 AFTER 觸發程序— 在資料表的操作都已正確完成後才會啟動觸發程序。若使用 INSTEAD OF, 則表示要建立 INSTEAD OF 觸發程序, 此時觸發程序將取代原來要執行的資料操作。

⊙ **{ [INSERT] [,] [UPDATE] [,] [DELETE] }**

指定此觸發程序的觸發時機。您至少必須指定一個, 若指定多個, 則必須以逗號分開。INSERT 、UPDATE 、DELETE 的順序可任意擺放, 例如 "AFTER UPDATE, INSERT"。在同一個資料表中, 可建立的 AFTER 觸發程序的數目沒有限制; 但對 INSTEAD OF 觸發程序來說, 則限制 INSERT、UPDATE、DELETE 每項最多只能有一個。

此外, 若資料表的 Foreign Key **刪除規則**選項設定為**重疊顯示**, 則不可建立 DELETE 的 INSTEAD OF 觸發程序; 若**刪除規則**選項設定為**設為 Null**、或**設為預設值**, 或**更新規則**選項設為**重疊顯示**、**設為 Null**、或**設為預設值**, 則不可建立 UPDATE 的 INSTEAD OF 觸發程序。例如:

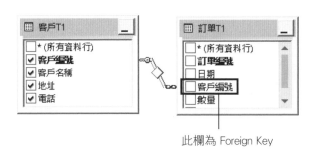

此欄為 Foreign Key

當**刪除規則**選項設定為**重疊顯示**後, 若刪除一筆客戶資料, 則訂單中相關的記錄也會自動被刪除, 因此在**訂單**資料表中不允許設定 INSTEAD OF DELETE 觸發程序, 以免自動串聯刪除的功能被取代; 但若設定為**設為 Null**、或**設為預設值**, 則在刪除客戶資料時, 會自動『修改』訂單中的相關記錄 (設為 Null 或預設值), 因此不允許設定 INSTEAD OF **UPDATE** 觸發程序, 以免無法自動修改。**更新規則**選項的原理亦同, 筆者就不再贅述。

 有關資料表關聯的刪除與更新規則, 可參考 7-17 頁的說明。

◉ **AS sql_statements**

用來定義觸發程序的內容。請注意, 觸發程序不可接收任何的參數, 也不需 RETURN 資料, 因為觸發程序是自動被執行的。不過我們仍然可以利用特殊管道來取得被刪除或更新的資料, 以便做進一步的處理, 這些稍後再介紹。

底下先來看一個簡單的範例, 我們針對**練習 16** 資料庫的**訂單 T1** 資料表建了 2 個觸發程序:

```
CREATE TRIGGER 訂單異動通知
ON 訂單 T1
```
接下頁

```
AFTER INSERT, UPDATE
AS
PRINT '又有訂單異動了！'
GO


CREATE TRIGGER 訂單刪除通知
ON 訂單 T1
AFTER DELETE
AS
PRINT '又有訂單被刪除了！'
GO


INSERT 訂單 T1 (日期，客戶編號)          ◀── 實際新增一筆訂單
VALUES ('2016/1/1', 3)


DELETE 訂單 T1                          ◀── 實際刪除一筆訂單
WHERE 日期 = '2016/1/1'
  ▼
又有訂單異動了！
(1 個資料列受到影響)
又有訂單被刪除了！
(1 個資料列受到影響)
```

　　觸發程序在建好之後，如果又需要更改內容，則可使用 ALTER TRIGGER
敘述：

```
ALTER TRIGGER trigger_name
 . . . . . ┐
 . . . . . ├── 與 CREATE TRIGGER 相同
 . . . . . ┘
```

　　其中 trigger_name 為一個已存在的觸發程序名稱，而其他的部份則和
CREATE TRIGGER 相同，我們就不再贅述了。最後，若想要刪除不需要的觸
發程序，則可使用以下語法：

```
DROP TRIGGER trigger_name [, ...n]
```

如果將資料表刪除了, 那麼資料表中的所有觸發程序也都會隨之刪除。

 如果想要變更觸發程序名稱, 可先將之刪除然後再以新名稱重新建立, 或是執行 sp_rename 來改名 (稍後會介紹)。

檢視觸發程序的相關資訊

我們可以使用系統預存程序來查詢觸發程序的相關資料:

⦿ **sp_helptrigger 'table_name' [, 'type']**

可用來查詢指定資料表中有哪些觸發程序, 若未指定 type (可為'INSERT'、'UPDATE'、'DELETE'), 則會列出全部的觸發程序。

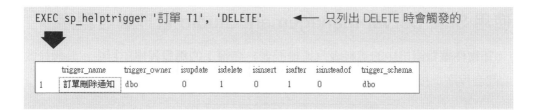

⦿ **sp_help 'trigger_name'**

可檢視指定觸發程序的建立日期... 等資訊:

⦿ **sp_helptext 'trigger_name'**

可列出指定觸發程序的內容:

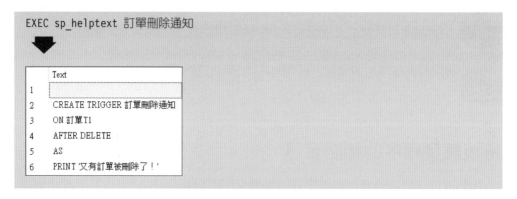

 TIP sp_help、sp_helptext 可以針對任何的物件 (包括預存程序、自訂函數等) 來取得資訊。

 TIP 如果想查看觸發程序中使用了哪些物件, 或是被哪些物件所使用, 可在觸發程序上按右鈕執行『**檢視相依性**』命令。

使用 SQL Server Management Studio 管理觸發程序

在**物件總管**窗格中的資料表 (或檢視表) 名稱下的**觸發程序**項目中, 於想修改的觸發程序上按滑鼠右鈕:

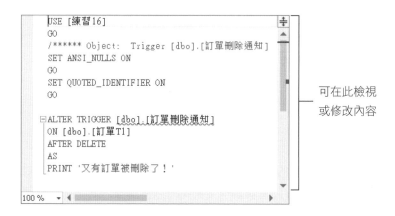

可在此檢視
或修改內容

更改觸發程序的名稱

我們可以使用 sp_rename 系統預存程序來更改觸發程序的名稱, 例如:

```
EXEC sp_rename '訂單刪除通知' , '訂單刪除通知 new'
```

原來的名稱　　　　　　新名稱

sp_rename 可用來重新命名由使用者自行建立的各種物件, 包括資料表、欄位、
索引、檢視表、預存程序、自訂函數、觸發程序等。

重新命名『檢視表、預存程序、自訂函數、觸發程序』的注意事項

當我們重新命名『檢視表、預存程序、自訂函數、觸發程序』時, 儲存在系統中
的相關程式碼並不會跟著改變名稱。例如前面我們將**訂單刪除通知**改為**訂單刪除
通知 new** 後, 再執行 sp_helptext 來列出程式內容:

```
EXEC sp_helptext 訂單刪除通知 new          ◄── 要使用新的觸發程序名稱
```

接下頁

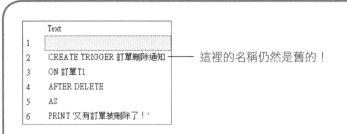

不過這並不會影響程式的正常運作，只有在使用 sp_helptext 或查詢系統目錄檢視表（sys.sql_modules）時，才會發現有名稱不一致的情形。要修正此一問題，可在物件上按右鈕執行『**修改**』命令，然後重新執行一次修改（ALTER）的動作即可。

另一個斧底抽薪的方法，就是不要重新命名，而是直接先將物件 DROP 掉，然後再以新的名稱重新建立，這樣就不會有任何副作用了，這也是 SQL Server 比較建議的做法。

停用觸發程序

有時我們會希望能將觸發程序暫時停用，以便進行測試、或進行一些不要觸發程序來干預的資料存取動作。停用的方法如下：

1 在觸發程序上按右鈕執行『**停用**』命令

已停用的觸發程序可執行此命令來重新啟用

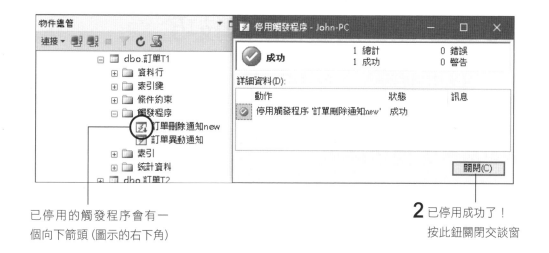

已停用的觸發程序會有一
個向下箭頭 (圖示的右下角)

2 已停用成功了！
按此鈕關閉交談窗

觸發程序停用後就不會再被執行了, 若要再讓它有作用, 則必須重新啟用。

另外, 我們也可以使用 T-SQL 來停用或啟用觸發程序:

```
{ DISABLE | ENABLE } TRIGGER { trigger_name [ , ...n ] | ALL }
ON object_name
```

◉ **{ DISABLE | ENABLE } TRIGGER { trigger_name [, ...n] | ALL }**

DISABLE 是停用, 而 ENABLE 則是啟用。trigger_name 是指觸發程序的
名稱, 如果有多個觸發程序, 則各名稱之間須以逗號隔開。但如果要包含物件
中所有的觸發程序, 則只要寫 ALL 即可, 而不用列出名稱。

◉ **ON object_name**

object_name 就是資料表或檢視表的名稱。底下來看範例:

16-13

16-4 設計觸發程序的技巧

在了解觸發程序的建立、修改及刪除方法後, 現在讓我們將焦點轉移到觸發程序的內容設計上。

設計觸發程序時的限制

在觸發程序中有一些敘述不能使用, 包括:

ALTER DATABASE	CREATE DATABASE	DROP DATABASE
LOAD DATABASE	LOAD LOG	RECONFIGURE
RESTORE DATABASE	RESTORELOG	

此外, 在觸發程序中也不可更改所屬資料表的結構, 包括更改索引(CREATE/ALTER/DROP INDEX)、更改欄位(ALTER TABLE)、刪除資料表(DROP TABLE) 等。

還有一點要特別注意, 在觸發程序中也應避免使用 SELECT 之類的敘述來傳回資料集 (除了做為測試之用), 因為這些傳回值也會傳到實際執行新增、刪除或修改的應用程式中 (例如前端應用程式), 除了浪費傳輸頻寬之外, 若應用程式未能妥善處理這些額外的資料, 則有可能會導致錯誤發生。

 微軟宣稱在未來的 SQL Server 版本中會移除『在觸發程序中傳回資料集』的功能。

在觸發程序中取得欄位修改之前及之後的資料

在觸發程序中, 我們如何得知哪些資料已被新增、修改、或刪除了呢？SQL Server 提供了 2 個虛擬資料表供我們查閱, 那就是 inserted 及 deleted 資料表, 其功用如下:

	inserted 資料表	deleted 資料表
在新增時	存放新增的記錄	
在修改時	存放用來更新的記錄	存放更新前的舊記錄
在刪除時		存放被刪除的舊記錄

 TIP 當觸發程序結束時, 暫時性的 inserted 及 deleted 資料表會自動消失。

事實上, AFTER 與 INSTEAD OF 觸發程序的啟動時機及流程都不相同:

順序	AFTER 觸發程序	INSTEAD OF 觸發程序
1	檢查條件約束	建立 inserted 與 deleted 資料表
2	建立 inserted 與 deleted 資料表	**啟動觸發程序**
3	實際更改資料	
4	**啟動觸發程序**	

⊙ **AFTER 觸發程序:**

當 AFTER 觸發程序被執行時, 資料表已經完成更改的動作了, 但尚未確認;也就是說, 資料表內容雖然已經變更, 但我們仍可用 ROLLBACK TRANSACTION (或簡寫為 ROLLBACK) 敘述來回復到資料修改前的狀況, 此時包括了在觸發程序中所做的任何修改動作都將回復。

⊙ **INSTEAD OF 觸發程序:**

由於 INSTEAD OF 觸發程序完全取代了原來的資料異動操作, 因此不會先檢查條件約束;但仍會先將使用者要變更的資料放入 inserted、deleted 資料表中, 以供程序中的程式使用。由於原來的操作已被觸發程序取代, 因此也不需用 ROLLBACK 做回復。不過, 若觸發程序中的程式去異動了資料表, 則資料表中的條件約束仍然會進行查驗工作。

有關 inserted、deleted 資料表的應用，我們稍後會用許多的實例做說明。

如何偵測異動筆數及復原異動

另外有一點常被誤解，就是無論您一次更改到多少筆資料，觸發程序都只會被執行一次。例如執行一次 DELETE 敘述刪除 5 筆資料，此時觸發程序並不會被執行 5 次，而是只執行一次，但在虛擬的 deleted 資料表中則會有 5 筆記錄。如果您想知道有多少筆記錄被更動，可以利用 @@ROWCOUNT 系統變數來查詢，例如：

```
CREATE TRIGGER 測試異動筆數
ON 客戶 T1
FOR DELETE, INSERT, UPDATE          ◄── FOR 關鍵字的作用和 AFTER 相同
AS
PRINT '異動了' + CAST(@@ROWCOUNTAS VARCHAR) + ' 筆資料！'
ROLLBACK                            ◄── 測試完後,取消本次的全部異動
GO


INSERT 客戶 T1 (客戶名稱, 地址)
VALUES ('楊小頭' , '新竹市中山路' )
GO
DELETE 客戶 T1
WHERE 客戶編號< 5
GO
DELETE 客戶 T1
WHERE 客戶編號> 200


異動了 1 筆資料！                    ◄── INSERT 的結果
訊息 3609, 層級 16, 狀態 1, 行 2 .
交易在觸發程序中結束。已中止批次。
又有訂單被刪除了！
異動了 4 筆資料！                    ┐── 第 1 次 DELETE 的結果
訊息 3609, 層級 16, 狀態 1, 行 1    ┘
交易在觸發程序中結束。已中止批次。
異動了 0 筆資料！                    ◄── 第 2 次 DELETE 的結果
訊息 3609, 層級 16, 狀態 1, 行 1
交易在觸發程序中結束。已中止批次。
```

CAST() 函式可以轉換資料的型別，如本例使用 CAST() 函式將數字轉換為 VARCHAR。

以上觸發程序我們使用 ROLLBACK 來回復資料異動，因此對客戶 T1 資料表的任何異動都會被復原。在程式中有幾點值得注意：

⦿ 當執行 INSERT、UPDATE、或 DELETE 時，無論是否真正更動到資料，觸發程序都會被執行。因此在前面當我們刪除 "客戶編號 > 200" 的記錄時，雖然沒有這樣的記錄，但觸發程序仍然被啟動。

由此可知，在必要時我們可以利用 @@ROWCOUNT 來判斷是否要立即結束程序，以避免做虛工或發生程式錯誤。例如使用 "IF @@ROWCOUNT = 0 RETURN" 來結束程序。

⦿ 在前面第一次刪除 4 筆客戶資料時，結果卻多出一個 "又有訂單被刪除了！" 訊息，這是因為筆者已設定了**客戶 T1** 與**訂單 T1** 資料表的關聯：

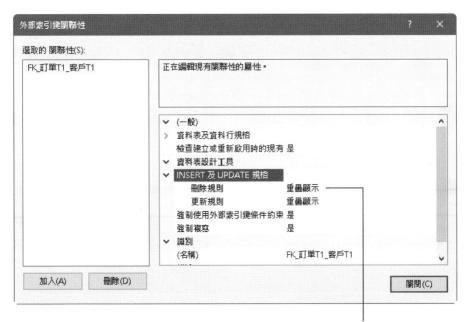

已設定了這項，因此會串
聯刪除**訂單 T1** 中的資料

16-17

而我們之前（上一節）已設定了**訂單 T1** 資料表的 DELETE 觸發程序：**訂單刪除通知**，因此會顯示 "又有訂單被刪除了！" 的訊息。由於條件約束會發生在啟動觸發程序之前，因此串聯刪除會先發生，並引發**訂單 T1** 資料表的 DELETE 觸發程序，最後才引發**客戶 T1** 資料表的觸發程序。

當**客戶 T1** 資料表的觸發程序中執行 ROLLBACK 時，**訂單 T1** 資料表中被串聯刪除的資料同樣會被回復。

- 在觸發程序中執行 ROLLBACK 時，會結束目前批次的執行。因此前面程式在刪除資料的敘述前，若未加 GO 分隔批次，則刪除動作不會被執行到：

```
INSERT 客戶 T1 (客戶名稱, 地址)
VALUES ( '楊小頭' , '新竹市中山路' )
                    ← 不加 GO, 若 INSERT 時發生 ROLLBACK,
DELETE 客戶 T1         則之後的 DELETE 敘述不會執行
WHERE   客戶編號< 5

異動了 1 筆資料！    ← 果然只有 INSERT 的訊息, DELETE 敘述未被執行
訊息 3609, 層級 16, 狀態 1, 行 1
交易在觸發程序中結束。已中止批次。  ← 這裡告訴您：已中止批次了！
```

如果批次是位在我們設定的交易中 (在 BEGIN TRAN 及 COMMIT 敘述之間)，則觸發程序中的 ROLLBACK 會復原整個交易，因此交易中已發生的所有異動均會被回復。有關交易請參考第 20 章。

判斷欄位是否更改

在 INSERT 或 UPDATE 的觸發程序中，我們還可以用"UPDATE(欄位名稱)" 來判斷某欄位的值是否被更改。例如我們只想針對**數量**欄做檢查，則可如下設計：

```
CREATE TRIGGER 檢查數量是否更改
ON 訂單 T2
AFTER UPDATE, INSERT
```

接下頁

```
AS
IF UPDATE(數量)
    PRINT '數量欄已更改！'
ELSE
    PRINT '數量欄沒有更改！'
ROLLBACK
GO


UPDATE 訂單 T2
SET    數量 =5
WHERE  訂單編號 = 10
GO
UPDATE 訂單 T2
SET    是否付款 = 1
WHERE  訂單編號 = 11
```

数量欄已更改！
訊息 3609, 層級 16, 狀態 1, 行 2
交易在觸發程序中結束。已中止批次。
数量欄沒有更改！
訊息 3609, 層級 16, 狀態 1, 行 1
交易在觸發程序中結束。已中止批次。

我們可以把"UPDATE(...)" 看成一個傳回真或假的函數來使用，因此 "IF UPDATE(...)" 敘述可以出現在觸發程序中的任意位置，也可搭配 BEGIN...END 來使用。值得注意的是，在新增記錄時每個欄位都會視為已更改，就算使用預設值也一樣，例如 (接續上例)：

```
INSERT 訂單 T2 (日期，客戶編號)      ←── 數量欄未給值 (使用預設值)
VALUES ('2016/11/30', 5)
```

数量欄已更改！
訊息 3609, 層級 16, 狀態 1, 行 1
交易在觸發程序中結束。已中止批次。

另外，如果您想一次判斷多個欄位是否更改，則可使用 AND、OR、NOT 來組合，例如：

```
CREATE TRIGGER 檢查
......
IF UPDATE(數量) AND UPDATE(日期)
BEGIN
......
END
```

 TIP SQL Server 還提供另一種測試方法：COLUMNS_UPDATED( )，它會傳回一個 varbinary 的資料，其中每一個 bit 代表一個欄位，當 bit 值為 1 時表示對應的欄位有被更改。由於不常用，有興趣的讀者請自行參閱 **SQL Server 線上叢書**。

觸發程序回應錯誤訊息的方式

使用 PRINT 或 RAISERROR 都可以在 SQL 查詢中顯示訊息，其實 PRINT 就相當於嚴重程度 0 的 RAISERROR (0 表示沒有任何錯誤)。

但是，有許多前端應用程式只對 "錯誤訊息" 有興趣，此時用 PRINT 顯示的訊息就會被忽略掉而不顯示出來；因此當觸發程序檢查到錯誤而 ROLLBACK 時，使用者可能會完全不知情，或是只知道一直無法輸入但不知道為什麼。

因此，除非僅供測試之用，否則還是使用 RAISERROR 來產生錯誤訊息會比較保險。底下來看一個程式：

```
CREATE TRIGGER 不允許修改日期
ON 訂單 T2
AFTERUPDATE
AS
IF UPDATE(日期)
BEGIN
    PRINT '不可修改日期！'
    ROLLBACK
END
GO
```

在操作接下來的範例前, 請先停用或刪除前面在**訂單 T2** 資料表下所建立的**檢查數量是否更改**觸發程序。

接著我們到 SQL Server Management Studio 中修改**訂單 T2** 資料表看看:

1 修改**日期**欄後移到下一列　　　　　　　　　　　**2** 出現此訊息

這是因為修改操作被觸發程序中的 ROLLBACK 敘述回復了。

在上圖中按**確定**鈕回到 SQL Server Management Studio 後, 還須再按 Esc 鍵取消欄位的更改, 才能移到其他記錄做編輯。

底下我們來修改一下觸發程序的內容 (在 SQL Server Management Studio 中展開**練習 16/資料表/dbo.訂單 T2/觸發程序**, 在**不允許修改日期**觸發程序上按滑鼠右鈕執行『**修改**』命令):

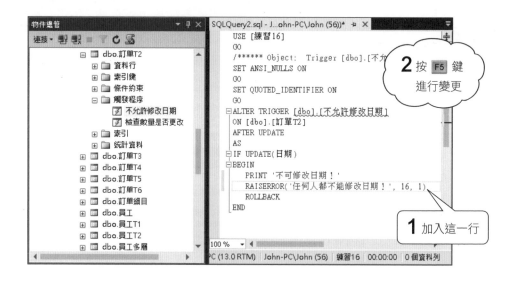

完成後，再去修改**日期**欄時會出現 PRINT 及 RAISERROR 訊息：

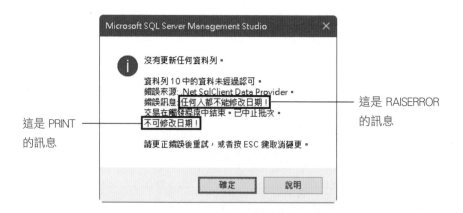

由此可知，如果全部都使用 PRINT 來傳回訊息，那麼您或前端應用程式可能會忽略訊息！

再從另一個角度來看，觸發程序本身對使用者來說應該是透明的，只有在發現錯誤時才需出面攔截或顯示訊息。因此，我們在觸發程序中要避免使用會傳回資料集或顯示訊息的敘述，例如在 UPDATE 的觸發程序中使用了 SELECT 敘述查詢多筆記錄，那麼使用者每次更改資料時都會蹦出一堆查詢的列表，豈不怪哉！

要避免這樣的情形, 我們可在 SELECT 時將結果存入變數中, 例如 "SELECT @a=日期 FROM ...", 或使用下一章將介紹的『資料指標』(CURSOR) 來一筆一筆地處理資料。另外, 一般在操作資料時都會傳回如 "(1 個資料列受到影響)" 的筆數訊息, 此時可執行 "SET NOCOUNT ON" 將該功能關閉。

16-5 建立 AFTER 觸發程序

底下我們分別針對 AFTER 的 INSERT、UPDATE、DELETE 觸發程序做更進一步說明。

AFTER INSERT 觸發程序

當 INSERT 觸發程序被啟動時, 新增的資料已放入 inserted 資料表中, 而實際的資料表也已新增完畢, 至於 deleted 資料表則未使用。底下來看一個實例:

```
CREATE TRIGGER 檢查訂購數量
ON 訂單 T3
AFTER INSERT
AS
IF (SELECT 數量 FROM inserted) > 200
BEGIN
    PRINT '數量不得大於 200！'
    ROLLBACK
END
GO

INSERT 訂單 T3 (日期, 客戶編號, 數量)
VALUES ('2016/11/30', 5, 201)
```

數量不得大於 200！
訊息 3612, 層級 16, 狀態 1, 行 2
交易在觸發程序中結束。已中止批次。

當新增記錄的『數量』大於 200 時，即會顯示錯誤訊息並取消 (回復) 新增動作。不過請注意，以上程式只適用於每次新增一筆資料的狀況，若一次新增多筆資料，就會出問題了，底下我們由另一個資料表中取出資料來新增：

```
INSERT INTO 訂單 T3
(日期，客戶編號，數量，是否付款)
SELECT 日期，客戶編號，數量，是否付款
FROM 訂單 T2
```

```
訊息 512 ，層級 16 ，狀態 1 ，程序檢查訂購數量，行 5
子查詢的傳回值不只 1 個值。這種狀況在子查詢之後有 =、! = 、<、<= 、>、>=
或是子查詢作為運算式使用時是不允許的。
陳述式已經結束。
```

由於在觸發程序中我們使用"IF (SELECT 數量 FROM inserted) > 200" 敘述，而 inserted 中卻有多筆資料，因此無法用 > 做比較而造成錯誤。要解決這個問題，其實只要改一下 IF 中的 SELECT 敘述即可：

```
IF (SELECT MAX(數量) FROM inserted) > 200
```

此方法是用 MAX() 取最大值來判斷，只要超過 200 即取消全部的新增動作。

 您也可以在觸發程序最前面加上 "IF @@ROWCOUNT <> 1 ..." 敘述，來限制每次只允許異動一筆記錄。

AFTER UPDATE 觸發程序

當 UPDATE 觸發程序被啟動時，更新的資料已存入真正的資料表及 inserted 資料表中，而更新前的舊資料則放在 deleted 資料表中。此時我們可以任意檢視新、舊資料，以決定是否可以更改或做必要的處理。例如：

```
CREATE TRIGGER 檢查訂購數量更改
ON 訂單 T3
AFTER UPDATE
AS
IF (SELECT MAX(數量) FROM inserted) > 200
BEGIN
    PRINT '數量更改不得大於 200！'
    ROLLBACK
END
GO


UPDATE 訂單 T3
SET 數量= 數量+ 30
```

▼

數量不得大於 200！   ◀── 當有任一筆更新後數量超過 200, 即取消更新動作
訊息 3609, 層級 16, 狀態 1, 行 2
交易在觸發程序中結束。已中止批次。

在上例中, 由於可能一次 UPDATE 好幾筆, 所以我們使用 "MAX(數量)" 來檢查。底下我們再舉一個將新、舊資料做比較的例子：

```
CREATE TRIGGER 檢查訂購數量變化
ON 訂單 T3
AFTER UPDATE
AS
IF (SELECT MAX(ABS(新.數量- 舊.數量))
    FROM inserted AS 新 JOIN deleted AS 舊
        ON 新.訂單編號= 舊.訂單編號) > 50
BEGIN
    PRINT '數量變化不得大於 50！'
    ROLLBACK
END
GO


UPDATE 訂單 T3
SET 數量= 數量/ 2
```

接下頁

數量變化不得大於 50！
訊息 3609, 層級 16, 狀態 1, 行 2
交易在觸發程序中結束。已中止批次。

以上我們用 "ABS(新.數量- 舊.數量)" 來取得差異的絕對值，然後用 MAX 取最大的一個做比較。

另外，如果使用者只更改到**數量**以外的欄位，那麼每次都檢查數量值好像不太有效率，此時就可搭配 "UPDATE(欄位名稱)" 來判斷欄位值是否更改，以提高效率。例如我們只想針對『數量』欄及『日期』欄做檢查，則可如下設計：

```
CREATE TRIGGER 檢查數量及日期
ON 訂單 T3
AFTERUPDATE
AS
IF UPDATE(數量)
BEGIN
    IF (SELECT MAX(數量) FROM inserted) > 200
    BEGIN
        PRINT '數量不得大於 200！'
        ROLLBACK TRANSACTION
        RETURN
    END
END
IF UPDATE(日期)
BEGIN
    IF (SELECT MIN(日期) FROM inserted) < '2016/1/1'
    BEGIN
        PRINT '日期不得早於 2016/1/1！'
        ROLLBACKTRANSACTION
    END
END
GO
```

接下頁

```
UPDATE 訂單 T3
SET 日期 = '2015/12/1 '
WHERE 訂單編號 = 3
```

```
日期不得早於 2016/1/1！
訊息 3609, 層級 16, 狀態 1, 行 1
交易在觸發程序中結束。已中止批次。
```

請注意, 在第一個 IF 中我們使用 RETURN 來結束觸發程序, 這是因為 ROLLBACK 雖然可以往前回復到更新之前狀態, 但回復完成後仍會繼續往下執行第二個 IF 敘述, 此時如果又符合條件而再次執行 ROLLBACK 時, 就會發生無法再次回復的錯誤了。

AFTER DELETE 觸發程序

當 DELETE 觸發程序被啟動時, 被刪除的記錄已由原始資料表搬移到 deleted 資料表中, 而 inserted 資料表則未使用。下面的例子可確保每次刪除訂單的 "訂貨總數量" 不得小於 300, 而且 2016/7/1 以前的訂單不允許刪除:

```
CREATE TRIGGER 檢查刪除數量及日期
ON 訂單 T3
AFTER DELETE
AS
IF (SELECT SUM(數量) FROM deleted) > 300
BEGIN
   ROLLBACK
   RAISERROR('每次刪除之訂貨總數量不得大於 300！' , 16, 1)
END
ELSE IF (SELECT MIN(日期) FROM deleted) < '2016/7/1'
BEGIN
   ROLLBACK
   RAISERROR('2016/7/1 之前的訂單不得刪除！' , 16, 1)
END
GO
```

接下頁

```
DELETE 訂單 T3
WHERE 數量 > 100
GO


PRINT ' - - - - - - - - - - - - - - - - - - - - - - - - - '
DELETE 訂單 T3
WHERE 日期 < '2016/7/5'
```

▼

```
訊息 50000, 層級 16, 狀態 1, 程序檢查刪除數量及日期, 行 9
每次刪除之訂貨總數量不得大於 ３０ ０！
訊息 3609, 層級 16, 狀態 1, 行 2
交易在觸發程序中結束。已中止批次。
- - - - - - - - - - - - - - - - - - - - - - - - -
訊息 50000, 層級 16, 狀態 1, 程序檢查刪除數量及日期, 行 14
2016/7/1 之前的訂單不得刪除！
訊息 3609, 層級 16, 狀態 1, 行 2
交易在觸發程序中結束。已中止批次。
```

　　在上面的例子中，我們改用 RAISERROR 來產生自訂的錯誤訊息。其中第一個 IF 是由 deleted 資料表中計算數量加總，以檢查刪除之總量是否超過 300；而第二個 IF 則檢查 deleted 資料表中是否有早於 2016/7/1 日的記錄。

AFTER 觸發程序綜合演練

◉ 底下的觸發程序可發 Mail 通知管理者資料被更改了：

```
CREATE TRIGGER 訂單異動郵寄通知
ON 訂單 T4
AFTER INSERT, UPDATE, DELETE
AS
EXEC msdb.dbo.sp_send_dbmail
  @recipients = 'mis@flag.com.tw',
  @body = '訂單資料被更改了！' ,
  @subject = '資料庫異動通知'
```

　　以上是使用 sp_send_dbmail 延伸預存程序來發 E-mail，您必須先在 SQL Server 中安裝並設定好 Database Mail 功能後才可使用 。

TIP 在設定好 Database Mail 後, 建議順便指定『預設』的公用設定檔 (將**預設欄**改為**是**), 這樣在執行 sp_send_dbmail 時就不需用 @profile_name 參數指定要使用哪一個設定檔了。

⊙ 由於資料表的 CHECK 限制只能參考到同一個資料表中的欄位值, 因此若需要由其他資料表中取出資料做檢查, 則必須用觸發程序來完成。在下例中, 當訂單的訂購數量有變動時 (新增或更改), 觸發程序會先到 "客戶" 資料表中取得信用等級, 然後再到 "信用額度" 資料表中取出該等級許可的訂購數量上下限, 最後比較訂單中的訂購數量是否符合限制:

```
CREATE TRIGGER 檢查上下限
ON 訂單 T5
AFTER INSERT, UPDATE
AS
IF@@ROWCOUNT = 0 RETURN
IF UPDATE(數量)
BEGIN
  IF EXISTS (SELECT A.*
            FROM inserted A
              JOIN 客戶 T5 B ON A.客戶編號 = B.客戶編號
              JOIN 客戶信用額度 T5 C ON B.信用等級 = C.信用等級
            WHERE A.數量 NOT BETWEEN C.下限 AND C.上限)
  BEGIN
    ROLLBACKTRANSACTION
    RAISERROR(' 訂購數量不符合客戶的信用等級' , 16, 1)
  END
END
GO


INSERT 訂單 T5 (日期, 客戶編號, 數量)
VALUES (GETDATE(), 5, 201)
```

⬇

```
訊息 50000, 層級 16, 狀態 1, 程序檢查上下限, 行 15
訂購數量不符合客戶的信用等級
訊息 3609, 層級 16, 狀態 1, 行 1
交易在觸發程序中結束。已中止批次。
```

以上考慮到使用者可能一次異動多筆資料，因此程式中用 IF EXISTS 來判斷。不過一次更改多筆資料有個缺點，就是當發現其中一筆有問題時，整個異動操作都會被取消。如果想避免這樣的問題，可改用下一節介紹的 INSTEAD OF 觸發程序。

 為了避免做白工，我們可以在觸發程序的最前面，先利用 IF @@ROWCOUNT=0 來檢查是否真的有資料被更動。

 您也可以強迫使用者每次只能更改一筆，只要在觸發程序最前面判斷 @@ROWCOUNT 是否等於 1 即可。

● 有些資料在更改之後，我們會希望能將更改的日期及更改前的內容，存入另一個記錄用的資料表中，以供未來查閱之用。下例在更改員工薪資時，會將更改時間及原始薪資存入**員工記錄**資料表中：

```
CREATE TRIGGER 記錄薪資修改
ON 員工 T1
AFTER UPDATE
AS
IF @@ROWCOUNT = 0 RETURN
IF UPDATE(薪資)
BEGIN
   INSERT 員工記錄(異動日期, 員工編號, 薪資)
   SELECT GETDATE(), 員工編號, 薪資
   FROM deleted
END
```

在上例的觸發程序中會去更改到其他資料表，由於情況單純，所以沒有做錯誤檢查。但如果在更改其他資料表時有可能會發生錯誤，那麼也應在更改之後立即檢查 @@ERROR (是否有錯誤) 或 @@ROWCOUNT (是否有實際更改到資料)，並決定在更改失敗時是否要 ROLLBACK。另外，如果程式較複雜，也可搭配 TRY...CATCH 敘述來處理可能發生的錯誤。

設定 AFTER 觸發程序的啟動順序

如果在資料表中設定了多個觸發程序, 那麼觸發的先後順序有時會變得很重要。我們可以針對資料表的每一種操作 (INSERT、UPDATE、DELETE), 各指定要第一個及最後一個執行的 AFTER 觸發程序。設定的方法如下:

```
EXEC sp_settriggerorder 'triggername' ,
                        { 'First' | 'Last' | 'None' } ,
                        { 'INSERT' | 'UPDATE' | 'DELETE' }
```

例如我們要將**記錄薪資修改**設為**員工 T1** 資料表的第一個 UPDATE 觸發程序, 則可執行以下命令:

```
EXEC sp_settriggerorder '記錄薪資修改' , ' First ' , 'UPDATE'
```

在設定時有幾點要注意:

◉ 每項操作最多只能設定一個 First 及一個 Last 觸發程序, 其他未指定 (None) 的程序則依任意順序觸發。

◉ 將觸發程序設為 None 即可取消其 First 或 Last 屬性。

◉ 設定的操作必須與觸發程序內容相符, 例如 AFTER INSERT, UPDATE 的觸發程序, 不能設為 DELETE 的 First 或 Last 程序。

◉ 在使用 ALTER TRIGGER 更改觸發程序的內容後, 會自動還原為 None 屬性。

◉ 此功能只適用於 AFTER 觸發程序, 不能用於 INSTEAD OF 觸發程序。

巢狀觸發與遞迴觸發

當我們在觸發程序中更改其他資料表時, 也可能會啟動該資料表的觸發程序, 而形成巢狀觸發 (Nested trigger)。巢狀觸發最多可達 32 層, 若不希望有巢狀觸發, 則可將此功能關閉:

```
EXEC sp_configure 'nestedtriggers' , 0
```

其中 0 表示 False；若又要將之開啟, 則只要再將其設為 1 即可 (預設為 1)。

TIP 用 sp_configure 更改資料庫組態後, 必須重新啟動 SQL Server, 或執行 RECONFIGURE 敘述後才會生效。詳情請參閱 **SQL Server 線上叢書**。

另外, 如果在觸發程序中更改自身的資料表, 導致同一觸發程序又被執行一次, 我們稱之為遞迴觸發(Recursive trigger)。此狀況可分為兩種:

◉ 自己呼叫自己 (A→A→A...), 稱為『**直接遞迴**』, SQL Server 預設會防止直接遞迴。

◉ 經由別人再觸發 (A→B→A→B→A...), 稱為『**間接遞迴**』, 此狀況預設會一直執行下去, 若要禁止, 可如上將 'nested triggers' 選項設為 0 即可。

TIP 當發生巢狀觸發或遞迴觸發時, 只要有任何一個觸發程序執行了 ROLLBACK, 則全部的異動都會被回復。

TIP sp_configure 是用來改變 SQL Server 的全域性相關設定, 至於 SET 敘述, 則是用來設定目前連線 (Session) 的相關選項。

16-6 建立 INSTEAD OF 觸發程序

INSTEAD OF 觸發程序可用來攔截並取代特定的資料操作, 然後由觸發程序中的程式來控制如何異動資料。

什麼時候要使用 INSTEAD OF 觸發程序

INSTEAD OF 觸發程序同時適用於資料表及檢視表, 通常在以下的時機我們
會考慮使用這項功能:

◉ 當某敘述的資料操作被觸發程序禁止時, 若在觸發程序中使用 ROLLBACK,
則會中斷整個批次的執行; 此時可改用 INSTEAD OF 觸發程序來避免批次
被中斷, 因為不需要使用 ROLLBACK 來回復異動。

◉ 當一次異動多筆記錄時, 若在觸發程序中使用 ROLLBACK, 則全部異動都會
被回復。如果希望只取消有問題的異動, 則可以改用 INSTEAD OF 觸發程
序。

◉ 如果希望能自己控制資料的異動方式及流程, 則應使用 INSTEAD OF 觸發
程序。

◉ 若想要在檢視表中設定觸發程序, 則只能使用 INSTEAD OF 觸發程序。
AFTER 觸發程序不可使用在檢視表中。

總之, INSTEAD OF 就是『取代』原來的異動流程, 而改用自己撰寫的程式
來進行異動。因此只要您有這樣的需求, 都可以使用 INSTEAD OF 觸發程序來
達到目的。

INSTEAD OF 觸發程序的執行流程

當 INSTEAD OF 觸發程序被啟動時, inserted 及 deleted 暫存資料表中
都已存入了異動記錄, 其內容和 AFTER 觸發程序完全一樣。所不同的, 是
AFTER 觸發程序在被啟動之前, 資料就已經異動完畢了; 而 INSTEAD OF 觸
發程序被啟動時, 則實際的資料尚未被異動, 而且之後也不會異動, 除非觸發程序
中的程式主動去進行異動。

底下是這二種觸發程序的執行流程比較：

AFTER 觸發程序	INSTEAD OF 觸發程序
使用者異動資料	使用者異動資料
▶ 檢查條件約束	▶ 將異動資料放入 inserted/deleted
▶ 將異動資料放入 inserted/deleted	▶ **啟動 INSTEAD OF 觸發程序**
▶ 實際異動資料	▶ 結束
▶ **啟動 AFTER 觸發程序**	
▶ 結束	

相較之下，INSTEAD OF 觸發程序的流程似乎比較簡單，不過既然它是用來取代原本要進行的異動操作，在程序中我們還需自己寫程式來進行異動，而這些異動在執行時就得經過條件約束的檢查了，此時如果被異動的資料表設有 AFTER 觸發程序，則同樣會將之啟動並進行其應有的流程。

請注意，INSTEAD OF 觸發程序並不會遞迴觸發，也就是在觸發程序中若異動到自己所屬的資料表，並不會再次觸發自己，而會實際去進行資料異動；此時若資料表設有條件約束或 AFTER 觸發程序，則會一一執行之。

INSTEAD OF 觸發程序實例

由於 INSTEAD OF 觸發程序的語法和技巧，都和 AFTER 觸發程序大致相同，因此我們就直接以實例來示範。

◉ 底下的範例在一次新增多筆資料時，會先判斷新增資料的**員工編號**是否已經存在於資料表中，若是則改用 UPDATE 來更新記錄：

```
CREATE TRIGGER 處理新增的員工資料
ON 員工 T2
INSTEAD OF INSERT
AS
  SET NOCOUNT ON        ◀── 不要顯示 '(？個資料列受到影響)' 訊息
```

接下頁

```
-- 更新已存在於員工 T2 中的資料
UPDATE 員工 T2
SET  員工 T2.姓名 = inserted.姓名,
     員工 T2.薪資 = inserted.薪資
FROM 員工 T2 JOIN inserted
           ON 員工 T2.員工編號 = inserted.員工編號
PRINT '更改已存在的資料' + CAST(@@ROWCOUNT AS VARCHAR) + '筆'

-- 插入不存在於員工 T2 中的新資料
INSERT 員工 T2
SELECT *
FROM inserted
WHERE inserted.員工編號 NOT IN
           (SELECT 員工編號 FROM 員工 T2 )
PRINT '加入新的資料' + CAST(@@ROWCOUNT AS VARCHAR) + '筆'
GO
```

接著, 我們先看看員工 T1 及員工 T2 中的內容, 再實地新增資料看看。

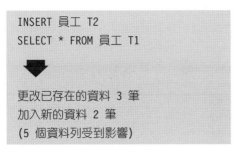

⊙ 接續前例, 我們在員工 T2 資料表中再加一個 AFTER 觸發程序, 看看在新增資料時是否會被觸發:

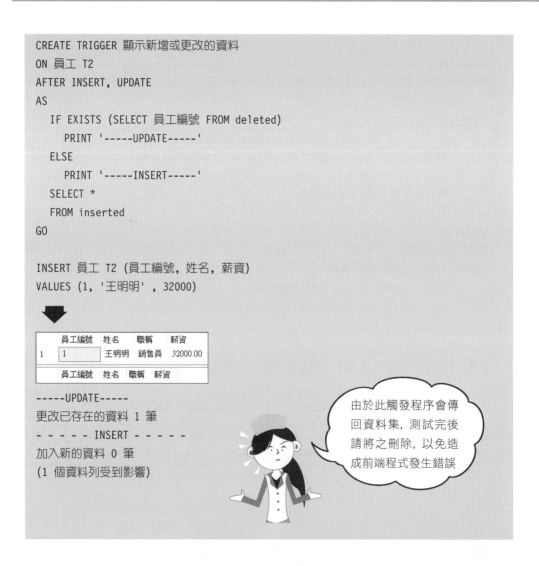

```
CREATE TRIGGER 顯示新增或更改的資料
ON 員工 T2
AFTER INSERT, UPDATE
AS
    IF EXISTS (SELECT 員工編號 FROM deleted)
        PRINT '-----UPDATE-----'
    ELSE
        PRINT '-----INSERT-----'
    SELECT *
    FROM inserted
GO

INSERT 員工 T2 (員工編號, 姓名, 薪資)
VALUES (1, '王明明' , 32000)
```

	員工編號	姓名	職稱	薪資
1	1	王明明	銷售員	32000.00

員工編號	姓名	職稱	薪資

```
-----UPDATE-----
更改已存在的資料 1 筆
- - - - - INSERT - - - - -
加入新的資料 0 筆
(1 個資料列受到影響)
```

由於此觸發程序會傳回資料集，測試完後請將之刪除，以免造成前端程式發生錯誤

	員工編號	姓名	職稱	薪資
1	1	王明明	銷售員	32000.00
2	2	陳季暄	銷售員	32000.00
3	3	趙飛燕	銷售員	58000.00
4	4	李美麗	銷售員	53000.00
5	5	劉天王	銷售員	46000.00

員工 T2 資料表的這筆記錄被更新了

由於在 INSTEAD OF 觸發程序中會分別執行 UPDATE 及 INSERT 敘述，因此 AFTER 觸發程序也會被觸發 2 次。

⦿ 接著我們再示範如何在檢視表中設定 INSTEAD OF 觸發程序。底下是**員工
T1** 資料表,我們用此資料表建了一個檢視表:

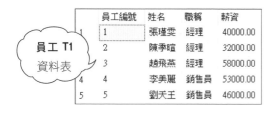

```
CREATE VIEW 員工列表
AS
SELECT 員工編號, 姓名 + '' + 職稱 AS 員工名稱          這是檢視
FROM    員工 T1                                         表的內容
GO
```

在**員工列表**檢視表中,我們是將**姓名**及**職稱**合併起來,並在中間加上一個
空白。這樣的一個檢視表,照理說是無法新增或更改資料的,但若設定了
INSTEAD OF 觸發程序,則變成可以修改,而且是經由觸發程序中的程式來
進行修改:

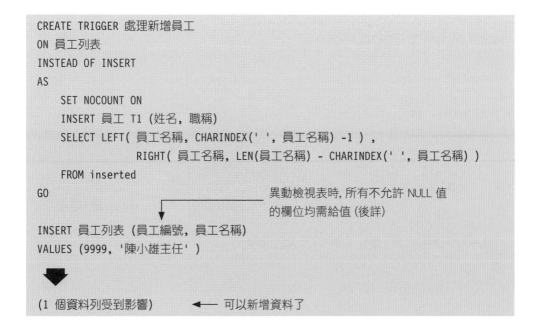

	員工編號	員工名稱
1	1	張瑾雯 經理
2	2	陳季暄 經理
3	3	趙飛燕 經理
4	4	李美麗 銷售員
5	5	劉天王 銷售員
6	6	陳小雄 主任

新增的資料已正
確存入**檢視表**中

請注意, 在新增或更改檢視表時, 檢視表中所有不允許 NULL 值的欄位均需給值, 包括對應到底層資料表的識別 (自動編號) 欄位、計算欄位、及 timestamp 欄位在內。

當然, 有些欄位值在實際存入資料表時並沒有意義, 例如前例中的**員工編號**欄 (識別欄位), 我們只要隨便給一個不存在的編號即可 (例如 9999), 這時我們在觸發程序中應將該編號忽略掉, 而改由系統自動指定一個新的編號。

> **TIP** 若要在 SQL Server Management Studio 中查看檢視表的觸發程序, 同樣展開檢視表下的**觸發程序**項目即可。

◉ 接續前例, 我們再來設計 UPDATE 的觸發程序:

```
CREATE TRIGGER 處理更改員工
ON 員工列表
INSTEAD OF UPDATE
AS
  SET NOCOUNT ON
  UPDATE 員工 T1
  SET 姓名 = LEFT(inserted.員工名稱,
               CHARINDEX(' ', inserted.員工名稱) -1 ),
      職稱 = RIGHT(inserted.員工名稱,
               LEN(inserted.員工名稱) - CHARINDEX(' ', inserted.員工名稱))
  FROM inserted
  WHERE inserted.員工編號 = 員工 T1.員工編號
GO
```

接下頁

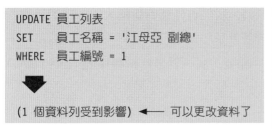

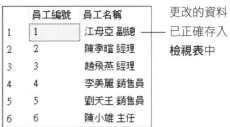

更改的資料
已正確存入
檢視表中

```
UPDATE 員工列表
SET    員工名稱 = '江母亞 副總'
WHERE  員工編號 = 1
```

(1 個資料列受到影響) ◄── 可以更改資料了

◉ 當檢視表中使用到多個資料表時，那麼如果要透過它來新增、修改、或刪除資
料，在處理上難免會有點複雜，這時 INSTEAD OF 觸發程序又可派上用場
了。底下分別是**客戶 T6、訂單 T6** 資料表，以及**檢視訂單檢視表**：

這二欄都已設定**識別**屬性

客戶 **T6** 資料表　　　　　訂單 **T6** 資料表

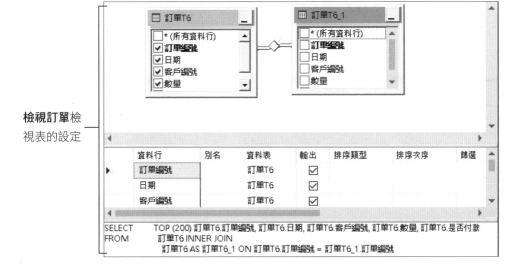

檢視訂單檢視表的設定

當使用者利用這個檢視表來新增資料時，我們首先應判斷輸入的客戶資料是否已存在，若不存在則應新增一筆；接著就是要新增訂單資料，但若之前新增了客戶，則新訂單中必須存入新的客戶編號。底下就是此檢視表的 INSTEAD OF INSERT 觸發程序：

```
CREATE TRIGGER 處理新增訂單
ON 檢視訂單
INSTEAD OF INSERT
AS
SET NOCOUNTON


- - 必要時新增客戶資料,
INSERT 客戶 T6 (客戶名稱)
SELECT 客戶名稱
FROM    inserted
WHERE   inserted.客戶編號 NOT IN ( SELECT 客戶編號 FROM 客戶 T6 )


- - 新增訂單資料
IF @@ROWCOUNT = 0           -- 如果沒有新增客戶
  INSERT 訂單 T6 (日期, 客戶編號, 數量, 是否付款)
  SELECT 日期, 客戶編號, 數量, 是否付款
  FROM inserted
ELSE                        -- 否則以新的客戶編號來更新訂單
  INSERT 訂單 T6 (日期, 客戶編號, 數量, 是否付款)
  SELECT 日期, 客戶 T6.客戶編號, 數量, 是否付款
  FROM inserted JOIN 客戶 T6 ON inserted.客戶名稱 = 客戶 T6.客戶名稱
GO


INSERT 檢視訂單 (客戶編號, 客戶名稱, 訂單編號, 日期, 數量, 是否付款)
VALUES (9999, '洋洋量販店', 9999, '2016/12/30', 130, 0)
INSERT 檢視訂單 (客戶編號, 客戶名稱, 訂單編號, 日期, 數量, 是否付款)
VALUES (3, 'XXXXX', 9999, '2016/12/30', 130, 0)
GO
SELECT * FROM 訂單 T6
```

新增了 2 筆訂單 ┤

另外還新增
了一個客戶

以上在新增訂單時，若是新客戶，則**客戶編號**只要隨便給一個之前沒用過的即可，在觸發程序中會依**客戶名稱**新增一筆客戶；反之若是舊客戶，則只須指定**客戶編號**，而**客戶名稱**則隨便給一個就好了。

◉ 接續前例，當使用者在**檢視訂單**檢視表中刪除記錄時，我們希望只要刪掉相關的訂單記錄，而相關的客戶資料則不要刪除。底下是 INSTEAD OF DELETE 觸發程序：

```
CREATE TRIGGER 處理刪除訂單
ON 檢視訂單
INSTEAD OF DELETE
AS
SETNOCOUNTON
DELETE 訂單 T6
WHERE 訂單 T6.訂單編號 IN (SELECT 訂單編號 FROM deleted)
GO

DELETE 檢視訂單
WHERE 訂單編號 = 6
GO
SELECT * FROM 訂單 T6
```

◢

	訂單編號	日期	客戶編號	數量	是否付款
1	1	2016-10-18	4	191	1
2	2	2016-11-09	6	88	1
3	3	2017-03-19	1	170	1
4	4	2016-09-20	3	80	0
5	5	2016-10-04	2	96	0
6	7	2016-12-30	10	130	0

編號 6 的訂
單果然刪除了 ➡

由於訂單編號 6 的客戶是剛才新增的洋洋量販店，我們開啟**客戶 T6** 資料表
來看看還在不在：

	客戶編號	客戶名稱
1	1	十全書店
2	2	大發超商
3	3	好看超商
4	4	英雄書店
5	5	愚人書店
6	6	新新超商
7	7	旗竿量販店
8	8	聰明書店
9	9	洋洋量販店

—— 洋洋量販店並未被刪除

Chapter

17

使用資料指標
(Cursor)

我們可以把 Cursor 看成是一個用來儲存『資料集』(多筆記錄) 的物件。由於 SELECT 敘述所挑選出來的結果, 會直接傳回前端程式(例如 SQL Server Management Studio) 中, 而無法在 SQL 程式內一筆一筆地處理, 此時我們可以先將 SELECT 挑選出來的結果放入 Cursor 中, 然後利用迴圈將每一筆記錄從 Cursor 中取出來單獨處理。

本章將使用**練習 17** 資料庫為例說明, 請依關於光碟中的說明, 附加光碟中的資料庫到 SQL Server 中一起操作。

17-1 Cursor 簡介

我們之前所介紹的 SELECT、UPDATE、DELETE 等敘述都是屬於**資料集**式的操作，也就是一次可針對多筆記錄做處理；不過這些敘述雖然使用方便而且有效率，但有時我們會希望能夠將資料一筆一筆地取出來單獨處理，這時就可以使用以**記錄**為處理單位的 Cursor 了。

Cursor (資料指標) 主要是使用於 SQL 的批次、預存程序、自訂函數或觸發程序中，例如我們想將所有 "價格低於 400" 的書籍名稱都串接在一個字串中，並以逗號做分隔 (底下程式只需大致瀏覽一下即可，各相關指令我們稍後會做詳細介紹)：

```
DECLARE 書籍 CURSOR ┐
FOR SELECT 書籍名稱  ├── 宣告 Cursor 及其資料來源
      FROM 書籍
      WHERE 單價 < 400 ┘

OPEN 書籍          ◄── 建立 Cursor 與資料表的關聯

DECLARE @name varchar(25),
        @list varchar (500) ,
        @cnt int
SET @list = '低於 400 的書有：'
SET @cnt = 0

FETCH NEXT FROM 書籍        ◄── 將第一筆資料存入 @name 中
INTO @name

WHILE (@@FETCH_STATUS = 0)  ◄── 檢查是否有讀取到資料
BEGIN
    SET @list += @name + ' , '
    SET @cnt += 1
    FETCH NEXT FROM 書籍
    INTO @name
END
```

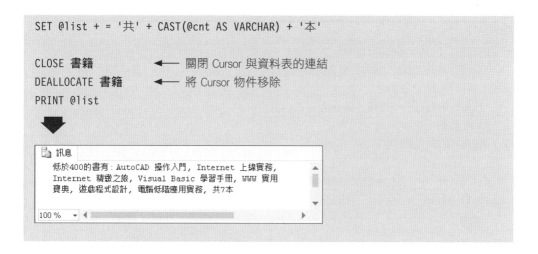

```
SET @list + = '共' + CAST(@cnt AS VARCHAR) + '本'

CLOSE 書籍         ←── 關閉 Cursor 與資料表的連結
DEALLOCATE 書籍    ←── 將 Cursor 物件移除
PRINT @list
```

訊息
低於400的書有:AutoCAD 操作入門, Internet 上線實務, Internet 精緻之旅, Visual Basic 學習手冊, WWW 實用寶典, 遊戲程式設計, 電腦低階應用實務, 共7本

100 %

由以上程式我們可以大致看出整個 Cursor 的運作流程, 就是先宣告 Cursor 的內容為何, 然後在需要使用時將之 OPEN, 再利用 FETCH 指令由 Cursor 中取出資料做處理; 而在使用完之後, 則可將之 CLOSE (稍後若有需要還可再將之 OPEN), 最後若不再需要了, 則可用 DEALLOCATE 將 Cursor 移除。

 除了由 Cursor 中 FETCH 資料外, 我們也可以透過 Cursor 來 UPDATE 或 DELETE 一筆目前所指到的記錄, 這些指令我們稍後再做介紹。

CURSOR vs SELECT

過去個人電腦市場有一些小型資料庫產品, 例如 dBase 或 Visual Fox 等, 其程式設計都是以記錄為操作單位, 也就是將資料一筆一筆取出來做處理。這樣做的好處, 是可以針對每一筆資料做更精確或更複雜的控制; 而其缺點則是程式設計的困難度較高, 而且不容易維護。

使用 SQL 的好處, 則除了語法簡單、撰寫容易之外, 系統在執行這些敘述時還會做最佳化的處理, 以提高運作效率。因此, 在 SQL 中雖然也提供了 Cursor 指令可以一筆一筆地處理資料, 但除非確有必要 (例如很複雜的資料處理), 否則還是使用 SELECT、UPDATE、或 DELETE 等敘述來操作會比較簡單而且有效率。

例如前面的程式可以改寫如下:

接下頁

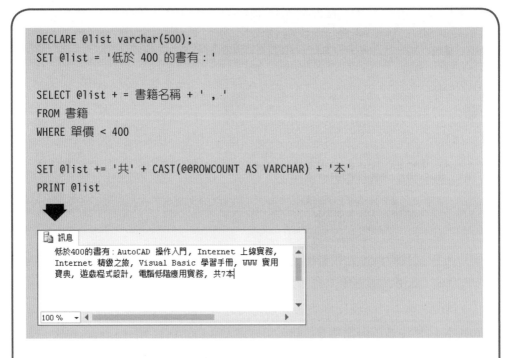

```
DECLARE @list varchar(500);
SET @list = '低於 400 的書有 : '

SELECT @list + = 書籍名稱 + ' , '
FROM 書籍
WHERE 單價 < 400

SET @list += '共' + CAST(@@ROWCOUNT AS VARCHAR) + '本'
PRINT @list
```

輸出結果和使用 Cursor 的方式並沒有什麼不同。因此, 建議讀者每次在使用 Cursor 之前, 應該先考慮一下是否有其必要性 ; 其實有許多複雜的資料處理, 都可以使用 SELECT、UPDATE、DELETE、或 "INSERT...SELECT..." (由查詢到的資料來新增) 等敘述, 搭配各類的運算子、子查詢、UNION、函式等技巧來完成喔!

 當 SQL Server 收到前端程式送來的 SELECT 敘述後, 會進行編譯並執行, 然後將查詢結果送回到前端程式供其使用。此查詢結果稱為『預設結果集』(Default Result Set), 由於是一次全部處理完畢並傳回, 所以效率最高 ; 但我們在 SQL 的批次、預存程序或觸發程序中卻無法使用這些結果集, 因為它們是直接傳回到前端應用程式去。

 由於 Cursor 的執行效率較差, 除非確有必要, 否則最好不要在觸發程序中使用 Cursor, 以免降低該資料表的存取效能。

17-2 Cursor 的宣告、開啟、關閉與移除

SQL Server 支援 2 種宣告 Cursor 的方法, 分別是用 SQL 標準語法與 T-SQL 擴充語法。這 2 種語法不可以混用, 其中以後者的功能較為完整。

使用 SQL 標準語法宣告 Cursor

```
DECLARE cursor_name [INSENSITIVE] [SCROLL] CURSOR
FOR select_statement
[FOR {READ ONLY | UPDATE [OF column_name [, ...n]]}]
```

此語法中的幾項參數, 會與宣告出來的 Cursor 行為有密切關係, 分別說明如下:

⊙ **INSENSITIVE:** INSENSITIVE 就是感覺遲鈍的意思。如果不加此參數, 在 Cursor 建立之後, 當原始資料有任何變動時 (被任何的使用者更改), Cursor 都會即時反應最新的內容。反之, 若加上此參數, 則在建立 Cursor 時, 會於 Tempdb 資料庫中自動產生一個暫存用的資料表, 來儲存 Cursor 所查詢到的資料列, 而且往後用 Cursor 讀取到的均為暫存資料表的內容; 因此, 當原始資料被別的使用者改變時, Cursor 的內容並不會即時更新。

使用 INSENSITIVE 選項可以加快資料讀取速度, 而且所佔用的系統資源也較少; 但由於 Cursor 不會動態更新, 因此只適用於資料變動不大 (或即使變動了也無妨) 的情況。此外, 加上 INSENSITIVE 的 Cursor 不可用來更改或刪除資料。

 未指定 INSENSITIVE 時, 由於 Cursor 中的記錄可能隨時改變, 因此不可使用 FETCH ABSOLUTE 敘述 (後述) 來讀取指定位置的記錄。

- ⊙ **SCROLL：** 可捲動的 Cursor。若是沒有加上此參數，則在讀取 Cursor 中的記錄時，只能由前往後循序地讀取下一筆記錄 (FETCH NEXT)，而不能使用 "FETCH {FIRST ∣ LAST ∣ PRIOR ∣ RELATIVE ∣ ABSOLUTE }" 的方式來做跳躍式的讀取。

- ⊙ **FOR select_statement：** 指定 Cursor 的資料來源，但在 SELECT 敘述中不可包括 COMPUTE、COMPUTE BY、FOR BROWSE、及 INTO 指令。

- ⊙ **READ ONLY：** 設定 Cursor 的內容只能讀取，而不可透過它來更改或刪除。

- ⊙ **UPDATE [OF column_name [, ...n]]：** 設定可更改資料的欄位名稱。如果 UPDATE 之後沒有 OF...，那麼所有的欄位均可以更改；反之，若使用 OF 指定了一或多個欄位，那麼只有指定的欄位才允許更改。

 Cursor 預設是所有欄位均允許更改或刪除的 (也就是在沒有指定 INSENSITIVE 及 FOR {READ ONLY ∣ UPDATE ...} 的情況下)。

底下是一個簡單的範例:

```
DECLARE MyCursor1              ← 此 Cursor 可跳躍式讀取記錄, 會動
SCROLL CURSOR                    態更新資料 (預設), 而且允許用它
FOR SELECT * FROM 標標公司        來更改或刪除記錄 (預設)
```

使用 T-SQL 擴充語法宣告 Cursor

```
DECLARE cursor_name CURSOR
[LOCAL | GLOBAL]
[FORWARD_ONLY | SCROLL]
[STATIC | KEYSET | DYNAMIC | FAST_FORWARD]
[READ_ONLY | SCROLL_LOCKS | OPTIMISTIC]
[TYPE_WARNING]
FOR select_statement
[FOR UPDATE [OF column_name [, ...n]]]
```

T-SQL 的擴充語法比 SQL 標準語法要複雜多了, 我們一項一項來看:

⊙ **LOCAL | GLOBAL:**

宣告 Cursor 為區域或是全域。區域的 Cursor 只限該批次 (或預存程序、觸發程序) 中執行, 當批次結束時, Cursor 也會自動被移除;全域的 Cursor 則可於整個連線過程中使用, 因此該連線中任何的批次、預存程序、或觸發程序均可使用此 Cursor, 而當連線結束時, 該 Cursor 的生命亦告終止。

若未指定選項, 則預設是 GLOBAL。我們可以使用 ALTER DATABASE 語法的 CURSOR_DEFAULT 選項來改變此預設值。

在預存程序中宣告的區域 Cursor, 若經由 OUTPUT 參數傳回到呼叫它的程式中, 則 Cursor 的生命可以延長, 直到最後一個參照到它的變數生命期結束為止。

⊙ **FORWARD_ONLY | SCROLL:**

FORWARD ONLY 表示只能由前向後地讀取下一筆記錄, 而 SCROLL 則與 SQL-92 語法的 SCROLL 相同。預設為 FORWARD ONLY, 但若有指定[STATIC | KEYSET | DYNAMIC], 則預設為 SCROLL 。

⊙ **STATIC | KEYSET | DYNAMIC | FAST_FORWARD:**

STATIC 就相當於 SQL 標準語法中的 INSENSITIVE, 會利用暫存資料表來儲存 Cursor 資料;而 DYNAMIC 就是取消 INSENSITIVE, 因此 Cursor 的內容會隨時動態更新。

KEYSET 則是介於 STATIC 與 DYNAMIC 之間的折衷方案, 也就是只將記錄中具有唯一性的鍵值欄存入暫存資料表中 (該暫存資料表即稱為 KeySet), 而其他欄位則動態由原始資料表中讀取。當原始資料被更改時, 若未更改到鍵值欄, 則可透過 Cursor 讀取到最新資料;但若鍵值欄被更改或記錄被刪除了, 那麼經由 Cursor 去讀取該筆記錄時, 即會發生@@FETCH_STATUS 為-2 的錯誤 (但若該項更改或刪除是經由 Cursor 去進行的, 則仍然可以正常讀取而不會有錯誤)。

至於 FAST_FORWARD, 則相當於 FORWARD_ONLY 加 READ_ONLY, 再加上效能的最佳化, 並且使用 DYNAMIC 的方式運作。FAST_FORWARD 不可與 SCROLL、FOR_UPDATE 一起使用。

如果此 4 個選項均未指定, 則預設為 DYNAMIC。

 在 SQL Server 2000 中, FAST_FORWARD 和 FORWARD_ONLY 兩個選項不能同時指定, 不過自 SQL Server 2005 開始，這兩個選項已經可以一起使用。

⊙ **READ_ONLY | SCROLL_LOCKS | OPTIMISTIC :**

READ_ONLY 與 SQL 語法的 READ ONLY 相同。而設定 SCROLL_LOCKS 選項時, 凡是經由 Cursor 讀取到的記錄都會自動鎖住 (Lock), 以確保我們透過 Cursor 來修改或刪除記錄時能夠成功 (而不會被其他人修改、刪除、或鎖住)。

OPTIMISTIC 則是介於 READ_ONLY 與 SCROLL_LOCKS 之間的折衷方案, 就是經由 Cursor 讀取資料時並不鎖定記錄, 但允許經由 Cursor 去更改資料。因此如果原始資料中的記錄已被修改, 則再用 Cursor 去修改或刪除該筆記錄會導致失敗。

READ_ONLY/SCROLL_LOCKS/OPTIMISTIC 的預設值

在宣告 Cursor 時, 如果未指定〔READ_ONLY | SCROLL_LOCKS | OPTIMISTIC〕選項, 則預設值如下:

- 如果資料來源不允許更改 (例如沒有權限、連結遠端資料庫但設為不可更改等), 則預設為 READ_ONLY。

- 設定為 STATIC 或 FAST_FORWARD 的 Cursor 預設為 READ_ONLY。

- 設定為 DYNAMIC 或 KEYSET 的 Cursor 預設為 OPTIMISTIC。

- **TYPE_WARNING:** 用來指定當 Cursor 發生自動型別轉換時, 要送出訊息通知使用者。所謂自動型別轉換, 是指當 SQL Server 在處理前端應用程式送來的 Cursor 宣告時, 若發現其中的 SELECT 敘述未能符合某些條件, 則會自動改變 該 Cursor 的 FORWARD_ONLY、FAST_FORWARD、KEYSET、DYNAMIC、或 STATIC 設定。例如若在 SELECT 敘述所參照到的各資料表中, 有任何一個沒有設定**唯一索引**時, KEYSET 就會自動轉換成 STATIC。

 有關型別轉換的詳細說明, 讀者可參閱 SQL Server 線上叢書的 『使用隱含資料指標轉換』 主題。

- **FOR UPDATE [OF column_name [, ...n]]:** 與 SQL 語法的 UPDATE 相同。

底下舉一個使用 T-SQL 語法的例子:

```
DECLARE MyCursor2 CURSOR
GLOBAL
FOR SELECT * FROM 標標公司
```

以上程式宣告一個全域的 Cursor, 其型態為預設的 FORWARD_ONLY、DYNAMIC 及 OPTIMISTIC。其實 GLOBAL 也可以省略, 因為預設即是 GLOBAL。下面再來宣告一個 SCROLL、KEYSET 及 SCROLL_LOCKS 的 Cursor:

```
DECLARE MyCursor3 CURSOR
SCROLL KEYSET SCROLL_LOCKS TYPE_WARNING
FOR SELECT * FROM 標標公司
```

請注意上面程式中有加 TYPE_WARNING 選項, 因此若『標標公司』資料表沒有設定 PRIMARY KEY 或 UNIQUE KEY, 則會出現如下的訊息 (因為 KEYSET 已自動轉換為 STATIC):

```
建立的資料指標不屬於要求的類型。
```

開啟 Cursor

宣告 Cursor 之後, 在使用前還需要先開啟 Cursor, 其語法為:

```
OPEN cursor_name
```

在 OPEN 之後, 我們可以用全域變數 @@CURSOR_ROWS 來查詢 Cursor 中的記錄筆數 (詳情請看 17-7 節)。如果 Cursor 為 INSENSITIVE 或 STATIC, 則在 OPEN 時還會於 Tempdb 資料庫中, 建立一個暫存資料表來存放 Cursor 的內容; 若為 KEYSET 型態的 Cursor, 則只會將鍵值欄存入暫存資料表中。

關閉 Cursor

當使用完 Cursor 之後, 我們可以先將 Cursor 關閉, 以解除 Cursor 與來源資料表的連結。關閉 Cursor 的語法如下:

```
CLOSE cursor_name
```

關閉 Cursor 後若還要再使用, 可用 OPEN 將之再次開啟。

移除 Cursors

當 Cursor 已經完全不需要再使用時, 我們就可以將它從記憶體中移除, 以節省系統資源。其語法為:

```
DEALLOCATE cursor_name
```

17-3 使用 FETCH 讀取 Cursor 中的記錄

FETCH 敘述可用來讀取 Cursor 中的一筆記錄, 例如讀取下一筆、上一筆、第一筆、最後一筆… 等, 其語法如下:

```
FETCH  [ [ NEXT | PRIOR | FIRST | LAST |
            ABSOLUTE {n | @nvar} | RELATIVE {n | @nvar} ]
         FROM ]
       cursor_name
[INTO @variable_name [, ...n]]
```

⊙ **[NEXT | PRIOR | …] FROM**:

指定要讀取哪一筆, 若未指定則預設為 NEXT。其中的 ABSOLUTE 是用來讀取指定位置的記錄 (例如第 3 筆), 而 RELATIVE 則是讀取相對位置的記錄 (例如讀取由目前位置向後 3 筆的記錄)。當 Cursor 被 OPEN 時, 記錄位置是在第一筆之前:

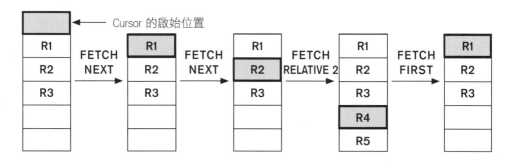

⊙ **INTO @variable_name [, …n]**:

FETCH 到的記錄可以用 INTO 將它存入變數中, 變數的型別及順序必需與 Cursor 中的欄位相對應。若省略 INTO… 參數, 則 FETCH 到的記錄會以資料集 (RecordSet) 方式傳回前端應用程式, 就像 SELECT 傳回的結果一樣, 但只有一筆資料。

底下我們先來看看不使用 INTO... 的範例:

	產品名稱	價格
1	Windows 使用手冊	400.00
2	Linux 架站實務	490.00
3	SQL 指令寶典	440.00
4	組合語言	520.00
5	MATHLAB 手	320.00

此為目前**標標公司**資料表的內容

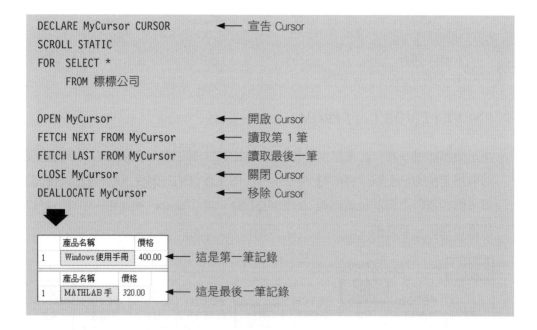

```
DECLARE MyCursor CURSOR          ◀── 宣告 Cursor
SCROLL STATIC
FOR  SELECT *
     FROM 標標公司


OPEN MyCursor                    ◀── 開啟 Cursor
FETCH NEXT FROM MyCursor         ◀── 讀取第 1 筆
FETCH LAST FROM MyCursor         ◀── 讀取最後一筆
CLOSE MyCursor                   ◀── 關閉 Cursor
DEALLOCATE MyCursor              ◀── 移除 Cursor
```

	產品名稱	價格
1	Windows 使用手冊	400.00

◀── 這是第一筆記錄

	產品名稱	價格
1	MATHLAB 手	320.00

◀── 這是最後一筆記錄

接著我們再來示範使用 INTO... 的方式:

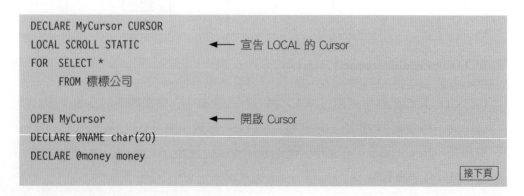

```
DECLARE MyCursor CURSOR
LOCAL SCROLL STATIC              ◀── 宣告 LOCAL 的 Cursor
FOR  SELECT *
     FROM 標標公司


OPEN MyCursor                    ◀── 開啟 Cursor
DECLARE @NAME char(20)
DECLARE @money money
```

接下頁

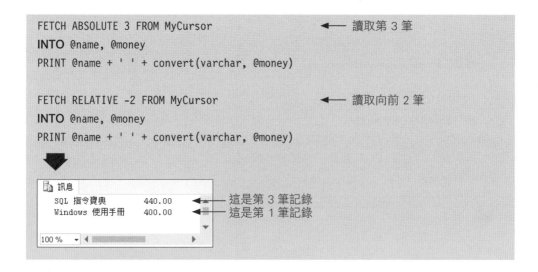

```
FETCH ABSOLUTE 3 FROM MyCursor        ◄── 讀取第 3 筆
INTO @name, @money
PRINT @name + ' ' + convert(varchar, @money)

FETCH RELATIVE -2 FROM MyCursor       ◄── 讀取向前 2 筆
INTO @name, @money
PRINT @name + ' ' + convert(varchar, @money)
```

訊息

SQL 指令寶典	440.00	◄── 這是第 3 筆記錄
Windows 使用手冊	400.00	◄── 這是第 1 筆記錄

100 %

上例中我們宣告了一個 LOCAL 的 Cursor, 所以當批次結束後, 該 Cursor 會自動 CLOSE 並 DEALLOCATE。由此可知, 如果 Cursor 僅用於目前批次中, 則使用 LOCAL 會比較方便。

另外, 當我們想要針對 Cursor 中所有的記錄做處理時, 通常會搭配 WHILE 迴圈來循序 FETCH 資料, 請看下面的範例:

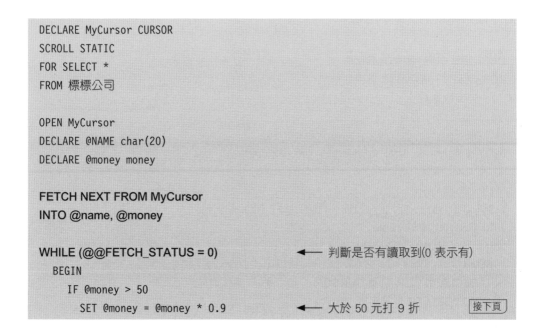

```
DECLARE MyCursor CURSOR
SCROLL STATIC
FOR SELECT *
FROM 標標公司

OPEN MyCursor
DECLARE @NAME char(20)
DECLARE @money money

FETCH NEXT FROM MyCursor
INTO @name, @money

WHILE (@@FETCH_STATUS = 0)          ◄── 判斷是否有讀取到(0 表示有)
  BEGIN
    IF @money > 50
      SET @money = @money * 0.9      ◄── 大於 50 元打 9 折
```

接下頁

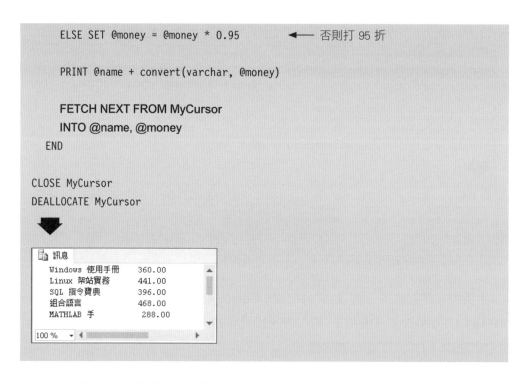

```
        ELSE SET @money = @money * 0.95        ←── 否則打 95 折


        PRINT @name + convert(varchar, @money)


        FETCH NEXT FROM MyCursor
        INTO @name, @money
    END


CLOSE MyCursor
DEALLOCATE MyCursor
```

訊息	
Windows 使用手冊	360.00
Linux 架站實務	441.00
SQL 指令寶典	396.00
組合語言	468.00
MATHLAB 手	288.00

100 %

接下來的例子使用到巢狀迴圈的 2 個 Cursor，在程式中會先由**客戶**資料表中讀取一筆資料，然後依**客戶編號**到**訂單**資料表中取出相關訂單，再將各筆查到的**訂單編號**轉為字串並串接起來：

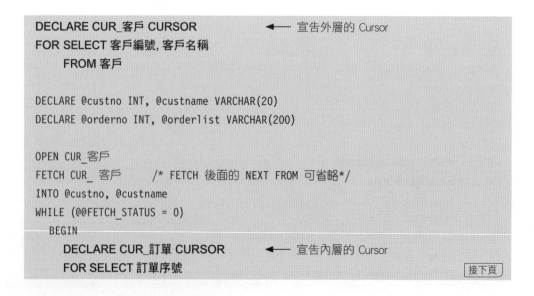

```
DECLARE CUR_客戶 CURSOR              ←── 宣告外層的 Cursor
FOR SELECT 客戶編號, 客戶名稱
    FROM 客戶


DECLARE @custno INT, @custname VARCHAR(20)
DECLARE @orderno INT, @orderlist VARCHAR(200)


OPEN CUR_客戶
FETCH CUR_ 客戶       /* FETCH 後面的 NEXT FROM 可省略*/
INTO @custno, @custname
WHILE (@@FETCH_STATUS = 0)
  BEGIN
      DECLARE CUR_訂單 CURSOR           ←── 宣告內層的 Cursor
      FOR SELECT 訂單序號
```

接下頁

```
        FROM 訂單
        WHERE 客戶編號 = @custno

        SET @orderlist = @custname
        OPEN CUR_訂單
        FETCH CUR_訂單 INTO @orderno
        WHILE (@@FETCH_STATUS = 0)
          BEGIN
            SET @orderlist = @orderlist + ' , '
                           + CAST(@orderno AS VARCHAR)
            FETCH CUR_訂單 INTO @orderno
          END
        PRINT @orderlist                    ◀—— 將串接好的字串顯示出來
        CLOSE CUR_訂單
        DEALLOCATE CUR_訂單
        FETCH CUR_客戶 INTO @custno, @custname
      END

CLOSE CUR_客戶
DEALLOCATE CUR_客戶
```

⬇

```
訊息
十全書店, 3, 20
大發書店, 4, 14, 18, 23
好看書店, 11, 12, 26
英雄書店, 9, 19
愚人書店, 1, 6, 13, 17
新新書店, 2, 10, 29
旗竿書店, 15, 21, 28
聰明書店, 5, 22, 24, 27
好看公司, 16, 25, 30

100 %
```

　　請注意, 如果 Cursor 的 SELECT 條件中有使用到變數, 那麼該變數會在
宣告時即以實際的值取代, 而不是在 OPEN 或 FETCH 時。因此上例中第
二個 Cursor『CUR_訂單』必須在迴圈中宣告, 如此 "WHERE 客戶編號=
@custno" 才會使用最新的 @custno 值。

17-4 透過 Cursor 修改或刪除資料

如果 Cursor 不是 READ_ONLY 或 FAST_FORWARD, 那麼我們還可以利用 CURRENT OF 關鍵字, 透過 Cursor 來修改或刪除原始資料表的記錄, 例如：

```
UPDATE 旗旗公司
SET 價格 = 100
WHERE CURRENT OF MyCursor      ◄── 指定要修改 Cursor 目前所在的記錄
```

或

```
DELETE 旗旗公司
WHERE CURRENT OF MyCursor      ◄── 指定要刪除 Cursor 目前所在的記錄
```

底下是一個完整的範例：

```
DECLARE MyCursor CURSOR
LOCAL SCROLL_LOCKS
FOR SELECT 價格 FROM 旗旗公司
FOR UPDATE

OPEN MyCursor
DECLARE @money money
FETCH MyCursor INTO @money

WHILE (@@FETCH_STATUS = 0)
  BEGIN
    IF @money <= 50
      BEGIN                              將所有比 50 元便宜
        SET @money = @money * 1.1        的產品都調高價格

        UPDATE 旗旗公司
        SET 價格 = @money
        WHERE CURRENT OF MyCursor    ◄── 經由 MyCursor 修改
      END
    FETCH MyCursor INTO @money
  END
```

17-5 使用 Cursor 變數

其實 Cursor 也是一種特殊的資料型別, 因此我們可以用此型別來宣告變數:

```
DECLARE @cur_var CURSOR
```

Cursor 變數的功能及用法都和真實的 Cursor 相同, 我們可以用以下 2 種方法來定義 Cursor 變數的內容:

◉ **將已宣告好的 Cursor 用 SET 指定給 Cursor 變數**, 例如:

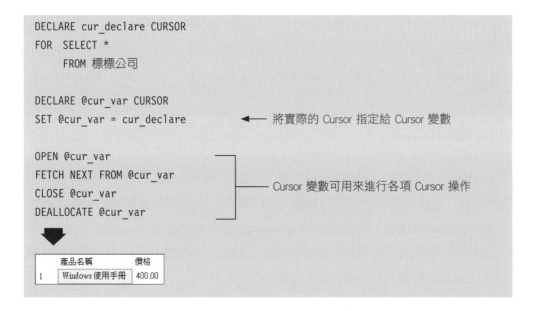

在執行"SET @cur_var = cur_declare" 後, @cur_var 與 cur_declare 就變成同義詞了, 也就是我們可以任意用@cur_var 或 cur_declare 來代表該 Cursor。因此如果"OPEN @cur_var" 後又執行"OPEN cur_declare", 則會顯示 "資料指標已經開啟" 的錯誤訊息。

另外，當我們 "DEALLOCATE @cur_var" 時，只會解除@cur_var 對 Cursor 的參照，而實際的 Cursor 物件並不會被刪除，因此我們仍可繼續使用 cur_declare。事實上，只有當所有參照到 Cursor 物件的變數或名稱都被 DEALLOCATE 後，該 Cursor 物件才會被刪除。

◉ **直接用 SET 來定義 Cursor 變數的內容**，例如：

```
DECLARE @cur_var CURSOR
SET @cur_var = CURSOR          ◀─── 直接設定 Cursor 變數的內容
     FORWARD_ONLY KEYSET
     FOR SELECT *
        FROM 標標公司


OPEN @cur_var
FETCH NEXT FROM @cur_var
```

	產品名稱	價格
1	Windows 使用手冊	400.00

由於區域變數的生命期只到批次結束為止，因此 @cur_var 所參照到的 Cursor 也會在批次結束時自動被 CLOSE 及 DEALLOCATE。由此可知，使用此方式將產生一個區域性的 Cursor，其生命將在批次 (或預存程序、觸發程序) 結束時一起結束；除非參照到 Cursor 的變數仍然繼續存活，例如使用 Cursor 參數 (下一節即為您介紹)。

您也可以用 SET 將 Cursor 變數指定給另一個 Cursor 變數，例如"SET @cur_var1 = @cur_var2"。

17-6 使用預存程序的 Cursor 參數

Cursor 變數最常使用在預存程序的 OUTPUT 參數上, 例如:

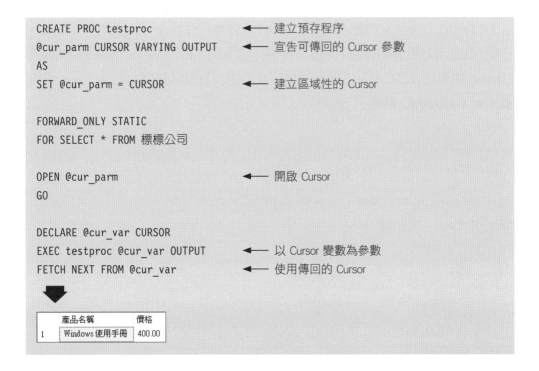

```
CREATE PROC testproc              ◀── 建立預存程序
@cur_parm CURSOR VARYING OUTPUT   ◀── 宣告可傳回的 Cursor 參數
AS
SET @cur_parm = CURSOR            ◀── 建立區域性的 Cursor

FORWARD_ONLY STATIC
FOR SELECT * FROM 標標公司

OPEN @cur_parm                    ◀── 開啟 Cursor
GO

DECLARE @cur_var CURSOR
EXEC testproc @cur_var OUTPUT     ◀── 以 Cursor 變數為參數
FETCH NEXT FROM @cur_var          ◀── 使用傳回的 Cursor
```

	產品名稱	價格
1	Windows 使用手冊	400.00

在上述程式的預存程序中, 所建立的是一個區域性 Cursor, 當預存程序結束後, 由於傳回參數 @cur_var 仍然參照到到它, 所以該 Cursor 可以繼續使用。使用區域 Cursor 的好處, 是可以保護 Cursor 不被此連線的其他批次或程式所使用; 反之, 若是在預存程序中直接以 DECLARE 宣告一個全域 Cursor, 那麼該連線的所有程式都可以任意取用了。

TIP 換句話說, 全域的 Cursor 從被宣告開始, 到該連線結束前 (或執行 DEALLOCATE), 所有在該連線中執行的程式都可以使用它。

17-7 Cursor 的使用技巧

GLOBAL Cursor 與 LOCAL Cursor 的命名空間

GLOBAL (全域) Cursor 與 LOCAL (區域) Cursor 使用的是不同的命名空間, 因此可以宣告相同的 Curosr 名稱。當有同名的 Cursor 存在時, 在使用 Cursor 時會以 LOCAL Cursor 優先, 此時若要存取 GLOBAL Cursor, 則必須加上 GLOBAL 關鍵字, 例如：

```
DECLARE cur CURSOR              ◄── 宣告 GLOBAL Cursor
FOR SELECT * FROM 標標公司

DECLARE cur CURSOR LOCAL        ◄── 宣告同名的 LOCAL Cursor
FOR SELECT * FROM 旗旗公司

OPEN cur                        ◄── 存取 LOCAL Cursor
FETCH cur

OPEN GLOBAL cur                 ◄── 存取 GLOBAL Cursor
FETCH GLOBAL cur
CLOSE GLOBAL cur
DEALLOCATE GLOBAL cur
```

由於 GLOBAL Cursor 會一直存在直到連線終止, 因此在不用時最好將之 DEALLOCATE, 以免在其他的批次、預存程序、或觸發程序中宣告同名的 GLOBAL Cursor 時, 會發生 Cursor 名稱已存在的錯誤。

因此, 除非確有必要, 否則建議您還是使用 LOCAL Cursor 比較安全；尤其是當許多預存程序、觸發程序中都有使用 Cursor 時, 更要避免使用 GLOBAL Cursor, 以免發生相互影響的狀況。

取得 Cursor 相關資訊

我們可以經由底下的多種方法來取得 Cursor 相關資訊：

@@FETCH_STATUS 全域變數

@@FETCH_STATUS 可判斷最近一次的 FETCH 操作是否成功，其傳回值的意義如下：

傳回值	意義
0	FETCH 成功
-1	FETCH 失敗
-2	要 FETCH 的記錄已不存在

@@CURSOR_ROWS 全域變數

@@CURSOR_ROWS 可查詢最近一次 OPEN 的 Cursor，其內容有多少筆記錄。不過對於傳回資料量較大的 STATIC 或 KEYSET Cursor 來說，SQL Server 為了提升效率只會先傳回部份的內容，此時 @@CURSOR_ROWS 的值為目前已存入 Cursor 中的記錄筆數，並以負值表示 (筆數乘以-1)。

傳回值	意義
-1	表示 OPEN 的 Cursor 為 DYNAMIC, 由於是動態存取, 因此無法確定筆數
-n	小於-1 的值代表查詢資料尚未全部存入 Cursor 中, 而 n 則為目前已存入 Cursor中的筆數
0	表示 OPEN 失敗或沒有查到任何一筆記錄
n	當資料已完全存入 Cursor 中, 即傳回目前的筆數

CURSOR_STATUS 函數

CURSOR_STATUS 函數可查詢指定 Cursor 是否已 OPEN, 其語法如下：

```
CURSOR_STATUS
  ({'local', 'cursor_name'}
   |{'global', 'cursor_name'}
   |{'variable', 'cursor_variable'}
  )
```

在參數中必須先指明 Cursor 的種類(local、global 或 variable), 然後再指定 Cursor 的名稱或變數名稱。函數的傳回值為一個 smallint, 其意義如下表：

傳回值	意義
1	Cursor 已 OPEN, 其內可能有 0、1 或多筆記錄
0	Cursor 已 OPEN, 但已確定其內沒有查到任何一筆記錄
	(DYNAMIC Cursor 不會傳回此值, 因其內容是動態更新的)
-1	Cursor 已 CLOSE
-2	Cursor 變數未參照到實際的 Cursor, 或參照的 Cursor 已被
	DEALLOCATE
-3	指定的 Cursor 名稱或變數不存在

在底下的範例中, 我們先建立一個可依指定資料表及欄位來開啟 Cursor 的預存程序, 然後再用它來開啟 Cursor 並判斷是否已正確開啟：

```
CREATE PROCEDURE open_cursor          /* 建立預存程序*/
@ 資料表名稱 varchar(30) ,
@ 查詢欄位 varchar(30),
@ cur_parm CURSOR VARYING OUTPUT
AS
/* 檢查指定資料表是否存在* /
IF OBJECTPROPERTY (object_id(@ 資料表名稱), 'ISTABLE') = 1
```

接下頁

```
  BEGIN

      /* 建立一個內含宣告 Cursor 的字串* /
      DECLARE @sql_str varchar(200)
      SET @sql_str = 'DECLARE global_cursor CURSOR'
                  + 'FOR'
                  + 'SELECT' + @ 查詢欄位
                  + 'FROM' + @ 資料表名稱

      EXEC(@sql_str)
      SET @cur_parm = global_cursor
      OPEN @cur_parm
      DEALLOCATE global_cursor
  END
GO

DECLARE @cur_var CURSOR
EXECUTE open_cursor '旗旗公司' , '*' , @cur_var OUTPUT

/* 檢查 Cursor 是否正確傳回* /
IF CURSOR_STATUS ('variable', '@cur_var') = 1
    FETCH @cur_var /* 成功! 則讀取第一筆*/
ELSE
    SELECT 'Cursor open fail!'
```

請注意，在以上的預存程序中執行 @sql_str 字串時，由於 @sql_str 內的 SQL 敘述也是一個批次，因此必須在其內宣告一個 GLOBAL 的 Cursor，否則當 EXEC (@sql_str) 結束時，宣告的 Cursor 也會跟著消失了。不過由於我們在預存程序結束前，已將該 Cursor 的名稱 DEALLOCATE 掉，所以它並不會持續存在而影響到其他程式；至於該 Cursor 所參照到的實際物件，則是經由 @cur_parm 參數傳回原呼叫程式中。

使用系統預存程序來查詢 Cursor 資訊

可使用的預存程序有 4 個：

- **sp_describe_cursor**：查詢 Cursor 的相關屬性，例如是 GLOBAL 或 LOCAL、Cursor 的名稱、類型、有多少筆記錄等。

- **sp_describe_cursor_columns**：查詢 Cursor 中各欄位的相關屬性，例如欄位名稱、位置、大小、資料型別等。

- **sp_describe_cursor_tables**：查詢 Cursor 的來源資料表為何。

- **sp_cursor_list**：列出目前連線中所有 Cursor 的相關屬性，屬性的項目與 sp_describe_cursor 相同。

請注意，這些預存程序所查到的資訊都是藉由 Cursor 參數來傳回，底下看一個執行 sp_describe_cursor 例子：

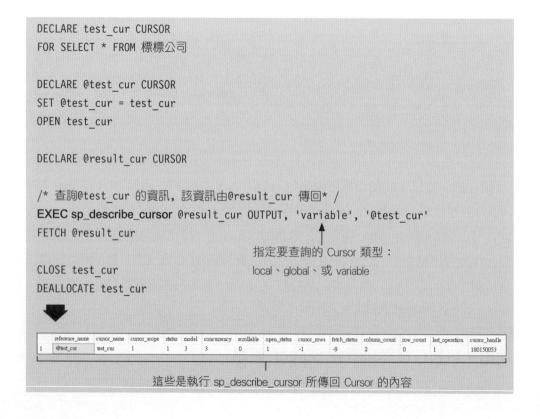

```
DECLARE test_cur CURSOR
FOR SELECT * FROM 標標公司

DECLARE @test_cur CURSOR
SET @test_cur = test_cur
OPEN test_cur

DECLARE @result_cur CURSOR

/* 查詢@test_cur 的資訊，該資訊由@result_cur 傳回* /
EXEC sp_describe_cursor @result_cur OUTPUT, 'variable', '@test_cur'
FETCH @result_cur
                                        指定要查詢的 Cursor 類型：
                                        local、global、或 variable
CLOSE test_cur
DEALLOCATE test_cur
```

	reference_name	cursor_name	cursor_scope	status	model	concurrency	scrollable	open_status	cursor_rows	fetch_status	column_count	row_count	last_operation	cursor_handle
1	@test_cur	test_cur	1	1	3	3	0	1	-1	-9	2	0	1	180150053

這些是執行 sp_describe_cursor 所傳回 Cursor 的內容

在以上的程式中, 我們將宣告的 Cursor 指定給一個 Cursor 變數, 然後再查詢該變數的資訊。下面針對傳回結果中幾個比較重要的欄位 (由左到右) 說明如下:

欄位	意義
reference_name	參考到 Cursor 物件的名稱
cursor_name	以 DECLARE CURSOR 所宣告的 Cursor 名稱
cursor_scope	1：LOCAL 2：GLOBAL
status	此值與 CURSOR_STATUS 函式的傳回值相同
model	1：Insensitive (static) 2：Keyset 3：Dynamic 4：Fast Forward
concurrency	1：Read-only 2：Scroll locks 3：Optimistic
scrollable	0：Forward-only 1：Scrollable
open_status	0：Closed 1：Open
cursor_rows	此值與 @@CURSOR_ROWS 的值相同
fetch_status	此值與 @@FETCH_STATUS 的值相同

 TIP 關於這些預存程序的詳細說明, 有興趣的讀者可參閱 SQL Server 線上叢書。

MEMO

_____

_____

_____

_____

_____

_____

_____

_____

_____

SQL Server

18

交易與鎖定

交易(Transaction) 與鎖定(Lock) 可以確保資料能
夠正確地被修改, 而不會造成資料只修改到一部份
而導致資料不完整, 或是在修改途中受到其他使用
者的干擾。這二項功能都非常重要, 程式設計者必
須對它們有完整的了解並善用之, 以確保資料庫能
儲存正確而完整的資料。

本章將使用**練習 18** 資料庫為例說明, 請依關於
光碟中的說明, 附加光碟中的資料庫到 SQL Server
中一起操作。

18-1 交易簡介

『**交易**』(Transaction) 可用來設定多個連續的資料操作必須全部執行成功，否則即回復到未執行任何操作的狀態。換句話說，交易可保證讓我們對資料庫的多項修改只有二種結果，就是**全部修改完成**或**一項也不修改**。

例如我們要將一個財務部的辦公桌轉移到業務部時，可執行以下的交易：

	部門	物品	數量
1	財務部	辦公桌	1
2	業務部	辦公桌	11
3	管理部	辦公桌	5
4	業務部	會議桌	5
5	研發部	會議桌	7
6	生產部	會議桌	8

此為**物品管理**資料表目前的內容

```
BEGIN TRAN                                    ← 開始交易
    UPDATE 物品管理
    SET    數量 = 數量+ 1
    WHERE  部門 = '業務部' AND 物品 = '辦公桌'

    IF @@ERROR > 0 OR @@ROWCOUNT <> 1    ← 當業務部不存在, 或業務部沒有
        GOTO NeedRollBack                      辦公桌時, @@ROWCOUNT 會是 0

    UPDATE 物品管理
    SET    數量 = 數量- 1
    WHERE  部門 = '財務部' AND 物品 =  '辦公桌'

NeedRollBack:
IF @@ERROR > 0OR@@ROWCOUNT<> 1
    ROLLBACK TRAN                          ← 取消並回復交易
ELSE
    COMMIT TRAN                            ← 確認交易
SELECT * FROM 物品管理
WHERE 物品 =  '辦公桌'
```

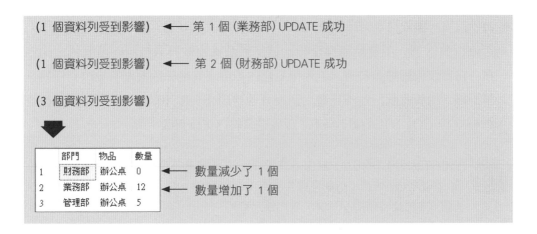

　　以上是更改成功並確認交易 (COMMIT) 的情況。我們由程式中可看出幾個
要點：

⊙ 交易通常是由 BEGIN TRAN 敘述開始, 一直執行到 COMMIT TRAN
　 或 ROLLBACK TRAN 敘述時才結束 (指令中的 TRAN 也可改寫為
　 TRANSACTION, 意義相同)。

交易可以跨越多個批次
哦！例如橫跨以 GO 分開的
批次、不同的預存程序等

⊙ 當執行完交易中的最後一項資料庫操作後, 若沒有任何錯誤, 我們可用
　 COMMIT TRAN 表示確認交易。反之, 若發現在交易中有任何的錯誤, 則執
　 行 ROLLBACK TRAN 取消交易, 並回復至交易執行前的狀況。

 COMMIT TRAN 可簡寫為 COMMIT, 而 ROLLBACK TRAN 則可簡寫為 ROLLBACK。

◉ 每執行完一項資料庫的操作後, 要立即檢查@@ERROR 及@@ROWCOUNT, 否則再執行下一項資料庫操作時, 這二個系統變數將會被新的值取代。請注意, 在更改或刪除資料時, 若因指定條件不符或其他原因而沒有更改到任何一筆記錄, 由於此狀況並不是發生錯誤 (@@ERROR 仍為 0), 所以還需檢查 @@ROWCOUNT 的更改筆數, 以確定資料已正確更改。

TIP 您也可以改用 TRY...CATCH 來處理錯誤狀況, 這樣就不用每 UPDATE 一次就要檢查 @@ERROR 一次; 但如果還要檢查 @@ROWCOUNT, 那麼使用 IF 來同時檢查 @@ERROR 及 @@ROWCOUNT 會比較方便。

◉ 無論是執行 COMMIT TRAN 或 ROLLBACK TRAN 而結束交易後, 如果後面還有其他未執行的敘述, 則還會繼續執行這些敘述, 直到批次結束為止。不過已 COMMIT 的交易就無法再 ROLLBACK 了, 同理, 已 OLLBACK 的交易也無法再 COMMIT 。

其實交易的觀念非常單純, 就是把交易中的所有敘述看成是一個資料處理單元, 而此單元必須全部做完或全部不做。底下我們再來看看交易失敗的情況, 由於**物品管理**資料表中有一個"(數量>0)" 的條件約束, 因此再執行一次前面 18-2 頁的程式就會有問題, 其結果如下:

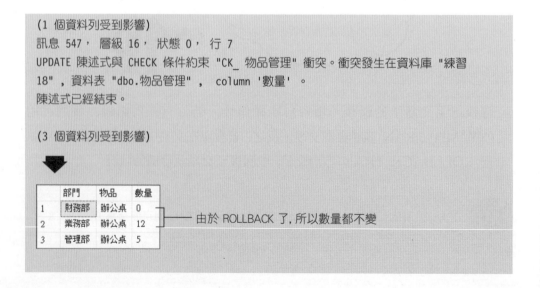

```
(1 個資料列受到影響)
訊息 547, 層級 16, 狀態 0, 行 7
UPDATE 陳述式與 CHECK 條件約束 "CK_ 物品管理" 衝突。衝突發生在資料庫 "練習
18", 資料表 "dbo.物品管理", column '數量' 。
陳述式已經結束。

(3 個資料列受到影響)
```

	部門	物品	數量
1	財務部	辦公桌	0
2	業務部	辦公桌	12
3	管理部	辦公桌	5

由於 ROLLBACK 了, 所以數量都不變

雖然第一個 UPDATE 敘述已更改成功, 但由於第二個 UPDATE 敘述失敗, 因此會 ROLLBACK 而將資料表回復到未做任何 UPDATE 時的內容。

SQL Server 自動 ROLLBACK 的時機

除了在程式中用 ROLLBACK TRAN 來取消交易外, 在以下的時機 SQL Server 也會自動進行 ROLLBACK:

◉ 當 SQL Server 因停電、當機、或使用者關機等因素而突然結束時, 那麼在重新啟動時會自動 ROLLBACK 所有未確認 (COMMIT) 的交易。

◉ 如果在交易途中因網路問題、前端程式當機、使用者登出等因素, 而造成連線中斷, 那麼 SQL Server 也會自動 ROLLBACK 該連線正在進行中但尚未確認 (COMMIT) 的交易。

◉ 當交易中發生嚴重錯誤而使交易所屬的批次被中止時, SQL Server 會自動 ROLLBACK 尚未確認 (COMMIT) 的相關交易。

◉ 如果執行"SET XACT_ABORT ON" 敘述, 則當有任何執行錯誤 (Runtime error) 發生時, 例如違反某項資料表的條件約束, 就會終止批次並自動回復交易。此選項預設為 OFF。

以上的狀況都會造成批次執行被中止, 因此必須由系統來進行 ROLLBACK。另外, 如果您確定除非發生以上所列的狀況, 否則交易就一定會成功, 那麼在交易中也可只撰寫 COMMIT 的程式而省略 ROLLBACK 的部份, 因為當以上狀況發生時會自動 ROLLBACK 。

程式編譯錯誤並不會自動回復交易, 因為程式根本還沒開始執行, 所以也不會有任何交易或資料異動發生。

ROLLBACK 的原理

ROLLBACK 的原理，其實就是利用一個暫時的交易記錄檔來回復異動資料。在交易開始時，SQL Server 會將要更改的相關資料一一鎖定並進行更改，同時也會建立一個暫時的交易記錄檔，來存放交易中更改資料的過程及內容。

在尚未 COMMIT 之前，交易中所有的資料異動都會視為暫時性的更改，因此當有任何意外狀況發生或執行 ROLLBACK 敘述時，即會利用暫時交易記錄檔來回復全部的交易操作，並解除相關資料的鎖定。

反之，交易一旦被 COMMIT 時，則會將暫時交易記錄檔的內容儲存到資料庫的交易記錄檔中，使該項交易的異動視為已完成，因此無法再 ROLLBACK 回去了，除非您使用備份及還原的功能。另外，在 COMMIT 後也會解除相關資料的鎖定狀況。

交易的 4 大特性

交易有 4 大特性，稱為 **ACID** (Atomicity, Consistency, Isolation, 及 Durability)。這是我們在設計交易程式時必須注意並儘量遵守的原則：

◎ **單元性 (Atomicity)**：整個交易中的敘述會視為一個執行單元，要就全部成功，不然就全部取消。

◎ **一致性 (Consistency)**：在交易完成後，資料庫的內容必須全部更新妥當 (包括各個資料表、索引等均處於一致的狀態)，而且仍然具備正確性及完整性 (例如要符合資料表的 CHECK、FOREIGN KEY 等各項條件約束)。

◎ **隔離性 (Isolation)**：在交易中所使用到的資料，必須與其他同時在進行的交易做適度隔離。由於多個連線可能會同時進行各自的交易操作，若彼此要使用或修改的資料相互影響，那麼無論在讀取、修改、或回復資料時均易發生錯亂。SQL Server 是用**鎖定 (Lock)** 資料的方法來隔離交易。

◉ **永久性 (Durability)**：交易一旦確認之後，其所做的資料修改將視為永久性的，無法再用 ROLLBACK 回復了。即使發生連線中斷、系統當機等狀況，其更改也不會自動回復。

18-2 進行交易的 3 種模式

交易是以連線 (Connection) 為單位，每個連線都可以有自己的交易。在同一個連線中，當交易開始時，所有後續執行的敘述都是該交易的成員，直到交易結束為止。事實上，SQL Server 提供了 3 種進行交易的模式：

◉ **外顯交易 (Explicit transactions)**：

此方式就是我們前面所介紹的，以 BEGIN TRAN 來開始交易，而以 COMMIT TRAN 或 ROLLBACK TRAN 等敘述來結束交易。可用來啟動或結束交易的敘述有：

功能	敘述
開始交易	BEGIN TRAN[SACTION]
確認交易	COMMIT TRAN[SACTION] 或 COMMIT [WORK]
回復交易	ROLLBACK TRAN[SACTION] 或 ROLLBACK [WORK]

其中 COMMIT [WORK] 及 ROLLBACK [WORK] 為 SQL-92 的語法，其功能與 COMMIT TRAN[SACTION] 相同，但 COMMIT TRAN[SACTION] 可以接受使用者自訂的交易名稱，COMMIT [WORK] 則不行。此外，COMMIT [WORK] 和 ROLLBACK [WORK] 也可以寫成 COMMIT 和 ROLLBACK，兩種寫法都能被 SQL Server 接受。

另外還有一個 BEGIN DISTRIBUTED TRAN[SACTION] 敘述，可用來開始『分散式交易』(會存取多個資料庫伺服器的交易)，我們將在第 18-5 節為您介紹。

請注意, 有些無法 ROLLBACK 的敘述不允許使用在交易中, 包括:

ALTERDATABASE	DROP DATABASE
ALTER FULLTEXTCATALOG	DROP FULLTEXT CATALOG
ALTERFULLTEXTINDEX	DROP FULLTEXT INDEX
BACKUP	RECONFIGURE
CREATEDATABASE	RESTORE
CREATE FULLTEXTCATALOG	UPDATESTATISTICS
CREATEFULLTEXTINDEX	

此外, 在交易中也不可使用 sp_dboption 預存程序來設定資料庫選項, 或是用任何系統預存程序來更改 master 資料庫的內容。

◉ **自動認可交易 (Autocommit transactions):**

這是系統預設的交易方式。事實上, 有許多 SQL 敘述在執行時都會自動進行交易, 即稱為自動認可交易。當我們未明確指定要進行外顯或隱含 (後述) 交易時, 每個存取資料的敘述即為一個交易, 因此其執行結果也是只有完全成功或完全取消 2 種。例如執行以下的 UPDATE 敘述:

```
UPDATE 物品管理
SET 數量= 數量- 10
```

此敘述會更改多筆記錄, 若其中有一筆記錄無法更改 (例如數量減 10 後小於 0, 以致違反了自訂的欄位條件約束), 則會自動將已更改的記錄全部 ROLLBACK, 而回復到未執行 UPDATE 前的狀態。

會影響到資料庫內容的敘述

其實並不是每個指令都需要 COMMIT 或 ROLLBACK, 例如 PRINT 敘述不會更動到資料庫的內容, 因此也不需要進行交易。會影響到資料庫內容的敘述有:

ALTER TABLE	FETCH	REVOKE
CREATE	GRANT	SELECT
DELETE	INSERT	TRUNCATE TABLE
DROP	OPEN	UPDATE

以上這些敘述在執行時即使沒有設定交易, 也會自動進行交易 (交易範圍只有單一敘述), 以便在執行失敗時可以 ROLLBACK。

◉ **隱含交易 (Implicit transactions):**

當我們執行 "SET IMPLICIT_TRANSACTIONS ON" 敘述後, 只要執行到會影響資料庫內容的敘述 (如上表), 系統即進入隱含交易模式: 亦即交易會自動開始, 直到執行 COMMIT TRAN 或 ROLLBACK TRAN 為止, 而在此交易結束後, 當執行到下一個會影響資料庫內容的敘述時, 又會自動開始交易, 直到再次執行結束交易的敘述為止; 如此周而復始, 循環不息。

要結束隱含交易模式, 只要將 IMPLICIT_TRANSACTIONS 再設為 OFF 即可。由於交易是以連線為單位, 因此您所做的隱含交易設定也只限於目前的連線, 而不會影響到其他連線。

 使用此模式時, 別忘記要適時地用 COMMIT 來切割交易, 以免同一個交易持續進行太久, 而鎖住許多資源導致別人無法使用。

 隱含模式一般只使用在測試或偵錯上, 由於會佔用大量資源, 因此並不建議在資料庫實際運作時使用。

18-3 巢狀交易與@@TRANCOUNT

如果交易中還有交易, 即稱為『**巢狀交易**』(Nested transaction)。巢狀交易有個很特別的地方, 就是會固定以最外層交易為確認或回復的對象。例如:

```
BEGIN TRAN
...
BEGIN TRAN          ← 內層 BEGIN TRAN 會被忽略
...
IF (...) ROLLBACK   ← 內層 ROLLBACK 會回復到外層的 BEGIN TRAN
  ELSE COMMIT       ← 內層 COMMIT 會被忽略
...
IF (...) ROLLBACK   ← ROLLBACK 到外層的 BEGIN TRAN
  ELSE COMMIT       ← COMMIT 整個交易
```

由於在內層交易做 COMMIT 並沒有任何意義 (因為外層交易把它們包起來成為一個處理單位了), 因此在內層交易中, 只有 ROLLBACK 敘述會有作用, 可將交易回復到外層交易開始之前; 而內層的 COMMIT 雖然會被忽略, 但卻不可省略, 因為內層的 BEGIN TRAN 也需要執行一個 COMMIT (或 ROLLBACK) 敘述來表示交易結束。

其實巢狀交易主要是針對預存程序 (或觸發程序) 而設的, 因為這樣我們就可以在預存程序中撰寫交易程式, 而不用擔心該程序被呼叫時是否已在另一個交易之中。底下我們來看一個經過簡化的巢狀交易:

```
CREATE PROC TestTRAN    ← 建立內含交易的預存程序
AS BEGIN TRAN
    SELECT 書籍名稱
    FROM 書籍
    ROLLBACK            ← 以 ROLLBACK 結束交易
GO

BEGIN TRAN              ← 這是外層交易
EXEC TestTRAN          ← 在交易中執行預存程序
ROLLBACK               ← 外層也以 ROLLBACK 結束
```

接下頁

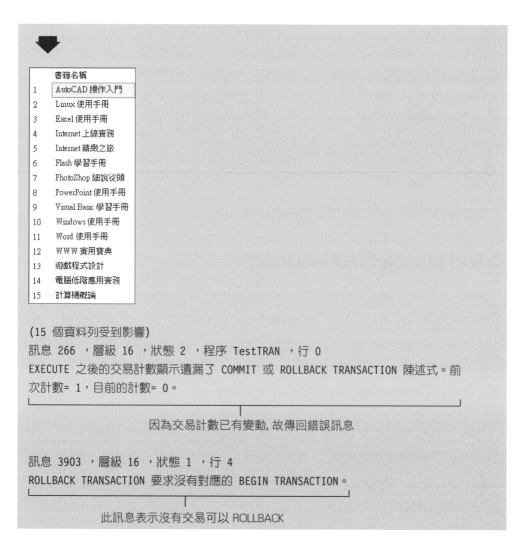

(15 個資料列受到影響)

訊息 266 ，層級 16 ，狀態 2 ，程序 TestTRAN ，行 0
EXECUTE 之後的交易計數顯示遺漏了 COMMIT 或 ROLLBACK TRANSACTION 陳述式。前次計數= 1，目前的計數= 0。

因為交易計數已有變動, 故傳回錯誤訊息

訊息 3903 ，層級 16 ，狀態 1 ，行 4
ROLLBACK TRANSACTION 要求沒有對應的 BEGIN TRANSACTION。

此訊息表示沒有交易可以 ROLLBACK

　　上述交易產生錯誤訊的原因在於：預存程序中的 ROLLBACK 已將交易回復到外層交易開始前，因此當預存程序返回到外層時，系統發現交易計數 (Transaction count，參見下頁) 已有變動，故傳回錯誤訊息。而當外層的 ROLLBACK 被執行時，由於交易已被取消了，因此又出現沒有交易可以 ROLLBACK 的錯誤訊息。

如果我們將剛才建立的 TestTRAN 預存程序如下修改：

```
ALTER PROC TestTRAN
AS BEGIN TRAN
    SELECT 書籍名稱
    FROM 書籍
    COMMIT          ◄──── 改成確認交易完成
GO
```

此時再執行一次剛才的範例，就不會出現錯誤訊息了。

交易計數：@@TRANCOUNT

SQL Server 使用『交易計數』(Transaction count) 來計算目前是在巢狀交易的第幾層，我們可以經由系統變數@@TRANCOUNT 來取得此值。當執行到 BEGIN TRAN 時，交易計數會自動加一，執行到 COMMIT 時則減一，若是執行到 ROLLBACK，由於會回復到最外層的交易，因此無論在哪一層中 ROLLBACK 都會直接將計數歸 0。

利用 @@TRANCOUNT 變數，我們可以得知目前是否已在交易中，然後決定如何撰寫內層的交易程式，或是判斷目前的交易是否已經被 COMMIT 或 ROLLBACK 了 (計數等於 0 即表示目前沒任何交易)。在底下的程式中我們先建立一個物品轉移的預存程序：

```
CREATE PROC 物品轉移
@物品      varchar(20),      ◄──── 使用 4 個參數
@來源部門  varchar(20),                              接下頁
```

```
@ 目的部門 varchar(20),
@ 數量 int
AS
BEGIN TRAN                          ◄── 開始交易
    UPDATE  物品管理
    SET     數量 = 數量 + @ 數量

    WHERE   部門 = @目的部門 AND 物品 = @ 物品


    IF @@ERROR > 0 OR @@ROWCOUNT <> 1
        GOTO NeedRollBack


    UPDATE  物品管理
    SET     數量 = 數量- @ 數量
    WHERE   部門 = @來源部門 AND 物品 = @ 物品


NeedRollBack:
IF @@ERROR > 0 OR @@ROWCOUNT <> 1   ◄── 如果有錯誤
    BEGIN
        IF @@TRANCOUNT = 1          ◄── 如果是最外層交易
            ROLLBACK TRAN           ◄── 即 ROLLBACK
        ELSE                        ◄── 否則執行 COMMIT 將@@TRANCOUNT 減 1
                                        (但由於在內層, COMMIT 會被忽略)

            COMMIT TRAN
        RETURN 1                    ◄── 傳回 1 表示失敗
    END
ELSE
    BEGIN
        COMMIT TRAN                 ◄── 沒有錯誤即確認 (若在內層則會被忽略)
        RETURN 0                    ◄── 傳回 0 表示成功
    END
```

　　在預存程序中將進行 2 次 UPDATE, 若有錯誤會傳回 1, 否則傳回 0。值得注意的是當 UPDATE 失敗時, 程式會判斷目前是否在最外層的交易, 如果是則 ROLLBACK; 否則進行 COMMIT, 而此 COMMIT 只是要將內層的交易結束 (將@@TRANCOUNT 減 1), 但並不會真的進行確認 (COMMIT)。如此, 便可避免 18-10 頁範例中, 因交易計數已在內層交易中變動而造成的錯誤。

底下接著來看看在另一個交易中執行 2 次**物品轉移**預存程序的情形：

```
DECLARE @ret int
BEGIN TRAN
  EXEC @ret = 物品轉移 '會議桌', '業務部', '生產部' , 2

  IF @ret = 0                    ◄─── 如果執行成功則繼續下一項更新
    EXEC @ret = 物品轉移 '辦公桌', '財務部', '業務部' , 2

  IF @ret = 0
      COMMIT TRAN                ◄─── 2 個預存程序都成功時即 COMMIT
  ELSE
      ROLLBACK TRAN             ◄─── 否則 ROLLBACK
```

```
(1 個資料列受到影響)         ◄─── 前 3 次 UPDATE 均成功
(1 個資料列受到影響)
(1 個資料列受到影響)

訊息 547，層級 16，狀態 0 ，程序物品轉移，行 1 4
UPDATE 陳述式與 CHECK 條件約束"CK_物品管理" 衝突。衝突發生在資料庫" 練習
18"，資料表" dbo.物品管理" , column '數量' 。
陳述式已經結束。
```

由於第 4 個 UPDATE 操作違反了『數量』必須大於 0 的條件約束，因此
整個交易均回復，而沒有任何資料被更改。

以上的錯誤雖然是發生在預存程序之中，但由於當時的@@TRANCOUNT ＝
2 (在第 2 層交易中)，因此會執行 COMMIT 來結束內層交易並傳回 1；而後
外層的批次檢查傳回值不等於 0，於是執行 ROLLBACK 回復整個交易。

18-4 交易儲存點的設定與回復

有時在交易中發生錯誤時，我們會希望只要回復一小部份的操作即可，然後在程式中改用其他方法來完成此項交易。此時即可使用 SAVE TRAN[SACTION] 來設置『交易儲存點』，然後在必要時使用 ROLLBACK 來回復到所儲存的位置，而不會中斷交易。底下是簡化的程式碼：

```
BEGIN TRAN
.....
SAVE TRAN TempTran
.....
IF (@@ERROR <> 0)
  BEGIN
    ROLLBACK TRAN TempTran    ←── 回復到交易儲存點
    .....
    /* 失敗時所使用的變通方案* /
    .....
  END
...
IF (...)
  COMMIT
ELSE
  ROLLBACK
```

交易儲存點通常是用在我們已預知會發生的問題，並且也有解決問題的變通方案時。如果該問題發生的機率很小，那麼我們就可以先設置交易儲存點並進行操作，待發生問題時再做部份回復，然後改用變通方案；但如果此問題經常會發生，那麼我們就應先在程式中做檢查，然後才決定使用哪一個方案，這樣就不需要使用部份回復的功能了。

在 T-SQL 的交易敘述後面都可以加上交易名稱 (或是儲存交易名稱的變數),
包括:

```
BEGIN TRAN[SACTION] [tran_name | @tran_name_variable]
SAVE TRAN[SACTION] [tran_name | @tran_name_variable]
COMMIT TRAN[SACTION] [tran_name | @tran_name_variable]
ROLLBACK TRAN[SACTION] [tran_name | @tran_name_variable]
```

 COMMIT〔WORK〕及 ROLLBACK〔WORK〕敘述之後則不可加交易名稱。

通常只有在設定或回復交易儲存點時才需 (必須) 用到交易名稱, 而其他情況
則不一定要使用。不過請注意, ROLLBACK TRAN 之後的交易名稱只能是由
SAVE TRAN 或最外層的 BEGIN TRAN 所宣告的交易名稱, 否則會視為語
法錯誤, 例如:

```
BEGIN TRAN outterTran
BEGIN TRAN innerTran
SAVE  TRAN point1
SAVE  TRAN point2
SAVE  TRAN point3

ROLLBACK TRAN innerTran      ◀── 錯誤, 因不可只回復內層交易
ROLLBACK TRAN point2         ◀── OK, 回復到第 2 個儲存點
ROLLBACK                     ◀── OK, 回復整個交易
```

由以上程式還可看出, 交易儲存點並不一定都要有對應的 ROLLBACK, 而且
我們還可以視需要在交易中設置許多個儲存點來使用!

18-5 分散式交易

如果要在交易中存取多個資料庫伺服器中的資料 (包含執行各伺服器中的預存程序), 那麼就必須使用『分散式交易』(Distributed Transaction)。此時由於工作必須分散到多個伺服器中進行, 因此必須有交易管理員來負責統籌整個交易的管理工作, 而這個交易管理員就是 MSDTC (Microsoft Distributed Transaction Coordinator)服務。您可以執行『**開始/系統管理工具/服務**』命令, 查看 MSDTC 服務的狀態：

在不同的 Windows 作業系統版本, MSDTC 服務可能預設為啟動或未啟動。您可以執行『**開始/Windows 系統管理工具/服務**』命令, 檢視服務狀態並啟動 MSDTC 服務：

2 按此連結啟動服務 **1** 選擇 **Distributed Transaction Coordinator** 服務

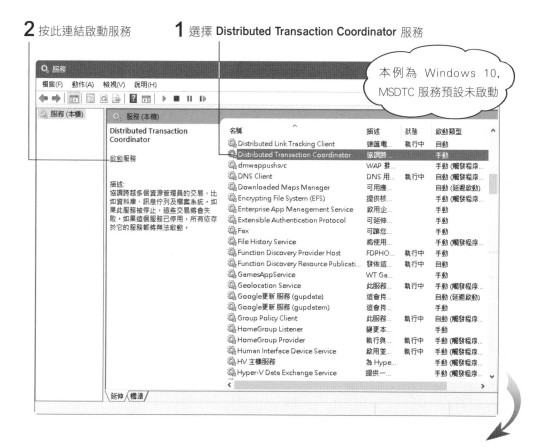

本例為 Windows 10, MSDTC 服務預設未啟動

可按此處連結停止
或重新啟動服務

服務已經啟動

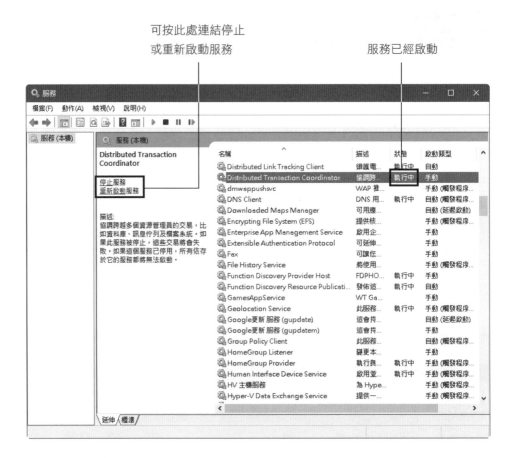

另外, 還必須完成以下二項設定, 分散式交易才能正確運作:

⊙ MSDTC 預設並沒有開啟『網路 DTC 存取』的功能, 因此透過網路執行分
散式交易時, 可能會顯示 "協力電腦異動管理員已經停用了對遠端/網路異動的
支援。"之類的錯誤訊息。請執行『開始/ Windows 系統管理工具/元件服務』
命令, 然後如下操作 (底下以 Windows 10 為例):

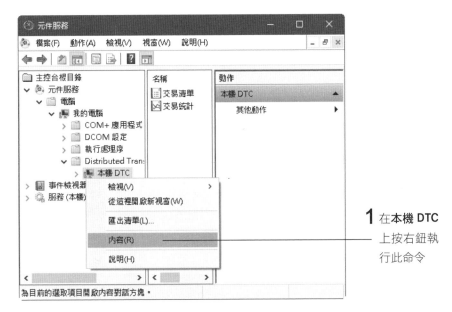

1 在**本機 DTC**
上按右鈕執
行此命令

2 切到**安全性**頁次

3 請依圖設定

◉ 如果有使用防火牆, 那麼還要設定允許 MSDTC 程式通過防火牆。底下以
Windows 內建的防火牆為例:

1 開啟**控制台**, 依後續項目開啟防火牆設定

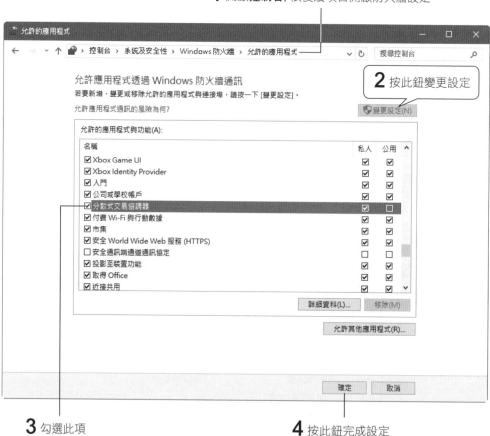

3 勾選此項

4 按此鈕完成設定

如果找不到以上項目, 請按**新增程式**鈕, 然後再按**瀏覽**鈕選擇 **msdtc.exe** 程式
(通常位於 **\Windows\system32** 資料夾中) 來新增一個例外項目。

請注意, 所有參與分散式交易的電腦都必須如上設定才行。

我們必須透過連結伺服器 (Linked Server) 功能來存取遠端伺服器中的資料, 或執
行其中的預存程序, 這個部份我們在第 13 章中已介紹過了。

使用分散式交易

要使用分散式交易很簡單, 只要將 BEGIN TRAN[SACTION] 換成 BEGIN DISTRIBUTED TRAN[SACTION] 即可, 其他的部份都不必更動。另外, 最好將 "XACT_ABORT" 選項設為 ON, 以免發生錯誤 (原因後述)。請看以下範例：

```
SET XACT_ABORTON
BEGIN DISTRIBUTED TRAN
    INSERT 客戶(客戶名稱, 聯絡人)
    VALUES ( '好讀書店' , '陳大大' )
    IF @@ERROR <> 0 GOTO ERRORPROC

    INSERT FLAG2.練習 18.dbo.客戶(客戶名稱, 聯絡人)

        此處請改成您的 SQL Server 名稱

    VALUES ( '好讀書店' , '陳大大' )

ERRORPROC:
    IF @@ERROR <> 0
        ROLLBACK
    ELSE
        COMMIT TRAN
```

 在以 BEGIN TRAN 開始的交易中, 如果有存取到連結伺服器中的資料時, SQL Server 也會自動將 Local 的交易升級為分散式交易。

在開始分散式交易之前, 請記得先確定已啟動 MSDTC 服務, 否則會出現如下的錯誤訊息：

```
訊息 8501, 層級 16, 狀態 3, 行 2
伺服器 'FLAG' 上的 MSDTC 無法使用。
```

此外, 當 "XACT_ABORT" 選項設為 ON 時，如果 SQL 敘述在執行中產生錯誤, 就會停止並回復整個交易。反之, 若 "XACT_ABORT" 選項設為 OFF, 在某些情況下只會回復產生錯誤的 SQL 敘述, 但交易仍將繼續進行。故建議您最好將此選項設為 ON。當然, 隨著發生錯誤的程度不同, 即使 XACT_ABORT 已經設為 OFF, 仍可能會回復整個交易。

分散式交易的運作流程

當分散式交易開始時, 會依以下的流程來運作:

Step1 本地 (使用中的) SQL Server 會執行交易中的敘述, 並將對外的查詢或預存程序送至遠端伺服器處理。另外, 也會將相關的遠端伺服器名單送至 MSDTC。

Step2 當執行到交易中的 COMMIT 或 ROLLBACK 敘述時, 則會將控制權交給 MSDTC 做後續的處理。

Step3 如果是要 ROLLBACK, 則 MSDTC 會通知相關伺服器進行 ROLLBACK。若是要 COMMIT, 則會進入『2 階段的確認』(Two-phase commit, 2PC):

- **準備階段:** MSDTC 送出準備確認的訊息給所有參與的伺服器, 然後各伺服器依各自的執行狀況傳回成功或失敗訊息給 MSDTC。

- **確認階段:** 只要 MSDTC 收到了任何一個伺服器傳來的失敗訊息, 便會通知所有的伺服器都進行 ROLLBACK, 並將此訊息通知前端應用程式。反之, 如果全部都傳回成功訊息, 那麼 MSDTC 就會通知所有的伺服器進行 COMMIT, 以完成確認動作; 當再次收到各伺服器送來的 COMMIT 訊息時, MSDTC 即通知前端應用程式已 COMMIT 成功了。

18-6 交易的隔離等級

在交易的 4 大特性 (ACID) 中，有一項『**隔離性**』(Isolation) 是說明交易中所使用的資料，必須適度地與其他同時進行的交易做隔離。由於同一時間內可能有許多的交易在存取資料，因此每個交易在存取資料時必須先將之鎖定，以免受到其他交易的干擾。

然而，將資料鎖定的副作用，就是其他要使用此資料的交易必須排隊等待，而降低了資料的『**並行性**』(Concurrency，就是多個交易可同時進行的特性)。更嚴重者，甚至發生每個交易都鎖定了一些資料，而又在等待一些被其他交易鎖住的資料，如此就造成了所謂的『**死結**』(Dead Lock)。

由此可知，隔離性和並行性是互為消長的，隔離性越高則並行性就越低；反之亦然。SQL Server 允許我們視狀況來設定交易的隔離等級，以便在隔離性和並行性之間取得一個最佳的平衡點，來提高整個系統的運作效能。

隔離等級主要是用來設定交易在『**讀取**』資料時的隔離狀態 (在修改資料時則一定要做完整鎖定，因此不必設等級)，其隔離性由低到高共分為 5 等：

◉ **Read uncommitted**：完全沒有隔離效果，即使要讀取的資料已被其他交易使用且尚未 COMMIT 也沒關係。因此，讀取到的資料隨時都可能被別人更改或刪除 (機率很高)，而且也很可能讀到尚未全部修改完成的資料，例如在讀取各部門的人員清單時，若是在 A 君自管理部遷出，但尚未遷入財務部時讀取，那麼 A 君將憑空消失。

◉ **Read committed**：不允許讀取尚未 COMMIT 的資料，因此該資料後來被更動的機率就比較小，而且也不會讀取到交易尚未完成的資料。不過，在讀取完資料後就和 Read uncommitted 一樣，不會在乎該資料是否還會被別人更改。因此在同一個交易中，每次讀取到的資料可能會不相同。

- **Repeatable read**：在交易中所讀取到的資料將不允許別人更改或刪除，以保證在交易中每次都可以讀取到相同的內容。但別人仍然可以在該資料表中新增記錄，所以在交易中重複讀取資料時，可能會突然多出一、二筆記錄來。

- **Snapshot**：在交易進行前會先建立資料快照 (Snapshot)，而在交易期間所讀取的資料則均來自快照，因此即使實際資料又被別人異動過 (新增/修改/刪除)，也不影響該交易中讀取資料的一致性 (每次都會讀取到相同的內容)。雖然從 Snapshot 中讀取的資料可能不是最新的，但至少是前後一致的，也不會像 Repeatable read 在重複讀取資料時，可能會突然多出幾筆來。

> **TIP** 快照在剛建立時其內容是空的，當資料有異動時，系統會將原本的資料存入快照中 (只限第一次異動，之後再異動同一份資料則不會存入)。而在讀取資料時，未異動過的會由資料表讀取，異動過的則改由快照讀取。當交易結束時，快照會自動卸除。

> **TIP** 在建立快照時，若有尚未 Commit 的資料，則會自動將該資料存入快照，並在快照中將之 Rollback 回修改前的內容。這樣就不會快照到交易未完成的資料了。

> **TIP** 由於 Snapshot 既不用等待別人完成交易，也不用鎖定資料，因此其並行性就和 Read uncommitted 一樣，都是最高的。但要小心快照中的資料可能不是最新的，如果用來更改其他資料，則具有危險性。

- **Serializable**：此等級會將要使用的資料表全部鎖定，不允許別人來修改、刪除、或新增資料。由於必須等交易完成後，其他交易才能使用這些資料表，因此 Serializable 的並行性最低，所有要使用到這些資料的交易必須先排隊，然後一個個循序地進行。

Read uncommitted 和 Read committed 的差異是後者所讀取到的資料比較完整，而且被更改的機率也比較低一點；不過這二者同樣無法保證在交易中每次讀取到的資料都會相同，而 Repeatable read 則可保證這一點，但又無法防止別人新增資料。至於 Snapshop，雖然可保證每次都能讀取到相同的資料，但有可能不是最新的資料。在下表中，我們針對上述 5 種不同程度的交易需求來做比較：

隔離等級	保證不會讀取到 別人交易中的資料	保證已讀取的 資料不被更改	保證使用到的資 料表不會被更改
Read uncommitted	✕	✕	✕
Read committed		✕	✕
Repeatable read			✕
Snapshot		(限快照中)	(限快照中)
Serializable			

　　SQL Server 預設是使用 Read committed 等級，我們可視需要將之改為不同的等級。Read committed 等級可以和現有大部份的應用程式一起運作，而且不需要做變更，因此通常使用 Read committed 等級即可。而新增的 Snapshot 等級則建議視需要使用，因為 Snapshot 使用的暫存空間比 Read committed 更多，而且 Snapshot 無法使用於分散式交易；至於 Read uncommitted 等級則最不建議使用。更改隔離等級的語法如下：

```
SET TRANSACTION ISOLATION LEVEL
  {
     READ COMMITTED
   | READ UNCOMMITTED
   | REPEATABLE READ
   | SERIALIZABLE
   | SNAPSHOT
  }
```

TIP 必須先將 ALLOW_SNAPSHOT_ISOLATION 資料庫選項設為 ON，然後才能使用 SNAPSHOT 隔離等級的交易。

更改隔離等級後，其效果將持續到該連線結束為止。底下的程式先建立一個預存程序，然後用它來讀取二家貿易公司的產品平均差價，接著修改二家公司的產品價格，使其平均價格相同；由於我們希望在交易中所讀取的資料不被其他人員修改，但新增資料則無妨，因此使用 Repeatable read 隔離等級：

```
CREATE PROC GetAvgPriceDiff
AS
DECLARE @avg1 money, @avg2 money

/* 讀取二家公司的平均價格並顯示結果* /
SELECT @avg1 = AVG(價格)
        FROM 旗旗公司
        WHERE 產品名稱 IN ('Windows 使用手冊' , 'Linux 架站實務' )
SELECT @avg2 = AVG(價格)
        FROM 標標公司
        WHERE 產品名稱 IN ('Windows 使用手冊' , 'Linux 架站實務' )
PRINT '平均價格：旗旗 ='+CAST(@avg1 AS VARCHAR)
            +' 標標 ='+CAST(@avg2 AS VARCHAR)

/* 傳回平均差價* /
RETURN @avg1 - @avg2
GO

SET TRANSACTION ISOLATION LEVEL REPEATABLE READ
SETNOCOUNTON
DECLARE @diff money

BEGIN TRAN
EXEC @diff = GetAvgPriceDiff

/* 更改各公司的價格，以使平均價格相同* /
UPDATE 旗旗公司
        SET 價格 = 價格 - (@diff/2)
        WHERE 產品名稱 IN ('Windows 使用手冊' , 'Linux 架站實務' )
```

接下頁

```
UPDATE 標標公司
      SET 價格 = 價格 + (@diff/2)
      WHERE 產品名稱 IN ('Windows 使用手冊' , 'Linux 架站實務' )

IF @@ERROR <> 0
    ROLLBACK
ELSE
    BEGIN
        EXEC @diff = GetAvgPriceDiff
        COMMIT
    END
GO


平均價格 : 旗旗 = 450.00 標標 = 445.00
平均價格 : 旗旗 = 447.50 標標 = 447.50   ◀── UPDATE 成功了!
```

18-7 資料鎖定

鎖定(Lock) 是將指定的資料暫時鎖起來供我們使用,以防止該資料被別人修改或讀取。SQL Server 會自動且適時地幫我們處理鎖定資料的工作,例如在進行交易的過程中,所有被修改的資料會自動鎖定,以確保萬一失敗而必須回復時,不會受到其他使用者的干擾。

雖然 SQL Server 可以自動進行最佳化的鎖定工作,完全不用我們操心,但我們仍有必要了解鎖定的相關原理及運作方式,如此才能設計出高效率的程式,並在必要時可以解決由鎖定所引發的相關問題。

在執行 SELECT、INSERT、UPDATE 或 DELETE 時,也可以加上一些要求鎖定的提示 (Hint),例如 "SELECT * FROM 訂單 WITH (NOLOCK)"。但我們通常並不需要親自去處理鎖定問題,有興趣的讀者可參閱 SQL Server 線上叢書的 "資料表提示" 主題。

樂觀與悲觀的並行控制

如前所述，允許多個交易同時進行資料處理的性質，即稱為『並行性』(Concurrency)。我們可以經由二種觀點來做並行控制：

◉ **樂觀的並行控制(Optimistic Concurrency)**

樂觀的控制 (或稱樂觀鎖定) 就是假設會發生資料存取衝突的機率很小，因此在交易中並不會持續鎖定資料，而只有在更改資料時才會去鎖定資料並檢查是否發生存取衝突。例如前述的 Snapshot 交易，或是設定了 OPTIMISTIC 的資料指標 (CURSOR)。

◉ **悲觀的並行控制(Pessimistic Concurrency)**

悲觀的控制 (或稱悲觀鎖定) 剛好相反，會在交易中持續鎖定要使用的資料，以確保資料可以正確存取。例如前述的 Repeatable read 交易，或是設定了 SCROLL_LOCKS 的 CURSOR。

如前述，SQL Server 的交易預設採用的 Read committed 隔離層級，而其運作方式，則依是否啟用了資料庫選項 READ_COMMITTED_SNAPSHOT 而有不同。

◉ 當 READ_COMMITTED_SNAPSHOT 為 OFF 時，Read committed 會使用共用式鎖定 (後詳) 的方式，來確保不會讀到交易未完成的資料，這樣一來也會使得在交易 (鎖定) 過程中，其它想更新資料的交易，必須等待鎖定被解除才能進行，因此可視為悲觀的並行控制。

◉ 若 READ_COMMITTED_SNAPSHOT 設為 ON，此時 Read committed 會改用類似快照的方式保存資料，而不會鎖定資料，因此算是樂觀的並行控制。但在 READ_COMMITTED_SNAPSHOT 交易中的快照，僅在單一查詢敘述中有效(不像 Snapshot 交易的快照是在整個交易中有效)，所以交易前後的查詢仍有可能讀到不同的資料。

關於 READ_COMMITTED_SNAPSHOT 選項的說明, 請參見 SQL Server 線上叢書。

 在使用 CURSOR 時系統也會幫我們做一些必要的檢查, 有關 CURSOR 的 OPTIMISTIC、SCROLL_LOCKS 特性, 請參考第 17 章。

資料鎖定的種類

底下我們分別為您介紹鎖定的各種對象及方法。

鎖定的對象

SQL Server 可以針對不同層級的資源進行鎖定, 其鎖定對象可以是:

資源	說明
RID	以記錄 (Row) 為單位做鎖定
Key	已設定為索引的欄位
Page	資料頁或索引頁 (8 KB 大小的分頁)
Extent	8 個連續的 Page (SQL Server 配置記憶體給資料頁時的單位)
HoBT	一組連續存放的資料頁或索引頁。HoBT 是 Heap (堆積) Or B-Tree (平衡樹) 的縮寫, 未設叢集索引的資料表是使用 Heap 結構來儲存資料, 而其他的資料表或索引則使用 B-Tree 結構
Table	整個資料表 (包含其中所有的資料及索引)
FILE	資料庫檔案
APPLICATION	應用程式指定資源
METADATA	中繼資料鎖定
ALLOCATION_UNIT	配置單位
DB	整個資料庫

如果鎖定較低層級的資源，那麼可以提高資源的並行性，例如鎖定某一筆記錄時，該資料表仍可供多人使用，只要他們不是同時要修改同一筆記錄；但是當有很多的記錄被鎖定時，則會使系統花較多的時間來處理鎖定的檢查及控制。

反之，鎖定較高層級的資源，例如資料表，那麼可以節省系統在處理鎖定時的負擔，但並行性就降低了，因為整個資料表每次只能供一個交易來使用。

鎖定的方法

鎖定除了有不同的對象外，還可以有不同的方法：

◉ **獨佔式鎖定 (Exclusive Lock)**：Exclusive 鎖定可禁止其他交易對資料做存取或鎖定操作。假設當交易 A 對資料提出獨佔式鎖定，那麼交易 B 對相同資料提出的任何鎖定都會遭到拒絕。

 當 SQL Server 要對資料做新增、更改、或刪除操作時，即會先將資料做 Exclusive 鎖定。Exclusive 鎖定會一直持續到交易結束後才釋放，以便在必要時可以進行 ROLLBACK 操作。

◉ **共用式鎖定 (Shared Lock)**：Shared 鎖定可將資料設成唯讀的，並禁止其他交易對該資料做 Exclusive 鎖定，但卻允許其他交易對資料再做 Shared 鎖定。也就是說，資料可以同時被許多的交易做 Shared 鎖定並讀取內容，但不允許做 Exclusive 鎖定或更改內容。

 當 SQL Server 要對資料做讀取但不會更改內容時 (例如 SELECT)，即會先將資料做 Shared 鎖定，以防止資料被其他人更改。

◉ **更新式鎖定 (Update Lock)**：Update 鎖定可以和 Shared 鎖定共存，但禁止其他的 Update 鎖定或 Exclusive 鎖定。其實 Update 鎖定的特性和 Shared 鎖定完全一樣(資料只能唯讀)，但 Update 鎖定在需要更改資料時，可以自動升級為 Exclusive 鎖定並進行更改，當然此前題是當時已沒有其他的 Shared 鎖定存在。

當 SQL Server 要讀取資料但稍後可能會更改其內容時, 會先將資料做 Update
鎖定。

其實 Shared 鎖定在沒有其他 Shared 鎖定存在時, 也可以直接升級為
Exclusive 鎖定來更改資料, 但使用這種方法很容易發生死結問題。例如有 2 個
交易同時對資料做了 Shared 鎖定, 而且都想升級為 Exclusive 鎖定以更改資料,
但由於必須等所有其他的 Shared 鎖定釋放後才能升級, 因此這 2 個交易就一直
佔著 Shared 鎖定並癡癡地等待升級, 而造成了死結。

要避免這樣的問題, 在讀取資料但稍後能可會更改內容時, 就應該使用
Update 鎖定。由於每次只能有一個 Update 鎖定存在, 所以一旦成功地鎖定了,
就等於拿到了升級的保證書, 只要耐心等待其他 Shared 鎖定都釋放後, 即可升
級為 Exclusive 鎖定並更改資料。

意圖式鎖定

另外還有一種意圖式鎖定 (Intent Lock), 表示只想要 (或已經) 鎖定物件中某
部份的資源。例如意圖式鎖定資料表時, 則表示我們想要 (或已經) 鎖定資料表
中的某些資料頁或記錄, 但不是鎖定整個資料表。意圖式鎖定又可分為 3 類:

種類	說明
Intent shared	表示想要 Shared 鎖定並讀取指定物件中的一部份資源 (例如讀取幾筆記錄)
Intent exclusive	表示想要 Exclusive 鎖定並更改指定物件中的一部份資源
Shared with intent exclusive	表示想要要 Shared 鎖定並讀取指定物件中的全部資源, 同時還要 Exclusive 鎖定並更改物件中的一部份資源

意圖式鎖定最大的目的，就是可用來提升 SQL Server 在處理 Exclusive 鎖定時的效能。例如當有人要 Exclusive 鎖定一個資料表時，SQL Server 必須檢查該資料表中的每一項資源（包括資料頁、記錄等）是否已被鎖定，以決定該資料是否可以做 Exclusive 鎖定。這是一項非常耗時的工作，因此 SQL Server 會經常使用意圖式鎖定來標示某物件中已有部份資源被鎖定，以供檢查時直接用來判斷。

各類鎖定的共存性

前面介紹了這麼多種鎖定，到底哪一種鎖定可以和哪一種鎖定共存，或互相排斥呢？下表即為您介紹：

要求進行的鎖定	已存在的鎖定					
	IS	S	U	IX	SIX	X
Intent shared (IS)						✕
Shared (S)				✕	✕	✕
Update (U)			✕	✕	✕	✕
Intent exclusive(IX)		✕	✕		✕	✕
Shared with intent exclusive (SIX)		✕	✕	✕	✕	✕
Exclusive (X)	✕	✕	✕	✕	✕	✕

請注意，Intent exclusive 可以和 Intent exclusive 共存喔！因為它們都只表示想要 exclusive 鎖定部份的底層資源而已。

18-8 鎖定的死結問題

當多個交易的手中都鎖定了某些資源, 卻又在等待另外一些被彼此鎖定的資源時, 就會發生**死結 (Deadlock)** 了。例如:

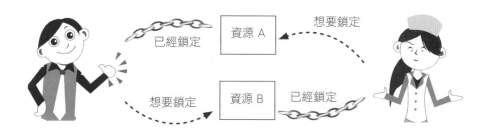

不過我們不需要擔心死結的問題, 因為 SQL Server 會定時偵測是否有死結發生。如果真有死結發生了, 則 SQL Server 會在死結的參與者之中找一個犧牲者, 強迫將其 ROLLBACK 並傳回編號 1205 的錯誤訊息, 然後釋放其鎖定的資源, 以供其他參與者繼續完成交易。

至於誰會被挑選出來當犧牲者則不一定, 但如果某些交易並不是很重要或很緊急, 那麼我們倒可以將其設定為優先被選的犧牲者, 方法是用 SET 來設定:

```
SET DEADLOCK_PRIORITY { LOW | NORMAL }
```

當設為 LOW 時, 就表示目前連線中的交易都會優先被選為死結的犧牲者。若再設為 NORMAL 則可取消該連線的優先設定。另外, 我們也可以在應用程式中偵測 @@ERROR=1205 錯誤來得知是否已被當成犧牲者了, 然後在程式中做必要的處理, 例如重做一次; 不過在重做之前最好先稍等一下, 讓其他死結的參與者有時間完成交易並釋放資源, 以避免再次進入死結。

TIP 當交易中要使用的資源已被其他交易鎖定, 而導致必須等待時, 即稱為被『阻擋』(Block) 了。Block 和死結不同, 只有在多個交易彼此相互 Block 時才會發生死結。如果不希望交易被 Block 太久, 可以設定交易在被 Block 時的等待時間, 並偵測 @@ERROR=1222 的錯誤來做逾時處理。相關細節可參考 SQL Server 線上叢書的"SET LOCK_TIMEOUT" 主題。

避免死結發生的技巧

雖然 SQL Server 會自動偵測並處理死結，但由於死結會浪費相當多的系統資源，因此我們應儘量避免。以下是幾個在撰寫程式時的技巧：

◉ **使用相同的順序來存取資料**：如果每個要存取 A、B、C 三個資料表的交易，都是以 A→B→C 的順序來存取，那麼就不會發生死結了，因為只有第一個鎖定 A 的人才能去鎖定 B，然後才能鎖定 C，因此不會有交互 Block 的狀況發生。

要強迫各交易都能依照固定順序存取資料，最好的方法就是將之寫在預存程序中，然後大家都固定使用此預存程序來存取資料。

◉ **儘量縮短交易的時間**：時間越短，佔用資源的時間也越短，而發生死結的機率自然也就減少了。因此，整個交易最好能在一個批次中完成 (以減少網路傳輸的次數)，並且在交易中不要與使用者進行溝通 (例如顯示訊息或等待使用者輸入資料等)。

◉ **儘量使用較低的隔離等級**：較低隔離等級的資料鎖定可以供較多人同時讀取，因此較不易發生死結。